高等农业院校教材

水生动物解剖学

杨世平　主编

中国农业出版社
北　京

图书在版编目（CIP）数据

水生动物解剖学 / 杨世平主编．—北京：中国农业出版社，2022.9

高等农业院校教材

ISBN 978-7-109-30023-1

Ⅰ.①水…　Ⅱ.①杨…　Ⅲ.①水产生物－水生动物－动物解剖学－高等学校－教材　Ⅳ.①S917.4

中国版本图书馆 CIP 数据核字（2022）第 168421 号

中国农业出版社出版

地址：北京市朝阳区麦子店街 18 号楼

邮编：100125

责任编辑：曾丹霞　刘飏雨

版式设计：杨　婧　　责任校对：刘丽香

印刷：北京通州皇家印刷厂

版次：2022 年 9 月第 1 版

印次：2022 年 9 月北京第 1 次印刷

发行：新华书店北京发行所

开本：787mm×1092mm　1/16

印张：15.5

字数：360 千字

定价：36.50 元

编写人员名单

主　编　杨世平

参　编（按姓氏笔画排序）

刘慧玲　栗志民　黄郁葱　潘传豪

FOREWORD | 前言

许多水生动物都是重要的水产养殖对象或捕捞的渔获对象，是人类获取大量优质蛋白质的途径。有的水生动物色彩鲜艳或形状奇特，具有很高的观赏价值。随着水产学科的深入发展，水产养殖学专业先后分出了水族科学与技术和水生动物医学等专业，这些专业开设的课程与水产养殖学专业存在一定差异，但仍需要掌握鱼类、虾蟹类、贝类、两栖类和爬行类的形态结构相关知识。因此，需要开设一门比较全面的、系统的水生动物解剖学课程并配套相关的参考书籍。

水生动物解剖学是水产学的一门基础课程，它与水生动物的分类、生态、生理、养殖和疾病防治等方面的研究有十分密切的关系，是执业兽医资格考试（水生动物类）的考查内容之一，其中包含的理论知识和技术要点也是执业兽医（水生动物类）必须掌握的基本理论和基本操作。本教材内容丰富、全面、详细，重点介绍鱼类、虾蟹类、贝类、两栖类和爬行类等水生动物机体在系统和器官水平上的形态、结构、位置和毗邻关系，以及形态与功能关系。将多门课程的内容进行整合，进行比较全面的阐述，为学习、研究和从事水生动物医学、水族科学与技术、水产科学研究、水产养殖技术开发和推广等的学生、教师和工作者提供参考。

本教材的编写人员均在广东海洋大学从事鱼类、虾蟹类、贝类、名特水产类等相关学科的教学和研究工作，教学和实践经验丰富。本教材编写分工如下：杨世平编写第一章、第四章、第五章；潘传豪编写第二章、第三章；栗志民编写第六章、第七章；黄郁葱编写第八章；刘慧玲负责图片的收集和处理。全书由杨世平统稿。

本教材在编写和出版过程中，得到了许多专家的帮助和支持，以及广东海洋大学的立项支持。教材中引用了国内外许多专家学者的论文论著，在此由衷地表示感谢。

鉴于作者水平有限，时间仓促，书中出现错误和不妥之处在所难免，敬请广大读者批评指正。

编　者

2022.01

CONTENTS 目录

1 第一章 绪论

水生动物解剖学（aquatic animal anatomy）是研究鱼类、虾蟹类和贝类等水生动物机体及各器官形态、结构、位置和毗邻关系，以及形态与功能关系的科学，主要在系统和器官水平上研究机体的结构。它是水产学的一个重要分支，也是水产养殖学、水生动物医学、水族科学与技术等专业的重要基础课程。广义的解剖学包括大体解剖学和显微解剖学。大体解剖学（gross anatomy）是采用解剖刀、剪刀和镊子等解剖器械，用切割分离的方法，经肉眼观察，研究有机体各器官的正常形态、构造、色泽、位置及相互关系的科学；显微解剖学（microscopic anatomy）又称为组织学（histology），是采用切片、染色技术，制作切片标本，通过光学显微镜或电子显微镜观察，研究有机体各器官和组织的正常细微构造及其功能关系的科学。

一、水生动物的经济种类

水生动物（aquatic animal）是指主要生活于各种水环境中的动物，包含了从低等的单细胞原生动物至高等的哺乳类动物在内的许多动物。本书主要涉及经济水生动物的解剖学知识，包括鱼类、虾蟹类、贝类、两栖类和爬行类的形态结构。

1. 鱼类

鱼类是指终生生活于水中的变温脊椎动物，通常用鳃在水中进行气体交换，用鳍协助运动与维持身体平衡，大多数种类具有鳞片，大多数都具有鳔。现存在 33 000 余种，我国有 3 000种左右，其中淡水鱼类 1 000 种左右。狭义鱼类由软骨鱼纲和硬骨鱼纲的种类组成。广义鱼类则由鱼形动物（头索纲和圆口纲）、软骨鱼纲和硬骨鱼纲的种类组成。主要养殖的鱼类有青鱼、草鱼、鲢、鳙、鲤、鲫、罗非鱼、大黄鱼、鲈、石斑鱼和鲆等。有的水生动物通称为鱼，但又不是鱼，如鲍鱼、娃娃鱼、甲鱼、鳄鱼和鲸鱼等。它们有的是软体动物，如鲍鱼；有的是两栖类，如娃娃鱼；有的是爬行类，如甲鱼、鳄鱼；有的是哺乳类，如鲸鱼。

2. 虾蟹类

虾蟹类是指甲壳动物十足目的种类，绝大多数生活在水中，一般用鳃进行呼吸，头部有 2 对触角，具有由几丁质和钙盐等组成的甲壳，头部和胸部完全愈合成头胸部，胸肢前 3 对为颚足，后 5 对为步足。虾蟹类现存 14 335 种，我国有 1 498 种，其中虾有 497 种，蟹有 820 种，异尾类有 181 种。主要养殖的虾蟹类有凡纳滨对虾、斑节对虾、克氏原螯虾、罗氏沼虾和中华绒螯蟹等。有许多与虾在形态上类似的甲壳类，平时也称之为虾，如虾蛄、磷虾、糠虾和钩虾等。

3. 贝类

因大多数的软体动物具有贝壳，故称为贝类。贝类的身体柔软不分节，一般由 5 部分

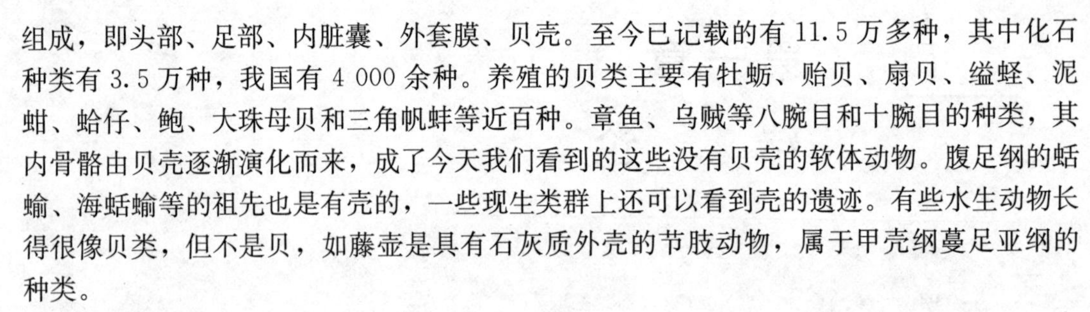

组成，即头部、足部、内脏囊、外套膜、贝壳。至今已记载的有11.5万多种，其中化石种类有3.5万种，我国有4 000余种。养殖的贝类主要有牡蛎、贻贝、扇贝、缢蛏、泥蚶、蛤仔、鲍、大珠母贝和三角帆蚌等近百种。章鱼、乌贼等八腕目和十腕目的种类，其内骨骼由贝壳逐渐演化而来，成了今天我们看到的这些没有贝壳的软体动物。腹足纲的蛞蝓、海蛞蝓等的祖先也是有壳的，一些现生类群上还可以看到壳的遗迹。有些水生动物长得很像贝类，但不是贝，如藤壶是具有石灰质外壳的节肢动物，属于甲壳纲蔓足亚纲的种类。

4. 两栖类

两栖类是一类原始的、初登陆的、具五趾型的变温四足动物，其皮肤裸露，分泌腺众多，具有混合型血液循环。个体发育中具有变态过程，即以鳃（新生器官）呼吸、生活于水中的幼体，在短期内完成变态，成为以肺呼吸、能营陆地生活的成体。主要养殖品种有牛蛙、棘胸蛙、中国林蛙和虎纹蛙等。

5. 爬行类

爬行类是体表覆盖角质的鳞片或甲、用肺呼吸、在陆地上产卵、卵表面有坚韧卵壳的动物。主要养殖品种有中华鳖、乌龟、三线闭壳龟、黄喉拟水龟、鳄龟和扬子鳄等。

二、水生动物解剖学的研究简史

解剖学是一门经典的科学。早在史前时期，人们通过狩猎、屠宰动物等，就已经对动物的外部结构和内部构造进行了初步的观察，但我国学者系统地对鱼类、虾蟹类和贝类等水生动物的形态结构和内部构造进行研究，于20世纪20年代才开始。

1. 鱼类形态学研究简史

我国对鱼类的研究有悠久的历史。公元前1 200年左右的殷商时期就有鱼类的知识记述。《养鱼经》距今已有2 500年历史，但多附于各书籍中，没有系统地整理成册。明朝李时珍（1518—1593）在《本草纲目》中对一些鱼类的形态和习性进行了详细描述。

我国学者自20世纪20年代后期才开始系统地进行鱼类研究，经过艰苦努力，做了许多工作，涌现了一批著名的鱼类学家，如朱元鼎、伍献文、方炳文、张春霖、王以康等。

中华人民共和国成立后，鱼类研究的范围从单纯的形态学、分类学扩大到生态学、生理学和资源学等各个领域。主要的研究专著有《鲤鱼解剖》（1960）、《白鲢的系统解剖》（1960）、《中国软骨鱼类侧线管系统及罗伦瓮和罗伦管系统的研究》（1980）、《鱼类比较解剖》（1987）、《鲨鳐解剖》（1992）等。

2. 虾蟹类形态学研究简史

我国虾蟹类的研究也有较悠久的历史。周朝《尔雅》中将蟹类称为螖。晋朝《博物志》简要描述了蟹类，特别是对豆蟹的寄生现象进行了描述。1060年（宋朝）傅肱所著的《蟹谱》，对蟹的分类、形态、生活习性、捕捞利用等进行了专门的描述。

我国学者自20世纪20年代开始对虾蟹类进行系统研究。1932年，沈嘉瑞的《华北蟹类志》出版，随后相继发表了一系列蟹类分类学论著。

1950年8月，中国第一个海洋研究机构——中国科学院海洋生物研究室在青岛建立；1957年，青岛海洋生物研究室扩大为中国科学院海洋生物研究所。甲壳动物学开拓者刘瑞玉院士在这里工作了半个多世纪，编绘了中国第一部《渤黄东海渔捞海图——海洋学图集》，开拓并发展了海洋动物多个重要类群（特别是甲壳动物）分类区系研究，著有《中国动物志》蔓足类、糠虾类、长臂虾类、口足类等卷，以及3部虾类专著。

3. 贝类形态学研究简史

我国贝类的研究同样有较悠久的历史。周朝《尔雅》中就有蚌、蚆等名称。汉朝时，就开始了牡蛎养殖，但对相关知识缺乏系统整理。

我国学者自20世纪20年代开始对我国贝类做系统调查和研究，1928—1929年静生生物调查所和北平研究院动物学研究所相继建立，为我国近代贝类的研究创造了条件。张玺的《青岛后鳃类之研究》和《青岛及其附近海产食用软体动物之研究》等著作出版。1935年李赋京的《田螺的解剖》出版。

中华人民共和国成立后，贝类学研究在张玺教授的推动下有了明显的发展。对鲍、田螺、钉螺、椎实螺、扇贝和乌贼等的解剖结构进行了研究。广东海洋大学蔡英亚教授的《贝类学概论》《养殖贝类》《广东的海贝》等多部著作出版，并与加拿大的巴纳德博士合作完成了《中国沿海双壳类目录》。

三、常见水生动物的经济价值

我国是一个具有悠久历史的农业大国，早在春秋时期就出现了水产养殖。而今，随着渔业生产技术的发展和人们生活水平的提高，渔业已成为我国国民经济不可缺少的重要组成部分，我国也成为世界上最大的渔业生产国。据2021年中国渔业统计年鉴所载，2020年，全国水产养殖面积703.62万公顷，其中，海水养殖面积199.56万公顷，淡水养殖面积504.06万公顷；全国水产品总产量6 549.02万吨，养殖产量5 224.20万吨，其中，鱼类2 761.36万吨，甲壳类603.29万吨，贝类1 498.71万吨；渔业经济总产值27 543.47亿元，其中渔业产值13 517.24亿元、渔业工业和建筑业产值5 935.08亿元、渔业流通和服务业产值8 091.15亿元。渔业产值中，捕捞产值2 601.14亿元，养殖及苗种产值10 916.09亿元。渔业流通和服务业产值中，休闲渔业产值825.72亿元。

1. 食用价值

绝大多数的鱼类、虾蟹类、贝类，以及牛蛙、中华鳖等两栖爬行类都可供食用。鱼肉含有丰富的蛋白质、多种维生素以及无机盐等，其蛋白质含量一般为15%～20%，平均为18%，能提供人体必需的氨基酸，赖氨酸平均含量最高，是理想模式的1.73倍。鱼类含脂肪很少，一般为1%～10%，并富含重要的不饱和脂肪酸，且鱼类脂肪在肌肉组织中含量很少，主要分布在皮下和内脏周围。矿物质占鱼类体重的1%～2%，包含丰富的钙、钾、镁、锌、铁等，海水鱼类还含有丰富的碘，能很好地满足人体对矿物质的需要。鱼肉中还含有各种维生素，特别是维生素A和维生素D的含量尤为丰富。

虾蟹类的蛋白质含量也非常丰富，为16%～20%，氨基酸种类齐全，包含8种人体必需氨基酸，且氨基酸比值系数分91.70，最为接近理想模式。其脂肪含量低，且富含单不饱和脂肪酸和多不饱和脂肪酸，还含有丰富的维生素A、胡萝卜素和无机盐等。

贝类的蛋白质含量低于鱼类和虾蟹类，但其水分含量高，肉质鲜嫩，其风味氨基酸含量高，还含有非常丰富的牛磺酸。贝类的脂肪含量低，但不饱和程度高，最突出的特点是EPA和DHA的含量很高，在脂肪含量和脂肪酸组成方面都符合健康饮食的要求。

2. 药用

许多鱼类、虾蟹类和贝类等水产品可以作为药材。在我国的医学宝库里，有许多关于水产品入药的记载。贾玉海教授编著的《中国海洋湖沼药物学》中就记载了海马、海龙、海鳗、鲻、鲤和鲈等鱼类，长臂虾、螯虾、对虾、龙虾、梭子蟹、溪蟹和日本绒螯蟹等虾蟹类，石决明（鲍壳）、牡蛎、珍珠、海蛤、河蚬、乌贼和海螵蛸等贝类及其相关产品，以及蟾蜍、林蛙、田鸡、龟、海龟和鳖等两栖爬行类的药材。其中海马就是名贵的强壮补益的中药，性温、味甘，具有补肾壮阳、散结消肿、舒筋活络、止血止咳等功效。虾味甘、咸，性温，有壮阳益肾、补精、通乳之功。石决明主要的药理作用是降压、抗菌、抗氧化、影响离子通道、中和胃酸等，具有平肝潜阳、明目之功效。青蛙、蟾蜍、龟甲都是常见的中药材。鱼类、虾蟹类和贝类等水生动物还可以用于提取药物，比如从河鲀中提取的河鲀毒素在治疗成瘾、癫痫、局部和全身麻醉及镇痛等方面发挥着巨大的作用，从蟾蜍身上提取的蟾酥也是名贵中药材。

3. 工业原料

鱼类及其加工的下脚料可以作为工业原料，如生产胶原蛋白、明胶、多不饱和脂肪酸、酶、黏多糖及生物活性肽等，可用于食品、医药、化妆品等工业领域。虾蟹类的甲壳中甲壳素含量比较丰富，具有广阔的开发利用价值，可做防水涂料、纺织工业中的固定剂、浆料、食品工业澄清剂等；在医疗上用来制造医用缝合线及人造皮肤等；在环境保护产业中可用作螯合剂等。贝壳的主要成分是碳酸钙，可以用于烧制石灰。头足纲的种类分泌的墨汁，可做中外闻名的中国墨。

4. 文化方面

水生动物种类繁多，有些种类具有鲜艳色彩或奇特形状，可当作观赏种类养殖。观赏鱼类包括温带淡水观赏鱼、热带淡水观赏鱼和热带海水观赏鱼三大品系，品种不下千种，包括金鱼、锦鲤、孔雀鱼、神仙鱼、龙鱼等。观赏虾蟹类主要有藻虾科、匙指虾科、螯虾科的虾类和部分蟹类，品种包括清洁虾、极火虾、樱花虾、天空蓝螯虾、蓝魔虾、白螯虾、红螯虾、束腰蟹、紫地蟹和相手蟹等。观赏贝类主要是腹足纲的种类，常见有各种着色的凤螺、斑马刺螺、苏拉威西螺、角螺等。贝类的观赏价值主要体现在形态各异的贝壳标本及贝壳工艺品，直接具有观赏价值的有唐冠螺、万宝螺、虎斑宝贝、大法螺、瓜螺和芋螺等，以及利用贝壳制作的风铃、动物模型和手链等。最有名的贝类工艺品当属珍珠，可制作项链、手链、耳坠、戒指等。

除了观赏价值以外，在长期的历史发展中，人类赋予各种水生动物丰厚的文化内涵，形成了一个独特的文化门类。比如鲤寓意鲤鱼跳龙门，年年有余等；虾寓意顺利、节节高升；贝壳是最早的钱币，寓意钱财；龟鳖则寓意天长地久。各种水生动物还以诗歌、图腾、传说、寓言、图像、雕塑等各种形式出现在各国传统文化中。

四、常见水生动物的分类

（一）鱼类的分类

鱼类是最古老的脊椎动物，种类繁多，超过脊椎动物其他各纲种类数的总和。它们几乎栖居于地球上所有的水生环境，从淡水的湖泊、河流到咸水的大海和大洋，在渔业生产上占有重要的地位。

1. 圆口纲

圆口纲（Cyclosyomata）的成员是最原始的鱼类，体呈鳗形，裸露无鳞；骨骼全为软骨，无椎体，脊索终生存在；无上下颌，故又称为无颌类；无偶鳍；鳃由内胚层形成，呈囊状，各自开口于体外。

现存种类不多，分为盲鳗目（Myxiniformes）和七鳃鳗目（Petromyzoniformes）。

2. 软骨鱼纲

软骨鱼纲（Chodrichthyes）的成员体被盾鳞或光滑无鳞；内骨骼全为软骨，常以钙质沉淀加固；具上下颌；具偶鳍；头侧有鳃裂 5～7 对，直接开口于体外，无鳃盖（板鳃类），或每侧具 4 个鳃裂，外被一膜状鳃盖，其后方具一总鳃孔（银鲛类）；肠短，具螺旋瓣；歪型尾。

分为 2 个亚纲，即板鳃亚纲（Elasmobranchii）和全头亚纲（Holocephali）。

板鳃亚纲分为以下两个总目。

（1）侧孔总目（Pleurotremata）：又称为鲨形总目。共分 9 目：虎鲨目（Heterodontiformes）、鲭鲨目（Lamniformes）、须鲨目（Orectolobiformes）、真鲨目（Carcharhiniformes）、六鳃鲨目（Hexanchiformes）、锯鲨目（Pristiophoriformes）、角鲨目（Squaliformes）、扁鲨目（Squatiniformes）和笠鳞鲨目（Echinorhiniformes）。我国产除须鲨目和笠鳞鲨目外的 7 个目。

（2）下孔总目（Hypolremata）：又称为鳐形总目。共分 5 目：锯鳐目（Pristiformes）、鳐目（Rajiformes）、鲼形目（Myliobatiformes）、犁头鳐目（Rhinobatiformes）、电鳐目（Torpediformes）。

全头亚纲仅一目，即银鲛目（Chimaeriformes）。

3. 硬骨鱼纲

硬骨鱼纲（Osteichthyes）的成员体外被硬鳞或骨鳞，或裸露无鳞；骨骼或多或少为硬骨；具上下颌；具偶鳍；鳃裂外方具膜骨性的鳃盖，鳃间隔退化；鳔通常存在，大多数种类肠内无螺旋瓣。

分为内鼻孔亚纲（Choanichthyes）和辐鳍亚纲（Actinopterygii）。

（1）内鼻孔亚纲：又称为肉鳍亚纲。具内鼻孔；偶鳍叶状，具有多节的中轴骨，支鳍骨 2 行（原始结构）；鳔有鳔管，执行肺的功能。产于非洲、美洲和澳大利亚，分腔棘鱼目（Coelacanthiformes）（矛尾鱼）和肺鱼目（Ceratodontiformes）（肺鱼）2 个目。

（2）辐鳍亚纲：无内鼻孔；偶鳍的支鳍骨 1 行，鳍条呈辐射状排列，包括 9 个总目，即硬鳞总目（Ganoidomorpha）、鲱形总目（Clupeomorpha）、骨舌鱼总目（Osteoglossomorpha）、鳗鲡总目（Anguillomorpha）、鲤形总目（Cyprinomorpha）、银汉鱼总目（Atherinomorpha）、鲑鲈总目（Parapercomorpha）、鲈形总目（Percomorpha）和蟾鱼总目（Batrachoidomorpha），下又分 36 个目。鲱形总目、骨舌鱼总目、鳗鲡总目、鲤形总目、银汉鱼总目、鲑鲈总目合称为低等真骨鱼类，鲈形总目和蟾鱼总目合称为高等真骨鱼类。

硬鳞总目是硬骨鱼类的一个古老类群，保留着一些原始性状，分 4 个目。我国仅产鲟形目（Acipenseriformes）。鲟形目、多鳍鱼目（Polypteriformes）合称为软骨硬鳞鱼类；弓鳍鱼目（Amiiformes）和雀鳝目（Lepidosteiformes）合称为硬骨硬鳞鱼类（全骨类）。

鲱形总目有海鲢目（Elopiformes）、鼠鱚目（Gonorhynchiformes）、鲱形目（Clupeiformes）、鲑形目（Salmoniformes）、灯笼鱼目（Scopeliformes）、鲸口鱼目（Cetomimiformes）等6个目。

骨舌鱼总目有骨舌鱼目（Osteoglossiformes）和长吻鱼目（Mormyriformes）等2个目，我国不产。

鳗鲡总目有鳗鲡目（Anguilliformes）、囊咽鱼目（Saccopharyngiformes）和背棘鱼目（Notacanthiformes）等3个目。我国产1目，即鳗鲡目。

鲤形总目有鲤形目（Cypriniformes）和鲇形目（Siluriformes）等2个目，合称为骨鳔类。

银汉鱼总目有鳉形目（Cyprinoponitiformes）、银汉鱼目（Atheriniformes）和颌针鱼目（Beloniformes）等3个目。

鲑鲈总目有鲑鲈目（Percopsiformes）和鳕形目（Gadiformes）等2个目。我国产1目，鳕形目。

鲈形总目有金眼鲷目（Beryciformes）、海鲂目（Zeiformes）、月鱼目（Lampridiformes）、刺鱼目（Gasterosteiformes）、鲻形目（Mugilifores）、合鳃目（Synbranchiformes）、鲈形目（Perciformes）、鲉形目（Scorpaeniformes）、鲽形目（Pleuroneciformes）和鲀形目（Tetrodontiformes）等10个目。

蟾鱼总目有海蛾鱼目（Pegasiformes）、蟾鱼目（Batrachoidiformes）、喉盘鱼目（Gobiesociformes）和鮟鱇目（Lophiiformes）等4个目。我国产2目，即海蛾鱼目、鮟鱇目。

（二）虾蟹类的分类

十足目（Decapoda）是甲壳动物中最大的一个目，属节肢动物门（Arthropoda）甲壳动物亚门（Crustacea）软甲纲（Malacostraca）真软甲亚纲（Eumalacostraca）真虾总目（Eucarida），其种类多，分布广，在渔业生产上有着重要的地位，世界主要经济甲壳动物及养殖种类均属于此目。绝大多数种类生活在海洋中，淡水中生活的也不少，甚至还有少数生活在陆地，但是绝大多数种类的繁殖都必须在水中进行。十足目的主要特征为头部与胸部完全愈合，组成头胸部，外被头胸甲；第2小颚外肢宽大，形成颚舟片；胸肢前3对为颚足，后5对为步足，一般无外肢，第一对步足为螯肢，司御敌及捕食；鳃数目多，排成几行，着生于胸肢底节、体侧壁或其间关节膜上；虾类腹部发达，位于头胸甲的后方；蟹类腹部退化而折于头胸部的腹面。

20世纪80年代以前，虾蟹类的分类通常用Chace（1862）分类系统，将该目分为游泳亚目（Natantia）和爬行亚目（Reptantia）。20世纪80年代后，Bowman和Abele（1982）分类系统将十足目分为枝鳃亚目（Dendrobranchiata）和腹胚亚目（Pleocyemata）。Martin和Davis（2001）所著的《现生甲壳动物的最新分类》继承了Bowman和Abele的主要框架，成为目前广泛使用的新的分类系统。

1. Chace分类系统

Chace分类系统根据生活习性不同，把十足目分成游泳亚目和爬行亚目。

游泳亚目身体左右侧扁，大多有额剑，第一触角通常有柄刺，第二触角鳞片大，绝大多数种类腹肢发达，形成游泳足，分为对虾派（Penaeidea）、真虾派（Caridea）和猬虾派

(Stenopodidea)。

爬行亚目身体背腹扁平，额剑无或退化，第一触角无柄刺，第二触角鳞片大多退化或完全消失，绝大多数种类腹肢退化，不用于游泳，分为螯虾派（Astacura）、龙虾派（Palinura）、异尾派（Anomura）和短尾派（Brachyura）。

2. Martin 和 Davis 分类系统

Martin 和 Davis 根据解剖学和繁殖特性将十足目分为枝鳃亚目和腹胚亚目。

枝鳃亚目鳃枝状，数目多，卵直接产于海水中（不抱卵），初孵幼体为无节幼体。包含了对虾总科（Penaeoidea）和樱虾总科（Sergestoidea）。

腹胚亚目鳃叶状或丝状，卵产出后抱在雌体腹部附肢上（抱卵），初孵幼体为原溞状幼体或溞状幼体。包含了真虾下目（Caridea）、蝟虾下目（Stenopodidea）、螯虾下目（Astacidea）、龙虾下目（Palinura）、异尾下目（Anomura）和短尾下目（Brachyura）。

同鱼类一样，习惯性根据虾蟹类的进化程度及共有的特征，将虾蟹类归为不同的“类”，这样的“类”不是分类单位，可大可小。如真虾下目可称为真虾类，龙虾下目可称为龙虾类，依此类推。

（三）贝类的分类

贝类属于软体动物门（Mollusca），主要特征为身体柔软不分节，一般由 5 部分组成，即头部、足部、内脏囊、外套膜和贝壳；除掘足类和瓣鳃类外，口腔内具有颚片和齿舌；神经系统简单，主要由 1 个围绕食道的神经环、神经索和神经节组成。较高等贝类神经中枢由脑、脏、足、侧神经节和这些神经节之间的神经连索所组成；体腔退化，只有 1 个很小的围心腔；大多数种类发育要经过担轮幼虫期和面盘幼虫期。

软体动物门（Mollusca），分 7 个纲。

1. 无板纲

无板纲（Merostomata）为贝类中的原始类型，形似蠕虫，没有贝壳，故称“无板类”。世界上总共约有 100 种，全部生活在海中，如龙女簪（*Proneomenia*）。

2. 单板纲

单板纲（Monoplacophora）只有 1 个帽状贝壳，且有些器官有较明显的假分节现象。目前这类动物已在太平洋和印度洋各深海陆续发现了 8 种，如新碟贝（*Neopilina*）。这类“活化石”的发现，为探讨贝类的起源与进化，提供了新的材料。

3. 多板纲

多板纲（Polyplacophora）身上生有 8 块板状的贝壳，故称“多板类”。海产，全世界约有 600 种，如石鳖（*Chiton*）。

4. 瓣鳃纲

瓣鳃纲（Lamellibranchia）的外套腔发达，内有鳃，通常呈瓣状，故称“瓣鳃类”。身体左右侧扁、两侧对称，有 2 个壳，又名“双壳类”（Bivalvia）。它们的头部退化，足部发达呈斧头状，故又称“无头类”（Acephala）或“斧足类”（Pelecypoda）。无口腔、颚片、齿舌等。营水生生活，大部分是海产，少部分是淡水产。全世界大约有 15 000 种，分为 5 个亚纲。

（1）古列齿亚纲（Palaeotaxodonta）：两壳相等，铰合齿数多，分成前、后两列，闭壳肌 2 个，鳃呈羽状，为原鳃型。下有 1 个目，即胡桃蛤目（Nuculoida）。

（2）翼形亚纲（Prerimorphia）：两壳相等或不等，铰合齿数多排成1列，或退化，前闭壳肌较小或完全消失，鳃丝鳃型。下有4个目，即蚶目（Arcoida）、贻贝目（Mytiloida）、珍珠贝目（Pterioida）和牡蛎目（Ostreoida）。

（3）古异齿亚纲（Palaeoheterodonta）：两壳一般相等，铰合齿分裂，或分成位于壳顶的拟主齿和向后方延伸的长侧齿，或退化，闭壳肌2个，鳃为真瓣鳃型。下有1个目，即蚌目（Unionoida）。

（4）异齿亚纲（Heterodonta）：壳形多种多样，铰合齿数少或无，闭壳肌2个，鳃为真瓣鳃型。下有2个目，即帘蛤目（Veneroida）和海螂目（Myoida）。

（5）异韧带亚纲（Anomalodesmata）：两壳常不等，铰合齿缺或弱，韧带常在壳顶内方的匙状槽中。鳃为真瓣鳃型或隔鳃型。下有2个目，即笋螂目（Pholadomyoida）和隔鳃目（Septibranchia）。

5. 掘足纲

掘足纲（Scaphopoda）的足部发达呈圆柱状，用来挖掘泥沙，故名"掘足类"。有一个两端开口呈牛角状或象牙状的贝壳，故又称"管壳纲"。海产，全世界约有200种，如角贝（*Dentalium*）。

6. 腹足纲

腹足纲（Gastropoda）的足部发达，位于身体的腹面，故名"腹足类"。通常有一个螺旋形的贝壳，所以亦称"单壳类"（Univalvia）或"螺类"。海洋、淡水和陆地都有分布，遍及全世界。本纲分3个亚纲。

（1）前鳃亚纲（Prosobranchia）或扭神经亚纲（Streptoneura）：通常有外壳，发育期间发生扭转，使侧脏神经连索左右交叉呈8字形，故名"扭神经类"。本鳃简单，常位于心室的前方，又称"前鳃类"。下分3个目，即原始腹足目（Archaeogastropoda）、中腹足目（Mesogastropoda）和新腹足目（Neogastropoda）。

（2）后鳃亚纲（Opisthobranchia）：除捻螺外，侧脏神经连索左右不交叉，本鳃和心耳一般在心室的后方。下分8个目，即头楯目（Cephalaspidea）、无楯目（Anaspidea）、被壳翼足目（Thecosomata）、裸体翼足目（Gymnosomata = Pterota）、囊舌目（Sacoglossa）、无壳目（Acochlidiacea）、背楯目（Notaspidea）和裸鳃目（Nudibranchia）。

（3）肺螺亚纲（Pulmonata）：无鳃，以肺呼吸，多栖息于陆地和淡水中。下分2个目，即基眼目（Basommatophora）和柄眼目（Stylommatophora）。

7. 头足纲

头足纲（Cephalopoda）的头部和足部发达，足生于头前方，故名"头足类"。除鹦鹉贝具外壳，其他种类为内壳，或者贝壳退化。化石种很多，现生种仅500余种，全部海产。大多数能在海洋中做快速、远距离的游泳。具2个亚纲。

（1）四鳃亚纲（Tetrabranchia）：鳃、心耳、肾都是2对。外壳螺旋形，分室。腕的数量多。无墨囊，现在生存的种类属于鹦鹉贝科（Nautilidae）鹦鹉贝属（*Nautilus*）。

（2）二鳃亚纲（Dibranchia）：鳃、心耳、肾都是1对。贝壳为内壳或退化。头部前方生有4对或5对腕。一般有墨囊。下分2个目，十腕目（Decapoda）具5对腕，如乌贼（*Sepia*），八腕目（Octopoda）具4对腕，如章鱼（*Octopus*）。

（四）蛙类的分类地位

主要经济蛙类属于脊索动物门（Chordata）脊椎动物亚门（Vertebrata）两栖纲（Amphibian）无尾目（Anura）蛙科（Ranidae）。

（五）龟鳖类的分类地位

龟鳖类属于脊索动物门（Chordata）脊椎动物亚门（Vertebrata）爬行纲（Repitlia）龟鳖目（Testudinata）。

2 第二章 鱼类的外部形态

一、鱼体的外部分区

(一) 鱼体分区

鱼类的身体可分为头部、躯干部和尾部 3 个主要部分（图 2-1）。头部为前，尾部为后；当鱼与观察者朝向一个方向时，靠近观察者左手一侧为左侧，靠近观察者右手一侧为右侧。

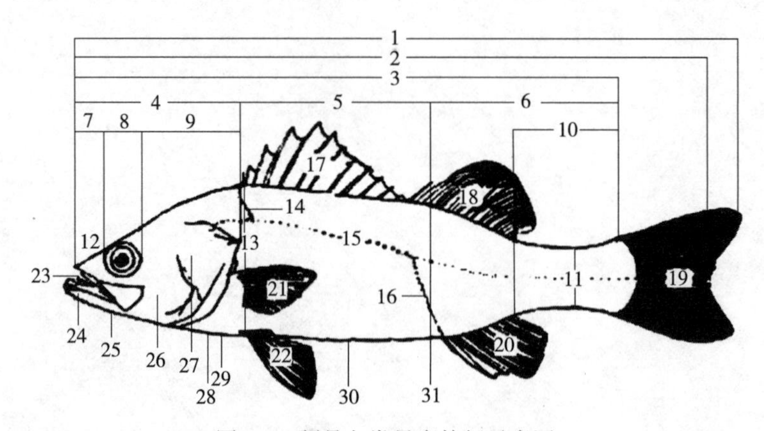

图 2-1　硬骨鱼类量度特征示意图

1. 全长　2. 叉长　3. 体长　4. 头长　5. 躯干长　6. 尾长　7. 吻长　8. 眼径　9. 眼后头长　10. 尾柄长　11. 尾柄高　12. 鼻孔　13. 体高　14. 侧线上鳞　15. 侧线　16. 侧线下鳞　17. 第一背鳍　18. 第二背鳍　19. 尾鳍　20. 臀鳍　21. 胸鳍　22. 腹鳍　23. 口　24. 颐部　25. 峡部　26. 颊部　27. 鳃盖　28. 喉部　29. 胸部　30. 腹部　31. 肛门

（水柏年，2015）

头部与躯干部的分界：在圆口类和板鳃类等没有鳃盖的种类，以最后一对鳃裂为界；具有鳃盖的硬骨鱼类等，则以鳃盖骨的后缘（不包括鳃盖膜、鳃孔）为界。

躯干部与尾部的分界：一般以肛门或尿殖孔的后缘为界限；有些鱼类的肛门特别靠近身体前方，则以体腔末端或最前一枚具脉弓的尾椎骨为界。

臀鳍基部最后一枚鳍条基部至尾鳍基部称为尾柄。

(二) 头部分区

吻部：头部的最前端到眼眶前缘的部分。

眼后头部：眼后缘到最后一鳃裂或鳃盖骨后缘的部分。

眼间隔（眼间距）：两眼上沿之间的距离。

颊部：眼的后下方到前鳃盖骨后缘的部分。

鳃盖膜：鳃盖后缘的皮褶。

喉部：两鳃盖间的腹面部分。

下颌联合：下颌左右两齿骨在前方会合处。

颏部（颐部）：紧接下颌联合的后方。

峡部：颏部的后方、喉部前方。

（三）鱼体的测量术语

全长：自吻端至尾鳍末端的直线长度。

体长或标准长：自吻端至尾鳍基部最后一枚椎骨的末端或到尾鳍基部的直线长度。

头长：自吻端至鳃盖骨后缘的直线长度。

吻长：自吻端或上颌前缘至眼前缘的直线长度。

眼径：沿体纵轴眼的直径，即眼眶前缘至眼眶后缘的直线长度。

体高：鱼体最长垂直直线长度。一般测量背鳍起点至腹面的垂直直线长度。

体宽：鱼体左右侧的最长垂直直线长度。

躯干长：自鳃盖骨后缘（或最后一个鳃孔）至肛门（或生殖腔）后缘的直线长度。

尾柄长：自臀鳍基底后缘至尾鳍基部（最后一枚椎骨）的直线长度。

尾柄高：尾柄部最低的垂直直线长度。

鲨、鳐类除上述测量项目外还有以下项目：

口前吻长：自头腹面吻端至上颌前缘距离。

唇褶长：口角裂状沟，上颌口角处为上唇褶，下颌口角处为下唇褶，唇褶的有无及其长度是分类特征之一。

胸鳍基底长：胸鳍基底起点至终点的距离。

胸鳍前缘：胸鳍基底起点于胸鳍外角为前缘。

胸鳍后缘：胸鳍外角沿后缘至里缘的界缘。

胸鳍里缘：自胸鳍里角后端至胸鳍基底距离。

胸鳍外角：胸鳍斜向后外方的角。

胸鳍里角：胸鳍斜向后内方的角。

前瓣和里瓣：有些鳐类腹鳍呈足趾状，其外侧部分为腹鳍前瓣，里侧部分为腹鳍里瓣。

体盘长：鳐类，自吻端至胸鳍后基的长度。

体盘宽：鳐类，两胸鳍外缘的最大水平距离，即体盘左右最宽处的距离。

鼻孔间距：两鼻孔间最短距离。

喷水孔间距：两喷水孔间最短距离。

二、鱼的体型

（一）体轴

鱼体有 3 个体轴，即头尾轴、背腹轴和左右轴（图 2-2）。

头尾轴：主轴，是自鱼体头部到尾部贯穿体躯中央的一条轴线。

背腹轴：纵轴，是自鱼体的最高部通过头尾轴，与头尾轴垂直，贯穿背腹的一条轴线。

左右轴：横轴，是贯穿鱼体中心而与头尾轴和背腹轴垂直的一条轴线。

切面：包括纵断面、水平断面和横断面。纵断面将鱼体分为左右两部分，对称。水平断面将鱼体分为背腹两部分，不对称。横断面将鱼体分为前后两部分，不对称。

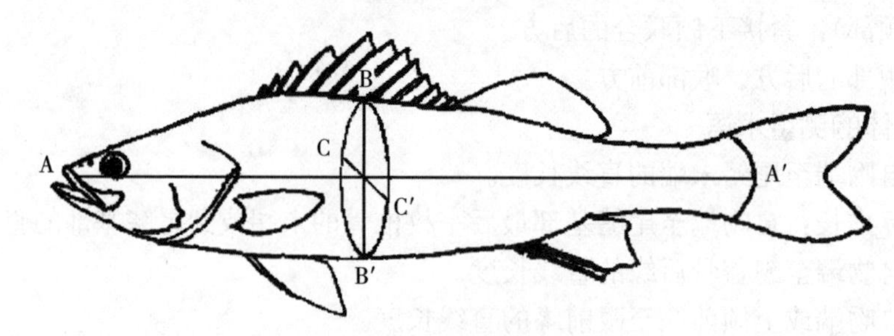

图 2-2 鱼类的体轴示意图
AA′. 头尾轴 BB′. 背腹轴 CC′. 左右轴
（水柏年，2015）

（二）体型

在鱼类的众多体型中，出现最多是纺锤型、侧扁型、平扁型、圆筒型等 4 种基本体型。

（1）纺锤型：从体轴看，头尾轴最长，背腹轴较短，左右轴最短。

（2）侧扁型：头尾轴较短，背腹轴相对延长，而左右轴仍为最短，即变成短而高的侧扁型。

（3）平扁型：背腹轴缩短，左右轴特别延长，成为背腹扁平，左右宽阔的平扁型。

（4）圆筒型：头尾轴特别延长，背腹轴和左右轴特别缩小，而且二者几乎相等，形如一条棍棒。

（5）其他独特的体型：一般鱼类都可以划归上述四种基本类型，然而还有一部分种类，由于需要适应它们的生活环境和特殊的生活方式，具有独特的体型。如海马型（海马）、箱型（斑点三棱箱鲀）、球型（东方鲀）、带型（带鱼）、翻车鲀型（翻车鲀）、大喉型（巨喉鱼）、箭型（颌针鱼）、不对称型（鲽形目）。

鱼类由于生活习性及所处环境条件不同，因而产生各种不同的体型，这是鱼类在长期自然发展过程中，对环境的适应及自然选择的结果。

纺锤型的鱼类，身体纵轴远大于体高和体宽。此种体型适于减少水的阻力，大部分游动迅速的鱼类都属于这种体型，以耗费最少的能量获得最大的游速，如金枪鱼、鲐、青鱼、草鱼等。其体表润滑，富含黏液，鳞片致密细小，细小而强有力的尾柄和上下极端张开的新月型尾鳍，足以保证最快的游速。

侧扁型的鱼类，体高远远大于体宽，身体高度侧扁。此类鱼大多栖息在中下层水流较缓和的水域里，一般运动不甚敏捷，较少做长距离洄游，如卵形鲳鲹、团头鲂等。

平扁型的鱼类，身体背腹轴远远小于左右轴。此类鱼大多栖息于水底，行动较迟缓。硬骨鱼类中的鮟鱇、爬岩鳅、平鳍鳅，软骨鱼类中常见的鳐、魟等属于这种体型。鲼和蝠鲼等，其体型虽属平扁型，但其胸鳍十分发达，形如鸟翼，这就使得它们有时还能活跃于水体的中上层。

圆筒型的鱼类，背腹轴与体侧轴几乎相等。此类鱼大多潜伏于水底泥沙之中，适于穴居或穿绕水底岩缝间，行动不甚敏捷，如黄鳝、鳗鲡、海鳗等。

三、头部器官

生活在水体上层、游泳速度较快、行动敏捷的鱼类，其头部尖细，如鳡、金枪鱼等。生活在底层、行动迟缓的鱼类，其头部较为平扁，如鳐、南方鲇等。

(一) 口

口（mouth）是主要捕食器官。板鳃类的口，一般位于头部的腹面。鲨的口多呈新月形，利于口部尽量张开。魟、鳐等鱼类的口呈裂缝状，捕食时，多用其宽大的胸鳍先将目标物抱住，然后用口吞食。硬骨鱼类的口，根据上下颌的长短，可分为上位口、端位口和下位口（图 2-3）。

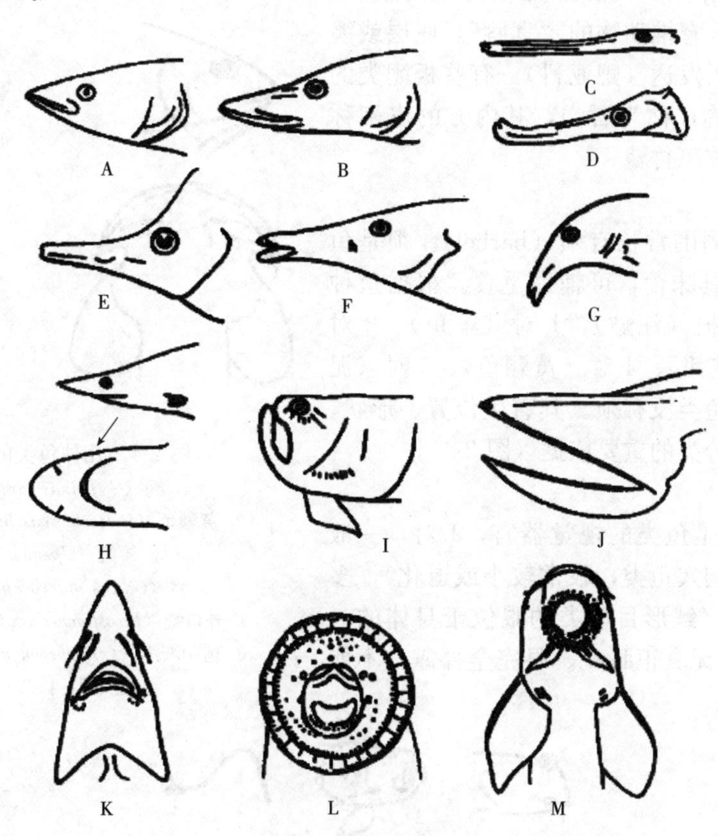

图 2-3 鱼类口的形态

A. 鳡（*Elopichthys bambusa*） B. 黑斑狗鱼（*Esox reicherti*） C. 鳞烟管鱼（*Fistularia petimba*） D. 剃刀鱼（*Solenostomus paradoxus*） E. 镊口鱼（*Forcipiger longirostris*） F. 杂色尖嘴鱼（*Gomphosus varius*） G. 指吻鱼（*Mormyirdae*） H. 小眼真鲨（*Lamiopsis temminckii*） I. 日本騰（*Uranoscopus japonicus*） J. 宽咽鱼（*Eurypharynx*） K. 达氏鳇（*Huso dauricus*）（腹视） L. 日本七鳃鳗（*Lampetra japonica*）（腹视） M. 东方墨头鱼（*Garra orientalis*）（腹视）

（孟庆闻，1987）

上位口，下颌长于上颌，凸出于上颌之前，使口裂向上斜，多为生活于水域上层或中上层的鱼类所具有，如翘嘴鲌、鳜等。

端位口，也叫前位口，口开在吻端，上下颌等长，属于这类口型的鱼类极多，如鲢、鳙、鲐、马鲛鱼等。

下位口，也叫腹位口，口开在吻的下部，上颌长于下颌，这类口型的鱼一般多生活于水体中下层，以底栖生物为食，如鲟、密鲴、鲮。

口的形态、大小与鱼类食性之间存在一定的关系。通常肉食性鱼类口裂较大，温和植食性鱼类的口裂较小。鳐、魟的口呈裂缝状。硬骨鱼类中一些种类的口由于上下颌的变异，产生一些特殊形状的口型，如吸盘（平鳍鳅科、鲤科鲃亚科）、鸟喙状（颌针鱼）、吸管状（海龙、海马）等。

（二）唇

唇（lip）是包围口缘的皮褶构造，起着协助吸取食物的作用。鱼唇并无任何肌肉组织，所以不同于高等脊椎动物的“真唇”。底层或溪流中的种类，唇发达（鲃亚科）。有些板鳃类的口角具一裂状沟，称为唇沟，其内方的皮褶称为唇褶，如条纹斑竹鲨。

（三）须

鱼类口的周围常长有须（barbel）。须是鱼类触觉器官，具味蕾，可辅助觅食。根据鱼种类不同可有 1 根（江鳕）、1 对（羊鱼）、2 对（鲤）、3 对（花鳅）、4 对（黄颡鱼）、5 对（泥鳅）须，有些鱼类没有须。其着生位置、形状、数目、长短为分类的重要依据（图 2-4）。

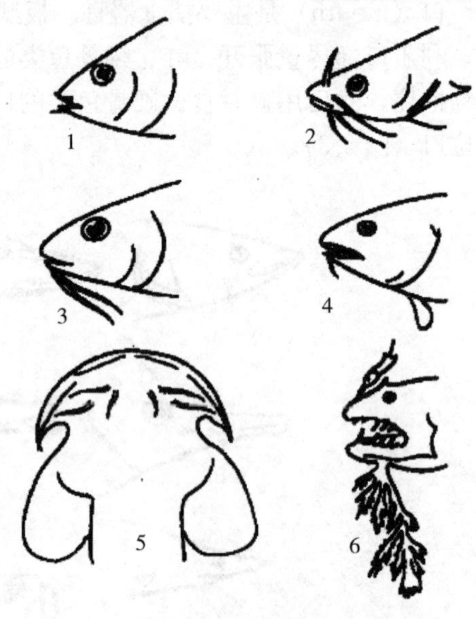

图 2-4　几种鱼类的须
1. 鲤（*Cyprinus carpio*）
2. 黄颡鱼（*Pelteobagrus fulvidraco*）
3. 绯鲤（*Upeneus*）
4. 鳕（*Gadus macrocephalus*）
5. 外口鲺（*Exostoma davidi*）（腹视）
6. 树须鮟鱇（*Linophryne arborifera*）
（孟庆闻，1987）

（四）眼

眼（eye）是鱼类的视觉器官，1 对，一般较大（底栖、洞穴鱼类，眼常较小或退化），多位于头部两侧（鲽形目鱼类的眼位于身体的一侧）。无泪腺，无真正眼睑，眼完全裸露，不能闭合（图 2-5）。

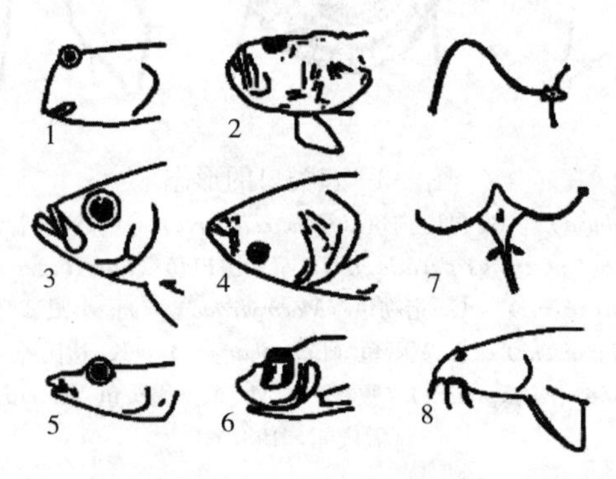

图 2-5　几种鱼的眼
1. 弹涂鱼（*Periophthalmus cantonensis*）　2. 青螣（*Xenocephalus elongatus*）
3. 短尾大眼鲷（*Priacanthus macracanthus*）　4. 鳙鱼（*Aristichthys nobilis*）　5. 四眼鱼（*Anableps anableps*）
6. 后肛鱼（*Opisthoproctus*）　7. 奇棘鱼（*Idiacanthus fasciola*）　8. 高原盲条鳅（*Triplophysa gejiuensis*）
（谢从新，2010）

鲱形目、海鲢目、鲻形目的一些种类，眼的一部分或大部分被覆透明的脂肪体，称为脂眼睑。

有些鲨，如锤头双髻鲨，在眼眶内侧、眼球外方有一层膜状构造，称为瞬膜，这种膜可以上下活动，可以“眨眼”。

有些鲨，如灰星鲨，眼眶下缘的皮肤所形成的皱褶能上下活动，称为瞬褶。

四眼鱼的眼睛凸出于头顶之上，每只眼睛中间有一条前后向的黑线，把眼睛分为上下两部分，上半部分看空中物体，下半部分适应水中窥物。

（五）鼻

鼻（nostril）是鱼类的嗅觉器官。无内鼻孔（肺鱼总目例外），与呼吸无关。一般为1对，圆口类只有一个单独鼻孔，开口于头的前端。软骨鱼类的鼻孔位于头部腹面和口角前方，部分鲨具口鼻沟（外鼻孔原始通道）。硬骨鱼类的鼻孔位于眼的前上方，由鼻瓣隔开成前鼻孔、后鼻孔（图2-6）。

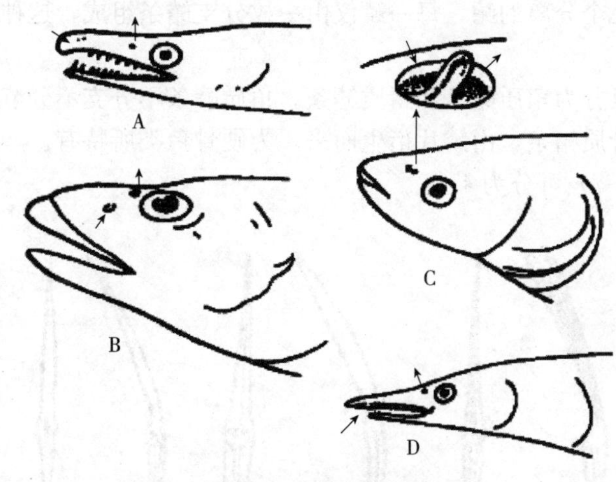

图2-6　几种鱼的鼻孔

箭头示水流方向

A. 海鳗（*Muraenesox cinereus*）　B. 松江鲈（*Trachidermus fasciatus*）

C. 青鱼（*Mylopharyngodon piceus*）　D. 刺鳅（*Mastacembelus aculeatus*）

（孟庆闻，1987）

（六）鳃孔和鳃裂

鱼类头部后方两侧，常有一个或多个裂孔，称为鳃裂（gill cleft）或鳃孔（gill opening）。由消化管通到体外的孔裂，为两鳃弓之间的裂缝。七鳃鳗具7对鳃孔，盲鳗具1～14对，板鳃类则具5～7对鳃裂。全头类鳃裂外具有一无骨骼的皮褶状的假鳃盖，所以从外面看只有一对鳃孔。

硬骨鱼类一般具5对鳃裂（多鳍鱼类仅4对），都具有由骨骼支持的鳃盖，在外观上只能看到一对鳃孔。鳃盖与鳃之间的空隙叫鳃腔（gill cavity）。合鳃目的黄鳝，左右鳃孔在腹面愈合为一；双孔鱼在头部两侧各具上、下两个鳃孔。

（七）喷水孔

大部分软骨鱼类和少数硬骨鱼类在眼的后方尚有一孔，称为喷水孔（spiraculum），与呼吸有关。喷水孔实质上是一个退化了的鳃裂，一般鳐类的喷水孔特别大，而鲨类的喷水孔小或退化。

四、鳍

鳍是鱼类的外部器官，位于躯干部和尾部，具有运动和平衡身体的作用，由暴露于体表的鳍条（fin-ray）以及联系这些鳍条的鳍膜组成，分为奇鳍（median fin）和偶鳍（paired fin）。

（一）鳍的类别

奇鳍位于身体正中，不成对，包括背鳍（dorsal fin）、臀鳍（anal fin）和尾鳍（caudal fin）。偶鳍位于身体两侧，成对存在，包括胸鳍（pectoral fin）和腹鳍（ventral fin）。

鲑形目、鲤形目脂鲤亚目、鲇形目等许多种类，在背鳍后方有一个肉皮状突起，内无鳍条，充满疏松的结缔组织或脂肪组织，被称为脂鳍。鲭科以及近似种类，其背鳍和臀鳍的后方常有一个到几个分离的鳍，每一鳍仅由一枚分支鳍条组成，这种鳍称为小鳍。

（二）鳍的结构

鱼类的鳍条可以分为角质鳍条和鳞质鳍条。角质鳍条不分支不分节，为软骨鱼类所特有。鳞质鳍条又称骨质鳍条，由鳞片衍生而来，为硬骨鱼类所特有。

鳞质鳍条（图 2-7）可分为 4 类。

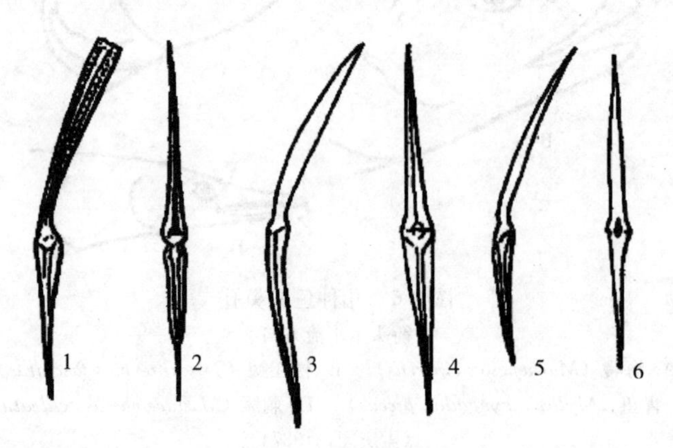

图 2-7　鱼类的鳍条

1. 分支鳍条侧面观　2. 分支鳍条前面观　3. 硬刺侧面观
4. 硬刺前面观　5. 棘侧面观　6. 棘前面观

（孟庆闻，1987）

（1）棘（spine）：每枚鳍条均是完整的，非左右两半组成，鳍条本身不分节。一般坚硬，但在一些小型鱼类也可能是柔软的。

（2）硬刺（假棘，spiny soft ray）：鳍条由左右两半愈合而成，分节，强大坚硬，末端不分支，有些鱼类的硬刺前、后缘可能具有锯齿。

（3）不分支鳍条（unbranched fin-ray）：鳍条由左右两半愈合而成，分节，柔软，末端不分支。

（4）分支鳍条（branched fin-ray）：鳍条由左右两半愈合而成，分节，柔软，末端分支。

（三）鳍的形态和功能

1. 背鳍

背鳍位于身体前部中央，具有维持身体直立平衡，防止游泳或静止时左右倾斜和摇摆的作用，也能帮助游泳。背鳍借助下方肌肉的收缩能自由地竖起和平伏。

背鳍一般 1 个，鳕科具有 2～3 个。完全没有背鳍的鱼类很少，如电鳗亚目。许多低等硬骨鱼类仅有 1 个背鳍，全部由分节而柔软的鳍条组成，称为软鳍鱼类；高等真骨鱼类的背鳍则由鳍棘和软条两部分组成，称为棘鳍鱼类，前面部分称为背鳍棘部，后面部分称为背鳍软鳍部。

鳗鲡的背鳍发达，特别延长，能够协助运动；舌鳎的背鳍更是扩展到吻部；旗鱼的背鳍巨大；鮟鱇的背鳍鳍条特化为细长的钓丝，末端膨大，形成"鱼饵"；䲟的第一背鳍特化成头上椭圆形的吸盘，吸盘中具许多宽阔的横隔。

2. 臀鳍

臀鳍位于鱼体后下方，肛门与尾鳍之间，具有维持身体平衡的作用。多数鱼类具有 1 个臀鳍，但鳕鱼有 2 个臀鳍，均为鳍条组成。海鳗、鳗鲡等以臀鳍作为运动器官，其臀鳍一般很长，其他鱼类的臀鳍一般显得很小。胎鳉科的种类臀鳍的一部分特化为雄性的交接器。

3. 尾鳍

除少数种类，绝大多数鱼类具尾鳍。尾鳍位于鱼体的末端，具有推进和转向的作用，纯系鳍条组成。鲨和鲟形目的鱼类尾鳍形状不对称，上叶长于下叶，称为歪尾形。真骨鱼类的尾鳍外形上大多对称，但也有不同的外形，形状有新月形（金枪鱼）、深叉形（鳡）、内凹形（鲤、鲫）、平直形［截（切）形］（鲀）、圆形（斑鳢）、尖圆形（小黄鱼）、双凹形等（图 2-8）。

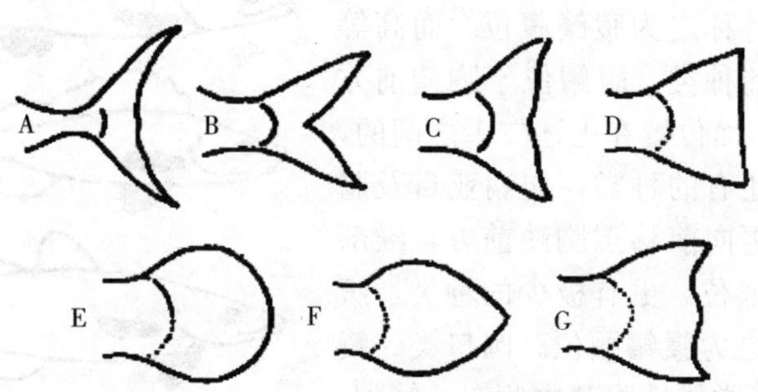

图 2-8　几种常见的硬骨鱼的尾鳍类型

A. 新月形　B. 深叉形　C. 浅凹形　D. 截（切）形　E. 圆形　F. 矛形　G. 双凹形

（谢从新，2010）

4. 胸鳍

胸鳍位于鳃孔后方，身体腹部两侧，其位置具有高低变化，具有使身体前进、控制方向和在行进中"刹车"的作用。胸鳍宽阔呈舌片状的鱼类运动缓慢；胸鳍狭长呈镰刀状的鱼类运动迅速；弹涂鱼的胸鳍具臂状肌肉，可支撑身体、跳跃、爬行；飞鱼的胸鳍巨大，可用于滑翔（图 2-9）。圆口类、黄鳝、鳗鲡等无胸鳍。

5. 腹鳍

腹鳍位于鱼体的腹部，具有稳定身体和辅助升降的作用。一般较小，其位置变化甚

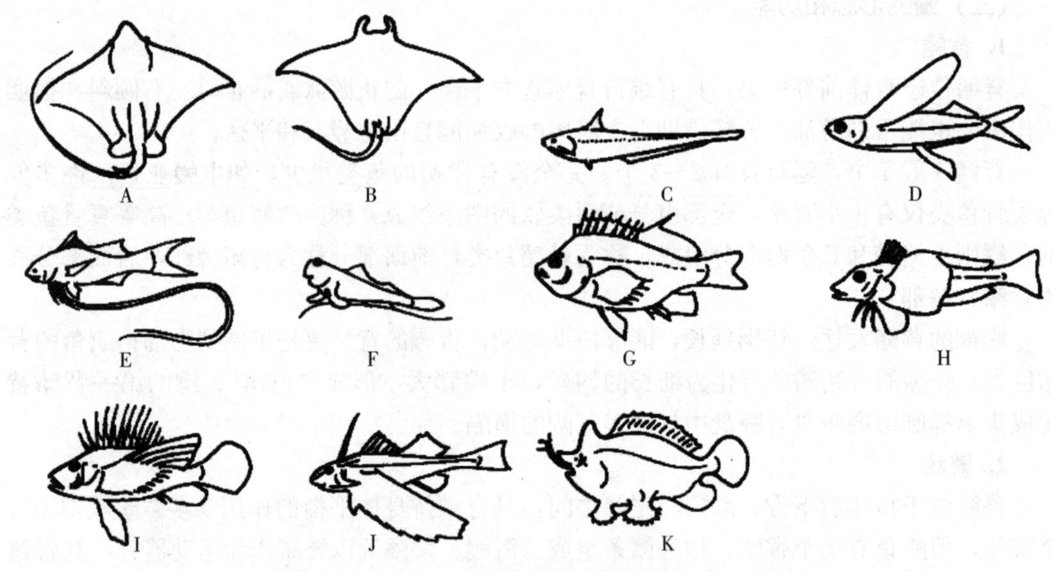

图 2-9　鱼类胸鳍和腹鳍的形态

A. 鸢鲼（*Myliobatis tobijei*）　B. 双吻前口蝠鲼（*Manta birostris*）　C. 凤鲚（*Coilia mystus*）
D. 花鳍燕鳐（*Cypselurus poecilopterus* ）　E. 多指马鲅（*Polydactylus longipectoralis*）
F. 广东弹涂鱼（*Periophthalmus cantonensis*）　G. 金鎓（*Cirrhitichthys aureus*）
H. 绿鳍鱼（*Chelidonichthys kumu*）　I. 环纹蓑鲉（*Pterois lunulata*）
J. 单棘豹鲂鮄（*Dactyloptena peterseay*）　K. 条纹躄鱼（*Antennarius striatus*）
（孟庆闻，1987）

大，有腹位、胸位、喉位（图 2-10）。一般来说比较低等或原始的鱼类，如鲱形目、鲤形目等，其腹鳍均位于腹部，称之为腹鳍腹位。而高等的鱼类，如鲈形目的种类，腹鳍位于胸鳍前方腹面，称腹鳍胸位。而位置在上述二者之间的，称次（亚）胸位。还有的种类，如鳚亚目及鰧科的鱼类，其腹鳍更向前移至胸鳍前方，喉部下方，称之为腹鳍喉位。更有极少的种类，腹鳍着生在颐部，称之为腹鳍颐位。圆口类、鳗鲡等无腹鳍。软骨鱼类雄性腹鳍内侧有一鳍脚，有软骨支持，系交配器官。有的鱼类的腹鳍特化为吸盘（虾虎鱼、腹吸鳅），有的呈特殊形状如丝状（长丝鲈）。

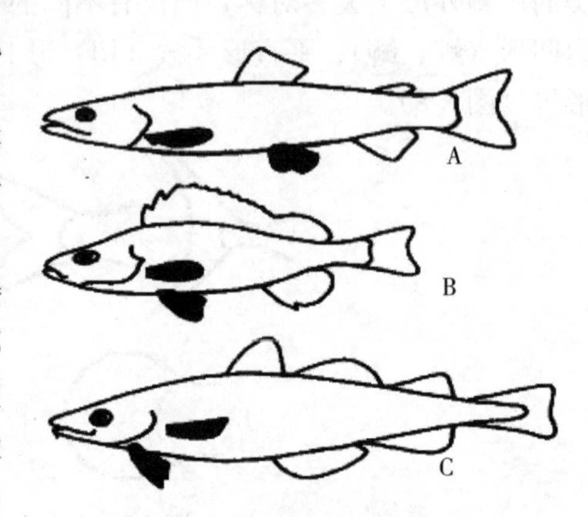

图 2-10　鱼类胸鳍和腹鳍的位置
A. 腹位　B. 胸位　C. 喉位
（谢从新，2010）

(四) 鳍式

鱼类鳍的组成和各鳍鳍条的数目是鱼类分类的重要依据。用鳍的缩写、符号、数字表示鳍的组成情况，以不同数字记录鳍条数的方式称为鳍式。鳍的缩写 D.、A.、C.、P.、V.，分别表示背鳍、臀鳍、尾鳍、胸鳍和腹鳍。用大写罗马数字（Ⅰ～Ⅻ）表示棘的数目（真棘），用小写罗马数字（ⅰ～ⅹ）表示硬刺的数目（假棘），用阿拉伯数字表示分支鳍条和不分支鳍条的数目，表示棘、硬刺和不分支鳍条的数字在前，表示分支鳍条的数字在后，之间用“-”相连，用波浪线（～）表示不同个体鳍条数目的波动，有些鱼类具有多个背鳍或臀鳍，用“,”隔开。

例如鲈：D. Ⅻ，Ⅰ-13 表示鲈的第一背鳍由 12 枚棘组成，第二背鳍由 1 枚棘和 13 枚鳍条组成。其余各鳍的鳍式分别为 A. Ⅲ-7～8；P . 16～18；V. Ⅰ-5；C. 17。

3 第三章 鱼类的内部构造

第一节　鱼类的皮肤及其衍生物

一、鱼类皮肤

鱼类的皮肤由外层的表皮、内层的真皮及其衍生物组成。皮肤的厚度，不仅有种间差异的特性，而且即使是同一个体，不同部位厚度也不尽相同，最大厚度可达 10 mm（鲨和翻车鲀）。

皮肤的衍生物包括腺体、珠星、发光器、仔鱼黏附器、鳞片等。皮肤具有感觉（感觉芽、味蕾、感觉丘、神经末梢）、润滑（分泌黏液，减少摩擦）、保护（防止寄生物、病菌和其他微小生物的侵袭）、吸收（可能有吸收营养物质的功能）、凝结并沉淀（使混浊水体的悬浮物凝结、沉淀）、修补（修复表面创伤）、调节渗透压（使扩散、渗透过程变慢，适应盐度的变化）、辅助呼吸（鳗鲡的皮肤）等功能。

（一）表皮

鱼类的表皮起源于外胚层，由多层细胞组成，通常无连续被覆的角质层，分为生发层和腺层。

1. 腺层

腺层位于皮肤的最外面，除生发层以外的部分，细胞层数不等，因存在各种腺细胞而得名。

2. 生发层

表皮基部最内面一层，由长柱形的细胞组成，排列整齐，大小一致，称为生发层，该层细胞具有分生新细胞的能力。

有些鱼类一到生殖季节，由于受到生殖腺激素的影响，在头部（鳃盖、吻部和头背部等）、鳍条等处出现一种由表皮角质化形成的白色坚硬圆锥形突起，称为追星或珠星（pearl organ），生殖完毕即自行消退。珠星只限于生殖季节出现，或者在生殖期间变得特别明显。雄性个体珠星一般表现得粗壮，数量也多；雌性个体往往缺少，即使出现也很微细，数量也非常有限。不是所有的鱼类都会出现珠星，鲤科和鳅科出现珠星的种类较多。

（二）真皮

真皮来源于中胚层，由结缔组织纤维、基质和细胞组成，其中细胞很少，血管和神经也介入其中。可分为外膜层、疏松层、致密层 3 层。外膜层很薄，由结缔组织纤维均匀排列成片状，纤维丝可向上伸入生发层，向下深入真皮较深处。疏松层在外膜层内方，也较薄，纤维结缔组织呈海绵状疏松而不规则地排列，含有色素细胞、成纤维细胞和变形细胞，血管丰富。致密层丰富的纤维结缔组织致密而平行排列，以胶原纤维为主，通常不含色素细胞。在鲨身上致密层特别发达，其纤维有数十厘米长。多数真骨鱼类致密层较薄。

二、腺体

鱼类皮肤上的腺体分单细胞腺和多细胞腺两种，都是从表皮细胞演变而来的。

1. 单细胞腺体

单细胞腺体（unicellular gland）由表皮生发层产生后外移至腺层。根据细胞的形态构造和染色特征分为5种。

（1）黏液细胞（杯状细胞）：形似杯子，产生黏液物质（黏多糖类、纤维素类），圆口类和真骨鱼类全身都有。

（2）颗粒细胞：分泌保护性物质，防止凶猛鱼类吞食（七鳃鳗）。

（3）浆液细胞：似圆形或椭圆形，细胞厚而细胞质少，鲨和一般真骨鱼类具有。

（4）棒状细胞：形似高尔夫球棒，常见于圆口类；真骨鱼类的似圆形或椭圆形，可分泌警戒物（蝶呤）（鲤形目和鲇形目）。

（5）线细胞：盲鳗特有，分泌一种螺旋状的黏液。

黏液的分泌与鳞被状况相关，一般无鳞、鳞片细小的鱼类分泌的黏液多。

2. 仔鱼黏附器

仔鱼黏附器（larval adhesive organ）是位于头部的一种较大的、特化的、凸出于表皮之外的临时性构造，出现在仔鱼期，能够分泌黏液。仔鱼借此黏附在水中物体上。

3. 毒腺

鱼类的毒腺（poison gland）由许多特殊的表皮细胞衍生而来，有单细胞腺和多细胞腺2类。毒腺为一团表皮特化后，集合在一起，沉入真皮层，外包结缔组织，构成的一种产生有毒物质的腺体，没有管道和管壁，常与棘、刺和牙连在一起，借此注入毒液（图3-1）。海产的毒鲉（*Synanceia*）是具有毒腺的最可怕的一类，它的毒汁具有致命性，能溶解血细胞，对神经系统也有严重影响。

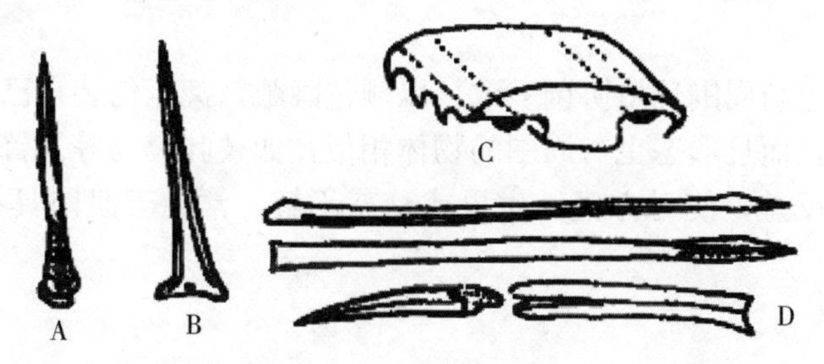

图3-1　几种鱼类的毒腺

A. 鳗鲇（*Plotosus lineatus*）　B. 黄斑蓝子鱼（*Siganus oramin*）
C. 古氏魟（*Dasyatis kuhlii*）　D. 日本鬼鲉（*Inimicus japonicus*）
（孟庆闻，1987）

三、发光器

发光器（luminescent organ）由皮肤衍生而来。表皮生发层的细胞向真皮层伸展形成晶状体和发光腺体 2 部分，在二者的外面，是由真皮层形成的反射层和它外面的色素罩。鱼类的发光方式有与鱼共生的发光细菌发光和鱼自身具有的发光器（腺体）独立发光（本体发光器）2 种。具有识别同类、求偶繁殖、引诱食物和惊吓拒敌等作用。淡水鱼类无发光器，一般深海鱼类才有。

四、色素细胞与体色

1. 色素细胞

色素细胞起源于中胚层，主要分布于真皮层和皮下层，在表皮层和真皮层的致密层内通常无色素细胞。包括黑色素细胞、黄色素细胞、红色素细胞和虹彩细胞（图 3-2）。

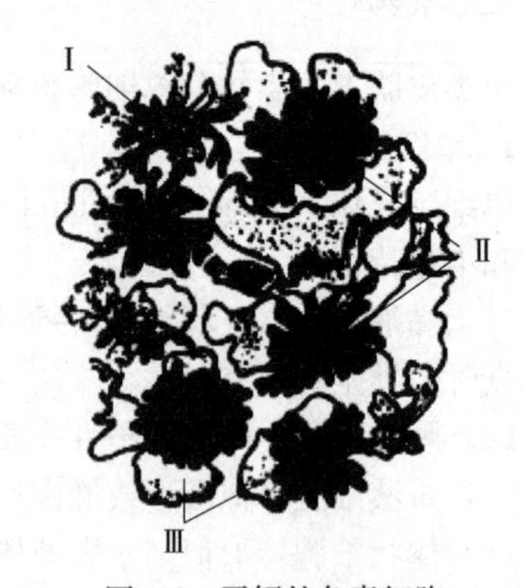

图 3-2 牙鲆的色素细胞
Ⅰ. 黄色素细胞 Ⅱ. 黑色素细胞 Ⅲ. 虹彩细胞
（孟庆闻，1987）

（1）黑色素细胞呈星状，含有黑色、棕色或灰色的色素颗粒，不溶于脂肪。其存在最为普遍，如眼球底部、肠系膜、腹腔膜、血管及神经周围等处均有分布。

（2）黄色素细胞的色素颗粒较小，在光线透射时呈橙色或深橙色，水溶性，在光线照射下易褪色。

（3）红色素细胞含有红色素颗粒，水溶性，易褪色，多见于热带鱼类。

（4）虹（光）彩细胞的色素颗粒是鸟粪素（鸟嘌呤）颗粒，它能折光，在鱼体呈银白色。

2. 体色

体色具有自我保护、求偶、识别同类（白天集群鱼类的集群标志）等功能。各种鱼类的体色和斑纹，是由几种色素细胞的多寡、分布区域相互配合的情况而来的；色素细胞内色素颗粒的浓集和分散造成体色的变化。色素活动是受神经支配的，同时还受激素的控制调节。年龄、性别、环境（缺氧、温度变化、食物种类）、生理冲动、健康状况等，对鱼体色也有影响。

保护色是指体色与周围环境协调一致，以颜色隐蔽，甚至伪装自己。拟态是指体色与周围环境协调一致，而且形态也与周围的物体相似，如枝叶海马等。警戒色是指体色与环境形成鲜明强烈的反差，使对方望而生畏或疑惑不解，常见于肌肉具有毒性或有毒刺的种类。

五、鳞片

大多数鱼类被有鳞片（scale），具有保护作用。圆口类、若干杜父鱼亚目、电鳐目和鲇形目的种类无鳞。

根据鳞片的外形、构造和发生的特点，可将鳞片划分为三种基本类型，盾鳞（placoid scale）、硬鳞（ganoid scale）和骨鳞（bony scale）。

1. 盾鳞

盾鳞由表皮和真皮共同形成，构造似牙齿，又称皮齿（dermal teeth），为软骨鱼类特有，分布全身，斜向排列，使身体表面显得很粗糙。

盾鳞由基板和鳞棘两部分组成。基板多呈菱形，埋在皮肤中，由真皮演化而来。鳞棘着生在基板上，露在体表，且尖端朝后。包括外面的釉质（enameloid）（表皮演化）、内部齿质（dentine）（真皮演化）和中央的髓腔（pulp cavity）。髓腔内充满结缔组织、血管和神经，有一小孔与真皮相通（图 3-3）。

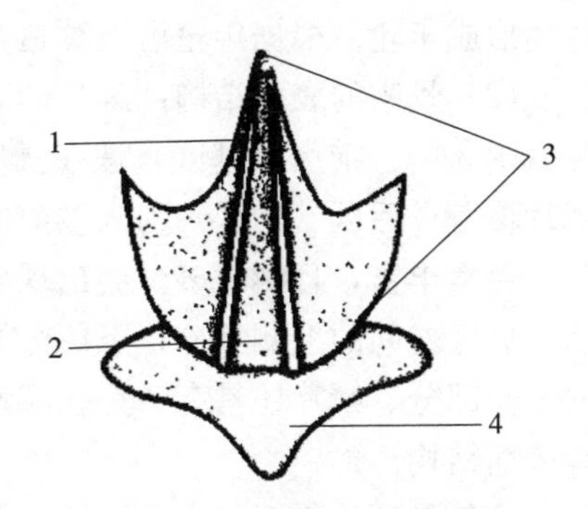

图 3-3 梅花鲨的盾鳞
1. 髓腔 2. 髓腔与真皮的通孔
3. 棘 4. 基板
（孟庆闻，1987）

2. 硬鳞

硬鳞由真皮产生，只见于现存的一小部分低等硬骨鱼类中，是原始的鳞片，呈斜方型，含硬鳞质，具特殊亮光。硬鳞坚实，成行排列，鳞片彼此之间以凹凸关节相连接。

可分为三种类型：标准式硬鳞、科司美式硬鳞、雀鳝式硬鳞。标准式硬鳞由硬鳞层（似珐琅质）、科司美层（似齿质）、管质层、内骨层共同组成，非洲产的多鳍鱼和古代的古鳕类均具此型。科司美式硬鳞由科司美层、管质层、内骨层组成，古代肺鱼类和总鳍类的骨鳞鱼科均具此型，现存鱼类无此鳞片。雀鳝式硬鳞由硬鳞层、内骨层组成，尚存少量管质层，无科司美层，如鲟类及北美洲河中产的雀鳝属此型。

3. 骨鳞

骨鳞由真皮产生，柔韧扁薄，富有弹性，为真骨鱼类所具有。前端插入鳞囊内，后端游离，彼此呈覆瓦状排列，有利于增加身体的灵活性，无硬鳞质层和科司美层。鳞片主要由有机物和矿物质（1∶1）组成，有机物为胶原蛋白（24%）和鱼鳞蛋白（76%），矿物质为磷酸钙和碳酸钙。鱼的个别鳞片由于机械损伤或其他原因而脱落，在原有部位又长出新鳞片，称为再生鳞。

（1）骨鳞的发生：首先出现鳞片的部位，通常在躯干前部、鳃盖后方侧线上下处或尾柄沿侧线处。鳞片原基形成后，鳞的上下两侧出现真皮细胞层，形成包围鳞片的小囊，即鳞囊（鳞袋）。鳞片后部未被其他鳞片覆盖的部分仍在鳞囊内并未裸露，只是鳞囊较薄，一旦破坏，极易受到病原微生物的侵害。

鳞片为两层构造。上层为骨质层（透明质层），钙质，脆硬，生长方式为只加宽不加厚。下层为纤维层（基板），含有大量胶原纤维，具弹性，生长方式为既加宽又加厚（图 3-4）。

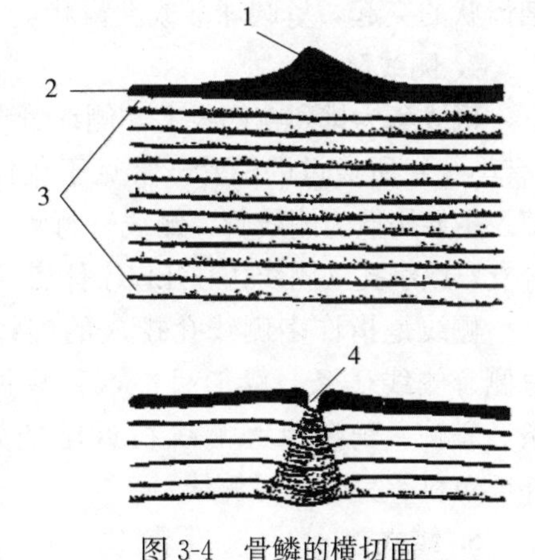

图 3-4 骨鳞的横切面
1. 鳞嵴（环片） 2. 骨质层
3. 纤维层 4. 鳞沟（辐射沟）
（孟庆闻，1987）

一个鳞片首先形成鳞片中心，上层围绕鳞片中心一环一环地生长，由许多同心圆的环片组成，即从原有部分的边缘再生长出一圈新的。下层是一片一片地从中心向外缘生长的，新长出的一片总是叠在原有的一片下面，并且比原有的一片生长得大一些。环片因季节不同而表现出生长速度的差异。夏环和冬环组合起来，一宽一窄代表一年的生活周期，从而形成年轮。根据年轮可推算鱼类的大致年龄、生长速率、繁殖季节等。

(2) 骨鳞的表面结构：鳞片的表面可分为4个区（图3-5）。前区（基区）埋在真皮内，被前面的鳞片覆盖；后区（顶区）为未被前面鳞片覆盖的部分，色素丰富，且鳞嵴多少会出现变形；上侧区为前、后区之间的上侧部分；下侧区为前、后区之间的下侧部分。鳞片还具有鳞焦、鳞嵴、鳞沟和鳞齿等表面结构。

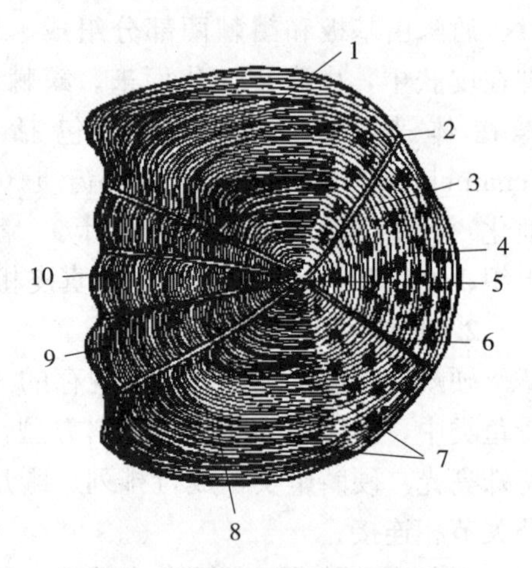

图3-5 鲫鳞片分区及表面结构
1. 上侧区 2. 黑色素细胞 3. 瘤状突起 4. 顶区 5. 鳞焦 6. 鳞沟 7. 年轮 8. 下侧区 9. 鳞嵴 10. 基区
（孟庆闻，1987）

鳞焦是环片围绕的中心区域，为鳞片最早期形成的部分（即原基），与鳞片几何中心重叠（鳞焦中位）或不重叠（鳞焦前位、鳞焦后位）。

鳞嵴（环片）是鳞片表面形成的一圈圈如同嵴的环状隆起，通常呈同心圆排列。相邻环片之间的距离与鱼生长速度成正相关，鱼生长快环片排列稀疏，生长慢排列紧密。后区环片可能发生变态（断裂或愈合变为瘤状、栉齿状、矛状等），根据后区环片变态后的结构特征分为两类，圆鳞的后区边缘光滑，环片正常或为瘤状，栉鳞的后区边缘齿刺状突起，环片变态为矛状或齿状。

鳞沟（辐射沟）是从鳞焦或鳞片某一部位辐射至鳞片边缘的槽沟，系由鳞片的骨质层局部变薄凹陷或切断而形成。从鳞焦辐射至鳞片边缘称为初级鳞沟。从鳞片某一部位辐射至鳞片边缘称为次级鳞沟。不同鱼类鳞沟存在情况不同，可分为没有（鳗鲡、鲑科鱼类）、四区均有（泥鳅）、后区有（鲢、马口鱼）、前区有（食蚊鱼）等几种不同情况，鳞沟起着降低鳞片坚硬性，增加柔性的作用。

鳞齿（齿状粒突，环状粒突）为亚显微结构，通常沿鳞嵴两侧分布，或固着在顶四沟槽内，为细齿状的突起，呈圆球形或犬齿状。

4. 侧线鳞

侧线鳞为排列在侧线上，侧线管或侧线管分支（有小孔）所通过的鳞片，常见于鱼体头部和躯干部。主要构造为侧线管，侧线管每隔一定距离发出分支，以小孔（侧线孔）开口于体表（图3-6）。

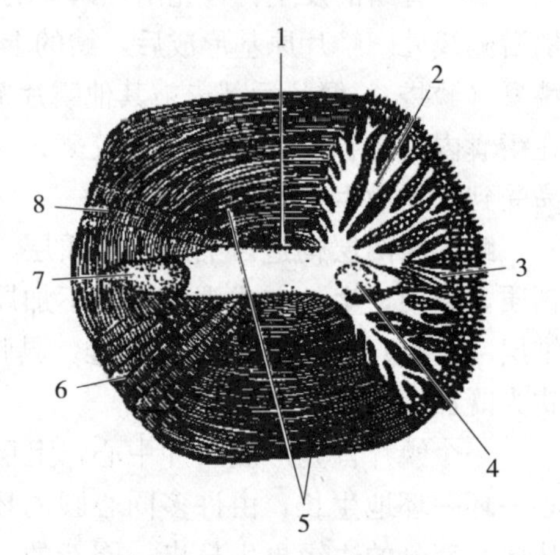

图3-6 大黄鱼的侧线鳞
1. 鳞焦 2. 侧线管分支 3. 顶区 4. 侧线管内表面开孔 5. 侧区 6. 辐射沟 7. 侧线管开孔 8. 基区
（孟庆闻，1987）

侧线是指许多侧线孔排成的虚线。多数鱼类每侧有侧线1条。鲽形目中，有些种类眼侧有3条。攀鲈、鹦嘴鱼等侧线在近尾柄处中断为二。虾虎鱼科等完全不见侧线。

5. 鳞式

按一定格式记录侧线鳞本身和侧线上、下鳞片的数目的式子称为鳞式。侧线鳞数指沿侧线直行的鳞片数目，从鳃孔上角有侧线管穿过的鳞片开始，一直到尾鳍基部最后一鳞片为止。侧线上鳞数指从背鳍起点处斜数到接触侧线鳞的鳞片行数。侧线下鳞数指从接触到侧线鳞的鳞片斜数到腹鳍起点的鳞片行数。有些腹鳍特别靠前的，可用侧线与臀鳍起点间的鳞片数表示，分别用V和A代表腹鳍和臀鳍。

鳞式的表示方法：

$$侧线鳞数\frac{侧线上鳞数}{侧线下鳞数}，如\ 36—46\ \frac{6—8}{4—6V}$$

有些鱼类，如鲱形目鱼类没有侧线，即以纵列鳞和横列鳞来记录鳞片数目。纵列鳞数为体侧中部从鳃盖后方直到尾鳍基中部的纵行鳞片数目。横列鳞数为体高最高处或背鳍起点斜数到腹面正中的鳞片数目。

6. 骨鳞变异

腋鳞（axillary scale）为多数真骨鱼类在胸鳍和腹鳍基部前缘外角的一个扩大的特殊辅助鳞。

臀鳞（anal scale）为裂腹鱼类等在臀鳍基部的扩大变形的鳞片，在臀鳍基部两侧各有一列。

棱鳞（scutes）为鲹科鱼类的侧线鳞变成的大小不等的骨质鳞片，或多或少，鳞片中央有刺状突起。

有些鱼类的鳞片变异成骨片（玻甲鱼）、多角形骨板（箱鲀）、骨环（海马的胸部有骨板，尾部有骨环，海龙的头部以后均为骨环所包）、短须（舌鳎唇上和鳃盖边缘的鳞片，以司感觉）（图 3-7）。

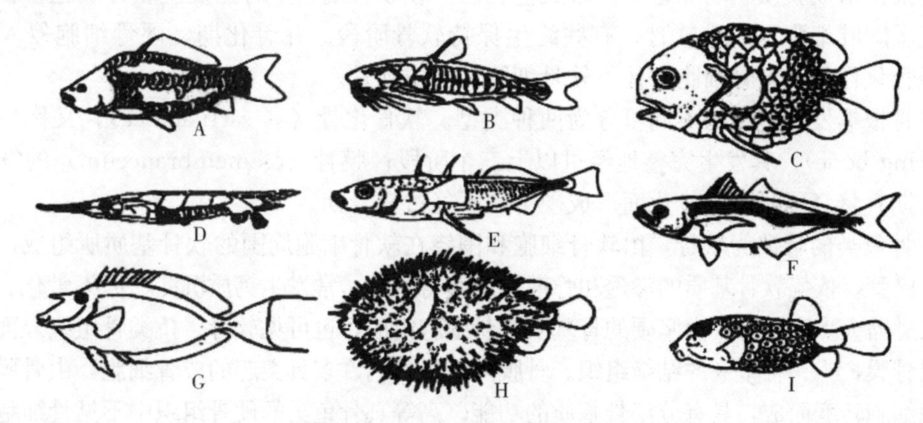

图 3-7 几种鳞片变异的鱼类

A. 镜鲤（*Cyprinus carpio*） B. 大甲鲇（*Megaladoras*） C. 日本松球鱼（*Cleidopus japonicua*）
D. 玻甲鱼（*Centriscus scutatus*） E. 刺鱼（*Gasterosteus aculeatus*） F. 日本竹荚鱼（*Trachurus japonicus*）
G. 单角鼻鱼（*Naso unicornis*） H. 六斑刺鲀（*Diodon holocanthus*） I. 粒突箱鲀（*Ostracion cubicus*）
（孟庆闻，1987）

7. 年轮和年龄

年轮为鳞片和骨骼上秋冬形成的密带与翌年春夏形成的疏带之间的分界线。疏密型为环片在一年中形成疏和密两个轮带。切割型为不同年份形成的环片群走向不同，当年形成的环片群被翌年形成的环片群所切割。碎裂型为一个生长年代临近结束时，因生长迟缓出现2～3个环片变粗、断裂而成为年轮标志。间隙型为在两个生长年代的分界处有1～2个环片消失而成为年轮标志。侧区的年轮标志较清晰，而后区的年轮标志最不易分辨。

副轮为非周期的偶然变化（饵料不足、水温突变、疾病、意外受伤等）引起的生长变化所形成的轮纹，又称做假轮、附加轮。

1 龄鱼（0—1），约度过一个生长周期的个体，鳞片无年轮或第一个年轮刚形成。

2 龄鱼（1—2），约度过两个生长周期的个体，鳞片 1 个年轮或第二个年轮刚形成。

3 龄鱼（2—3），约度过三个生长周期的个体，鳞片 2 个年轮或第三个年轮刚形成。

用耳石、椎骨、鳃盖骨、支鳍骨等也可鉴定年龄。

寿命为鱼类整个生活史所经历的时间，取决于鱼类的遗传特性和所处的环境条件。生理寿命为能正常完成其整个生活史的个体所活的寿命。生态寿命为遭遇不适合的外界环境条件，不能正常完成其整个生活史的个体所活的寿命。有的鱼寿命只有 1 年，有的可以活到上百年。一般寿命长的种类，个体大；寿命短的种类，个体小。绝大多数鱼类的寿命为 2～20 龄。同种不同地理种群的寿命不同，人工饲养条件下的寿命较自然条件延长。

第二节　鱼类的骨骼系统

在个体发育过程中，骨骼有一定的发生区域，称为生骨区（skeletogenous）。鱼类的生骨区有 7 个，即皮肤区，水平隔膜区，背生骨隔区和腹生骨隔区，肌隔区，围绕脊索、神经管及中轴血管区，咽颅区以及附肢区。

多数骨骼的发生可分为 3 个阶段，即膜质期、软骨期和骨化期。在膜质期，游离的间叶细胞聚拢形成膜质状间叶组织，形成生骨区。在软骨期，生骨区发生软骨细胞，软骨细胞替代了间叶细胞，形成软骨，有些终生保持软骨阶段。在骨化期，硬骨细胞侵入软骨区，经骨化作用，硬骨细胞替代了软骨细胞，形成硬骨。

硬骨根据发生过程的不同可分为两种类型。软骨化骨（os cartilaginea），又称替代骨（replacing bone），其发生完整地经过以上三个阶段；膜骨（os membranceum）的发生则由膜质期直接经硬骨细胞骨化而形成硬骨，不经过软骨期。

软骨鱼类的骨骼为软骨，由软骨细胞和围绕在软骨细胞周围的软骨基质所组成，无血管或淋巴管，依赖软骨基质的渗透和弥散作用获得营养，常发生钙质沉淀，但不骨化。硬骨鱼类的骨骼大多为硬骨，由坚硬的骨基质和骨细胞组成，也可见软骨。鱼类骨组织外面覆盖着一层骨膜，为一种坚韧的结缔组织。骨膜内可以看到许多具突起的成骨细胞，由骨膜的结缔组织细胞转变而成，具有分泌骨基质的功能。高等真骨鱼类的硬骨组织中不见骨细胞。

鱼类骨骼包括外骨骼（鳍条、鳞片和鳞片的变形物）和内骨骼（沉埋于肌肉中的骨骼），依功能和着生部位分为主轴骨骼和附肢骨骼。主轴骨骼包括头骨、脊柱（躯椎和尾椎）和肋骨，附肢骨骼包括带骨和支鳍骨。鱼类骨组织中无骨髓组织。鱼类骨骼具有支持身体、保护柔软器官、协助运动、协助发声、提高感觉灵敏度的作用。

一、主轴骨骼

（一）头骨

鱼类的头骨可分为脑颅（neruocranium）和咽颅（splanchnocranium）两部分。

1. 脑颅

脑颅位于整个头骨的上部，用来包藏脑及视、听、嗅等感觉器官。

软骨鱼类的脑颅是一个完整的箱形软骨结构，虽有 4 个区域的划分，但无骨片的分化，又称原颅。板鳃亚纲的脑颅平扁，全头亚纲的脑颅侧扁。

硬骨鱼类的脑颅骨化为许多小骨片，有软骨化骨，也有膜骨，借少量软骨嵌合成一个严密的箱形构造。脑颅分为四个区域，即筛区、蝶区、耳区及枕区，分别包围嗅囊、眼球、内耳及枕孔（图 3-8）。

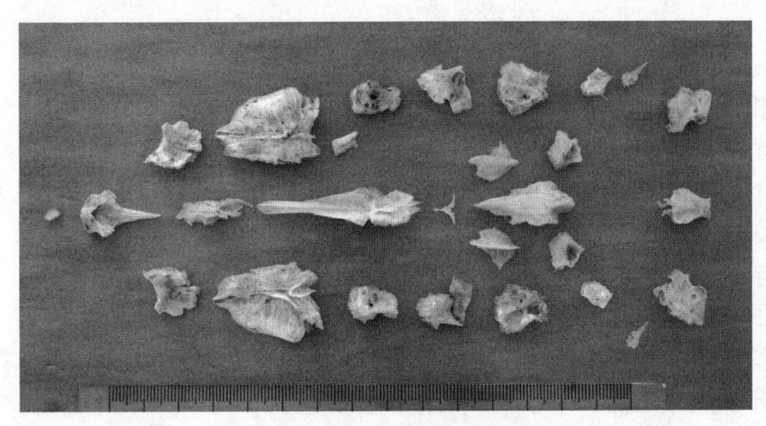

图 3-8　罗非鱼的脑颅拆解图

以鲤为例，其脑颅有五十余块骨片，按各骨所在的部位，可以分为四个部分。

筛区又叫嗅区或鼻区，包括前筛骨、中筛骨和犁骨各 1 块，鼻骨和侧筛骨各 1 对。

蝶区又叫眼区，包括眶蝶骨和副蝶骨各 1 块，额骨和翼蝶骨各 1 对，围眶骨 6 对。

耳区包括顶骨、蝶耳骨、翼耳骨、上耳骨、前耳骨、后耳骨、鳞片骨和后颞骨各 1 对。

枕区包括上枕骨和基枕骨各 1 块，侧枕骨 1 对。

2. 咽颅

咽颅又称咽弓，位于整个头骨的下部，呈弧状排列，包围着消化道前端（口咽腔及食道前部）的两侧。咽颅由包含口咽腔及食道前部的颌弓、舌弓及鳃弓组成，一般有七对弧形软骨，第一对为颌弓，第二对为舌弓，第三至第七对为鳃弓。

软骨鱼类的颌弓由上颌的腭方软骨和下颌的米克尔软骨组成，称为初生颌。腭突是颌弓与脑颅的关节点，以韧带与周边的脑颅底部相连，为鲨特有，鳐类缺如。舌弓包括舌颌骨、角舌软骨和基舌软骨，以舌颌骨将下颌悬挂于脑颅。鳃弓包括咽鳃骨、上鳃骨、角鳃骨、下鳃骨和基鳃骨等。

硬骨鱼类的咽颅变化很大，具体描述如下。

颌弓的上颌区包括前颌骨、上颌骨、翼骨、中翼骨、后翼骨、方骨和腭骨。下颌区包括齿骨（膜骨）、关节骨（软骨化骨）、前关节骨（膜骨）、隅骨（膜骨）和米克尔软骨（软骨）各 1 对。

舌弓区包括间舌骨、上舌骨、角舌骨、下舌骨、基舌骨、续骨和舌颌骨各 1 对。

鳃弓区包括 5 对鳃弓，每对鳃弓从上而下由咽鳃骨、上鳃骨、角鳃骨、下鳃骨及基鳃骨组成，均为软骨化骨，其中基鳃骨单一条状，其余各骨左右对称。

第五对鳃弓在所有的真骨鱼类中变化甚大，通常叫咽骨（下咽骨）。在鲤科鱼类第五对鳃弓变成一对大骨片，也为咽骨（相当于第五对鳃弓的角鳃骨），上长有咽喉齿（下咽齿）。

鳃盖骨系包括前鳃盖骨、主鳃盖骨、间鳃盖骨、下鳃盖骨各1对，尾舌骨1块，鳃条骨数对。

颌弓与脑颅联系紧密而牢固，不同鱼类颌的悬系方式亦有不同，包括古接型、双接型、舌接型、真舌接型、全接型、自接型和后舌接型。

（二）脊柱

1. 椎骨

脊柱取代脊索成为体轴，由许多椎骨自头后一直到尾鳍基部相互衔接而成，用以支持身体和保护脊髓、主要血管等。鱼类的脊椎骨按其着生部位和形态的不同可以分为躯椎（躯干椎）和尾椎两类。

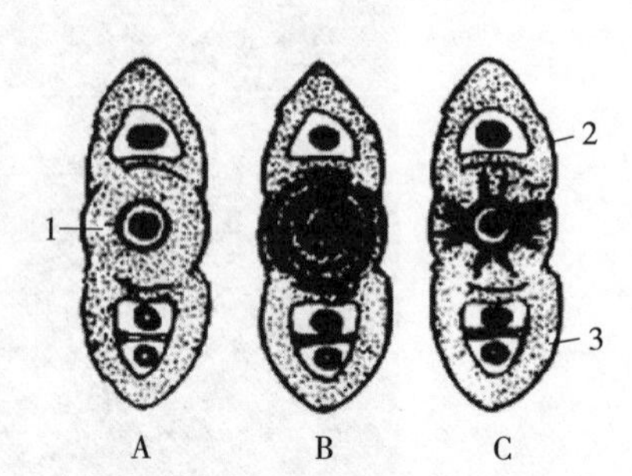

图 3-9 板鳃鱼类椎骨的钙化式样

A. 单环椎 B. 多环椎 C. 星环椎

1. 钙化圈 2. 髓弓 3. 脉弓

（孟庆闻，1989）

软骨鱼类的椎体为双凹椎体，前后面呈凹漏斗形，内容纳脊索。椎体未骨化，但有不同程度的钙质沉淀，增强了坚固性，按其钙化情况可分为单环椎（如角鲨）、多环椎（如圆犁头鳐）、星椎（如星鲨）三种类型（图 3-9）。鳐类头部后方的20余个椎骨愈合成一片，侧面可见脊神经的通孔。鲨头后椎骨不愈合。

全头亚纲的椎体尚未发生，脊索未收缩且终生存在，周围可见钙化圈。

软骨硬鳞鱼类椎体尚未发生，脊索仍未收缩，终生存在，如鲟形目。

全骨鱼类的椎体已形成，且大部分骨化。前凸后凹，为后凹型，脊索已完全消失，如雀鳝目。

真骨鱼类由完全骨化的椎骨构成关节一节节紧密连接而成，为双凹型，残留的脊索呈

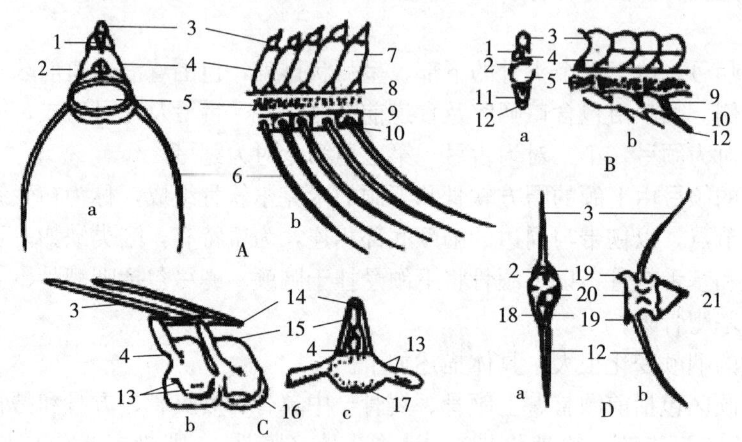

图 3-10 硬骨鱼类的椎骨

A. 白鲟躯干前部 B. 白鲟尾部 C. 雀鳝 D. 鲐第一至九尾椎

a. 前视 b. 侧视 c. 后视

1. 韧带 2. 椎管 3. 髓棘 4. 髓弓 5. 脊索 6. 肋骨 7. 基背片 8. 间背片 9. 间腹片 10. 脉管 11. 脉弓 12. 脉棘 13. 椎体横突 14. 纵腱 15. 中央软骨 16. 椎体前突面 17. 椎体后凹面 18. 脉管 19. 前关节突 20. 椎体 21. 后关节突

（谢从新，2010）

念珠状。真骨鱼类椎体凹面可以见到明暗相间的同心圆轮纹，可作为鱼体生长记录。

一个典型的躯椎是由椎体、髓弓、髓棘、椎管、椎体横突和关节突构成的（图 3-10）。髓弓由两侧的髓板及间插片相间排列而成。髓弓围成的空腔为椎管，内藏脊髓；髓棘由左右成对的三角形小骨片所组成，彼此由韧带相连；椎体横突为躯椎腹面两侧的小突起。

一个典型的尾椎具有椎体、髓弓、髓棘、椎管、前关节突、脉弓（脉管）和脉棘。无椎体横突。脉弓和脉棘为尾椎特有，在椎体下方呈弧形，所围成的空腔为脉管，内藏尾动脉和尾静脉。脉弓腹面会合处为脉棘。最后一节或几节椎骨愈合为一延长而上翘的棒状骨，称为尾杆骨。

2. 韦伯器

鲤形目和鲇形目最前面的 1～3 枚脊椎骨的某些成分变异形成一组具有特定功能的骨片，称为韦伯器（Weberian organ）（图 3-11），由 4 对小骨组成，由前向后依次称为带状骨、舶状骨、间插骨、三脚骨，具有传导声波的作用。

带状骨（闩骨）位于最前端，与外枕骨相接，呈椭圆漏斗状，由第一椎骨的髓棘演变而来，前端与内耳淋巴腔相连。

舶状骨（舟骨）为覆盖在带状骨外侧面的一块小骨，呈圆形，由第一椎骨的髓弓演变而来，外侧后方有粗的韧带与间插骨、三脚骨相连。

间插骨呈“丫”字形，由第二椎骨的髓弓演变而成，其叉状一端以结缔组织连在第二、第三椎骨的侧面，另一端以韧带分别与舶状骨、三脚骨相连。

三脚骨呈三角形，是最大的一块，由第一椎骨的肋骨演变而来，在第二、第三椎骨横突之间，前端以韧带与间插骨、舶状骨相连，后端埋在鳔前室的结缔组织中。

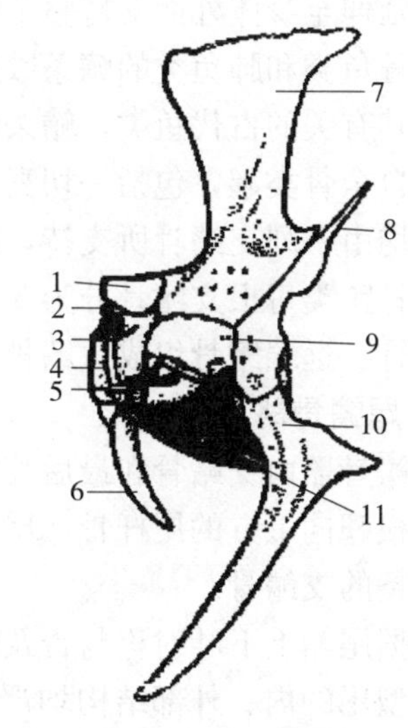

图 3-11 韦伯器（鲤）

1. 第一椎骨髓弓 2. 带状骨 3. 舶状骨 4. 韧带 5. 间插骨 6. 第二椎骨椎体横突 7. 第三椎骨髓棘 8. 第四椎骨髓棘 9. 第三椎骨髓弓 10. 第四椎横突 11. 三脚骨

（孟庆闻，1987）

（三）肋骨和肌间骨

肋骨来源于生骨节及侧板的间充质细胞，肋骨与椎体横突组成关节，起到支持身体、保护内脏器官的作用。

鱼类的肋骨可分为两大类，即背肋（dorsal rib）和腹肋（ventral rib）。背肋，又称上肋、肌间肋，发生在肌隔与水平隔膜相切处。腹肋，又称下肋，发生于肌隔与腹膜相切处，从左右包围腹腔。硬骨鱼类中，仅多鳍鱼、鳢科和少数鲈形目种类同时具有背肋和腹肋，鲤科鱼类只有腹肋。软骨鱼类板鳃亚纲的肋骨也是软骨，位置在水平隔膜内，从发生上分析仍属腹肋；全头亚纲无肋骨。

肌间骨由肌隔结缔组织骨化而来，属膜骨，呈针刺状，有分叉分支现象，解剖学上叫它籽骨，分布于椎体两侧肌隔中，起着加强肌间联系的作用。按着生部位分为髓弓小骨、椎体小骨、脉弓小骨。肌间骨见于低等真骨鱼类，如鲤形目等，随着鱼类的演化而逐渐减少，到鲈形目已完全消失。

二、附肢骨骼

鱼类的附肢骨骼包括奇鳍骨骼和偶鳍骨骼。

(一) 奇鳍骨骼

1. 背鳍和臀鳍骨骼

鱼类背鳍和臀鳍的骨骼由支鳍骨（鳍担）和鳍条组成。背鳍和臀鳍鳍条的基部一般有1～3 节支鳍骨支持。

板鳃亚纲的支鳍骨一般由 3 节的棍状软骨所组成，如灰星鲨，或基部愈合为 1 节（鳍基软骨），如虎鲨。软骨鱼类虽有角质鳍条，但支鳍骨（亦称辐状软骨）仍然承担着主要作用，延伸至身体外面支持整个鳍。全头亚纲奇鳍的支鳍骨只有 1 行。

软骨鱼类和肺鱼类的鳍条数远远超过其下的支鳍骨数。辐鳍鱼纲的多鳍鱼类、软骨硬鳞类和其有关的古代鱼类，鳍条的数目也超过其下的支鳍骨数目，故亦称这些鱼类为古鳍鱼类。自全骨类起，包括一切真骨鱼类在内，鳍条数目都与所在的支鳍骨数一致，即每一枚鳍条均由一列支鳍骨所支持，故亦称这类鱼类为新鳍鱼类。

硬骨鱼类每根支鳍骨分为 3 节，深入体躯肌肉中，起着支持整个鳍的作用。由鳍骨、中间鳍骨、远端鳍骨组成，鳍骨与髓棘相连接，远端鳍骨与鳍条相连接。

2. 尾鳍骨骼

尾鳍骨骼由支鳍骨和最后几枚脊椎骨的某些成分共同构成。尾鳍内最后几枚尾椎骨愈合成一根翘向上方的尾杆骨，尾杆骨的上下各有若干骨片愈合而成上叶和下叶，作为支持尾鳍鳍条的支鳍骨。

根据尾鳍上下叶对称与否及内部脊椎所处位置划分为 4 种类型。

原型尾的内、外部结构均严格对称，为理论类型，仅在胚胎时期的尾鳍结构与此近似，如圆口类。

歪型尾的尾部脊椎剧烈翘向后上方，外观和内部均不对称，上叶狭小、下叶宽大，如鲨和鲟。

正型尾的外观上下叶对称，内部椎骨仍上翘（尾杆骨），上叶支鳍骨较细小，下叶支鳍骨发达，如真骨鱼类。

矛型尾的种类具中央叶，矛型，外观和内部均对称，如矛尾鱼。

(二) 偶鳍骨骼

软骨鱼类的偶鳍骨骼包括肩（腰）带骨、鳍基骨、支鳍骨、鳍条。

硬骨鱼类的偶鳍骨骼包括带骨、支鳍骨和鳍条。支持胸鳍的骨骼为肩带，支持腹鳍的骨骼为腰带。硬骨鱼类有越过鳍基骨出现“带骨→支鳍骨→鳍条”甚至“带骨→鳍条”的现象（图 3-12）。

1. 胸鳍骨骼

胸鳍骨骼包括肩带、支鳍骨、鳍条。

白鲢是低等的真骨鱼类，每侧的肩带由 6 块骨骼组成，由背至腹为上匙骨（上锁骨）、匙骨（锁骨）、后匙骨（后锁骨）、肩胛骨、乌喙骨和中乌喙骨。通过上匙骨与头部后颞骨关联。肩带外侧有一与胸鳍关联的关节面，称为肩臼。硬骨鱼类的支鳍骨较少，一般不超过 5 枚，肩带常与鳞质鳍条相连。

软骨鱼类的肩带不与头骨或脊柱关联，只包括肩胛部和乌喙部两部分，乌喙骨与支鳍骨形成关节。支鳍骨由基鳍软骨和辐鳍软骨组成，外侧为皮质软鳍条。

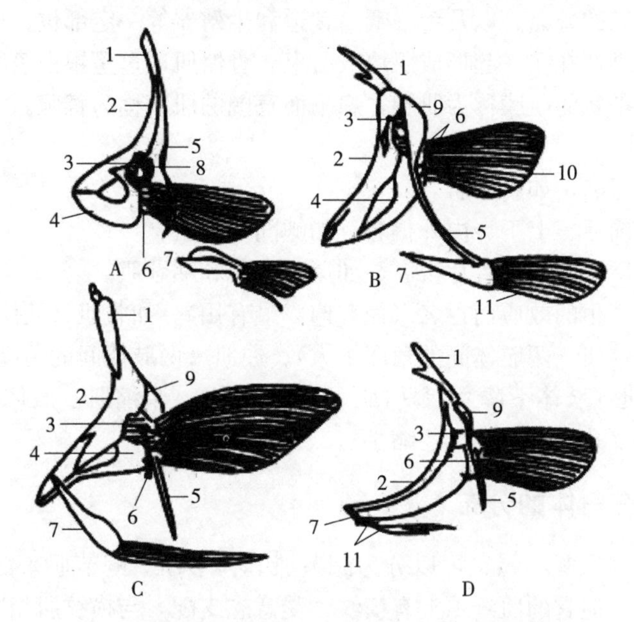

图 3-12 肩带和腰带关系及腹鳍位置变化（右侧内面观）

A. 鲢 B. 梭鲻 C. 大黄鱼 D. 棘鲷

1. 后颞骨 2. 匙骨 3. 肩胛骨 4. 乌喙骨 5. 后匙骨 6. 支鳍骨 7. 无名骨 8. 中乌喙骨 9. 上后匙骨 10. 胸鳍 11. 腹鳍

（谢从新，2010）

2. 腹鳍骨骼

腹鳍骨骼包括腰带、支鳍骨、鳍条。腰带简单，硬骨鱼类由一对无名骨构成三角形骨板，软骨鱼类由一对坐耻杆骨形成“一”字形，它的两端与左右腹鳍的鳍基骨形成关节，位于泄殖孔前方。

第三节 鱼类的肌肉系统

一、肌肉的构造和种类

运动系统的肌肉由横纹肌组成，它们附着于骨骼上，又称为骨骼肌，是运动的动力器官。

1. 肌肉的基本构造

每一块肌肉都是一个肌器官，可分为能收缩的肌腹和不能收缩的肌腱。肌腹位于肌器官的中间，由无数骨骼肌纤维借结缔组织（肌膜）结合而成，具有收缩能力。其基本结构单位和生理功能单位是肌细胞，肌细胞具有细胞核、细胞质和细胞膜。

肌肉是产生各种动作的物质基础，根据构造、功能、分布的不同，分为三大类。

平滑肌（smooth muscle）不受意志支配。分布于消化管、血管、尿殖器官等壁组织，其他成束分散在结缔组织中。其收缩有节律，缓慢而持久。

心脏肌（cardiac muscle）不受意志支配。分布在心内膜管和围心腔，细胞彼此以参差的末端相互连接，形成了网状合胞体。一旦受刺激，全心兴奋。

横纹肌（striated muscle），又称骨骼肌，受意志支配，收缩力强，且运动迅速。位于头部、躯干部和附肢的骨骼，以及舌、咽、食道和生殖器等一定部位。成鱼由膜质结缔组织将许多横纹肌纤维捆扎在一起形成肌块或肌束。骨骼肌通过呈银白色的坚韧的肌膜附于骨骼上，凡延长成条状的肌膜称为肌腱，扁平而宽阔的肌膜称为腱膜。

2. 命名与类型

由形态特征而得名，如斜方肌。

由着生位置的前后、上下、内外得名，如鳃间背斜肌。

由起点与止点所附着的两骨片得名，如尾舌匙肌和咽匙肌。

由肌肉收缩所产生的效应而得名（最普遍，最有用）。如收肌（肢体靠拢体躯）、展肌（肢体远离体躯）、伸肌（两肢体间的角度扩大）、屈肌（两肢体间的角度缩小）、提肌（肢体向上提起）、降肌（肢体下降）、牵引肌（肢体向前）、牵缩肌（肢体向后退缩）、开肌（肢体打开）、缩肌（孔口或管腔口径缩小）。

二、横纹肌在鱼体的分布

鱼类横纹肌根据来源不同又可以分为鳃节肌和体节肌。鳃节肌来源于中胚层间叶细胞，与平滑肌同源，但它的肌纤维上有横纹，受意志支配，与横纹肌相同。体节肌来自中胚层的生肌节，一般受意志支配。

（一）头部肌肉

1. 咽弓肌肉

咽弓肌肉是一系列控制咽弓骨骼运动的肌肉，分为 4 组，分别管理上、下颌的开关，舌弓和鳃弓的运动。与鳃弓运动有关的肌肉主要有鳃弓提肌、鳃弓收肌、鳃间背斜肌、鳃间腹斜肌、鳃弓连肌。

2. 眼肌

眼部肌肉是一系列控制视觉和保护眼球的肌肉。头部因头骨发达，使得头部肌肉趋于退化，体节肌在头部只留下眼肌，共有 6 对。上斜肌位于眼球背面中央；下斜肌位于眼球腹面与上斜肌相对；上直肌位于眼球背面中央，紧接上斜肌止点的后方；下直肌位于眼球腹面与上直肌相对；内直肌位于眼球最前方；外直肌位于眼球最后方。

（二）躯干部和尾部肌肉

分布在躯干部和尾部除附肢肌肉以外的肌肉为躯干部和尾部肌肉，包括大侧肌和棱肌。

1. 大侧肌

大侧肌（lateralis muscle）是鱼体最大的肌肉，从头后至尾鳍基部，分布在脊柱骨的两侧。大侧肌的基本结构单位是肌节，肌节与肌节之间的结缔组织隔膜称为肌隔。大侧肌即由结缔组织的肌隔分隔呈倒 W 形、一节节的构造。肌节随表面曲度向前下方和后下方延伸，构成肌节圆锥。肌节通过肌节圆锥相互套叠呈近覆瓦式排列。沿着体轴中央又有一结缔组织的水平隔膜，将大侧肌分成上下两个部分，上方的称轴上肌，丰厚结实；下方的称轴下肌，肌层较薄，无斜肌分化（图 3-13）。

大多数鱼类的大侧肌可以区分为两种类型，即红肌（red muscle）和白肌（white

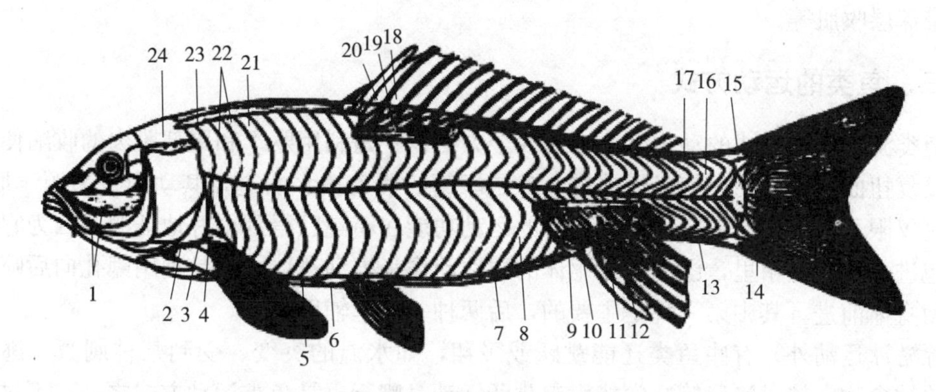

图 3-13 鱼体浅层肌肉侧面

1. 下颌收肌 2. 肩带浅层展肌 3. 肩带伸肌 4. 肩带浅层收肌 5. 肩带牵引肌（下棱肌的一部分） 6. 腰带浅层展肌（下棱肌的一部分） 7. 腰带退缩肌（下棱肌的一部分） 8. 大侧肌的轴下肌 9. 肛鳍竖肌 10. 肛鳍降（抑）肌 11. 肛鳍倾肌 12. 肛鳍条间肌 13. 肛鳍退缩肌（下棱肌的一部分） 14. 尾鳍条间肌 15. 侧肌浅层的腱 16. 大侧肌的轴上肌 17. 背鳍（退）缩肌（下棱肌的一部分） 18. 背鳍降肌 19. 背鳍倾肌 20. 背鳍竖肌 21. 大侧肌的肌节 22. 大侧肌的肌隔 23. 背鳍牵引肌（下棱肌的一部分） 24. 鳃盖提肌

（谢从新，2010）

muscle)。红肌鱼类皮肤下方水平隔膜附近的大侧肌表层可见一丛与水平隔膜平行的暗红色肌肉，内含丰富的血液、脂肪和肌红蛋白，行有氧代谢，代谢时无肌酸积累，耐久力强，不易疲劳。红肌不能使鱼体弯曲，但能持久地保持它们的弯曲。持续游泳能力强的鱼类红肌发达，如金枪鱼。其他部分的大侧肌称为白肌，白肌不含肌红蛋白，脂肪含量很低，行无氧代谢，爆发力强，易疲劳，能使鱼体急骤地弯曲。红肌完成寻找食物、洄游等动作，白肌完成冲刺性动作，如捕食或逃避敌害。

2. 棱肌

鱼体躯干部及尾部的中轴线上还分布有几对不分节的长条肌束，称为棱肌（carinate muscle），只见于硬骨鱼类。上棱肌又称背纵肌，在鱼体背面，背鳍引肌收缩时使背鳍竖立，也能使鱼体背部曲折；背鳍缩肌收缩时使背鳍末部向后倾，尾鳍上部向前倾。下棱肌又叫腹纵肌，在鱼腹中线两侧，腹鳍引肌收缩时能把腰带向前拉，又能使腹部曲折；腹鳍缩肌收缩时使腹面曲折，腹鳍回缩，臀鳍前展；臀鳍缩肌收缩时使臀鳍向后回缩。

（三）附肢肌肉

附肢肌肉是控制和调节各鳍的位置、状态，配合鱼体运动的肌肉，分为奇鳍肌肉和偶鳍肌肉。

背鳍肌包括浅层的背鳍倾肌和深层的背鳍竖肌、背鳍降肌。臀鳍肌包括浅层的臀鳍倾肌和深层的臀鳍竖肌、臀鳍降肌。尾鳍肌包括浅层的尾鳍间辐肌和深层的尾鳍上背曲肌、尾鳍下背曲肌、尾鳍腹收肌、尾鳍上腹屈肌、尾鳍中腹屈肌、尾鳍下腹屈肌，每侧包括 6 块肌肉，控制尾的上曲下弯，参与游泳时推进运动。

偶鳍浅层和深层均分布着由大侧肌分化而来的展肌、伸肌和收肌，支配偶鳍的向外伸展和内收。肩带肌包括有肩带浅层展肌、肩带深层展肌、肩带伸肌、肩带浅层收肌、肩带提肌等。腰带肌包括腰带浅层展肌、腰带降肌、腰带浅层收肌、腰带深层展肌、腰带提肌和腰带深层收肌等。

三、鱼类的运动方式

鱼类游泳运动方式的动力主要来自3个方面：一是利用躯干和尾部肌肉的收缩使身体左右反复扭曲，压水向后使身体前进。二是靠鳍的摆动拨水前进，其动力也来源于肌肉，只不过仅限于鳍基的局部肌肉而已；鳍的运动功能在箱鲀已得到很好地证明，因为它的身体被包进一个骨质箱里，已不能靠躯体的屈曲动作来推动身体。三是利用鳃孔向后喷水的冲力使身体前进。其中第一种是主要的，后两种一般起辅助作用。

除游泳运动外，有些鱼类还能跳跃或飞翔，如水温的突变、受到某种刺激、逃避敌害、追捕食物、越过障碍等，常能引起跳跃运动。爬行也是鱼类运动方式之一，不过比较罕见。

海洋鱼类游泳速度“冠军”是箭鱼，由于身体呈流线型，肌肉发达，尾鳍发达、呈新月形，运动时阻力小，游泳时速可达110 km。鱼类中游行距离最长的“马拉松冠军”是欧洲鳗鲡，可以游行1.1万km。

四、发电器官

鱼类的发电器官（electric organ），除电鲇外，都是由肌肉衍生而成，是肌肉的变态物，是一种受中枢神经支配的效应器，其基本功能单位是电细胞（electrocyte）或电板（electroplate）。电细胞呈六边形矮柱状，每一电细胞约能产生0.1 V的电位差。发电器官产生的电位取决于每柱电细胞的数目，而电流强度则取决于每柱电细胞横切面的总面积。发电器官具有御敌、捕食和求偶的功能。

不同种类的鱼类发电器官由不同肌肉变异而来。如由尾部肌肉变异而成，如电鳗；由鳃肌变异而成，如电鳐；由眼肌变异而成，如电瞻星鱼。而电鲇的发电器官则由真皮腺体组织转化而成。

五、肉毒鱼类

全世界约有肉毒鱼类300多种，我国约有30多种，主要分布在南海诸岛、广东沿岸、东海南部和台湾一带。

肉毒鱼类含毒原因甚为复杂，有的肌肉或内脏部分含有“雪卡”毒素，这种毒素对热十分稳定，一般不为加热或胃液所破坏，不溶于水，溶于脂肪，为一新型神经毒。肉毒鱼类的含毒情况也较为复杂，有些鱼类在某一海区无毒，而在另一海区则成为有毒鱼类；有些鱼类平时无毒，生殖期间毒性加强；有的幼鱼无毒，成鱼有毒。

第四节　鱼类的消化系统

鱼类的消化系统由消化道和消化腺组成。消化道包括外胚层发育来的口、肛门，中胚层发育来的肌肉、血管、腺细胞和结缔组织，内胚层发育来的消化道和消化腺输送管的内皮。其由黏膜、黏膜下层、肌层和外膜组成。消化腺由小消化腺和大消化腺组成。除口咽腔、肛门外，所有消化道和消化腺都被腹膜脏层包被，悬系在固定的空间。

一、体腔和系膜

1. 体腔

脊椎动物的体腔源于中胚层，在胚胎期胚体背部演化成1对体腔囊，体腔囊向腹面延伸，其背部及中部的腔不久消失，而腹部的腔残留下来，即形成将来的体腔。

体腔是鱼体内脏器官周围的腔隙，被一横隔（即心腹隔膜）分隔成两个腔。前面的小腔包围心脏，称围心腔。后面的大腔容纳消化、生殖等内脏器官，称腹腔。容纳肾和鳔的空间称为背腔。

2. 系膜

体腔的外侧壁后来因肌节向腹面延伸，并和肌节里层相接，形成体壁的一层衬里，称为腹膜壁层，多数鱼类为黑色，某些鱼类为白色，如鲤。侧腔的内侧壁与脏器的外壁相接，而成为腹膜脏层。包围消化道外的腹膜脏层，称浆膜层。悬系脏器的腹膜脏层称为系膜。

二、消化道

消化道为一肌肉管，起自口，最后从泄殖腔或肛门开口于外，包括口、咽、食道、胃、肠、肛门等部分，承担着食物的摄取、输送、研磨、消化和吸收的作用。

1. 口咽腔

口是消化道的最前端，咽为鳃裂开口的部位，紧接口之后。鱼类的口和咽没有明显的界线，鳃裂开口处为咽，其前即为口腔，故一般统称为口咽腔（oral pharyngeal cavity），是鱼类的摄食器官。真骨鱼口腔和咽壁部分无外膜层，至后段才出现很薄的外膜。覆盖在口咽腔上的复层上皮富含单细胞黏液腺，但无消化腺和消化酶。

鱼类口咽腔的形态、大小与食性有关。凶猛的肉食性鱼类口咽腔较大，便于吞食大的食物，如鳜、鲈、带鱼、鳡、鲇等。有些专食微小浮游生物的滤食性鱼类口咽腔也宽大，如鲢、鳙等，这是与它们不停地滤取水中食物的习性相适应的。

口咽腔内有齿、舌及鳃耙等帮助摄食的构造，这些构造称为取食器官。味蕾广泛分布在口咽腔中。

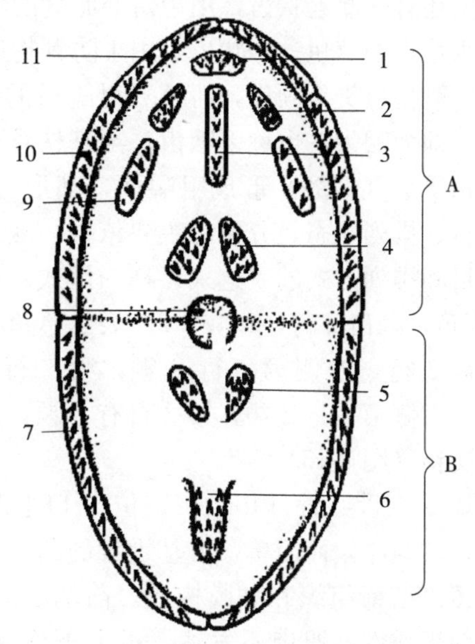

图3-14 硬骨鱼类口腔齿和咽齿的着生位置

A. 口腔顶壁 B. 口腔底壁

1. 犁（骨）齿 2. 腭（骨）齿 3. 副蝶骨齿 4. 上咽（骨）齿 5. 下咽（骨）齿 6. 舌齿（基舌骨） 7. 下颌齿（齿骨） 8. 食道开口 9. 翼（骨）齿 10. 上颌（骨）齿 11. 前颌（骨）齿

（孟庆闻，1987）

（1）齿：齿（teeth）是鱼类捕捉、撕裂、啮断食物的主要器官。着生在口腔中的齿称为口腔齿，包括颌齿、犁齿、腭齿、舌齿、上咽齿、下咽齿（咽齿在鲤科鱼类特别发达，无口腔齿）、翼齿、副蝶齿等（图3-14），鱼类的齿可一直不断地脱落，更新。而银鲛类和内鼻孔亚纲中的肺鱼类，其齿呈板状，其基部可不断生长，齿冠磨损时由基部生长补充，故终生不更换。

依其附生在骨骼上的方式，齿可分为 3 类。端生齿（acrodont）简单附生于骨骼上，见于大多数鱼类。槽生齿（thecodont）附生在实心或空心的齿基或凹槽内，连接牢固，如银鲛和肺鱼。面齿（pleurodont）与着生骨骼间的连接较疏松或由结缔组织纤维连于骨骼上，如板鳃类和少数真骨鱼类。

圆口类无颌，也无颌齿。

软骨鱼类仅有颌齿，由盾鳞演变而来，生于上下颌，借结缔组织附在腭方软骨和米克尔软骨上。以甲壳类、贝类等为食的温和食性的板鳃类，齿一般呈铺石状，如星鲨、何氏鳐等；凶猛的肉食性板鳃类，齿尖锐，边缘常有小锯齿。

硬骨鱼类齿的形态与食性密切相关，大致分成以下几类。

①犬齿状（犬牙状齿），齿尖利，如狗鱼、鳜、带鱼等的齿，往往以其他水生动物为主要食物，为凶猛捕食性鱼类。

②圆锥状齿，齿细长而尖，如大麻哈鱼、鳕等的齿，以小鱼和无脊椎动物为食。

③臼状齿，齿强大有力，如鲤、青鱼、真鲷等的齿，它们常食螺类、蚌类等坚硬的食物。

④门齿状齿，齿坚固且具有锐利的边缘，如平鲷、回长棘鲷、香鱼、河鲀等的齿，适于摄取固着于岩礁上的生物。

还有一些匙状齿，用于研磨滤食的浮游生物，如鲢。镰状齿，有锯齿状边缘，适于切断水草，如草鱼。钩状齿，用于防食物逃脱，如鲌类。

鲤科鱼类无颌齿，而第五对鳃弓的角鳃骨特别扩大，特称为咽骨或下咽骨，上生牙齿，即为咽齿，也称下咽齿，与基枕骨下的角质垫（咽磨）形成咀嚼面，其形态、数目、排列状态是分类的主要依据。咽齿数目和排列方式的表达式，称为齿式。如“草鱼，咽齿 2 行，2.4/5.2”表示草鱼有咽齿 2 行，左侧第一行 2 颗，第二行 4 颗，右侧第一行 2 颗，第 2 行有 5 颗，左右交错（图 3-15）。

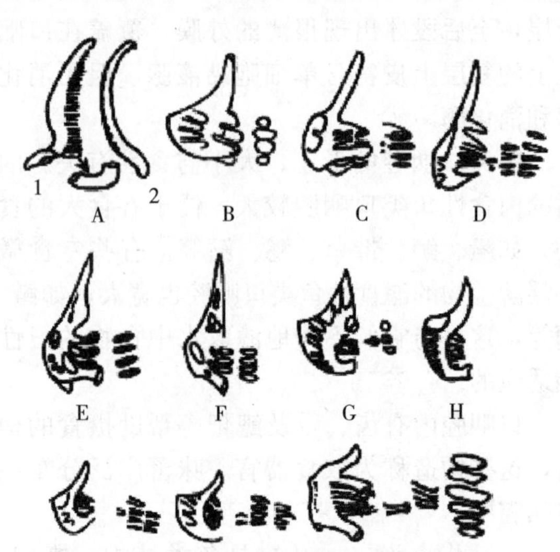

图 3-15　鲤形目鱼类的咽齿

A. 胭脂鱼　B. 青鱼　C. 草鱼　D. 鳡　E. 鲢
F. 鳙　G. 鲤　H. 鲫　I. 长春鳊　J. 三角鲂　K. 银鲴
1. 上面观　2. 外面观
（孟庆闻，1987）

（2）舌：舌（tongue）位于口腔底部，较为原始而简单，由基舌骨的凸出部分覆以结缔组织和黏膜构成。前端游离，一般无弹性，肌肉不发达，可上下活动，帮助食物吞咽，但不能卷曲。舌形状各异，可呈三角形、长矛状、铲状和剑状，大多无色，少数呈黑色（弹涂鱼）。少数鱼类舌退化甚至无舌，如海龙科。部分种类舌表布有味蕾，并有神经分布；味蕾不仅分布于舌上，在口腔、触须及体侧等处均有分布。

圆口类的舌有角质齿，多鳍鱼和肺鱼的舌有肌肉，可活动。

（3）鳃耙：着生于鳃弓内侧的突起称为鳃耙（gill raker），一般每一鳃弓内侧面有两列鳃耙，以第一鳃弓外鳃耙最长，各列鳃耙数目互不相等。鳃耙起着选择食物（鳃弓前缘具味蕾）、帮助食物聚集和吞咽、防止食物进入鳃腔和保护鳃丝的作用。

鱼类鳃耙数目、形状与鱼的食性相关。食浮游生物的鱼类，鳃耙细、密、长，可以从水中滤取食物。若食物较大，则鳃耙粗长而少，有粗糙的突起或绒齿，可帮助固定和吞咽食物。食大型动物的鱼类，鳃耙退化。但海龙科、烟管鱼科的鳃耙也退化，而它们是以浮游生物为食的。板鳃类的鳃耙一般不发达，但以浮游生物为食的姥鲨、鲸鲨等有密生而长的鳃耙。鲢的鳃耙构造更复杂，其鳃耙长于鳃丝，彼此连成一片，有筛膜覆在鳃耙外侧面，形成筛板，上有许多不规则孔隙，整个鳃耙似海绵状。

鳃耙的数目在鱼类分类学上也常作为分类标志之一，常以第一鳃弓的外列鳃耙数代表某鱼的鳃耙数。鲢超过 1 000 枚，鳙超过 500 枚，而鲇 13～15 枚，鳜 5～7 枚。

（4）鳃上器官：鳃上器官（suprabranchial organ）泛指某些鱼类鳃弓背方的咽鳃骨和上鳃骨及其周围的组织，部分或全部特化为具有某种特定功能的特殊构造。因其位于鳃的背上方而称为鳃上器官，起着辅助呼吸或摄食作用。鲢亚科种类的由咽鳃骨和上鳃骨卷成蜗卷状，称为咽上器官，口腔顶壁的口腔黏膜向口腔内凸出的形如山脊的构造称为腭褶，鳃耙、腭褶及咽上器官构成它们的滤食器官。

口咽腔的结构与鱼类食性有关系。把握型，口大，鳃耙短而稀，颌骨、犁骨、腭骨上常有锐利的牙齿；研磨型，口小，鳃耙较少且排列较稀，牙齿强大；过滤型，口一般较大或中等大小，鳃耙长而密，齿细小或无齿；吸盘型，无颌骨，舌上有齿，为主要的舐刮器官；吸吮型，吻呈较长的管状，有时能伸出，一般无齿，也无鳃耙，通常摄食底栖或水层中的无脊椎动物；还有一些过渡类型。

2. 食道

食道（oesophagus）为紧接在咽之后，胃之前的这部分消化道（图 3-16）。特点是短而宽、直、壁厚、环肌发达、具纵行黏膜褶、可膨胀。食道内壁具味蕾，协同环肌辨别和选择食物。前端的括约肌，呼吸时收缩防水入食道。食道还能分泌黏液，将食物制成团状，便于吞咽。

姥鲨、角鲨和大黄鱼的食道内壁黏膜褶上有许多分支乳突，协助食物吞咽，防止倒流。

鲳亚目具与食道相连接的肌囊，即食道囊，囊壁向囊腔凸出许多长条状乳头状突起，肌肉壁很厚，每一突起上附有许多小齿状突起，具有产生黏液、储藏食物、粉碎调制食物的作用。

鲀亚目的食道具气囊（食道腹面），遇危险时吸入空气或水而膨大，腹部朝上浮于水面作死亡状。

黄鳝的成鱼的食道壁极薄且布满血管，用于特殊条件下的呼吸。

3. 胃

胃（stomach）紧接在食道之后，是消化道最膨大的部分，其接近食道的部分称为贲门部，连接肠的一端称为幽门部，胃体的盲囊状凸出部分称盲囊部。多数鱼类有胃，但鲤

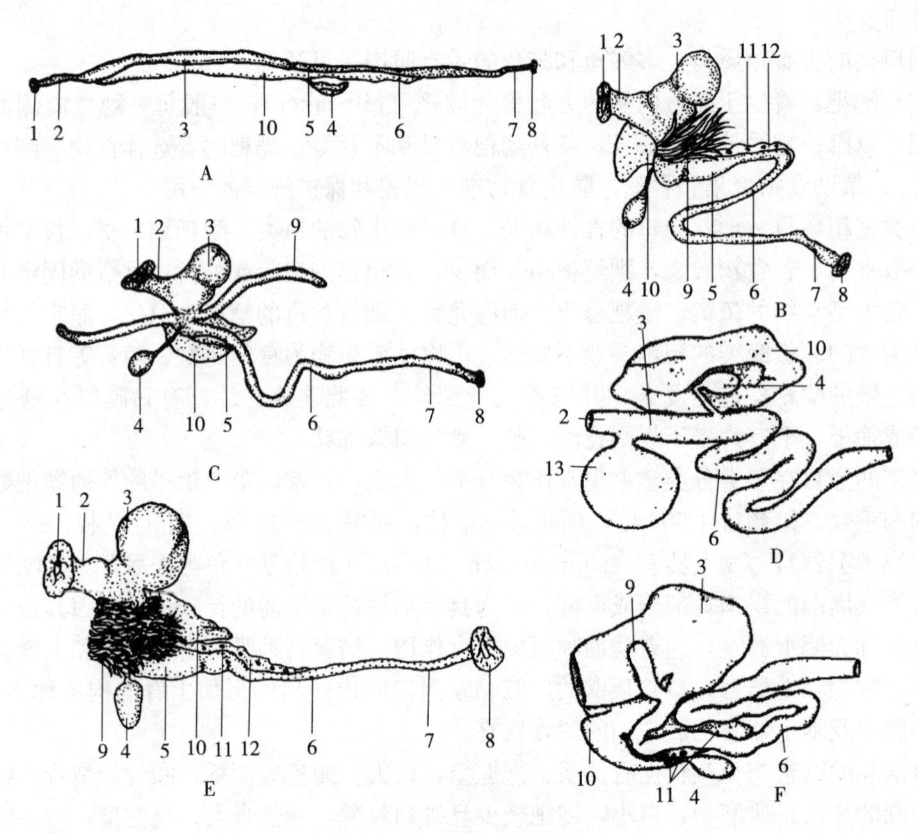

图 3-16 鱼类的消化道

A. 黄鳝（*Monopterus albus*） B. 大口黑鲈（*Microperus salrnoides*） C. 乌鳢（*Channa argus*）
D. 黄颡鱼（*Pelteobagrus fulvidruco*） E. 条纹东方鲀（*Fugu xanthopterus*） F. 黑鮟鱇（*Lophiomus setigerus*）
1. 咽 2. 食道 3. 胃 4. 胆囊 5. 前肠 6. 中肠 7. 直肠 8. 肛门
9. 幽门盲囊 10. 肝 11. 胰 12. 肠系膜 13. 食道囊
（孟庆闻，1987；潘黔生，1996）

科鱼类无胃，仅在食道后方有一段延长而略膨大的部分，称肠球。此外，鲻科、海龙科、飞鱼科、隆头鱼科、翻车鱼、鳗鲇、颌针鱼等鱼类没有胃。一般鱼类的胃由4层组成，有的无黏膜下层，胃内表面有许多黏膜褶，其形态比食道的复杂。胃腺通常在胃的底部。

硬骨鱼类的胃按外形可以分为三大类。

直管型胃（I型），胃直而稍膨大，呈圆柱状，无盲囊部，胃容量小，如鲀科鱼、黄鳝等。

U型胃，胃弯曲呈U形，盲囊部不明显，胃壁较厚，如银鲳等。可分为2种：一种贲门部与幽门部间和缓呈U形弯曲，盲囊部不明显（U型）；另一种贲门部与幽门部之间弯曲呈锐角，盲囊部不发达（V型）。

Y型胃，盲囊部明显凸出，贲门部、幽门部及盲囊部分界明显，如拟沙丁鱼、鳀及鳗鲡等鱼类的胃。也可分为2种：一种盲囊部外凸延长，各部分均明显（Y型）；另一种盲囊部特别延长而发达，幽门部较小，胃一般圆锥形，如鲐、鲣等鱼类的胃（卜型）（图3-17）。

胃具有碾磨压碎食物、分泌消化酶、使消化酶与食物充分混合的功能，兼有机械消化

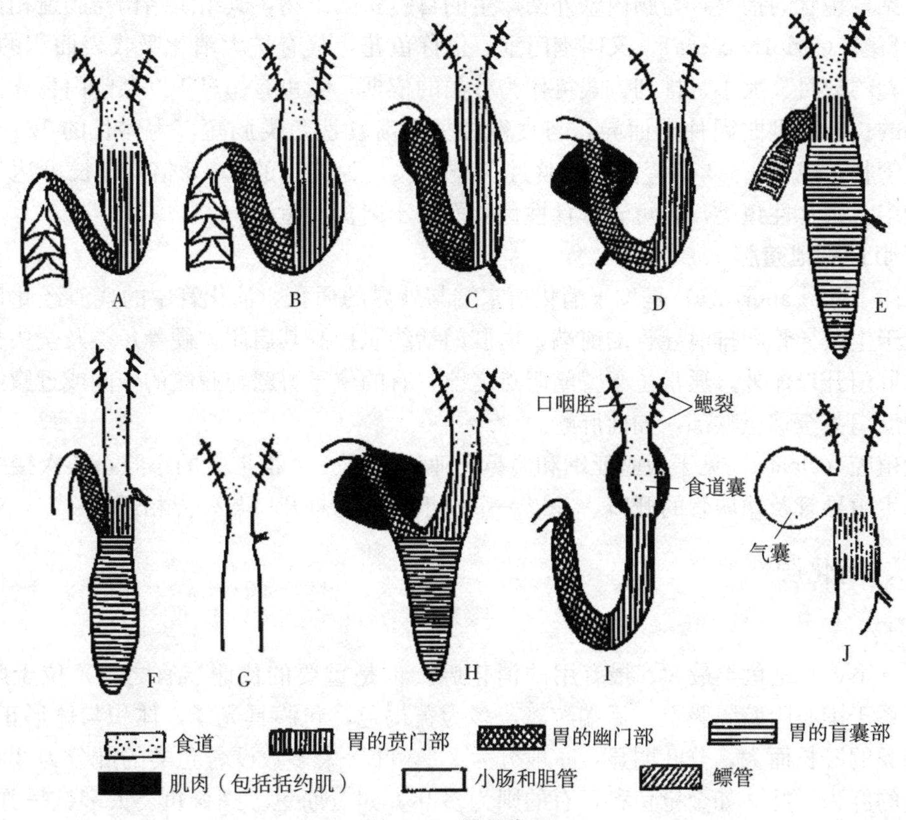

图 3-17　胃的类型

A. 尖头斜齿鲨（*Scoliodon laticaudus*）　B. 何氏鳐（*Raja hollandi*）　C. 鲥（*Macrura reevesii*）　D. 斑鰶（*Clupanodon punctatus*）　E. 宝刀鱼（*Chirocentrus dorab*）　F. 日本鳗鲡（*Anguilla japonica*）　G. 草鱼（*Ctenopharyngodon idella*）　H. 梭鲻（*Mugil soiuy*）　I. 银鲳（*Pampus argenteus*）　J. 条纹东方鲀（*Fugu xanthopterus*）

（孟庆闻，1987）

和化学消化的作用，是进行消化的重要场所。

4. 肠

肠（intestine）紧接在胃的后方，是进行消化吸收的重要场所。鱼类肠管组织由黏膜层、黏膜下层、肌肉层和外膜层等组成。大多数鱼类无肠腺（鳕鱼科除外），但肠黏膜可产生大量的黏液，以保护肠上皮细胞免受消化酶的破坏。肌肉为内环外纵，环肌的收缩能形成肠的蠕动，有效地将食物团推向后方。板鳃亚纲在直肠的起始处可见一指状直肠腺。

软骨鱼类的肠内壁有向肠腔呈螺旋状的突出物，形成螺旋瓣，其由黏膜层和黏膜下层共同组成，使食物通过肠道的速度减缓，增大吸收面积。螺旋瓣排列状态和数目因种而异，排列形态可分为螺旋型和画卷型。

板鳃亚纲和硬鳞总目的鱼类，肠分为小肠和大肠，小肠分为十二指肠（突起，管径较细，胰管开口于此）和回肠（管径较粗），大肠可分为结肠（肠管变窄）和直肠（短而直）。

一般真骨鱼类无小肠、大肠之分，以胆管开口作为肠道起始位置，可分为前肠（食道和胃）、中肠、后肠，各段之间没有明显的分界线。肠黏膜向管内表面凸出，形成许多肠黏膜褶，其形态变化十分复杂，大大提高了肠道的吸收面积。某些鱼类肠道与胃幽门部相接处可见盲囊状的指突，为肠内壁外凸产生的盲囊状凸出物，其组织结构与肠道相似，此为幽门盲囊（pyloric caeca），又叫幽门垂，俗称鱼花，具有扩大消化吸收表面积的作用。幽门盲囊的数目、大小、排列方式可作为分类的依据，鳜鱼有超过100条幽门盲囊。

肠的长短和盘曲因种类而异，与食性相关。肉食性鱼类肠短，为体长的1/4～1/3，多呈直管状，或仅1～2个弯曲。植食性鱼类肠长，为体长的2～5倍，最长可达15倍，盘曲较多。杂食性鱼类，肠短于草食性鱼类而长于肉食性鱼类。

5. 肛门和泄殖腔

肛门（anal aperture）是位于消化道末端与外界的通孔，消化管中的残渣经此排出体外，位于生殖导管和排泄导管的前端，由肛门括约肌控制其启闭。硬骨鱼类及全头类肠的末端以肛门开口体外。通常位于臀鳍起点之前，有的位于臀鳍与腹鳍的中间或近腹鳍，个别种类肛门甚至移至喉部，如前肛鳗。

泄殖腔（cloaca）见于板鳃亚纲和内鼻孔亚纲，是一个稍扩大的小腔，依次接受肠道末端、生殖导管及输尿管的开口，并以一个位于腹部的总开口与外界相通。

三、消化腺

1. 肝

肝（liver）是鱼类最大、最有用的消化腺，也是重要的代谢器官之一，位于腹腔前端，悬系于围心腹腔隔膜上，后端游离，多为黄褐色，包膜具光泽，体积与体形正相关。软骨鱼类的肝长而大，分叶明显，一般分为2～3叶。大多数硬骨鱼类的肝分为2叶，有些鱼类的肝为3叶，如金枪鱼科，有的则为多叶，如玉筋鱼。鲤科鱼类大多数呈弥散型，广泛分布在腹腔系膜上。少数硬骨鱼类的肝不分叶。

肝由许多小的单位（肝小叶）组成，肝小叶是肝结构和功能的基本单位。肝小叶中央有一纵行中央静脉，肝细胞以中央静脉为中心向四周呈放射状排列，形成肝细胞板。肝细胞板之间是肝血窦。肝血窦有枯否细胞，具吞噬作用。肝细胞间有胆小管，将肝细胞分泌的胆汁汇集至小叶间胆管。

肝的主要分泌物是胆汁，胆汁不含消化酶，但能使脂肪乳化，使脂肪酶活化，同时有助于蛋白质的消化，促进某些蛋白质成分的沉淀，刺激肠运动。胆囊是胆汁的储存器，开口于肠道前端。肝还具有解毒的作用，也可将糖合成糖原，并储存糖原以调节血糖的水平。

2. 胰

胰（pancreas）是鱼类重要的消化腺，由外分泌部和内分泌部构成。胰外分泌部称为胰腺，由管泡腺构成，能分泌胰液，分泌物经导管送入肠中，其中含有蛋白酶、脂肪酶、糖类酶（如淀粉酶、麦芽糖酶），在碱性环境中催化分解蛋白质、脂肪和糖类。肠道在肠液和黏液作用下呈中性或弱碱性，适合胰消化酶发挥作用。内分泌部称为胰岛或蓝氏岛，分泌胰岛素，调节血糖。

板鳃类的胰发达，为坚实致密的器官，呈单叶或双叶，明显与肝分离，位于胃的末端与肠相接处。硬骨鱼类的胰多数为弥散腺体，一部分或全部埋在肝中，这类胰和肝混杂在一起的组织，称为肝胰脏（hepatopancreas）。鳗鲡和鲇等少数鱼类有致密的胰腺。

3. 肠腺

多数鱼类无真正的肠腺（intestine gland），在鳕科鱼类肠内具单管状肠腺，仅由多个具有分泌功能的腺细胞聚合而成，是一种小型而原始的腺体。

有些鱼类还有直肠腺、口腔腺等消化道腺体。板鳃亚纲位于肠道近末端有一指状盲囊突起，其开口处为直肠的起点，具有泌盐功能，与鱼体的渗透压调节有关，不受自主神经支配。

4. 胃腺

胃腺（gastral gland）是包埋在胃壁内的单盲囊状小型腺体，开口于胃黏膜表面，为管状分支腺，能分泌胃蛋白酶和盐酸。胃蛋白酶能将食物中蛋白质分解成为蛋白胨和蛋白䏡，盐酸为胃蛋白酶提供酸性环境。少数无胃的鱼类缺乏胃腺，如鲤科、海龙科等。

四、鱼类摄食与生长

鱼类摄食与消化器官的形态和功能相适应。

1. 食物组成

刚出膜的仔鱼，运动能力很弱，依靠自身携带的卵黄提供营养，这一阶段称为内源性营养阶段。多数鱼类在卵黄还未完全消失时，就开始摄食原生动物、桡足类、小型枝角类等浮游生物，其营养来自卵黄和外界食物，称为混合营养阶段。在卵黄消耗完毕后，生长和生活所需营养物质完全依靠摄取外界食物提供，称为外源性营养阶段。鱼类食物多样性极为丰富，水中的所有动植物、微生物及腐屑等都是鱼类的食物，也包括空中、陆上落入水中的动植物。

2. 鱼类的食性

草食性的鱼类摄食植物性食物，分为水草食食性（草鱼、团头鲂）和藻类食性（鲢和白甲鱼）。

肉食性的鱼类摄食动物性食物，分为食鱼鱼类（鳡、鲌类、乌鳢、鳜等）、底栖动物食性鱼类（青鱼、花䱻）和浮游动物食性鱼类（鳙、银鱼）。

杂食性的鱼类摄食动物性和植物性食物，鲤偏重动物性，鲫偏重植物性。

碎屑食性的鱼类以水底有机碎屑和夹杂其中的微小生物为食，如鲴、罗非鱼。

3. 摄食方式

鱼类的感觉器官在摄食过程中起着觅食和选择食物的作用。鱼类摄食方式有掠食（凶猛鱼类的摄食方式）、滤食（以鳃耙过滤浮游生物）、啃咬（食固着或附着的水生植物和藻类）、刮食（刨刮着生物）、翻掘（将可伸缩口和吻部伸入泥中，翻起泥和食物，再拣食）和吮吸等方式。

4. 充塞度

以肉眼区分和鉴别鱼类消化道内食物充塞的程度和等级，称为充塞度（fullness），是衡量鱼类摄食强度的一种指标，也称食物饱满度，可分为0～5级。

0级：空肠或有极少食物。

1级：肠中食物占肠体积的1/4，局部有食物。

2级：肠中食物占肠体积的1/2，全部肠管有食物。

3级：肠中食物占肠体积的3/4，食物较多。

4级：肠中充满食物，肠壁不膨胀。

5级：肠中充满食物，肠壁膨胀或食物十分饱满。

5. 生长

鱼类的生长与其他动物不完全一样，生长速度有明显的阶段性，但只要食物充足，环境适宜，就可连续不断地生长，直到衰老为止。仔鱼必须在卵黄耗尽前及时从内源性营养转为外源性营养，否则就会进入饥饿期。饥饿鱼抵达一个时间点时，尽管还能生存较长一段时间，但已不可能再恢复摄食能力，称为不可逆点，又称为不可逆转饥饿点或生态死亡点。

性成熟前是鱼类生长最快速的阶段。性成熟后的营养主要用于保证性腺的发育和成熟，长度增长速度下降，体重增长加快。衰老期的营养主要用于维持生命，体长和体重的增长显得非常滞缓。

鱼类的生长速度随季节的变化，呈现快、慢交替现象。有些鱼类雌、雄个体的生长特性不一样，表现在体形、个体大小和生长率等方面存在差异。

体长（L）与体重（W）之间存在一定的关系，可用指数方程来表达，$W=aL^b$，a 为常数，b 为指数。也可用丰满度（fullness，K）表示，$K=100\ (W/L^3)$ 常用于衡量鱼体丰满程度和营养状况。

第五节　鱼类的呼吸系统

水生动物在水环境中完成呼吸，其呼吸器官需要满足 4 个条件：呼吸面积大，具有十分丰富的血管，介于血液和外界呼吸媒介物质之间的壁膜必须十分薄，适当的机械装置使水流不断接触呼吸面。呼吸器官执行血液与外界气体的交换，从外界吸取足够的氧，同时将二氧化碳排出体外。鱼类的呼吸器官是鳃，所需的氧气从水中获得。鳃具有呼吸、排泄小分子代谢废物、参与渗透压调节等功能。鱼类的胚胎和仔鱼的呼吸主要通过体表鳍褶上的皮肤血管和卵黄囊微血管网进行气体交换，鳃出现后则转为鳃呼吸。

一、鳃

鱼类的鳃（gill）位于咽部两侧，由鳃弓支持。

（一）鳃的发生

胚胎时期咽部后端两侧的内胚层壁由后向前成对向外凸出形成鳃囊（gill pouch），鳃囊继续向外，凸入中胚层，与鳃囊相对的外胚层向内凹入，形成鳃沟（visceral furrow），两者相向发展、相接，形成鳃板，鳃板穿裂，形成鳃裂（gill cleft），相邻两鳃裂中间的组织称为鳃间隔（gill septum）。鳃裂开裂于咽部的一侧为内鳃裂，开裂于体外的称为外鳃裂（图 3-18）。由中胚层形成鳃弓和血管，外胚层形成鳃片。硬骨鱼类鳃弓处皮肤皱褶向后延伸形成鳃盖，

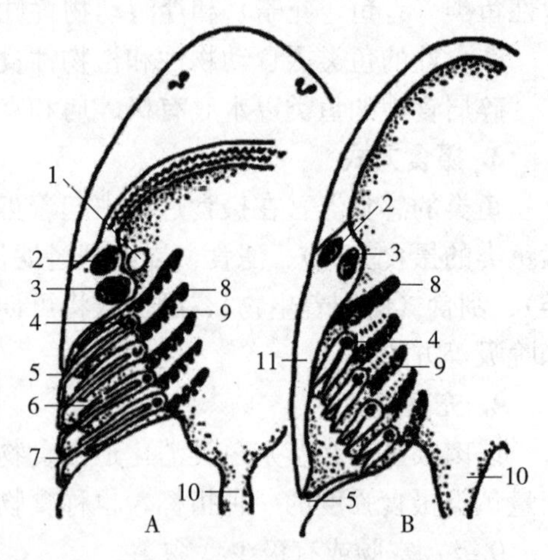

图 3-18　板鳃鱼类和真骨鱼类鳃的构造
A. 板鳃鱼类　B. 真骨鱼类
1. 喷水孔　2. 颌弓　3. 舌弓　4. 鳃弓
5. 外鳃裂　6. 鳃丝　7. 鳃间隔　8. 内鳃裂
9. 鳃耙　10. 食道　11. 鳃盖
（水柏年，2015）

有鳃盖骨支持。软骨鱼类无鳃盖，仅全头类有膜质鳃盖。

（二）鳃的一般构造

鳃间隔表面垂直于鳃弓整齐排列的许多梳齿状或板条状突起，称为鳃丝（gill filament）。一列鳃丝整齐排列在一起组成的片状物，称为鳃片（鳃瓣）。一列鳃片称为一个半鳃（hemibranch），鳃间隔前方的半鳃称前半鳃，后方的半鳃称后半鳃。每一鳃间隔前后两半鳃合称一个全鳃（holobranch）。鳃丝的两侧有许多薄片状组织结构紧密排列，称为鳃小片（gill lamella），彼此平行并与鳃丝垂直，是鳃的基本结构和功能单位。鳃小片由单层扁平上皮细胞包围着结缔组织的支持细胞所组成，其细胞间的微血管网，称为窦状隙（gill-sinusoid）。鳃丝中分散着一些氯细胞（chloride cell），海水鱼分泌氯离子，淡水鱼吸收氯离子，具有调节渗透压的作用。

鳃小片是气体交换的场所，其呼吸上皮很薄。相邻两鳃丝的鳃小片不是相对排列，而是相互嵌合、呈犬牙交错状排列，使气体交换面积增加，血流与水流具有反向流动特点，有利于气体交换。

硬骨鱼类每一鳃丝内有一软骨质的鳃条支持，鳃条上有沟，沟内有出入鳃丝血管，鳃弓下方有出入鳃动脉。入鳃丝动脉在鳃丝的内侧，出鳃丝动脉在鳃丝的外侧，血液从入鳃丝动脉经鳃小片流入出鳃丝动脉时，血流方向与水流方向相反，保证最大的气体交换量（图 3-19）。

板鳃类，鳃间隔大于鳃丝，隔中有鳃条软骨支持，鳃弓为软骨，无鳃盖。鳃裂多数 5 对，半鳃 9 对，少数 6、7 对。鳃间隔很长，宽大呈板状。第一鳃裂前方有 1 个喷水孔，为退化的鳃裂，即颌弓与舌弓之间的鳃裂（图 3-18、图 3-20）。

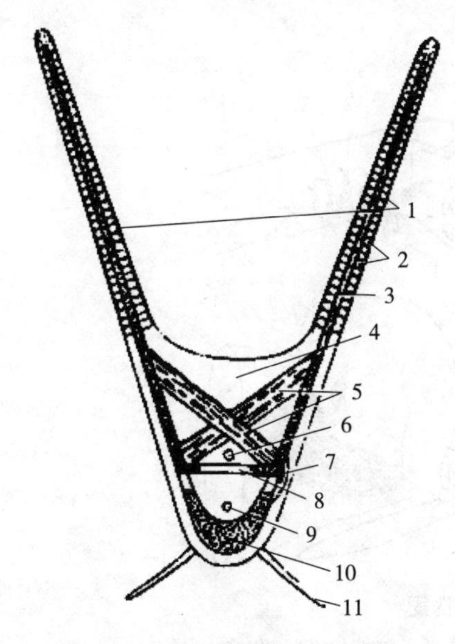

图 3-19　硬骨鱼类鳃的一般构造

1. 全鳃　2. 鳃瓣　3. 鳃条　4. 退化的鳃间隔　5. 缩肌　6. 入鳃动脉　7. 展肌　8. 软骨　9. 出鳃动脉　10. 鳃弓　11. 鳃耙

（孟庆闻，1987）

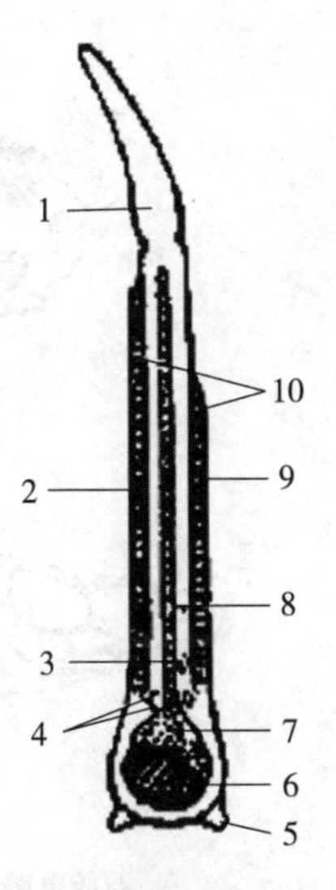

图 3-20　板鳃鱼类鳃的一般构造

1. 无鳃瓣的鳃间隔　2. 鳃瓣　3. 入鳃动脉　4. 出鳃动脉　5. 鳃耙　6. 缩肌　7. 鳃弓　8. 鳃条　9. 半鳃　10. 全鳃

（孟庆闻，1987）

圆口纲的呼吸器官为特殊的鳃囊（gill pouch）。

全头类的舌弓后具皮膜状鳃盖（这种鳃盖没有骨骼支持，故为假鳃盖），鳃孔 1 对，第 1～3 鳃弓具全鳃，第 4 鳃弓具前半鳃，还具有舌弓半鳃，共有 8 对半鳃，鳃间隔略短于鳃丝，已有部分鳃丝伸出鳃间隔。

内鼻孔亚纲和辐鳍亚纲的硬鳞总目（鲟类），具舌弓半鳃，第 5 鳃弓无鳃，有 9 对半鳃，鳃间隔缩短。真骨鱼类有 4 对全鳃（1～4 鳃弓），无舌弓半鳃，第 5 鳃弓无鳃，具鳃盖骨系，鳃孔 1 对，鳃间隔退化或消失，一般无喷水孔。

（三）外鳃、伪鳃

1. 外鳃

部分鱼类胚胎期或幼鱼期从鳃部伸出，裸露在外的临时呼吸器官，称为外鳃（external gill），具有帮助呼吸的作用。当正式鳃出现时，外鳃消失。内胚层性外鳃与鳃具有同样起源，见于板鳃类胚胎或胎儿，既可呼吸，又具吸收营养物质的功能。外胚层性外鳃与皮肤同源，是皮肤的突起物，发生在鳃盖和鳃孔的前方，见于低等硬骨鱼类（图 3-21）。

2. 伪鳃

在许多真骨鱼类的鳃盖内方有鳃丝状构造，不生长在鳃弓上，多无呼吸功能，称为伪鳃（pseudobranch）（图 3-21 D）。从发生上讲，一般认为它与喷水孔鳃同源。伪鳃分为 3 种：自由伪鳃是真骨鱼类鳃盖内面的伪鳃，明显可辨，具鳃丝、鳃小片，完全游离；覆盖式伪鳃的鳃丝上覆盖有一层结缔组织，鳃丝游离，但鳃小片间不能分离，无呼吸功能，只见于真骨鱼类；封埋式伪鳃被鳃腔的黏膜深深地包埋起来，完全与鳃腔隔开，表面不易辨认，与离子调节有关。

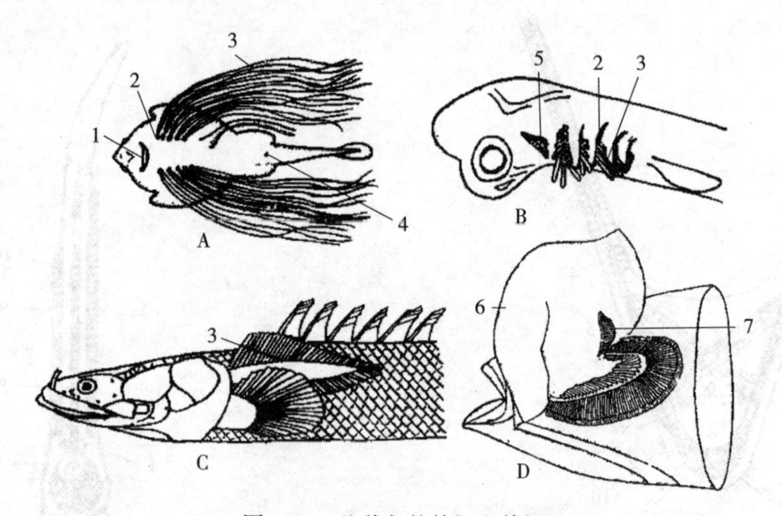

图 3-21　几种鱼的外鳃和伪鳃

A. 石纹电鳐（*Torpedo rnarmorata*）　B. 白斑角鲨（*Squalus acanthias*）

C. 美洲肺鱼（*Lepidosiren paradoxa*）　D. 大黄鱼（*Larimichthys crocea*）

1. 口　2. 鳃裂　3. 外鳃　4. 肛门　5. 喷水孔　6. 鳃盖　7. 伪鳃

（Kner 和 Steindachner；孟庆闻，1987）

（四）呼吸运动

鱼类通过口、口咽腔及鳃盖协调一致运动，使水流经鳃区，以保证呼吸顺畅。多数鱼类通过口腔泵（buccal pump）和鳃腔泵（opercular pump）的扩张吸水和压缩出水来完成这一运动过程。为了保证水的定向流动，鱼类具有 2 对呼吸瓣：口腔瓣位于上下颌内缘，防止水倒流出口外；鳃盖瓣，即鳃盖膜，防止水从鳃孔倒流入鳃腔。

鳐类的口和鳃裂位于头的腹面，喷水孔位于头的背面。游泳时，通过普通方法呼吸，停在水底时，通过喷水孔进水、鳃裂出水呼吸。高速游泳的鱼类，游泳时张口，借着速度，使水流进入，完成呼吸，如金枪鱼。急流生态型鱼类，常把扁平的身体吸附在水底岩石上，口一直张开让水流入，从鳃孔流出进行呼吸。溪间的鱼类，由于水中含氧量丰富，很久呼吸一次。双孔鱼通过上鳃孔进水、下鳃孔出水进行呼吸。

鳃除具有交换气体和排除二氧化碳的功能外，也进行氮化物和盐分的排泄。鳃主要排泄容易扩散的物质，如氨和尿素。

二、鳔

鳔（swim bladder 或 gas bladder）俗称鱼泡。胚胎期从食道背方长出的一芽体，向后伸展并扩大，形成一个小囊，最终发育成为鳔。大多数鱼类的鳔位于其腹腔上部、消化管与脊柱之间，也有的位于腹侧面（澳洲肺鱼）、腹面（美洲肺鱼和非洲肺鱼），而圆口类和软骨鱼类无鳔。

喉鳔类（Physostomatous）在成鱼时仍保留鳔管，并与食道相通，如鲱形目、鲤形目等。鲤的鳔有 2 室，在第 2 室的腹前方有一小管即鳔咽管，与食道相通。闭鳔类（Physoclistous）的鳔管在胚胎或仔鱼阶段已封闭或退化，成鱼无鳔管，如鲈形目等。极少数硬骨鱼类无鳔。

（一）鳔的一般构造

鳔由鳔体、气道及气腺组成。鳔体又称前室，气体储存于此，有弹性。气道可分后室和鳔管，后室与鳔体相连，通常膨大，缺乏弹性，有时缩小为卵圆窗（oval），位于鳔的背后方，近卵圆形，以小孔与鳔体相通，有一微血管的网，专司气体的吸收。鳔管是连接食道与鳔体的管道，通常较细长，是鳔内气体的紧急排放阀和仔鱼期鳔内气体的充气管道。气腺（gas gland）位于鳔体前腹面的内壁上，是一种能分泌气体的腺体，具极稠密的微血管网，外观上呈红色，故称红腺（red gland），其功能是向鳔内充气，鳔内的气体主要有 O_2、CO_2、N_2 等。

鳔都呈囊袋状，但其大小、长短、形状、位置等因种而异，有管状、梭形、卵圆形、心形，甚至 T 形，有 1 室（除鲤形目的管鳔类）、2 室（鲤形目）或 3 室（鳊亚科），左右分叶或不分叶。

肺鱼鳔的构造和作用与陆生脊椎动物的肺相似，是真正的呼吸器官，可直接呼吸空气，由纤维结缔组织分成许多小室。多鳍鱼类、雀鳝和弓鳍鱼等的鳔类似肺鱼，内壁分为许多小气室，可直接利用空气进行呼吸。鳔壁一般由黏膜层、肌层和外膜层组成。

（二）鳔的功能

（1）调节密度：在不同深度借放气或吸气来调节鱼体密度，使鱼类能够不费力地停留在各水层。

（2）呼吸作用：肺鱼、多鳍鱼、雀鳝及弓鳍鱼的鳔有肺的作用，具丰富的血管网，能吸取空气中的氧。

（3）感觉机能：起测压计或水中传声器的作用。有些鱼的鳔通过韦伯器与内耳发生程度不同的联系，具感压的能力并使该类鱼具有较灵敏的听觉。拟沙丁鱼型的内耳通过联合管与鳔联系，深海鳕型的内耳通过鳔盲囊与鳔联系。

（4）发声作用：对附近器官所产生的声音起着共鸣器作用，使声音扩大。鲤科鱼类通过鳔管放气发出声音。

三、辅助呼吸器官

少数鱼类可以暂时离开水或者在含氧量极低的水中利用一些特殊结构呼吸，这种兼有呼吸作用的构造，称为辅助呼吸器官，具有血管丰富、有一定的表面积、与外界的阻隔层极薄等特点。

1. 皮肤

皮肤是最常见的辅助呼吸器官，其表面布满血管，如鳗鲡、鲇、弹涂鱼、双肺鱼、黄鳝等。

2. 肠管

肠管壁薄，血管丰富。泥鳅高温季节肠后段上皮细胞扁平，细胞间具微血管和淋巴，为呼吸期，可辅助其呼吸；静止期时，上皮细胞变为柱状，细胞间无微血管网。甲鲇科的钩鲇的胃也能进行类似的气体交换。

3. 口咽腔黏膜

口咽腔内黏膜血管丰富，有许多乳状突起，如黄鳝、弹涂鱼、电鳗可借此呼吸。

4. 鳃上器官

生长在鳃弓上方的辅助呼吸器官，由鳃弓一部分特化而成，如胡子鲇、乌鳢、攀鲈及斗鱼等。

5. 气囊

合鳃目的双肺鱼每侧鳃腔顶壁上有一气囊（air-sac），气囊上皮有许多微血管及退化的鳃丝形成的呼吸小岛，具有呼吸作用。

第六节　鱼类的循环系统

鱼类的循环系统由液体（血液和淋巴）和管道（血管系统和淋巴系统）组成。循环系统具有维持机体内环境的相对稳定，对体内营养物质、代谢废物和激素等物质进行运载，对各器官进行联系和调节，以及通过细胞免疫、体液免疫和血液凝固等过程起免疫作用和保护作用等功能。

血管系统由心、动脉、静脉和毛细血管组成，其内流动着血液。心是血管系统的动力器官；动脉（artery）为发自心室、导血离心的血管；静脉（vein）为终于心房、导血回心的血管；毛细血管是连接动脉和静脉之间的微细血管，为物质交换的场所。淋巴系统由淋巴管道、淋巴器官和淋巴组织构成，淋巴沿淋巴管道向心流动，最后汇入静脉。淋巴管道常被看作是静脉的辅助管道。

鱼类的血液循环方式是闭管式单循环，即从心脏压出的血液经鳃区交换气体后，由出鳃动脉汇合成的背大动脉将多氧血运送到鱼体各个部分，供给各种器官组织氧及营养物质等，由各器官组织离开的少氧血又带着代谢废物或营养物质循着由小到大的静脉血管回流最终流回心脏，继续进行新一轮的循环。此种循环是单一的一圈，故称为单循环。肺鱼为双循环系统。

一、血液

血液是一种不透明的、带黏稠性的红色液体，属于结缔组织。由血浆（blood plasma）及血细胞（blood cell）组成。血细胞由红细胞（erythrocyte）、白细胞（leucocyte）和血栓细胞（thrombocyte）等组成（图 3-22）。血液占鱼体的比例因种类而不同，软骨鱼为 5%，硬骨鱼为 1.5%～3%，哺乳类 7.5%～8%。

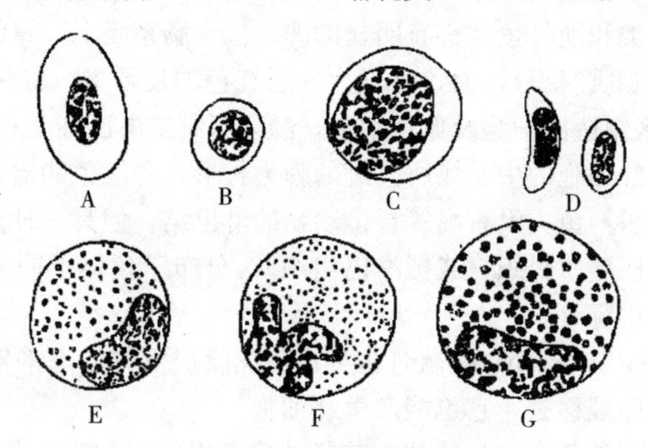

图 3-22 鱼类的血细胞

A. 红细胞 B. 淋巴细胞 C. 无颗粒白细胞 D. 血栓细胞
E. 嗜酸性粒细胞 F. 中性粒细胞 G. 嗜碱性粒细胞
（孟庆闻，1987）

1. 血浆

血浆是血液的细胞间液，即除去血细胞后的液体，略呈黄色。参与渗透压调节、新陈代谢和维持细胞的正常生理功能。

血液中血细胞约占 27%（鲤最高达 36%），血浆中水分占 76%～90%，其中溶有多种物质：蛋白质有白蛋白（维持鱼体胶体渗透压）、球蛋白（参与免疫和脂类运输）、纤维蛋白原（参与凝血，对受损伤的机体起保护作用）三种；营养物质包括糖类、氨基酸、脂肪酸等；无机盐类包括钠、钙、镁的氯化物，酸性碳酸盐、磷酸盐等，参与渗透压调节；各种代谢产物包括二氧化碳、尿素、尿酸等；还有各种内分泌激素和酶类。

将血浆中的纤维蛋白原除去所残留的液体，即血浆凝固后，血凝块收缩，析出的淡黄色液体，称血清（serum）。鳗鲡、黄鳝、鲇的血清有毒（>58℃可破坏），因此忌生食鱼肉和生饮鱼血。

2. 血细胞

（1）红细胞：最多，扁平卵圆形，中央微凸，有核，细胞质内含血红蛋白，运载氧气和二氧化碳。进化程度越高的动物，红细胞越小。血液中也含未成熟的红细胞。红细胞的数量受种类、年龄、性别、环境条件和健康状况的影响。

（2）白细胞：数量少于红细胞，占10%左右。能做变形运动，可游至血管外行吞噬作用，在血管内司免疫作用，有的种类能产生抗体。分为颗粒白细胞和无颗粒白细胞。

（3）血栓细胞：又称纺锤细胞，多呈纺锤形，内有一核，具凝血功能。数量多于白细胞，平均6万～8万个/mL。

3. 造血器官

血细胞的形成过程即造血。鱼类造血器官为脾（spleen）、头肾和其他器官，如肠黏膜、肝、血管、生殖腺和食道等器官内的结缔组织干细胞也参与造血。在早期胚胎阶段，血管能形成血细胞。

血细胞由造血器官中的网状内皮干细胞产生，首先产生淋巴成血细胞，再分化为淋巴细胞、血栓细胞、红细胞和白细胞。

（1）脾：软骨鱼类和硬骨鱼类都有明显的脾，位于肠系膜上，胃的附近，是最大最重要的造血组织（淋巴髓质组织），大致可分为外层红色的皮质区（红髓）和内层白色的髓质区（白髓），皮质区制造血细胞及血栓细胞，髓质区制造淋巴细胞和白细胞。脾是造血、过滤血液和破坏衰老红细胞的中心场所。鲤的脾为长形、暗红色的器官。

（2）淋巴髓质组织：鱼类没有高等脊椎动物的淋巴结，但具一种能制造各种血细胞的造血组织，称之为淋巴髓质组织（或拟淋巴组织）。分布于鱼体不同部位，如消化管黏膜下层、肝、生殖腺及中肾等。

赖迪器官（Leydig's organ）是软骨鱼类食道黏膜层下方的扁平器官，能生成白细胞（制造淋巴细胞），若脾被移去，它也能产生红细胞。

（3）头肾：一些硬骨鱼类的肾前部有前肾的残余组织，称为头肾，已不起排泄作用，变成一种淋巴髓质组织，具有制造白细胞、血栓细胞与毁灭陈旧红细胞的功能。

二、心血管系统

（一）心脏

心脏位于围心腔内，在腹腔的前方，鳃弓的后方腹侧，是血液循环的动力器官，具有较厚的肌肉质壁，内有空腔，产生有节律的收缩，使血液在血管中循环流动。典型的心脏由静脉窦（sinus venosus）、心耳（atrium）和心室（ventricle）组成。心脏由心外膜包被，心脏、心外膜和围心腔上皮之间有间隙，充有润滑作用的心包液和围心腔液。围心腔与腹腔之间以结缔组织横隔相分离。鱼类的心脏较小，约占体重的1%。

1. 动脉圆锥或动脉球

在软骨鱼类及硬骨鱼类的总鳍类、肺鱼类、软骨硬鳞类和全骨类，心室前方的一个肌肉质的圆锥状结构，称为动脉圆锥（conus arteriosus），其发生与心脏同源，属于心脏的一部分，内有瓣膜，能收缩搏动。真骨鱼类动脉圆锥退化，其腹主动脉基部膨大成圆锥状的结构，称为动脉球，常为白色，不能搏动，内无瓣膜，其发生与血管同源，不是心脏的组成部分，具有缓冲心室收缩产生的压力的作用。

2. 心室

心室位于动脉球的后方，心房的腹前方，呈圆球状，壁厚，搏动力最强，为心脏主要的搏动中心。

3. 心房（心耳）

心房位于静脉窦的腹下方。心房腔较大，壁薄，能做节律性收缩。心室的背壁有孔，连接心室和心房，形成房室漏斗，有瓣膜着生。

4. 静脉窦

静脉窦位于心脏后背侧，近似三角形，壁甚薄，接受身体前后各部分回心脏的静脉血，自身能收缩，将血液压入心房。由两条总主静脉（古维尔管）和肝静脉通入。

5. 瓣膜

心与静脉窦之间有两个瓣膜，称窦耳瓣；心室与心房间也有两个袋状瓣膜，称房室瓣；心室与动脉圆锥之间有半月瓣。各瓣膜的功能是提高血压，防止血液倒流。

（二）动脉

所有引导血液离开心脏的血管为动脉，一般可分为大、中、小三种。动脉管壁一般可分为内膜、中膜和外膜三层结构。各层结构因动脉管的粗细和管壁厚薄的不同而有差异，三层结构间界限分明。

1. 鳃区动脉

由心脏向前发出腹侧主动脉，在鳃弓下方向左右发出若干入鳃动脉进入鳃弓，然后向鳃丝发出入鳃丝动脉，再由入鳃丝动脉向鳃小片发出入鳃小片动脉，入鳃小片动脉进入鳃小片后离析成微血管网，再通过出鳃小片动脉、出鳃丝动脉、出鳃动脉，最后汇集成为背主动脉（图 3-23）。

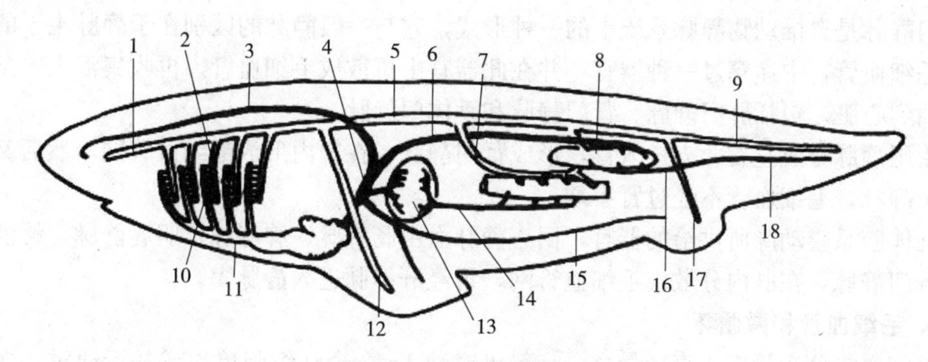

图 3-23 鱼类循环模式图

1. 头部动脉 2. 出鳃动脉 3. 前主静脉 4. 总主静脉 5. 背主动脉 6. 后主静脉 7. 肠系膜动脉 8. 肾 9. 尾动脉 10. 入鳃动脉 11. 腹主动脉 12. 锁骨下动脉 13. 肝 14. 肝门静脉 15. 腹静脉 16. 肾门静脉 17. 髂动脉 18. 尾静脉

（引自 Hildebrand）

2. 头部动脉

出鳃动脉（第一对）分出一支小动脉，分布到鳃盖内面的伪鳃上，称为伪鳃动脉。伪鳃动脉的上方分出一支较粗的颈总动脉，再分出内颈动脉（进入脑颅内，供给眼、鼻等处血液）和外颈动脉（在脑颅外，供给上下颌、舌颌、鳃盖、口腔底部等处血液）。左右内颈动脉在脑的腹面联合组成一个环状结构，称为头环。供给心脏营养的血管称为冠状动脉。

3. 躯干和尾部动脉

背主动脉向躯干发出锁骨下动脉（供胸鳍血液）、体腔系膜动脉（分支进入各内脏器官）、髂动脉（供腹鳍血液）、肾动脉体节动脉（向肌肉、皮肤、奇鳍供血），进入尾部后称为尾动脉，行走在尾椎腹面的脉弓内，再分支到达肌节、皮肤和尾鳍。

（三）静脉系统和毛细血管

凡引导身体各部分毛细血管中的血液回心脏的心管称为静脉。大多数静脉与其相对的动脉平行分布，静脉也可分为大静脉、中静脉和小静脉等3种。静脉管壁一般可分为内膜、中膜和外膜等3层结构，但3层结构间界限不明显，为防止血液倒流，中静脉和大静脉的内膜向管腔凸出，形成半月形的瓣膜。所有动脉、静脉的内膜最内层均由内皮构成。

1. 头部静脉

前主静脉1对，位于口咽腔背方、脑颅两侧，收集口周、眼、鼻、脑、口咽腔顶、头侧等处回心血，在心脏背方与后主静脉合并成总主静脉（古维尔导管），再入静脉窦（心脏）。颈下静脉1对或愈合为1条，位于鳃腔下方、腹主动脉上方，收集下颌、口咽腔底部和侧壁等处回心血，汇入静脉窦。

2. 躯干和尾部静脉

后主静脉1对，位于脊柱下方，部分或全部被肾所掩盖，与后主动脉平行向前延伸。尾静脉位于尾椎脉弓，收集皮肤、肌肉、尾鳍的血液，分为两支，进入肾，形成肾门静脉，再经肾静脉汇入后主静脉，体节静脉分别汇入尾静脉、肾门静脉和后主静脉。锁骨下静脉汇入总主静脉，髂静脉汇入后主静脉。

3. 门静脉

门静脉是脊椎动物静脉系统中的一种形式，它与一般静脉的区别在于静脉主干的两端都是毛细血管，中途穿过一种器官，并在此器官中析散成毛细血管，再收集汇入一条总血管，回到心脏。包括肝门静脉、肾门静脉和垂体门静脉。

由尾静脉分成左右两支进入肾，形成肾门静脉，在肾内形成毛细血管网，然后又汇集到后主静脉。毛细血管不经过肾小球。

凡体腔系膜动脉所供给的器官，回心静脉血由肠静脉、脾静脉、胆囊静脉、鳔静脉等汇入肝门静脉，在肝内分散成毛细血管网，再经肝静脉进入静脉窦。

4. 毛细血管和微循环

毛细血管分布最广，直径最小，一般可容纳1～2个红细胞单独或并行通过，血液流动极慢。其结构最为简单，主要由一层内皮细胞构成。内皮的外面有一层很薄的基膜，基膜外附有薄的结缔组织。在肝、脾及内分泌腺中的毛细血管，往往扩大成窦状隙，或称为血窦，由于管腔大，可以容纳较多的血液。

毛细血管一般连接在动脉与静脉之间：动脉由粗变细，以毛细血管与静脉相连。在鳃和肾小球的小动脉与小动脉之间也由毛细血管相连。门静脉中的毛细血管连接在静脉与静脉之间。

微循环是循环系统的末梢，构成了各器官的立体微管网架。其作用包括维持机体的内环境稳定；调节器官、组织、细胞新陈代谢和功能；通过自身的节律性收缩和心脏一起推动着血液的循环。微循环包括血液微循环、淋巴微循环和组织液微循环。

三、淋巴系统

淋巴系统是血管的辅助部分，起源于中胚层。由淋巴（lymph）及淋巴管（lymph

vessels）组成。淋巴系统是体液由组织回心的第二管道系统，其机能与静脉系统相似，但淋巴管与动脉系统没有直接连接。组织液进入毛细淋巴管成为淋巴，最后进入静脉回到心脏，淋巴在淋巴管内是单向流动的。鱼体内除中枢神经、肝、软骨、硬骨之外，淋巴系统几乎遍布各处。特别是在小肠内，其所吸收的脂肪都是借淋巴管进入循环系统的。具有维持内环境相对稳定、供给细胞营养及清除废物等作用。

1. 淋巴

又叫淋巴液，充满于淋巴管内，为无色透明的液体组织，一般与组织间液和血浆相似，由血浆及各种白细胞组成（含有淋巴细胞及其他白细胞），但无红细胞。

2. 淋巴管

最细的淋巴管起始一端尖细，与外界不通，是盲端，管径越来越粗，最后注入静脉，参加血液循环，是体内组织间的组织液和淋巴流通的管道。有毛细淋巴管、小淋巴管、中淋巴管和大淋巴管。

3. 淋巴心

为最后一脊椎骨的下面，呈圆形的囊状器官，能不断地搏动。由尾静脉的部分发育而成，有瓣膜调节本身的搏动和淋巴的流向。板鳃鱼类的淋巴系统只有淋巴管，无淋巴心和淋巴窦。

第七节　鱼类的尿殖系统

尿殖系统包括在生理上有很大区别的泌尿系统（排泄系统）和生殖系统，它们在位置上接近，共同发源于中胚层，很大程度上使用某些共同的输导管。

一、泌尿系统

脊椎动物的肾在发育时通常要经过前肾（pronephros）、中肾（mesonephros）和后肾（metanephros）3 个阶段，而鱼类只经历前肾和中肾，并各自具备相应的输导管，即前肾管和中肾管。肾起源于中胚层的生肾节，是鱼类主要的泌尿器官。

鱼类的泌尿系统包括肾、输尿管和膀胱等。主要功能有：排出新陈代谢产生的废物，如二氧化碳、尿酸、肌酸及肌酸酐等；维持体液理化因素的恒定，如水的平衡、渗透压及酸碱平衡等。

（一）肾

1. 前肾

前肾是鱼类胚胎时期的主要泌尿器官，位于体腔的最前端，由许多按节排列的前肾小管组成，呈红褐色。少数种类仔鱼期前肾仍有泌尿功能；通常成体的前肾不泌尿，但光鱼、锦鳚等在成体仍保留泌尿机能。真骨鱼类残存于围心隔膜的前背方，称为头肾，由淋巴样组织构成，成为造血器官。

前肾由前肾小管组成，前肾小管按节排列，略弯曲，为盲管，内有肾口与体腔相通。由前肾小管愈合而成一对前肾管，末端直通泄殖腔。背主动脉分支抵肾口旁形成微血管球，肾口周围的纤毛颤动，使血液和体腔内的代谢产物渗入前肾小管，然后经前肾管排出体外。

2. 中肾

鱼类成体的排泄器官。为一对红褐色狭长形实质性块状器官，位于体腔背壁，鳔的背方，腹面覆有腹膜。其结构和功能单位为肾单位，肾单位由许多肾小体和肾小管组成，彼此以结缔组织及血管隔开，形成块状组织。中肾小管由单层的腺上皮细胞组成，有的已失去与体腔的联系，有的一端还借肾口通向体腔。中肾小管的一端呈盲囊状的球形扩大，前壁向内凹入形成具有两层细胞的杯状深凹，形成肾小球囊或鲍氏囊。背主动脉的分支血管伸至每一肾小球囊，结成一团，形成球状的微血管球，称为血管小球。肾小球囊及其内壁相密接的血管小球（肾小球）合称为肾小体或马氏体（图 3-24）。

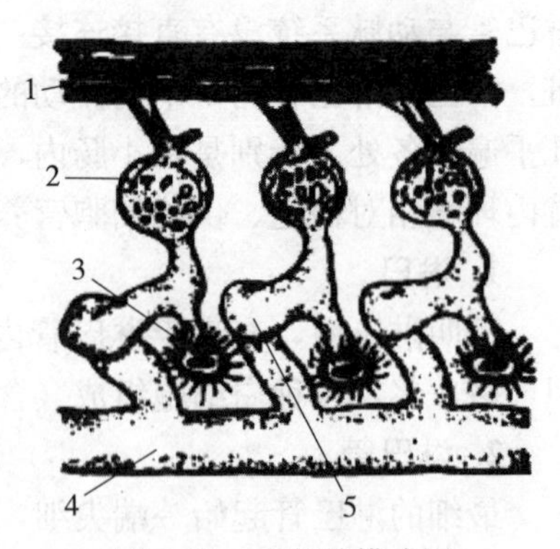

图 3-24 中肾的模式图

1. 主动脉 2. 血管小球 3. 肾口 4. 中肾管 5. 中肾小管

（谢从新，2010）

胚胎时中肾也呈显著的分节结构，随着发育分节不明显。淡水硬骨鱼类肾小体的数目、直径均大于海水硬骨鱼类。由中肾排泄叫中肾型，由前肾和中肾排泄叫全肾型。鱼类肾的结构特点是无皮质和髓质之分。

硬骨鱼类的肾形态上分 5 种类型：左右两肾连接在一起，头肾肥大，如鲱；自中央部分开始，左右两肾连接在一起，中间稍肥大，头肾明显，如鲤；左右两肾后部连接在一起，头肾稍明显，如鲈；左右两肾全部连接在一起，呈细带状，如海龙；左右两肾完全独立分开，头肾不明显，如鲀。

（二）输尿管

输尿管（ureter）在肾腹面内侧，较细。它是泌尿器官通达体外的管道，尿液经该管排出。输尿管壁有三层，即黏膜层、肌肉层（较厚）和纤维层（血管和神经分布其间）。

鱼类一般有 1 对输尿管。胚胎期时，前肾泌尿，前肾管就是输尿管。成体时，中肾泌尿，由前肾管分裂为二，其中的一根与中肾管的肾小管相通，承担输尿管的功能，称吴氏管（wolffian duct）。另一管或退化，或担负输送卵细胞至体外的任务，称输卵管或米勒管（mullerian duct）。软骨鱼类的输尿管开口于泄殖腔，米勒管退化、消失，中肾管成为输精管。

（三）膀胱

膀胱（urinary bladder）是储藏尿液的薄壁囊状器官，尿液由输尿管流入膀胱，再排出体外。鱼类的膀胱有 2 种类型：输尿管膀胱是输尿管后端扩大而成，大多数鱼类属此类型；泄殖腔膀胱由对着中肾管开口的泄殖腔壁凸出而成，中肾管与膀胱之间缺乏直接的联系，内鼻孔亚纲属此类型。某些鱼类在腹腔的最后端，有 1 对或 1 个腹孔与外界相通，其功能尚不清楚。软骨鱼类、内鼻孔亚纲等都具有 1 对腹孔，真骨鱼类很少具腹孔。

（四）肾泌尿功能和渗透压调节

1. 泌尿功能

鱼类尿液是无色或黄色的透明液体，大部分是水，常有尿素、少量尿酸、肌酸、肌酸酐等有机物和钙、钠、镁、钾、磷酸盐、氯化物、硫酸盐及碳酸盐等无机盐类。软骨鱼类的尿液中尿素含量较高，海水真骨鱼类的尿液中含大量肌酸和肌酸酐，肉食性鱼类的尿液呈酸性，草食性鱼类的尿液呈碱性。

肾的泌尿功能主要通过肾小体的过滤作用和肾小管的重吸收作用完成。进入肾小球囊的过滤液是血液中溶解的物质，包括代谢产物、水和营养物质，蛋白质和血细胞不能进入。肾小管的重吸收，是将过滤液中的水分、葡萄糖、氨基酸及无机离子大部分重吸收回血液。被重吸收完毕的过滤液中主要是对鱼体有害的物质，作为尿液排出体外。缺少肾小体的鱼类，其泌尿作用均通过肾小管来完成。

2. 渗透压调节

淡水鱼类体液属高渗溶液，通过排水（肾大，肾小体发达，大量排尿）和保盐、吸盐来实现渗透压的调节。吸盐包括肾小管吸盐、鳃上吸盐细胞吸盐和从食物得盐。

海水硬骨鱼类体液属低渗溶液，通过补水（食物中获得，吞食海水，肾小体不发达，排尿少）和排盐（鳃上的泌盐细胞泌盐）来实现渗透压的调节。

海水软骨鱼类体液、血液中盐分虽少，但血液中含多量尿素，浓度最高可达2%，属于高渗溶液。尿素含量高时，吸水，排尿增加，而尿素含量低时，排尿少，尿素含量因此增加。尿素是调节渗透压的重要因素，其肾小管有一段特殊部分，能回收尿素，同时大部分盐分也被回收。

洄游性鱼类，如鳗鲡，在淡水中生活时，主要依靠肾调节水分，当它入海生殖时，则在鳃上产生特化的排盐细胞，将多余的盐分排出体外而保留水分。赤鳉的鳃细胞在海水中排出盐分，而在淡水中则能吸收盐类。

广盐性鱼类在淡水中很少或几乎不喝水，在海水中大量喝水，肾过滤作用急剧退化，肾小管重吸收作用增加，水分排出大为减少（尿量仅为淡水生活时的10%）。

二、生殖系统、性别与繁殖

鱼类的生殖系统是由生殖腺（精巢、卵巢）和生殖导管（输卵管、输精管）所组成的。此外，进行体内受精的鱼类，雄鱼有特殊的交接器，用以输送精子进入雌鱼的生殖导管内。

（一）生殖腺

生殖腺（gonads）也称为性腺，起源于中胚层，最初在背系膜两侧，近生肾节内侧的体腔上皮细胞向外形成的生殖嵴或生殖褶，发育成为性腺，由精巢系膜或卵巢系膜悬系于腹腔背壁及体腔中线两侧，通过系膜与血管和神经连接。一般成对，单数的很少，如黄鳝、玉筋鱼等。

1. 精巢

精巢（testis）是产生精子的器官，未成熟时常为淡红色，成熟时呈白色，俗称鱼白。

板鳃鱼类精巢一般呈乳白色，多数成对。精巢壶腹在精巢内平行排列，系膜上有许多极细小的输出管与肾前部发生联系。

真骨鱼类精巢呈圆柱状或盘曲细管状，横切面呈三角形、圆形、椭圆形。一般成对，位于鳔的两侧，彼此分开，但它们在腹腔的末端常彼此相互接触，如河鲈、鲤等可以合并成Y型。精巢壁由两层被膜构成，外层为腹膜，内层为白膜。白膜向精巢内伸入，形成许多隔膜，把精巢分成许多精小叶。精小叶之间的组织叫间介组织。

真骨鱼类的精巢根据显微结构可分为两种类型（图3-25）。壶腹型精巢（又称鲤型精巢）为鲤科鱼类所具有，另外，鲱科、鲑科、狗鱼科、鳕科及鳉科等也属该型。从精巢膜上伸出隔膜，将整个精巢分割成圆形或长圆形的壶腹，精小叶排列不规则，精巢背侧有输精管。

辐射型精巢（又称鲈型精巢），为鲈形目鱼类所特有。由精巢膜伸入精巢而形成辐射排列的精小叶，精巢底部有输精管。

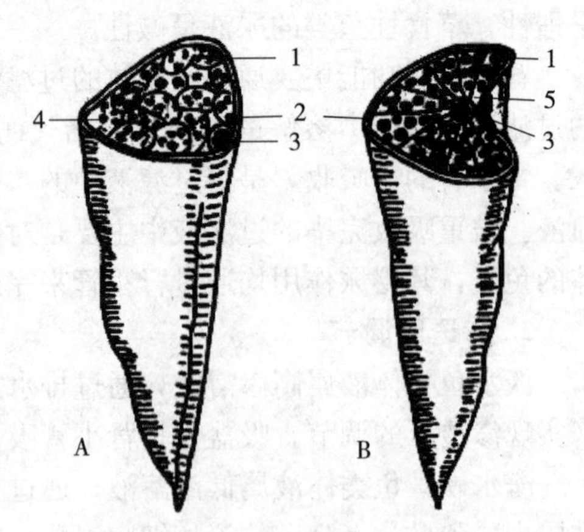

图 3-25　真骨鱼类精巢的两种类型

A. 壶腹型　B. 辐射型

1. 生精囊片　2. 固有膜　3. 输出管

4. 壶腹　5. 辐射叶片

（孟庆闻，1987）

2. 卵巢

卵巢（ovary）是产生卵子的器官，俗称鱼子，大多成对，也有不成对的。未成熟时呈透明条状，成熟时呈长囊状，一般呈黄色；也有呈绿色，如鲇、红鳍鲌；呈橘红色，如大麻哈鱼、虹鳟等。卵巢表面的被膜由两层构成，外层为腹膜，内层为白膜。白膜向内伸入，形成许多由结缔组织纤维、毛细血管和生殖上皮组成的板状结构，它们是卵子产生的地方，称为产卵板。多数鱼类的卵巢都有卵巢腔和输卵管，成熟的卵子先突破包围在它周围的滤泡而跌入卵巢腔，然后经过输卵管排出体外。

鱼类的卵巢有两种类型（图 3-26）。游离卵巢（裸卵巢），即卵巢裸露在外，不为腹膜形成的卵巢膜（或称卵囊）包围，卵子成熟时，自卵巢上脱落到腹腔，经输卵管排出体外。这类卵巢为板鳃类、全头类、肺鱼类、圆口类、全骨类及部分真骨鱼类所具有，系代表原始的结构。封闭卵巢（被卵巢），即卵巢不裸露在外，为腹膜所形成的卵巢膜包围，成熟的卵子不落于腹腔而落于卵巢腔中，经输卵管输出体外，这类卵巢为大多数真骨鱼类所具有，系代表高级的结构。

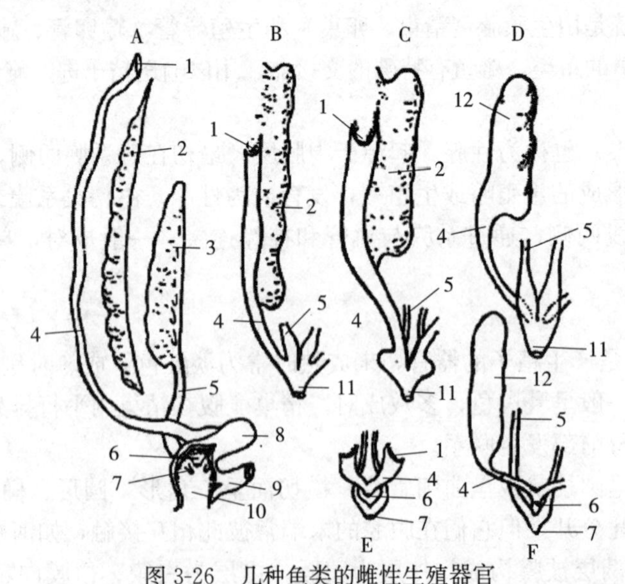

图 3-26　几种鱼类的雌性生殖器官

A. 非洲肺鱼　B. 多鳍鱼　C. 弓鳍鱼　D. 雀鳝　E. 鲑　F. 真骨鱼类

1. 输卵管腹腔口　2. 卵巢　3. 肾　4. 输卵管　5. 中肾管　6. 输卵管孔

7. 泌尿孔　8. 膀胱　9. 直肠　10. 泄殖腔　11. 腺殖乳突　12. 封闭卵巢

（孟庆闻，1987）

（二）生殖导管

生殖导管包括输精管和输卵管。圆口类及某些真骨鱼类无生殖导管。

板鳃类以中肾管（吴夫管）作为输精管，输精管的前方多迂曲，向后方则渐变直并扩大，其末端又凸出一对长的盲囊，称储精囊，往后通入尿殖窦，再经尿殖乳头开口于泄殖腔。真骨鱼类输精管与肾管无关，由腹膜褶连接形成的管道作为输精管。左右生殖导管在后端连接在一起，通到尿殖窦，或与输尿管分别开口于体外。

板鳃类的输卵管（米勒管）前端稍细，受精作用即在此进行。左右输卵管在肝前方延伸成合一的输卵管腹腔口，输卵管后方有一扁平的卵壳腺，受精卵在此形成卵壳。输卵管后部扩大成为子宫，卵胎生的种类，其胚胎在此发育。左右输卵管开口于泄殖腔，有的种类左右输卵管合并。

大部分具有封闭卵巢的真骨鱼类，其输卵管是由腹膜褶连接成的管道。有些真骨鱼类的输卵管有某种程度的退化或消失，见于裸卵巢鱼类（如鲑科、胡瓜鱼科、鳗鲡科及泥鳅等）。

体内受精的鱼类，雄性多具有交接器。板鳃类、全头类的雄性的腹鳍内侧生有交接器，称鳍脚。真骨鱼类一般无交接器，但鳉科鱼类多数为体内受精，形成了比较简单的交接器。有的是生殖管或尿殖乳突向外延长而成的管状突起，雄鱼将其作为交接器，雌鱼将其作为产卵管。很少数种类，其输卵管延伸到体外形成延长的产卵管，如雌鳑鲏鱼的产卵管便于其把卵子产入河蚌的外套膜中，让受精卵在其中孵化。有的是臀鳍前方几个鳍条扩大形成沟管连接在生殖孔用于产卵。

（三）雌雄异形与性征

鱼类一般都是雌雄异体（gonochorism），然而在外部形态上较难确切地鉴别雌雄，甚至用生物学测定也难归纳出它们之间的根本差异。可是有些鱼类可以利用一些外部特征辨明性别。鱼类的雌雄异形是由第一性征和第二性征所决定的。第一性征是指那些与鱼类本身繁殖活动直接有关的特征，如卵巢、精巢、鳍脚等。第二性征是指那些与鱼类本身繁殖活动并无直接关系的特征。

雌雄区别主要有以下特征。

（1）个体大小：在多数情况下，同样年龄的鱼，雌鱼一般比雄鱼大些。而有些种类则差别颇大，有所谓短小型雄鱼出现。角鮟鱇雄鱼寄生于雌鱼身体上，仅性腺充分发育，其他器官退化。体长 1 m 的雌角鮟鱇鱼的腹部寄生 2 尾雄鱼，体长仅 8.5 mm。相反地，有少数种类的雄鱼稍大于雌鱼，如黄颡鱼。

（2）色泽的差异：鳑鲏亚科鱼类，雄性体色鲜艳，生殖季节来临时，个体体色变深或鲜艳者一般为雄鱼，生殖季节完毕后恢复原状（性激素作用）。繁殖时期出现鲜艳的色彩，并在生殖季节之后即行消失，称为婚姻色（nuptial color），一般在雄鱼中表现特别突出。

（3）追星。

（4）性腺的差异。

（5）鳍的变异：有些鱼类雄性的腹鳍或臀鳍形成交接器。雄性银鲛在头部的背面前端有一特殊的棒状器，称头执握器，又称额鳍脚，不用时可倒卧在皮肤的洼中，而雌鱼则无此构造。

（6）生殖孔的差异：如罗非鱼的雌鱼在肛门之后有较短的生殖突和生殖孔，其后又有一个泌尿孔，而雄鱼在肛门之后只有一较长的泄殖乳突，共同向外开一个孔。有的雌鱼有生殖管延长形成的产卵管。

(四) 雌雄同体与性转变

软骨鱼类中并未见到雌雄同体（hermaphroditism）现象。真骨鱼类中个别种类有雌雄同体现象，即在同一个体内雌雄性腺同时出现，鲈形目鮨属有几个种类，是永久性雌雄同体，而且可以自体受精，鲱、鳕、黄鲷、沙塘鳢、银鱼等鱼类也是。其性腺分布，可一边是卵巢，一边是精巢，或两边两种都存在。

有些鱼类性成熟后，有从一个性别转换为另一种性别的现象，称为性逆转（sex reversal）。先发育为雄性、再发育为雌性的鱼，有黑鲷、小丑鱼等。先雌后雄型，有黄鳝、石斑鱼、鲈鱼和剑尾鱼等。

鱼类在性分化前，雌、雄因素同时存在。性分化后雌、雄因素才突出或稳定，可以对未成熟幼鱼进行雌性激素（雌二醇）或雄性激素（甲睾酮）的处理，获得全雌或全雄的鱼。

(五) 繁殖

繁殖是鱼类生活史的重要一环，包括亲鱼性腺发育、成熟、产卵或排精，到精卵结合的全过程。繁殖与其他生命环节共同保证了种群的生存和增殖，也关系到后代的质量和数量，具有独特的适应性。鱼类受精方式大多数是体外受精，繁殖方式则具有多样性。

1. 卵细胞的发生

卵细胞的发育经过 5 个时期，分别以Ⅰ～Ⅴ时相表示。第Ⅰ时相，为卵原细胞阶段，细胞的体积小、细胞质少，具有明显的细胞核，具有 1～2 个核仁。第Ⅱ时相，为小生长期的初级卵母细胞阶段，细胞为多角形，细胞质强嗜碱性，核仁多个，卵母细胞外有一层滤泡细胞。第Ⅲ时相，为进入大生长期的卵母细胞阶段，细胞个体较大，膜较厚，出现卵黄颗粒，嗜酸性逐渐增强；卵膜外有 2 层滤泡细胞。第Ⅳ时相，为发育晚期的初级卵母细胞阶段，卵子体积增大，辐射状的卵膜增厚，卵黄颗粒几乎充满核外空间，核仁逐渐溶解、消失。第Ⅴ时相，为由初级卵母细胞过渡到次级卵母细胞的阶段，最后卵子的核相处于第二次分裂中期。卵母细胞生长到最大体积，细胞质内充满粗大的卵黄颗粒，在生长过程中它们相互融合成块状，此时细胞已成熟。

卵子一般为端黄卵，卵黄含量丰富，卵径一般为 1～3 mm，卵胎生和胎生的鱼卵较大，鼠鲨可达 150～220 mm。根据鱼卵的密度以及有无黏性和黏性强弱等特性，可以将鱼卵分为 4 种类型，即浮性卵、沉性卵、漂流性卵和黏性卵。一般卵产入水中呈圆球形。圆口类的卵呈长圆形，外有角质壳。板鳃类也多有角质壳，有的呈方形如鳐；有的突起物卷曲成丝，如猫鲨；有的为螺旋形如虎鲨（图 3-27）。

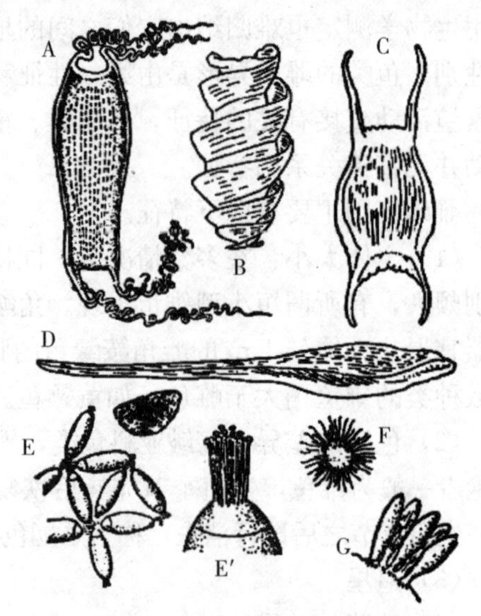

图 3-27 几种鱼的卵子形态

A. 猫鲨的卵壳 B. 狭纹虎鲨的卵壳 C. 花鳐的卵壳 D. 银鲛的卵壳 E. 太平洋盲鳗的卵 E′. 一个卵子的动物极 F. 颌针鱼的卵 G. 黑银鲛的卵

（谢从新，2010）

2. 精子的发生

精巢内的生殖细胞在不同的发育阶段，其形态和大小各有差异，根据其发育阶段的不同，可将精巢内的生殖细胞分为以下几种类型。

精原细胞是精巢中最原始的生殖细胞，体积较大。

初级精母细胞由精原细胞分裂形成，较精原细胞小，核较大，具有核分裂象。

次级精母细胞由初级精母细胞减数分裂形成，比初级精母细胞小。

精子细胞无明显的细胞质，细胞核强嗜碱性，其细胞体积更小，由次级精母细胞经减数分裂形成。

精子为精巢中最小的一种生殖细胞，由精子细胞转化而来。

鱼类的精子为特殊的变形细胞，小而活动力强，由头部、颈部和尾部组成。头部具核，前方形成钻孔体或顶体，尾部长度超出头部好几倍，为精子的推进器。按头部形状可分为螺旋形（板鳃类）、栓塞形（七鳃鳗）、圆形（真骨鱼类）（图 3-28）。

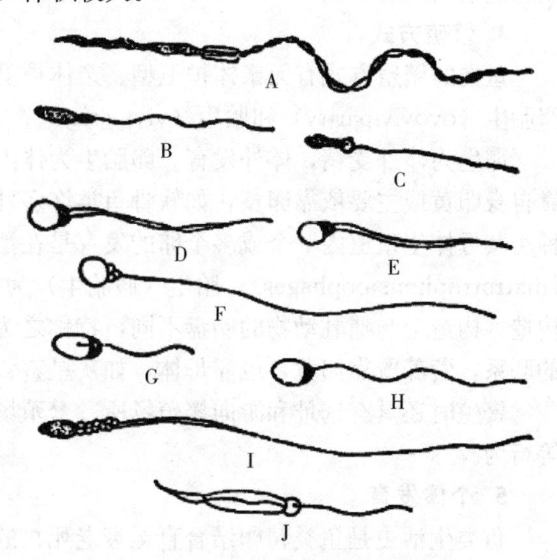

图 3-28　几种鱼的精子形态

A. 鳐　B. 七鳃鳗　C. 鲟　D. 狗鱼　E. 欧洲鲈　F. 大西洋鲱　G. 硬头鳟　H. 鳟　I. 虹鳉　J. 欧洲鳗

（孟庆闻，1987）

3. 性腺发育与分期

性腺成熟系数是性腺重量占鱼体体重的百分比（去内脏）。成熟指数是指某阶段成熟系数与最大成熟系数的比值，用来比较发育快慢和个体发育情况。性腺成熟度等级通常划分为 6 个时期。

Ⅰ期：未成熟个体（当年鱼或幼鱼），性腺细而透明，呈线状紧贴于鳔下两侧的体腔膜上，肉眼无法区别雌雄。卵细胞大多为第Ⅰ时相。

Ⅱ期：卵巢为扁带状，多呈粉红色或透明，或呈浅灰色，放大镜下可见卵粒，卵细胞大多为第Ⅱ时相。精巢为线状或细带状，半透明或不透明，血管不显著。

Ⅲ期：卵巢血管发达，卵细胞半透明，卵黄少量沉积；肉眼可看清卵粒，卵细胞大多为第Ⅲ时相。精巢为圆杆状，粉红色或淡黄白色，挤压腹部或剪开精巢无精液流出。

Ⅳ期：卵巢的卵粒大而饱满，充满卵黄，有时挤压腹部可流出少量卵粒，卵细胞大多为第Ⅳ时相。精巢呈乳白色，早期阶段挤压腹部无精液流出，晚期则能挤出白色精液。

Ⅴ期：此期卵子已成熟离巢，提起时卵粒能从生殖孔流出，卵细胞大多为第Ⅴ时相。精巢在提起或轻按腹部时能从生殖孔涌出精液。

Ⅵ期：当年已产过卵的卵巢，体积大为缩小，表面充血，外表呈紫红色，内残留少数卵粒，退化呈半透明、橘黄色的不规则结构。精巢体积缩小，呈细带状，淡黄色或淡红色。性腺一般退回到Ⅲ期，然后再向前发育。

性腺发育受食物、环境因子（温度、光照、水流、盐度）等影响，环境因子对性腺发育的作用，往往通过神经-内分泌调节实现。

鱼脑神经中枢接受外界刺激后首先释放一类小分子的神经介质（如多巴胺、去甲肾上腺素和羟色胺等）传递至下丘脑，下丘脑分泌促性腺激素释放激素（GnRH）或黄体生成释放素（LRH），从而刺激垂体分泌促性腺激素（GTH），可能有黄体生成素（LH）和促滤泡激素（FSH）。

4. 繁殖方式

鱼类的繁殖方式有无亲体护卫型、亲体护卫型和亲体型。也可分为卵生（oviparity）、卵胎生（ovoviviparity）和胎生（viviparity）。

卵生为体外受精，体外发育。卵胎生为体内受精，体内发育，胚体呼吸靠母体，营养靠自身卵黄或主要依靠卵黄，如软骨鱼类许多种类、胎鳉科、海鲫、黑鲪、褐菖鲉；有些种类其母体生殖道内一个或多个卵的发育是在消耗其他卵的基础上完成的，称为卵食营养(matrotrophous oophages)。胎生（假胎生）为体内受精，体内发育，母体具类似胎盘的构造（构造上与哺乳动物的胎盘不同，特称之为卵黄胎盘），胚体与母体发生血液循环上的联系，营养既靠卵黄，也靠母体，如灰星鲨、鸢魟。

繁殖时还具有选址和游向繁殖场所、繁殖场所准备和领域防卫、求爱配对、亲体护幼等行为。

5. 个体发育

鱼类生活史是鱼类精卵结合直至衰老死亡的整个生命过程，即生命周期。早期生活史指鱼类生活史中成活率最低的卵（胚胎）、仔鱼和稚鱼三个发育期的统称。胚胎期指精卵完成结合并在卵膜内发育；仔鱼期指从卵膜孵化出膜至奇鳍鳍条基本形成的时期，体透明；稚鱼期，不透明，鳍条初步形成，鳞片开始覆盖；幼鱼期，外形特点和栖息习性等已与成鱼一致，但性腺尚未成熟；成鱼期，性腺初次成熟，具第二性征；衰老期，体长生长极缓慢或几乎停止，已不参与繁殖。食用鱼类所说的成鱼则是指性成熟较晚的中型鱼类在达到食用规格时性腺尚未成熟，区别于生态学中的成鱼。

第八节　鱼类的神经系统

鱼类各种器官有着高度分工合作的现象，表现得十分协调，并相互联系，维持整个身体的正常生理活动，使各器官能够发挥出最大的效能。这些过程都是通过神经系统和内分泌系统来完成的，其中神经系统起主导作用。神经系统由脑、脊髓、神经节和分布于全身的神经组成，使得身体内部运动协调，并通过感受器与外界联系，是鱼类一切行动的“总指挥部”，由中枢神经系统（脑和脊髓）和外周神经系统（脑神经、脊神经和内脏神经）组成。

动物体内周围神经系统的神经纤维集合在一起，外面包裹由结缔组织组成的膜，构成神经，分布到全身器官和组织。一条神经内可以只含有感觉神经纤维或运动神经纤维，但大多数神经是同时含有感觉、运动和自主神经纤维的。神经纤维是中枢神经和外周神经的组成部分，由神经细胞（神经元）突起构成。在结构上，多数神经含有髓和无髓两种神经纤维。水生动物神经元的神经纤维主要集中在周围神经系统，把中枢神经系统的兴奋传递给各个器官，或将各个器官的兴奋传递给中枢神经系统的组织。

一、神经元

神经系统由神经元和神经胶质细胞（功能是支持、保护、营养和修复）组成。神经元（neuron），即神经细胞，是高度分化能感受刺激和传导兴奋的细胞，是组成神经系统的基本单位。神经元由细胞体和突起（树突、轴突）组成。一个神经元轴突的末端分支与另一个神经元的树突相接触处称为突触，是神经元之间发生联系的部位，也是信息传递的关键部位。

神经元按其功能的不同可分为 3 类：感觉神经元（传入神经元）、运动神经元（传出神经元）和联络神经元（中间神经元）。起止行程和功能基本相同的神经纤维聚集成束，称神经纤维束。由脊髓向脑传导感觉冲动的神经束称上行束，由脑传导运动冲动至脊髓的称下行束。根据冲动的性质分为感觉神经、运动神经和混合神经。感觉神经末梢能感受内、外环境的各种刺激，称感受器，主要有游离神经末梢、触觉小体和环层小体等。运动神经末梢是中枢发出的传出神经纤维末梢装置，称为效应器，包括身体运动神经末梢和内脏运动神经末梢。

神经系统通过基本生理单位——反射弧，来完成神经的调节功能。刺激由感受器（接受刺激，产生兴奋）传导至感觉神经元，通过中间神经元到达中枢神经，再通过运动神经元传递到效应器（产生动作），即为完整的反射弧作用过程。

二、中枢神经系统

中枢神经系统由脑（brain）（脑颅内）和脊髓（spinal cord）（髓弓管内）两部分组成。脑是神经系统中的高级中枢。脑内的空腔称为脑室，脊髓的空腔称为中央管。

(一) 脑

鱼类脑的构造已分化为五个部分：端脑（telencephalon）、间脑（diencephalon）、中脑（mesencephalon）、小脑（cerebellum）和延脑（medulla oblongata）。鱼类的脑在胚胎发生时以神经管（由外胚层形成）前端扩大部分为基础，迅速分化为前、中、后三个脑球，随后由前脑分化成端脑和间脑，中脑球不再分化而形成中脑，后脑球以顶部凸出的方式形成小脑，下方形成延脑（图 3-29）。

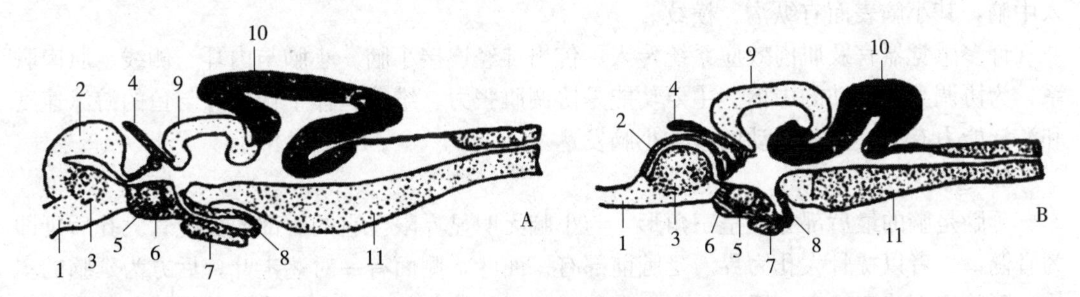

图 3-29 板鳃鱼类和真骨鱼类脑的纵切面

A. 板鳃鱼类 B. 真骨鱼类

1. 嗅束 2. 大脑 3. 基神经节 4. 脑上腺 5. 视神经及视束 6. 间脑 7. 垂体 8. 血管囊 9. 中脑 10. 小脑 11. 延脑

（水柏年，2015）

1. 端脑

端脑由嗅脑和大脑等组成。嗅脑由嗅球和嗅束所组成，嗅球位于脑的最前端，与嗅囊相连，嗅球后方有细长的嗅束连接大脑，主司嗅觉。圆口类和板鳃类的嗅脑体积很大，嗅觉甚为发达。硬骨鱼类的嗅脑结构大致分为两种类型：一种是嗅脑分化为嗅球和嗅束，如鲤形目鱼类、梭鱼；另一种是嗅脑不分化，嗅脑仅为一圆球状的嗅叶，如鲈形目鱼类。

大脑分左右两个大脑半球。大脑背壁无神经组织，只有结缔组织的脑膜，是由上皮细胞组成的薄壁（称为外表）；大脑腹壁上有许多神经细胞集中而形成纹状体（striatum），为鱼的高级神经中枢，此乃真正脑组织所在。大脑半球内各有一脑腔，称为侧脑室，左侧为第一脑室，右侧为第二脑室，前方与嗅球中的嗅囊相通，后端与脑第三脑室相通。硬骨鱼类脑室未分左右，为公共脑室。

2. 间脑

间脑位于端脑后方凹陷处，很小，与端脑无明显界限，被中脑视叶遮盖。间脑背面中央凸出一条细长线状的脑上腺或称松果腺，其前腹方有视神经通入，视神经后方有一圆形或椭圆形的隆起部，称漏斗。漏斗两侧有一对圆形或半圆形的下叶，漏斗下方，两下叶之间连一圆形构造，为垂体；漏斗后方为血管囊。

间脑内有第三脑室。其背壁、侧壁和腹壁分为上丘脑、丘脑和下丘脑。鱼类的丘脑是感觉中枢，丘脑下部是物质代谢以及体温、生殖机能、内分泌调节的重要部分。

3. 中脑

中脑位于间脑后方背面，为左右两个球状突起。其背面称为视叶，鲤因小脑瓣发达，将视叶挤向两侧，腹面称被盖。中脑内腔为中脑室，它前后与第三、第四脑室相沟通。视神经末梢到达中脑顶部，嗅神经、听神经束也进入中脑。

视叶的结构和功能与哺乳类的大脑皮层相似，是支配鱼体运动的中枢，与鱼体的位置和移动的控制有关，为视觉中枢和高级中枢。

4. 小脑

小脑位于中脑后背方，后接延脑，是一单个的椭球形体。内有小脑室与中脑室、第四脑室相通，前端为小脑瓣。硬骨鱼类小脑前方伸出小脑瓣凸入中脑。软骨鱼类无小脑瓣伸入中脑，其小脑表面有纵沟、横纹。

许多感觉器官及肌肉效应系统传入、传出神经连接小脑。小脑与内耳、侧线、肌肉联系，为协调身体运动的中枢。主要功能是协调肌张力、维持鱼体平衡，并与鱼的游泳速度和游泳能力有关，快速运动的鱼类小脑发达。

5. 延脑

延脑是脑的最后部分，呈三角形，与小脑无明显界限。它的后部通出枕骨大孔后延即为脊髓，二者以枕骨大孔为界。延脑前部有一面叶，侧面有一对迷走叶，后方为延脑的本体。延脑内有第四脑室，后方与中心管相通。延脑后部的背面为脉络丛，腹面和侧面为脑干。软骨鱼类延脑前端两侧有一对大型的绳状体，与内耳和侧线有联系。

鱼类的延脑有独特的味觉中枢，主要功能有听觉、侧线感觉、呼吸、心律调节、体色调节、接受皮肤各种感觉等。

各纲鱼类的脑存在一定的差异。圆口纲鱼类的脑原始，形状扁平，无弯曲。软骨鱼纲板鳃亚纲鱼类的脑5部分明显，大脑、小脑及延脑显著；嗅球大，占端脑的大部分；大脑腹面有灰质组成的纹状体；延脑的绳状体特别发达。全头亚纲鱼类的脑狭长，大脑半球大而明显，呈纺锤形；侧脑室借大型室间孔相通，底部具发达纹状体；嗅束较粗，嗅球稍膨大；间脑很长，分隔大脑与中脑；中脑大，视叶为长椭圆形；小脑椭圆形，具沟纹；绳状体发达。硬骨鱼纲鱼类的脑变异性大，脑的5部分明显，嗅叶和大脑半球分化，大脑较小，纹状体发达，大脑侧室尚未分化为左右侧脑室，背面为发达的中脑视叶所覆盖；具小脑瓣（与侧线有关）凸入中脑室；延脑前宽后窄，三角形，具第四脑室。

（二）脊髓

鱼类的脊髓位于髓弓管内，是一条椭圆形长柱状的白色管。前端在枕骨大孔与延脑相连，后端到达最后一枚尾椎，从前到后逐渐变细呈圆锥形，称脊髓圆锥。脊髓在肩带和腰带的相对区域略有膨大，分别是颈膨大和腰膨大。

脊髓外面包有结缔组织（脊髓膜），2层，外层黑色，含血管与色素。整个脊髓的背面正中有一向内凹入的纵沟称为背中沟。脊髓腹面正中有一较浅窄、不甚显著的沟称为腹中沟。脊髓中央的空腔，称为中心管（central canal）（髓管），前面与脑室相通。在中心管的周围，神经元胞体所占有的区域呈蝶形，称为灰质（gray matter）。灰质的四周只有神经纤维，包括上行于脑及由脑发出的纤维，称为白质。灰质的背方有两个突出的角，称为背角，脊神经背根经背角通入灰质中。灰质的腹面突出的两个角，称为腹角，脊神经腹根即由此发出。

脊髓为鱼类的简单反射中枢，对鱼体的皮肤、肌肉和色素进行分节神经支配，是低级反射中枢，也在各脊神经及交感神经系与脑之间起传导和联络作用。

（三）脑（脊）膜和脑脊液

除有脑颅和髓弓的保护外，神经组织还外包一层有保护和营养机能的脑（脊）膜（meninx）。绝大多数鱼类只有一层脑（脊）膜，脑（脊）膜和脑颅（髓弓）之间有松散的黏液和脂肪组织填充。

脑脊液是填充在脑和脊髓内腔的透明液体，来自脑部的脉络丛，对脑和脊髓起保护作用。

三、外周神经系统

外周神经系统（peripheral nervous system）由与中枢神经相连的神经与神经节组成，它包括脑神经（cranial nerve）、脊神经（spinal nerve）和内脏神经（visceral nerve）。

（一）脑神经

鱼类的脑神经一般都有10对（图3-30）。

Ⅰ嗅神经（olfactory nerve）神经细胞胞体在嗅黏膜上，由联系嗅觉细胞的神经纤维连接到嗅脑上。嗅神经专司嗅觉，为纯感觉神经。

Ⅱ视神经（optic nerve）细胞分布于眼球的视网膜上，神经纤维穿过眼球的数层膜结构连到间脑腹面，神经的末端达到中脑。视神经在间脑前方形成交叉，左侧的视神经联系到间脑的右侧，而右侧的视神经联系到间脑的左侧，称为视交叉，进入间脑后再达中脑。为纯感觉神经。

Ⅲ动眼神经（oculomotor nerve）由中脑腹面发出，分布到眼球的上直肌、下直肌、

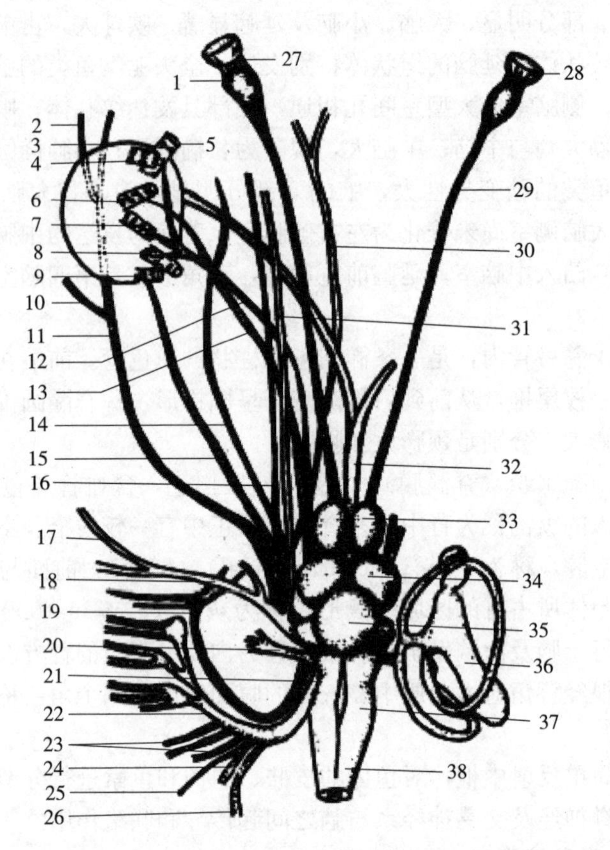

图 3-30　脑与脑神经背面观

1. 嗅球　2. 下颌支（Ⅴ）　3. 上颌支（Ⅴ）　4. 内直肌　5. 下斜肌　6. 上斜肌　7. 上直肌　8. 下直肌　9. 外直肌　10. 浅颜面支（Ⅴ）　11. 颌支　12. 动眼神经　13. 滑车神经　14. 深眼支（Ⅴ）　15. 外展神经　16. 浅眼支（Ⅴ、Ⅶ）　17. 舌颌支（Ⅶ）　18. 面神经　19. 舌咽神经　20. 听神经　21. 迷走神经　22. 鳃支（Ⅹ）　23. 鳃盖支（Ⅹ）　24. 内脏支　25. 心脏支（Ⅹ）　26. 侧线支（Ⅹ）　27. 嗅神经　28. 嗅囊　29. 嗅束　30. 口盖支（Ⅶ）　31. 口部支（Ⅶ）　32. 视神经　33. 端脑　34. 中脑　35. 小脑　36. 内耳　37. 延脑　38. 脊髓

（孟庆闻，1987）

内直肌及下斜肌，与滑车神经和外展神经一起共同支配眼球的运动，为运动神经。

Ⅳ滑车神经（trochlear nerve）由中脑后背缘发出，分布到眼球的上斜肌上。是运动神经中唯一一对由中枢神经系统背面发出的神经。

Ⅴ三叉神经（trigeminal nerve）起于延脑前侧面，在通出脑前，神经略为膨大，称为半月神经节。在半月神经节后分为四支：深眼支、浅眼支、上颌支及下颌支，分别分布到嗅黏膜、头顶和吻端的皮肤以及上下颌各部。主持颌部的动作，同时接受来自皮肤、唇部、鼻部及颌部的感觉刺激，是混合神经。

Ⅵ外展神经（abducens nerve）从延脑腹面伸出，分布到眼球的外直肌上，支配眼球的运动，为运动性神经。

Ⅶ面神经（facial nerve）由延脑侧面发出，是一对十分粗大且分支较多的脑神经。主要功能是支配头部各肌与舌弓各肌，并司皮肤、舌根前部及咽部等处的感觉，与触须上的味蕾和头部感觉管也有密切联系，是混合性神经。

Ⅷ听神经（auditor nerve）起源于延脑的侧面，分布到内耳的椭圆囊、球状囊以及各壶腹上，是感觉性神经。

Ⅸ舌咽神经（glossopharyngeal nerve）起源于延脑侧面，主干上有一神经节，节后分出两支，一支在第一鳃裂之前（可称为孔前支），一支在第一鳃裂之后（可称为孔后支）。它们分布到口盖、咽部以及头部侧线系统中，是混合性神经。

Ⅹ迷走神经（vagus nerve）起源于延脑侧面，是脑神经中最粗大的一对，它分出三大分支，即鳃支、内脏支及侧线支，其功能是支配咽区和内脏的动作，并司咽部的味觉，体躯部皮肤的各种感觉以及侧线感觉，是混合性神经。

第Ⅰ、Ⅱ对脑神经的细胞胞体分别在嗅黏膜和视网膜上；其他脑神经的细胞胞体在脑内，其中第Ⅲ、Ⅳ对发源于中脑，后 6 对发源于延脑。

有些鱼类有端神经（terminal nerve）或称零神经，由嗅上皮发出，分布到端脑和间脑，具体功能尚不明了。如非洲肺鱼，有 1 对端神经，是很细且呈白色的神经，可能具有使血管舒缩的作用。

（二）脊神经

脊神经由脊髓按体节成对地向两侧发出，每条脊神经包括一个背根与一个腹根。背根连于脊髓灰质的背角，主要包括感觉神经纤维，负责传导周围部分的刺激到中枢神经系统，还有内脏的运动神经纤维。近脊髓的地方，各有膨大的背根神经节一个。腹根发自脊髓灰质的腹角，包括运动神经纤维。腹根的神经纤维分布到肌肉及腺体上，传导中枢神经发出的冲动到外围各反应器。

背根与腹根在穿入椎骨之前相互合并，通过椎骨后即分为 3 支。背支分布到身体背部的肌肉和皮肤；腹支分布到身体腹部的肌肉与皮肤；内脏支分布到肠胃和血管等内脏器官。每支均具感觉与运动神经纤维。内脏支也加入交感神经系统。

（三）内脏神经系统

在神经系统中，分布到内脏器官、血管和皮肤的平滑肌以及心肌、腺体等的神经，称为内脏神经。内脏神经系统由内脏感觉神经和内脏运动神经组成。内脏感觉神经是由内脏传向中枢的神经，经脊神经背根和部分脑神经（迷走神经）传到大脑。

内脏运动神经又称自主神经（或植物性神经），是由中枢神经发出的专门管理内脏平滑肌、心肌、内分泌腺和血管（扩张收缩）等活动的神经，与内脏的生理活动、新陈代谢有密切关系。由中枢神经系统发出，到达支配器官前必须先通过神经节换神经元。

自主神经分为交感神经系统（sympathetic nervous system）和副交感神经系统（parasympathetic nervous system）。交感神经系统主要包括由躯干部脊髓发出的内脏离心神经纤维（运动神经纤维）。副交感神经系统主要包括由头部发出的内脏离心神经纤维，其中枢位于脑干，主要在中脑发出的动眼神经和延脑的迷走神经纤维中存在。真骨鱼类自主神经系统较发达，沿脊柱两侧具按节排列的交感神经干（sympathetic trunk），从头到尾都有分布。节前纤维（preganglionic fiber）呈白色，位于脑、脊髓到交感神经节间，有髓鞘。节后纤维（postganglionic fiber）呈灰色，位于交感神经节到反应器间，无髓鞘。

交感神经的分布往往与副交感神经的分布相一致，它们同时分布到所有的内脏器官，但其作用是相反的，即一组使内脏器官兴奋，另一组则抑制，发挥颉颃作用。在正常情况下，此二者的作用常常维持平衡状态，保持协调。

第九节　鱼类的感觉器官

感觉器官是将外界环境和内部环境变化（刺激）转变为神经冲动的器官，由感受器和辅助结构组成，是整个神经系统不可缺少的组成部分。鱼体在与外界环境的复杂联系中，神经系统起着主导作用，而感觉器官则是神经系统的外围器官，它接受外界的刺激，通过感觉神经传递到中枢神经系统，从而产生各种适应的反应。

感受器是一类物化的感觉细胞多聚体，能将刺激能量转变为神经冲动。包括简单的感觉芽、感觉丘和陷器，以及高度特化的听觉、嗅觉、味觉、视觉和侧线器官。鱼类的感觉器官可分为皮肤感觉器官、听觉器官、视觉器官、嗅觉器官及味觉器官等。

一、皮肤感觉器官

皮肤感觉器官一般由感觉细胞和一些支持细胞组成，能感知水流、水压和水温等。感觉细胞呈梨形，在感觉器的中央具有感觉毛。感觉细胞具有感觉和分泌的双重功能，其分泌物在感觉器外表凝结成长的胶质顶，感觉毛被包藏在顶的内部，感觉神经末梢分布在感觉细胞之间，与感觉细胞相联系。支持细胞柱状，包围着感觉细胞的基部，起支持、营养和修复功能。当水流冲击鱼体时，引起感觉器胶质顶的倾斜，感觉细胞所接受的刺激通过神经纤维传递到神经中枢。

1. 感觉芽

感觉芽（sensory bud）是构造最简单的皮肤感觉器，分散在表皮细胞之间，在真骨鱼类常不规则地分布在身上、鳍上、唇上、须上及口中，主要分布在刚孵出的仔鱼体表，有触觉及感知水流的功能。

2. 陷器

陷器（pit organ）又叫丘状感觉器，其感觉器的感觉细胞低于四周的支持细胞，位于一个凹陷的小窝内，形成中凹的小丘状构造，有感觉水流和水压的功能。

陷器在板鳃类和硬骨鱼类的头部和躯干部都能见到，头部往往多些；栖息于水底的鱼类陷器发达。游泳快速的鱼类其侧线发达，而陷器退化。

3. 侧线器官

侧线器官（lateral line organ）是鱼类及水生两栖类所特有的沟状（敞开，银鲛和鲨等）或管状（封闭，硬骨鱼类）的皮肤感受器，由感觉细胞、支持细胞、细胞质顶帽和神经纤维所构成，功能单位为陷器（丘状感觉器）。侧线主支分布于身体两侧，多数鱼类为每侧一条，少数有三条，受迷走神经支配。头部侧线分布在各眶骨和鳃盖骨上，受面神经和舌神经支配。

侧线的主要作用包括感觉水流、回声定位、感知环境温度、感受低频率声波等，与鱼类摄食、避敌、生殖、集群和洄游等活动都有一定的关系，其发达程度与鱼的生活方式和栖息场所等有密切关系。

埋在皮下的侧线管分出许多小管，穿过鳞片与外界相通，管内充满黏液。管壁上分布有感受器，其感觉细胞上的神经末梢通过侧线神经联于延脑发出的迷走神经。其产生感觉的机理是水流和水压由侧线支管的开口处作用于管中的黏液，再由黏液传递到感觉器，引起感觉器的顶发生偏斜，感觉细胞获得刺激，通过感觉神经纤维，经侧线神经传递到延脑（神经中枢）。

侧线的数量可以为1对（多见）、2对、3对及以上。三线舌鳎有3条，与眼同侧，具有远距离感觉的功能，可以感受低频率振动。还有的鱼类无侧线（鲱科、虾虎鱼、斗鱼等）、侧线不完全（中华鳑鲏仅近头部的几枚鳞片有侧线管）或侧线不连续（罗非鱼、豆娘鱼）。

鱼类胚胎发育时，胚体头部两侧的侧听区加厚，以一定的线条形式向身体前后延伸，前达头部，后至尾柄，形成一系列侧线感受器。原始侧线感受器常单个分散排列，后沉入表皮下面，彼此相连呈管状，以一个个小孔与外界相通。

4. 罗伦壶腹

软骨鱼类所特有的皮肤感觉器，又称罗伦器（Lorenzini's ampulla）或罗伦瓮。它是侧线管的变形构造，分布在头部背腹面皮肤的表面，由3部分组成，包括罗伦瓮（基部膨大的囊）、罗伦管（通出体表的管道）和管孔（开口于体表的通孔），罗伦瓮和罗伦管内充满黏液。板鳃类的罗伦瓮有四种基本式型：单囊型、单列多囊型、多列多囊型、六鳃鲨型。具有感觉水流、水压、水温的作用。个别硬骨鱼类也有，如鳗鲇。

二、听觉器官

鱼类的平衡和听觉器官是内耳（inner ear），没有中耳、外耳和耳蜗。鱼类胚胎时期延脑两侧的外胚层增厚形成听板，听板内陷形成一个封闭的囊，即听泡，内部充满淋巴。听泡背部外凸形成一盲管为内淋巴管。听泡背部形成椭圆囊，腹部形成球囊，球囊向后凸出一瓶囊。椭圆囊的前、后和侧面各有一个突起，分别延伸成3个半规管。

（一）内耳的结构

内耳埋藏在头骨的听囊内，位于上耳骨、翼耳骨、蝶耳骨、基枕骨、前耳骨及侧枕骨里面，是由椭圆囊、球囊、瓶囊（下部）和3个半规管（上部），以及内淋巴管组成的一个复杂而封闭的管道系统，又名膜迷路（membranous labyrinth）。膜迷路内充满淋巴。球囊在椭圆囊的下方，其后方有一凸出的瓶囊。前半规管、后半规管和水平半规管（侧半规管）相互垂直。管的两端开口于椭圆囊，每一半规管的一端管壁膨大而形成球形壶腹。鲤的左右内耳以横管相连，球囊借韦伯器与鳔相连（图3-31）。

在内耳各囊内和各半规管的壶腹内都有相应的感受器。囊内感受器称为囊斑（听斑、听脊），半规管内有壶腹嵴，由感觉毛细胞、支持细胞和前庭神经末梢组成。感觉毛细胞分泌胶质和钙质的耳石。

鱼类的耳石一般坚硬，在椭圆囊、球囊和壶腹中分别有微耳石（大）、矢耳石（箭状）、星耳石（小）各1对。微耳石和星耳石通常为圆形或卵圆形，而矢耳石为镰刀状或针状。耳石与听斑相贴，体位改变时耳石对感受器的压力改变，内淋巴压力改变，兴奋通过听神经传入中枢引进肌肉的反射性运动。

板鳃类内耳的内淋巴管孔与外界相通；硬骨鱼类的内淋巴管是封闭的，不与外界相通。

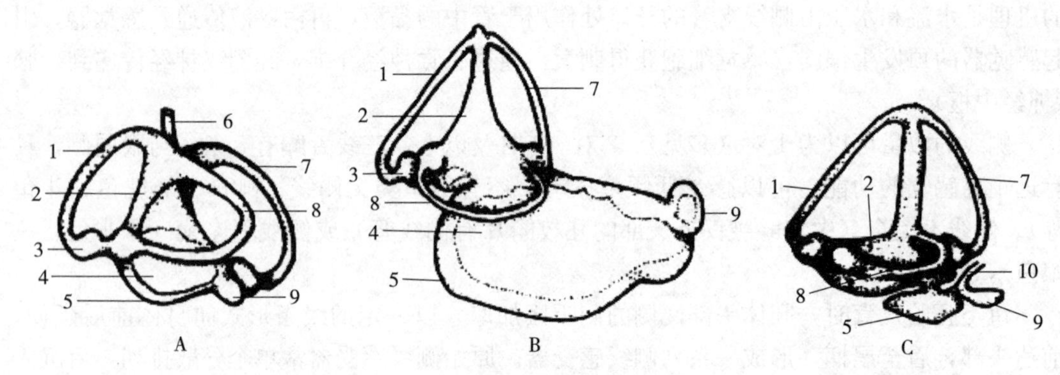

图 3-31　鱼类的内耳

A. 软骨鱼　B. 海水硬骨鱼（大黄鱼）　C. 鲤

1. 前半规管　2. 椭圆囊　3. 壶腹　4. 耳石　5. 球囊

6. 内淋巴管　7. 后半规管　8. 水平半规管　9. 瓶囊　10. 横管

（孟庆闻，1987）

（二）内耳的功能

1. 平衡作用

鱼类内耳的重要机能之一。平衡的中心在内耳的上部，即椭圆囊和半规管，身体倾斜，内淋巴因惯性作用发生位移，刺激感觉毛细胞，反射性地引起体位复正。

2. 听觉

听觉是内耳的另一重要作用。鱼类对声音的感觉主要依靠在球囊里的听斑，瓶囊内的听斑能感受声波。声波常靠耳区薄的头骨传到内耳，其中的内淋巴发生振荡，则刺激到内耳的感觉细胞，经听神经传达到脑而产生听觉。鲤有韦伯器，听觉比一般鱼类灵敏，鳔因声波的作用产生共振，经韦伯器放大后，传入内耳。一般鱼类可感受的声波范围为 300～1 000 Hz，而骨鳔类可感受的范围更广，为 16～8 000 Hz。

三、视觉器官

鱼类的视觉器官是眼，位于脑颅两侧的眼眶内。在胚胎早期，间脑的两侧神经组织外凸形成眼泡，眼泡的外壁内陷成双层壁的视杯，内层形成视网膜，外层形成色素层，视杯腹面形成脉络裂，内有血管。同与眼泡相对的外胚层在眼泡的诱导下形成晶状体板，晶状体也下陷形成晶状体囊，内为晶状体。在视杯的外周有两层结构，内层为脉络膜，在视杯口附近有睫状体和虹膜，外层包围整个眼球，为巩膜和角膜。

（一）眼的基本构造

鱼的眼多呈椭圆形，由眼球、视神经和其他的附属器所构成，具有折光成像和感光换能两种功能，通过中枢神经系统产生视觉。鱼类眼球由眼球壁（被膜）、眼球折光结构和调节装置构成。

1. 眼球壁

眼球壁由巩膜和角膜（外层，纤维保护层）、脉络膜和虹膜（中层，营养层）及视网膜（内层，感光层）3 层组成（图 3-32）。

（1）巩膜和角膜：巩膜为眼球最外层，软骨鱼类为软骨质，硬骨鱼类多为纤维质，其作用是保护眼球。巩膜的前端特化成透明的角膜，后有视神经通出。

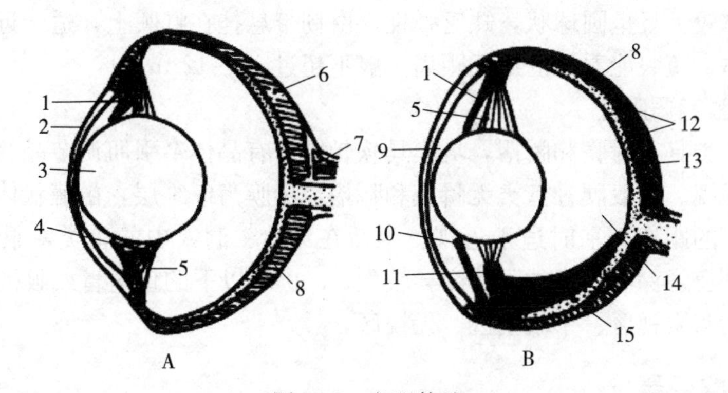

图 3-32 鱼眼构造

A. 板鳃类 B. 硬骨鱼类

1. 睫状体 2. 角膜 3. 晶状体 4. 晶体牵引肌 5. 悬韧带 6. 巩膜软骨 7. 软骨棒 8. 视网膜 9. 眼前房 10. 眼后房 11. 铃状体肌肉 12. 巩膜骨或软骨 13. 脉络腺 14. 玻璃体房 15. 镰状体

（引自 Hildebrand）

（2）脉络膜和虹膜：脉络膜为紧贴在巩膜内的一层，为营养层。由 3 层组成：银膜，紧贴在巩膜里面，具有银色闪色的色泽，含有鸟粪素，具有反射光线到视网膜的作用；血管膜，紧贴银膜内侧，含有丰富的血管，供给眼球营养；色素膜，与视网膜相接，内含色素细胞，呈黑色（保持黑暗的环境）。脉络膜向前延伸到眼球前方，在巩膜和角膜的交界处形成睫状体，再向前形成虹膜，其中央的孔为瞳孔。

许多硬骨鱼类在脉络膜的银膜与血管膜之间有一围绕视神经的脉络腺，是由许多血管聚集而成的，缓冲由心脏来的血液的压力，减少对视网膜的机械损伤。

（3）视网膜：眼球的最内层为视网膜，由数层神经细胞组成，是光感受器，也是产生视觉作用的部位。有 2 个区域，中央凹又称黄斑，是光感受器最敏感的区域，具有分辨颜色的能力。视神经乳头，又称盲点，是视神经通过的地方，呈圆形，此区的视网膜不产生感觉。有两种视觉细胞：圆柱细胞感受光线强烈的刺激，行光觉作用；圆锥细胞感受光波长短的刺激，司色觉作用。

2. 折光系统

由水状液、晶状体和玻璃体构成。虹膜将角膜与晶状体之间的腔分为眼前房和眼后房，由瞳孔相连通，充满水状液，透明而流动性大，主要起折光作用。晶状体呈圆形，为一个无色透明的球体，内无神经及血管，位于瞳孔的后方，对光线有聚焦作用。晶状体与视网膜之间有一个大的空腔叫玻璃体房，其中充满的液体为玻璃体，是黏性很强的胶状物，对视网膜起固定作用并具有折光作用。

3. 调节系统

在自主神经系统的控制下，调节系统可使外界环境中不同距离的物体清晰地成像到视网膜上。调节系统有镰状体、铃状体、虹膜、睫状体和悬韧带。镰状体（镰状突）位于硬骨鱼类的玻璃体房内的视网膜上，起自盲点，沿腹面向前伸到晶状体后方。铃状体（晶状体缩肌）是一块较小的平滑肌，一端与镰状体前端相连，另一端以韧带连在晶状体上；收缩时，将晶状体移近视网膜，适于远视。悬韧带一端连于虹膜上，另一端与晶状体背面相连，借此系着晶状体。

鱼的晶状体较大且呈圆球状，缺乏弹性，由韧带悬挂在虹膜上，适于近视，一般只能看见近处的物体。鱼眼能看见的最远距离一般不超过 10～12 m。

（二）鱼类眼的适应性

一般软骨鱼类具有瞬膜和瞬褶，巩膜具软骨层，有晶体牵引肌调节晶状体与角膜的距离，平时适于远视。一般硬骨鱼类无瞬膜和瞬褶，巩膜为纤维层，由镰状体和铃状体调节晶状体与视网膜的距离，平时适于近视。生活在泥沙、洞穴中的鱼类，眼睛一般退化变小，甚至消失全盲。深海鱼类的眼睛变异较大，500 m 以下的鱼全盲或眼极度变异。鱼眼的视觉范围分为双眼视区、单眼视区、无视区。

四、化学感受器

1. 嗅觉器官

鱼类的嗅觉器官（olfactory organ）由嗅囊和鼻孔组成，是能感知水溶性化学物质性质的器官。嗅囊由一些多褶的嗅觉上皮组成，位于鼻腔中，以外鼻孔与外界相通。外鼻孔分前后两孔，水从前孔流入，后孔流出。嗅囊的形状因鼻腔的形状而呈圆形、椭圆形或不规则形。嗅觉上皮的细胞分化为支持细胞和感觉细胞 2 种。支持细胞形状特别粗壮；感觉细胞为线状或杆状，其游离一端有纤毛，基部有神经通到端脑的嗅叶上。

鱼类的嗅囊能感受物质所产生的化学刺激，有感知气味的能力，能识别同种和不同种鱼体的气味、辨别化学物质。其功能包括辨别食饵（觅食）、分辨体臭（求偶、识别与集群）、警戒（忌避作用，受伤、发病个体分泌蝶呤），有时可以分辨极低浓度的化学物质（辨别水质，回归性洄游）。

2. 味觉器官

鱼类没有固定的味觉器官，其味觉器官（gustatory organ）是味蕾，是由许多长细胞组成的卵圆形体，通常陷入外胚层的上皮内。味蕾的分布很广，在口腔、舌、鳃弓、鳃耙、体表皮肤、触须及鳍上都有分布，分布区域及分布密度是不大一致的，一般在口唇及口盖部位分布较密。味蕾的作用是接受物质所产生的化学刺激，即具有感觉味道的能力。鱼类经过训练能区别甜、酸、咸及苦的味道。触须为鱼类特有的味觉器官。鲤有咽部顶皮形成的栉状器，由极密的味芽所构成，为味觉器官。

味蕾由感觉细胞和支持细胞组成。口腔的味蕾由第Ⅴ、第Ⅶ对脑神经支配，咽部味蕾由第Ⅸ对脑神经支配，躯干部味蕾受第Ⅶ或第Ⅹ对脑神经支配。

3. 一般化学感受器

鱼类体表有许多对单价阳离子 Na^+、K^+ 和 NH_4^+ 等敏感的化学感受器，属于小型丘状感受器。

第十节　鱼类的内分泌腺

内分泌腺是特殊类型的腺体，无管道、体积小、分泌物（激素）微量而生理作用强大，辅助神经系统对生命活动进行调节（化学调节系统）。内分泌系统与神经系统、免疫系统相互调节，共同维持机体的正常生理功能，维持内环境稳定，控制生长、发育和生殖等。内分泌腺无输送分泌物的导管，其分泌物直接进入血液，通过血液循环运送到鱼体的某一器官或组织，刺激或抑制鱼体内部的生理活动。内分泌系统由内分泌腺和分布于其他器官的内分泌细胞组成。内分泌腺所分泌的物质叫激素，是一种由内分泌腺或散在的内分泌细胞所分泌的具有高效生物活性的物质，通过血液循环输送到其作用的器官、组织或细胞处，以调节机体的生命活动。

通常鱼类的内分泌腺包括垂体（hypophysis）、甲状腺（thyroid gland）、性腺（gonad）、肾上腺（adrenal gland）、胸腺（thymus）、胰岛（pancreatic islets）和尾垂体（urohypophysis）（图 3-33）。激素可分为多肽/蛋白激素、胺类激素和脂类激素。

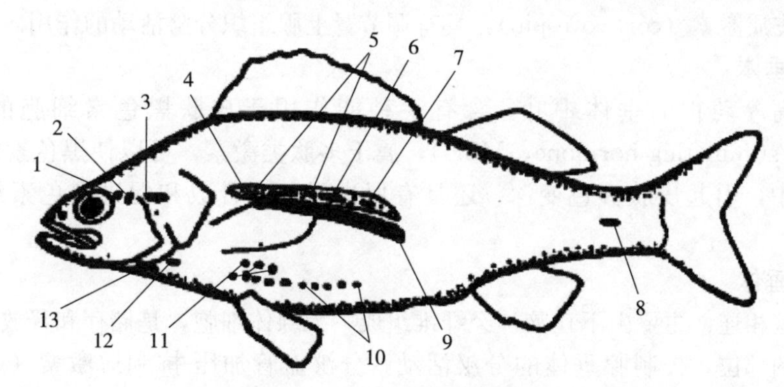

图 3-33　鱼类内分泌腺的位置

1. 脑上腺　2. 垂体　3. 胸腺　4. 肾　5. 肾上腺髓质组织　6. 肾上腺肾间组织　7. 斯坦尼斯小体　8. 尾垂体　9. 性腺间隙组织　10. 肠组织　11. 胰岛　12. 后鳃腺　13. 甲状腺

（谢从新，2010）

一、垂体

（一）基本结构

垂体由一短柄与丘脑下部相连，附着于脑底，位于视神经交叉后面的正中线上，常嵌在前耳骨的凹窝里，由神经垂体和腺垂体组成。硬骨鱼类的垂体呈半圆形或卵圆形，亦有呈心脏形、纺锤形的。通常将垂体分为两类：前后型如鳗鲡、鲈等，背腹型如鲢、草鱼、鲤等。

腺垂体分化为前、中（间叶）及后腺垂体三部分。神经垂体直接与间脑相连，主要成分是神经纤维，还有神经胶质细胞和垂体细胞，神经纤维则分别进入到腺垂体的各个部分，神经垂体的分支呈树枝状，穿入腺垂体。有结缔组织将神经垂体和腺垂体分开，此处血管丰富。后腺垂体的神经纤维最多，最集中。在结构上鱼类的腺垂体和神经垂体是混在一起的。

（二）垂体分泌的主要激素

垂体是内分泌腺中最重要的一种，它所产生的激素很多，不仅可以作用于身体各组织，而且能调节其他内分泌腺的活动。

1. 前腺垂体

相当于高等动物的垂体结节部。产生黑色素集中素（melanophore concentrating hormone，MCH），使鱼在白色背景下黑色素集中。

2. 中腺垂体

鱼类的中腺垂体相当于高等动物的前叶。

(1) 生长激素（growth hormone，GH）：促进机体生长发育和物质代谢，显著影响肌肉、骨骼等组织器官的生长，同时调节脂肪、糖类的代谢以及蛋白质的合成等。

(2) 促性腺激素（gonadotropin hormone）：具有促进卵母细胞成熟和排卵、精子生成、性腺类固醇激素合成的作用。一般认为鱼类垂体能分泌两种促性腺激素，即卵泡刺激素及黄体生成素。卵泡刺激素能刺激卵泡生长、发育和成熟。黄体生成素在雄性可以促进间叶细胞分泌雄性激素，在雌性能促使排卵及保护产后性腺。

(3) 促甲状腺素（thyrotropin）：具有促进甲状腺的发育、生长及其分泌活动的作用。

(4) 促皮质激素（corticotropin）：具有调节肾上腺组织分泌活动的作用。

3. 后腺垂体

相当于高等动物的垂体中叶。含有一种能作用于皮肤黑色素细胞的促黑激素（melanocyte stimulating hormone，MSH），属于多肽类激素，可以使黑色素颗粒扩散到整个细胞质中，引起皮肤颜色变深。还具有促进黑色素合成和促进黑色素细胞增殖的作用。

4. 神经垂体

与下丘脑相连，主要由下丘脑神经纤维组成，无腺体细胞，是储存和释放下丘脑神经细胞分泌物的部位，控制腺垂体的分泌活动。分泌血管加压-抗利尿激素（vasopressor-antidiuretic），能促使血管收缩，血压升高，促进肾小管更好地重吸收水分，使泌尿量减少，起抗利尿作用，以维持水盐平衡。

还能分泌催产素（oxytocin），影响鱼类生殖活动。

二、甲状腺

鱼类甲状腺的结构与高等脊椎动物相似，由许多甲状腺泡构成。腺泡大小不一，腔内有丰富的血管，内为胶状的甲状腺球状蛋白。甲状腺泡由单层上皮包围而成，即甲状腺细胞，能合成甲状腺激素。

板鳃鱼类的甲状腺呈新月形或不整齐的块状，外有结缔组织的被膜，位于基舌软骨腹面的凹陷内。硬骨鱼类的甲状腺大多为弥散性的，主要分布在腹侧主动脉及鳃区的间隙组织里，有时也随入鳃动脉进入鳃，甚至弥散到眼、肾、头肾和脾等处，多数没有被膜，少数呈块状，如鲐、金枪鱼等。

甲状腺从血液中吸收碘，合成含碘的甲状腺激素（thyroid hormone），再渗入血液中。具有促进代谢、生长发育、变态、渗透压调节、性腺发育及生殖等功能。

三、其他腺体

（一）肾上腺

鱼类的肾上腺分化程度差，无固定的形状，由两种不同的组织构成，即肾间组织和肾上组织，不规则地分布在肾及大血管区域。肾间组织相当于哺乳动物的皮质部，肾上组织相当于髓质部。

板鳃鱼类的肾上腺可分为位于脊柱两侧的交感神经节上排列成索的肾上体（髓质部）和位于两肾之间的肾间体（皮质部）。肾间体在鲨类呈索状，鳐类呈椭圆形或“丁”字形。

硬骨鱼类肾上腺存在于头肾（前肾间组织）、中肾组织内。中肾后端背侧有斯坦尼斯小体（corpuscle of Stannius），为后肾间组织，该小体实心，呈粉红色，无管道，为卵圆形或球形；低等硬骨鱼类有6～14个，鲤有5个，一般硬骨鱼类只有1个。

肾上腺分泌肾上腺激素（adrenaline）和去甲肾上腺素（noradrenaline），其作用目前尚不十分清楚。一般认为能加速心脏收缩，扩大鳃血管，导致黑色素细胞的色素颗粒集中。肾上腺还分泌肾上腺皮质激素（adrenocortical hormone，ACTH），能抑制糖类代谢，调节无机盐及水分（渗透压）的平衡。

斯坦尼斯小体的分泌活动与生殖活动（洄游产卵等）有关，据此认为其与促进鱼类大量释放能量有关。

（二）胰岛

一些鱼类的胰细胞之间夹杂一些内分泌组织，这就是胰岛或称蓝氏岛，为胰腺的内分泌部分。圆口类的胰岛与胰腺完全分离，板鳃类和硬骨鱼类的胰岛埋在胰腺中，硬骨鱼类的胰岛与外分泌组织胰腺完全分离，沿着外分泌腺呈小块状分布。高等的硬骨鱼类，一般胰岛组织有一个主岛或几个较大的副胰岛，附着在胆囊附近，散布在胰腺内。较低等的鲑、鳟类，其胰岛为分离的结构，散布于胆囊、幽门盲囊附近的肠系膜上。

胰岛分泌胰岛素（insulin），调节糖类、脂肪和蛋白质的新陈代谢，调节组织内动物淀粉的形成和储存，增强对糖的利用率，加速肝糖原和肌糖原的合成和储存，抑制肝内糖原的异生，维持正常的血糖含量。胰高血糖素（glucagon）则能刺激肝产生葡萄糖。

（三）胸腺

一般位于鳃腔两侧，集结成胸腺网状构造，在鳃盖与咽腔交界的背上角处，左右对称分布。但鱼的种类繁多，每种鱼胸腺的位置不尽相同。板鳃鱼类的胸腺位于鳃孔的背内缘。硬骨鱼类的胸腺位于鳃腔背侧、鳃盖上缘，如鲢。

胸腺表面由结缔组织被膜包裹，结缔组织伸入胸腺实质将其分成许多不完全分隔的小叶。小叶周边为皮质，深部为髓质。皮质不完全包围髓质，相邻小叶髓质彼此衔接。皮质主要由淋巴细胞和上皮性网状细胞构成，细胞质中有颗粒及泡状结构。髓质中淋巴细胞少而稀疏，上皮性网状细胞多而显著。

许多研究表明鱼类的胸腺直接参与机体免疫，是免疫机能发生的中枢，在胸腺内分化形成的淋巴细胞总称为T细胞。胸腺还存在B细胞、浆细胞和空斑形成细胞，表明胸腺直接参与了抗体的产生，即胸腺参与了体液免疫反应，是重要的淋巴器官。胸腺还在鱼类生长发育中起着重要的作用。

（四）性腺

精巢分泌雄激素（androgen）和孕激素（progesterone），调节雄鱼的性行为和繁殖活动。卵巢可分泌孕激素、雄激素、雌激素和类固醇皮质激素（corticosteroid）。雌激素（estrogen）与吸引雄性和第二性征的发育有关。性腺的发育与激素的分泌随季节而发生周期性的变化。生殖期间，生殖腺显著增大，第二性征随之出现。求偶活动、营巢、生殖季节体色变化等都受性激素的调节，其机能受垂体调节。

（五）尾垂体

尾垂体是鱼类特有的一种内分泌腺，为最后一尾椎处的脊髓腹面的增厚和膨大部分。

其结构与垂体相似，所以称为尾垂体。在许多真骨鱼类很发达，如南方鲇的尾垂体可达5.1 mm×1.8 mm×2.0 mm。有两种神经细胞：一种为纺锤形或多边形的神经分泌细胞，一种为大神经分泌细胞，其胞体比前者大2～3倍。板鳃类和真骨鱼类都有尾垂体。尾垂体可能与渗透压调节、鱼体的浮力调节和繁殖等有关。

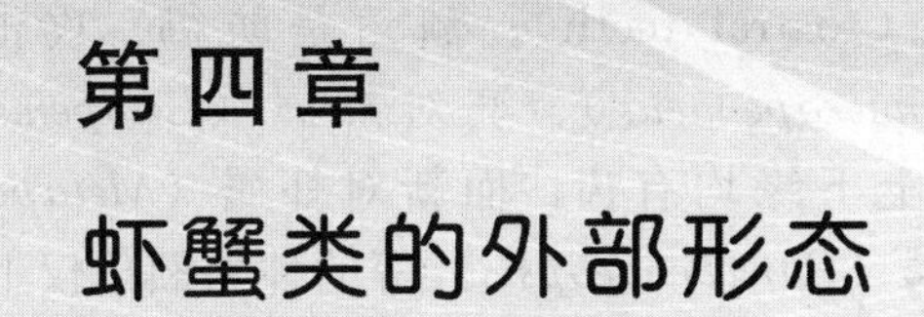

第四章 虾蟹类的外部形态

虾蟹类均为甲壳动物。蟹类是指十足目中短尾下目的种类，虾类则为除蟹类以外的多种甲壳动物类群的总称。甲壳类动物中的端足类、糠虾类、磷虾类以及十足类中的许多动物被称为“虾”，这里所指的虾类是指十足目中的种类。虾蟹类占经济甲壳动物的绝大部分。

第一节　虾类的外部形态

一、虾的体形

虾类是十足目的虾形动物，体为梭形，修长，腹部发达，大多有发达的额角。根据腹肢发达程度和生态习性的不同，虾类可分为游泳虾类和爬行虾类。游泳虾类多左右侧扁，如对虾类、真虾类、猬虾类。爬行虾类背腹扁平，如龙虾下目、螯虾下目以及部分异尾类。

二、虾的体节

虾类躯体有头部（cephalo)、胸部（thorax）及腹部（abdomen）三部分，共有 20 个体节。头部 5 个体节和胸部 8 个体节已愈合为一，称为头胸部（cephalothorax)，俗称“虾头”。虾类的腹部 7 节，较为发达，一般比头胸部长，腹部的附肢很发达（图 4-1)。

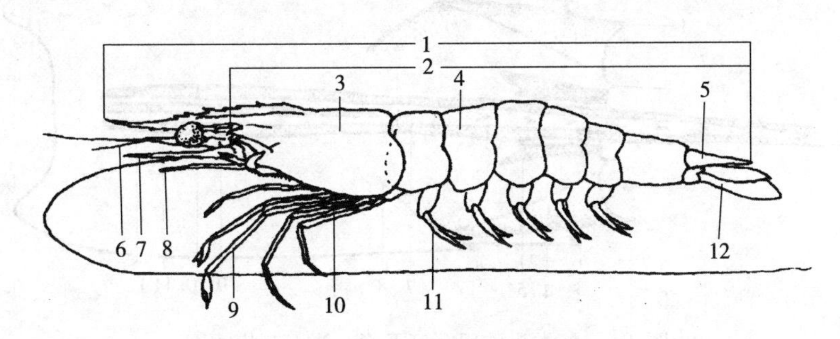

图 4-1　虾类外部形态图

1. 全长　2. 体长　3. 头胸部　4. 腹部　5、12. 尾节　6. 第一触角　7. 第二触角　8. 第三颚足　9. 第三步足（螯状）　10. 第五步足（爪状）　11. 游泳足

（王克行，1996）

（一）头胸部

虾类头胸部外被一完整大型甲壳，称头胸甲（carapace)。头胸甲前端中央凸出前伸，形成额角（rostral)，俗称“虾枪”或“额剑”，一般细长尖利，左右侧扁。额角的上缘或

上下缘有锯齿，称为额齿（rostral teeth）。额角是防御、攻击的武器。对虾属（*Penaeus*）、明对虾属（*Fenneropenaeus*）、滨对虾属（*Litopenaeus*）和沟对虾属（*Melicertus*）等种类的额角上下缘均有齿，而新对虾属（*Metapenaeus*）、鹰爪虾属（*Trachypenaeus*）和仿对虾属（*Parapenaeopsis*）等的种类额角仅上缘具齿。螯虾下目的多数种类，额角发达，略呈三角形，具有侧齿。龙虾下目、海蛄虾下目的种类额角短小或缺失。真虾下目的白虾属（*Exopalaemon*）和罗氏沼虾（*Macrobrachium rosenbergii*）的额角基部有鸡冠状隆起。

额角的形状及齿数是分类的依据。用分数来表示额角上下缘的齿的数目，称为齿式。如凡纳滨对虾（*Litopenaeus vannamei*）的齿式为7～9/2，表示其额角上缘具7～9个齿，下缘具2个齿。

虾类的头胸甲表面具若干锐利突起的刺（spine）、隆起的脊（carina）以及凹陷的沟（sulcus）等结构，为重要的分类特征。

1. 分区

为了更好地描述这些刺、脊和沟的位置，根据其对应内部脏器的位置将头胸甲划分为若干个区，并以此命名位于其上的刺、脊、沟等（图4-2）。虾类的头胸甲可分为8个区。

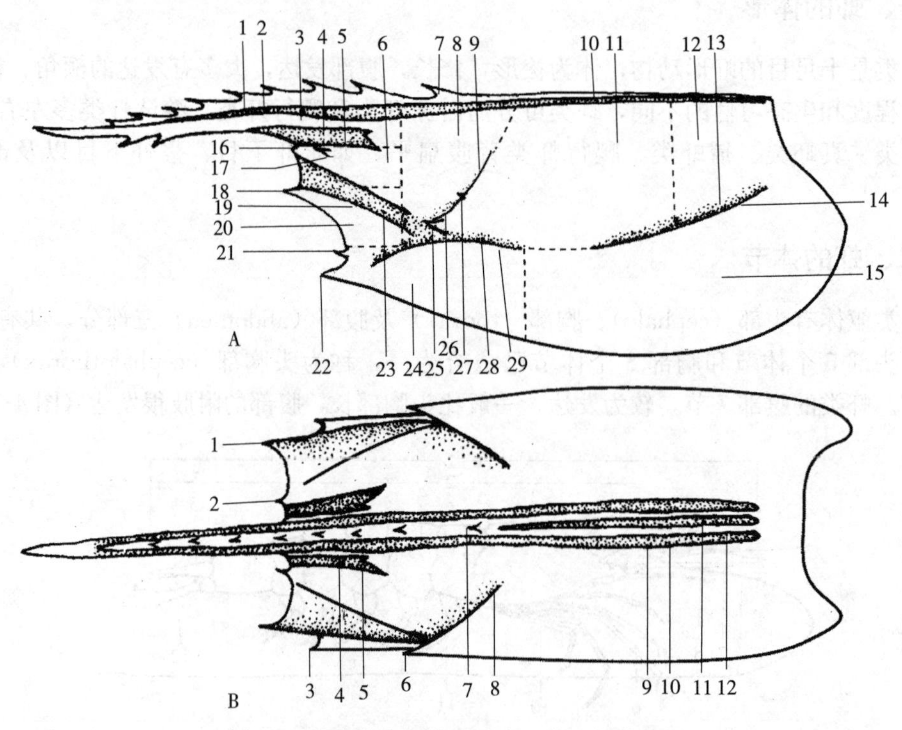

图4-2　虾类头胸甲分区及脊、沟、刺模式图

A. 侧面观：1. 额角侧脊　2. 额角侧沟　3. 额区　4. 额胃沟　5. 额胃脊　6. 眼区　7. 胃上刺　8. 胃区　9. 颈沟　10. 额角后脊　11. 肝区　12. 心区　13. 心鳃沟　14. 心鳃脊　15. 鳃区　16. 眼上刺　17. 眼后刺　18. 触角刺　19. 触角脊　20. 触角区　21. 鳃甲刺　22. 颊刺　23. 眼眶触角沟　24. 颊区　25. 肝刺　26. 颈脊　27. 肝上刺　28. 肝沟　29. 肝脊
B. 背面观：1. 触角刺　2. 眼上刺　3. 颊刺　4. 额胃沟　5. 额胃脊　6. 肝刺　7. 胃上刺　8. 颈脊　9. 额角侧沟　10. 额角侧脊　11. 中央沟　12. 额角后脊

（仿刘瑞玉，1988）

①额区（frontal region）：头胸甲背面前端，额角基部的区域。

②眼区（orbital region）：额区两侧，眼附近的区域。

③触角区（antennal region）：眼区两侧，触角基部附近的区域。

④胃区（gastric region）：额区和眼区的后方，颈沟前方的区域，对应内部器官为胃。

⑤肝区（hepatic region）：颈沟以后，心区以前，头胸甲的中央区域，对应内部器官为肝胰脏。

⑥心区（cardiac region）：肝区后方，头胸甲后缘前方之间的区域，对应内部器官为心脏。

⑦颊区（pterygostomian region）：触角区及肝区下方，头胸甲两侧的前半部。

⑧鳃区（branchial region）：肝区、心区两侧，颊区后方的区域，对应内部器官为鳃。

2. 刺

头胸甲表面具若干锐利突起，这种结构称为刺，常见的有 8 种刺。

①胃上刺（epigastric spine）：在额角后方、胃区背面中央线上的刺。

②眼上刺（super-orbital spine）：在眼柄基部上方，眼区前缘的刺。

③眼后刺（post-orbital spine）：在眼上刺后方，接近头胸甲前缘的刺。

④触角刺（antennal spine）：在眼眶两侧，第一触角基部，头胸甲前缘处的刺。

⑤鳃甲刺（branchiostegal spine）：在触角刺与前侧角之间的刺。

⑥颊刺（pterygostomian spine）：在颊区，头胸甲前侧角的刺。

⑦肝刺（hepatic spine）：在肝区、胃区和触角区之间，颈沟下端的刺。

⑧肝上刺（super-hepatic spine）：在肝区、胃区之间，肝刺上方的刺。

3. 脊

头胸甲表面具若干隆起，这种结构称为脊，常见的有 8 种脊。

①额角后脊（postrostral carina）：在额角后方，头胸甲背中线上的纵脊。

②额角侧脊（adrostral carina）：在额角两侧的纵脊，有时向后延伸至头胸甲后缘附近。

③额胃脊（gastro-frontal carina）：自眼上刺向后，纵行至胃区前方的脊。

④眼胃脊（gastro-orbital carina）：自眼眶向后下方延伸至肝刺上前方的脊。

⑤触角脊（antennal carina）：自触角刺向后下方斜伸至肝刺下前方的脊。

⑥颈脊（cervical carina）：自肝刺上方向后上方斜伸的脊。

⑦肝脊（hepatic carina）：在肝刺下方，颊区之上，其前端直伸或向下方斜伸的脊。

⑧鳃心脊（branchiocardiac carina）：在心区及鳃区之间的脊。

4. 沟

头胸甲表面具若干凹陷的结构，这种结构称为沟，常见的有 8 种沟。

①中央沟（median sulcus）：在额角后脊中央的纵沟。

②额角侧沟（adrostral sulcus）：在额角侧脊内侧的纵沟。

③额胃沟（gastro-frontal sulcus）：在额角基部两侧，向后延伸至胃区前方的沟（在额胃脊的内侧）。

④眼后沟（post-orbital sulcus）：在眼区后方，额角基部两侧的沟。有眼后沟的种类则无额胃沟。

⑤眼眶触角沟（orbito-antennal sulcus）：自眼上刺与触角刺之间沿眼胃脊及触角脊至肝刺前方的沟。

⑥颈沟（cervical sulcus）：自肝刺向后上方斜伸的沟。

⑦肝沟（hepatic sulcus）：自肝刺下方向前纵伸的沟。

⑧鳃心沟（branchiocardiac sulcus）：在心区和鳃区之间的沟。

5. 头胸部的其他结构

口前板（epistome）：头胸部腹面，上唇前方至第一触角基部之间的甲板，又称为上唇板。龙虾下目的种类，口前板与头胸甲愈合。螯虾下目和异尾下目的种类，头胸甲不与口前板愈合。

触角板（antennular plate）：龙虾下目头胸甲前缘之前，第一触角和第二触角基部的甲板。龙虾下目的许多种类具有触角板，触角板上常具刺，刺的数目和排列方式为分类的重要依据。

纵缝（longitudinal suture）：有些种类的头胸甲上具有条状的色素线，既不是沟也不是脊，从前至后，长短因种类而不同，也是分类的依据，如仿对虾属和鹰爪虾属。

鳃甲缝或鳃甲沟（branchiostegal suture or branchiostegal sulcus）：有些种类从头胸甲前侧角附近向后有一缝或沟，如长臂虾属（*Palaemon*）。

有的种类头胸甲背中线呈一纵缝，如海螯虾总科（Nephropsidea）；而有的种类头胸甲背中线则呈现一纵齿，如礁螯虾总科（Enoplometopoidea）；有的种类头胸甲满布疣状颗粒，如螯虾总科（Astacoidea）。

（二）腹部

虾类身躯的后部为腹部，腹部通常较头胸部长。虾类的腹部分节明显，节与节之间以关节膜相连，故能自由屈伸，共由 7 节组成。腹部体节由前向后依次变小，末节称为尾节（telson）。对虾总科（Penaeidae）、真虾下目的尾节呈尖锐三角形；螯虾下目、龙虾下目的尾节扁平。有的种类尾节的两侧或背面具固定刺（fixed spine）或活动刺（movable spine），有些种类尾节背面有一沟，亦称为中央沟或纵沟，也是分类的依据，如赤虾（*Metapenaeopsis*）（图 4-3）。

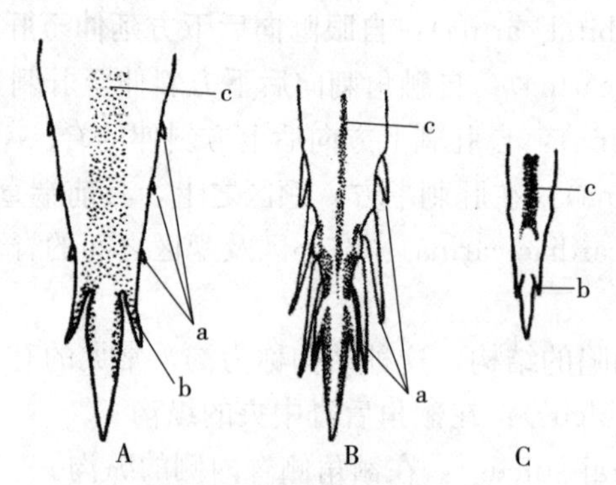

图 4-3　虾类尾节示意图

A. 似对虾（*Penaeopsis*）　B. 赤虾（*Metapenaeopsis*）　C. 拟对虾（*Parapenaeus*）

a. 可动刺　b. 不动刺　c. 中央沟

（黄宗强，1993）

包被腹部各节背面及两侧的甲壳称为腹甲。腹甲平滑且各节彼此分离，而薄层的关节膜使得腹部可以自由屈伸。有的种类腹甲背中线上具齿，如单肢虾科（Sicyoniidae）。有的种类腹部背面有一条纵脊，如脊尾白虾（*Exopalaemon carinicauda*）。

三、虾的附肢

对虾体躯共由20个体节构成，除了尾节之外，每节皆具附肢1对，共19对。附肢为虾类体躯各部的附属肢体，基本上由3部分组成，即基肢或原肢（protopodite）、内肢（endopodite）和外肢（exopodite）。由基肢、内肢和外肢三部分组成的附肢，称为双肢型附肢。缺内肢或外肢的附肢，称为单肢型附肢。

每一附肢的功能各不相同，因此其形状也有很大的变化。口框附近的各附肢，功能在于抱持和咀嚼食物，其基肢皆发达；胸部各肢体，为捕食和爬行器官，其内肢极发达，细长而分节、活动自如。雌性虾类腹部肢体，其内外肢均发达，适用于游泳或抱卵。

（一）头部附肢

虾类的头部共有5对附肢。

1. 第一触角

第一触角（antennule）位于头部最前端，司嗅觉及身体前方的触觉，又称为小触角（图4-4）。基部宽大部分为柄，分3节。第一节宽大，其背面中部凹下，恰可容纳眼球，基部丛毛中有平衡囊（statocyst），内有砂粒状的平衡石，司体位及身体平衡等功能。第一触角的内侧基部有一叶片状物称为内侧附肢（prosartema），起着清洁眼球表面的作用。触角鞭位于柄部第三节末端，有2条。外侧者较长称之为外鞭或上鞭，内侧者较短称之为内鞭或下鞭。枝鳃亚目须虾亚科（Aristeinae）的种类，第一触角外鞭着生于触角柄第三节近基部或中部。

有的种类第一触角两鞭扁而薄，呈半圆形片状，上下左右四鞭能合成一空管，虾潜埋在沙中时，可保证水流进鳃腔，进行呼吸，如管鞭虾属（*Solenocera*）。有的种类第一触角常具3鞭，其外鞭为双鞭型，如长臂虾科（Palaemonidae）。

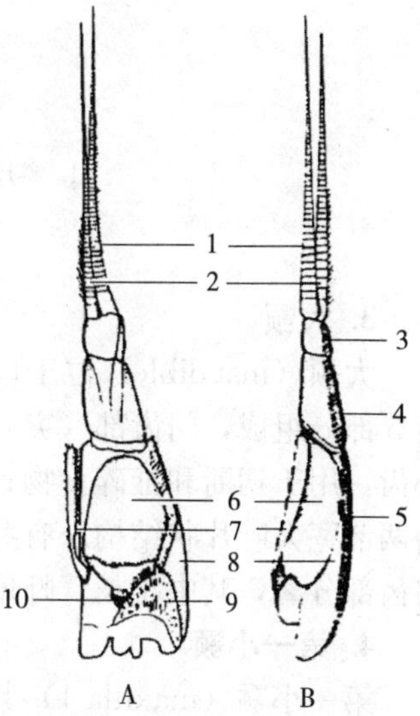

图4-4 虾类第一触角
A. 背面观 B. 侧面观
1. 外（上）鞭 2. 内（下）鞭
3～5. 柄部（基肢）1～3节
6. 眼窝 7. 内侧附肢 8. 柄刺
9. 平衡囊盖 10. 平衡囊外孔
（仿Young，1959）

2. 第二触角

第二触角（antenna）位于第一触角之后，为检测振动的特化器官，司身体前侧、两侧及后方触觉，又称为大触角（图4-5）。基肢2节，第一节不明显，称为柄腕，第二节极粗大，称为基节。基节上生有由外肢形成的宽叶片状第二触角鳞片（scaphocerite），第二触角鳞片内部有内肢，内肢细长呈鞭状，称第二触角鞭，通常大于体长。第二触角鳞片可向侧方转动，在虾类游泳时起平衡作用，亦具有呼吸器官作用。

爬行虾类第二触角鳞片常退化，如龙虾下目、螯虾下目等。有的种类第二触角鞭退化为一简单宽薄片，成为第二触角最末一节，如龙虾下目蝉虾科（Scyllaridae）。有的种类第二触角鞭为长而多节的刺鞭，颇硬，呈鞭状［如龙虾属（*Panulirus*）］或矛状［如脊龙虾属（*Linuparus*）］。

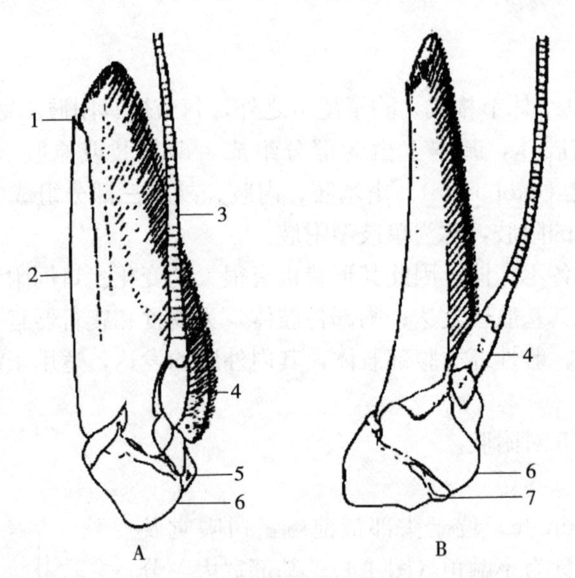

图 4-5 虾类第二触角

A. 腹面观 B. 侧（外）面观

1. 鳞片刺 2. 第二触角鳞片 3. 鞭部（内肢） 4. 柄

5. 柄刺 6. 基节 7. 柄腕（第一节）

（仿 Young，1959）

3. 大颚

大颚（mandible）位于口两侧，为主要咀嚼器官，用以咀嚼、磨碎食物（图 4-6A）。由 3 部分组成，门齿部（突）、臼齿部（突）及大颚触须。门齿部甚扁，边缘具有 1～2 个小齿，用于切断和扯碎食物；臼齿部较圆而厚，表面有突起，可以磨碎食物；触须宽大，为两节宽大叶片状结构。有些种类如长臂虾科（Palaemonidae）的种类，大颚的门齿部和臼齿部分离，其中小长臂虾属（*Palaemonetes*）无大颚触须。

4. 第一小颚

第一小颚（maxilla 1）紧贴大颚下方，为薄片状，比其他附肢小，功能为辅助咀嚼和

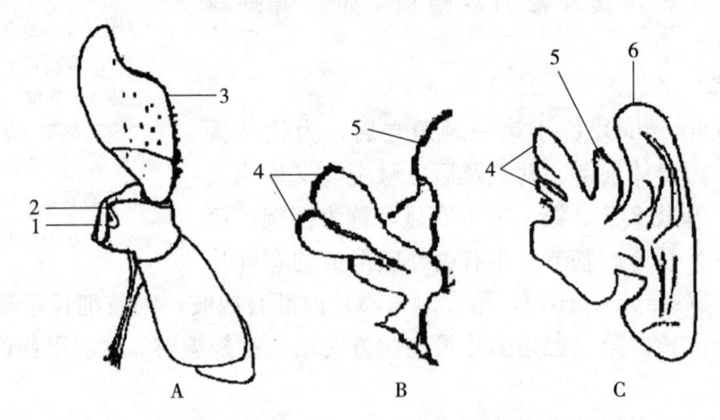

图 4-6 虾类大颚、第一小颚及第二小颚

A. 大颚 B. 第一小颚 C. 第二小颚

1. 臼齿突 2. 门齿突 3. 大颚触须 4. 基肢 5. 内肢 6. 外肢（颚舟片）

（仿 Young，1959）

进食活动（图 4-6B）。由 3 个小薄片构成，内侧两片为基肢，其内缘生有硬刺毛，外侧一片为内肢，由 2 节或 3 节构成。

5. 第二小颚

第二小颚（maxilla 2）位于第一小颚之后，功能为辅助咀嚼和进食活动（图 4-6C）。基肢为两大片，又各分成 2 小片，内肢细小，外肢极发达呈叶片状，称为颚舟片（scaphognathite）。颚舟片位于鳃腔之中，有节奏地扇动，使水流在鳃腔中流过，以助呼吸。

（二）胸部附肢

胸部共有 8 个体节，具有 8 对附肢，其中前 3 对为颚足，后 5 对为步足。

1. 颚足

颚足（maxillipede）为辅助摄食器官，由基肢、内肢和外肢构成，内肢分节，有抱持食物的作用（图 4-7）。第一颚足基肢 2 节，内肢 5 节，细长，外肢片状不分节；具有辅助进食和咀嚼等功能。第二颚足基肢 2 节，内肢 5 节，外肢长而大，边缘生有羽状刚毛，生活时向头胸甲外伸出，可开启和关闭口窝以协助进食，基肢基部外侧具有肢鳃。第三颚足内肢细长呈棒状，外肢发达，生活时向头胸甲外侧伸出，可协助抱持食物，以利进食，亦有辅助游泳的功能。末端两节雌、雄有差异。雄性第三颚足指节和掌节的长度，是明对虾属的分类依据之一。

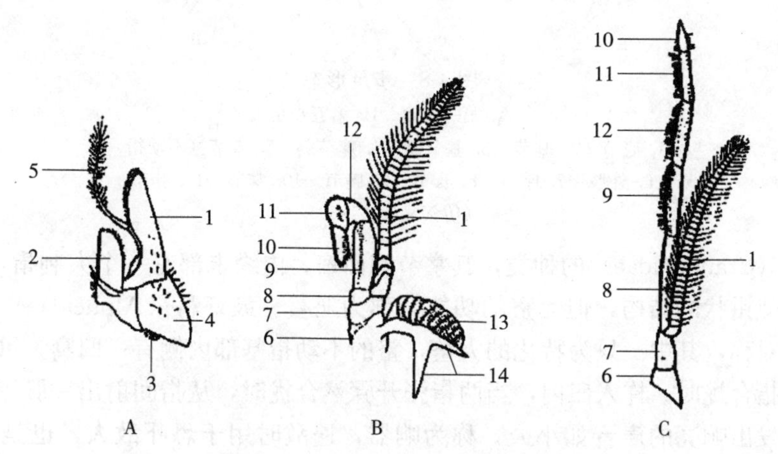

图 4-7 虾类第一、二、三颚足

A. 第一颚足 B. 第二颚足 C. 第三颚足

1. 外肢 2. 基肢 3. 退化的关节鳃 4. 肢鳃 5. 内肢 6. 底节 7. 基节 8. 座节 9. 长节 10. 指节 11. 掌节 12. 腕节 13. 足鳃 14. 上肢

（仿 Young，1959）

由大颚、第一小颚、第二小颚、第一颚足、第二颚足和第三颚足共同组成的咀嚼器官（jaw feet），称为口器（mouthparts），具有抱持、咀嚼、磨碎食物、辅助进食等功能。

2. 步足

第四至八对胸肢称为步足（pereopod），共 5 对，为捕食和爬行器官，也称为胸足（图 4-8）。基肢常分为底节（coxopodite or coxa）和基节（basipodite or basis）。内肢发达，一般分为座节（ischiopodite or ischium）、长节（meropodite or merus）、腕节（carpopodite or carpus）、掌节（propodite or propodus）及指节（dactylopodite or dactylus）等5节。外肢皆不发达或缺失。有的种类步足有小外肢，如短沟对虾（*Penaeus semisulcatus*）第五步足有小外肢，而斑节对虾（*Penaeus monodon*）第五步足无小外肢。第五步足小外肢的有无，是分类的依据。

有的步足呈螯状，由掌节的不动指（fixed finger）和指节形成的可动指（movable finger）共同组成，称为螯足（pincer or chela）。有的种类第一至三对步足呈螯状，如对虾总科、猬虾下目和螯虾下目。有的种类第一、二对步足一般有螯，如真虾下目。有的种类第一至四步足呈螯状，如鞘龙虾总科（Palinuroidea）。有的种类没有螯足，如龙虾总科（Palinuroidea）。

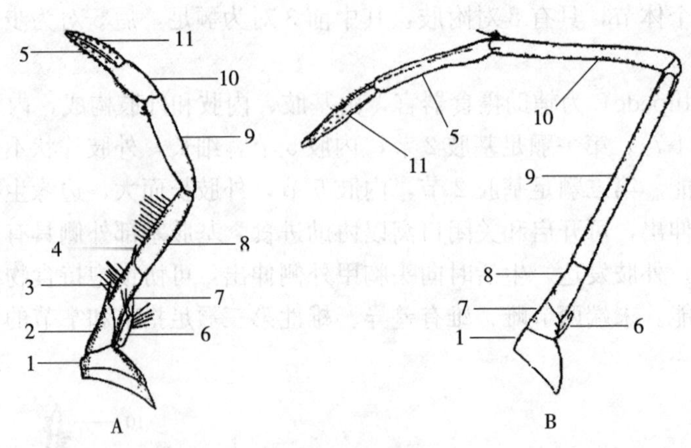

图4-8　步足形态

A. 第一步足　B. 第五步足

1. 底节　2. 基节　3. 基节刺　4. 座节刺　5. 掌节（不动指）

6. 外肢　7. 座节　8. 长节　9. 腕节　10. 掌节　11. 指节

（仿Young，1959）

褐虾科（Crangonidae）的种类，其掌节宽而扁，内缘末部有一个大刺指，形似镰刀，组成一个类似钳状的结构，但无螯的功能，称为亚螯。鼓虾科（Alpheidae）的种类第一步足左右不对称，其中一只为特化的大螯，螯的不动指基部内侧有一臼窝，可动指内侧有一杵突，两指合拢时，杵入臼内，当两指张开骤然合拢时，从指间射出一股像水枪般的激流，同时可发出响亮的声音如小鼓，称为响器，遇敌时用于恐吓敌人，也是雌雄交配的信号。

螯状步足指节和掌节表面有感觉毛、成排小突起和具齿内垫，具有感受化学物质、清理及探查食物等功能。爪状步足主要用于爬行和支持身体。

（三）腹部附肢

虾类腹部有7节，一般具6对腹肢（abdominal appendage），其中5对游泳足和1对尾肢。

1. 游泳足

腹肢具有游泳的功能，又称为游泳足（pleopod or swimmeret）。某些虾类游泳能力很强，可进行数百公里的洄游，如中国明对虾（*Fenneropenaeus chinensis*）。

龙虾下目和螯虾下目的种类腹肢不发达，游泳能力弱。腹胚亚目的虾类，雌虾的腹肢上有刚毛，用以在产卵后抱持卵子于腹部，孵育幼体。

第一至五腹肢，由基肢、内肢和外肢组成。基肢多为一节，内外肢皆不分节，边缘具羽状刚毛。第一、二腹肢通常为雌、雄异形。雌雄第一腹肢外肢皆发达，雌雄对虾的内肢极小，雄性者内肢变形为交接器。两性第二腹肢内外肢皆发达，雄者在内肢的内侧基部具有一小形附属肢，称为雄性附肢（appendix masculine）。第三腹肢、第四腹肢和第五腹肢形态相似，内外肢皆发达。

2. 尾肢

尾肢（uropod）为第六腹节的附肢（图 4-9）。基肢 1 节，短而粗，内、外肢皆宽大。外肢通常具有横缝或褶，可有一定程度的弯曲、折叠。尾肢与尾节合称尾扇（tail fan）。既可以在游泳时司身体的平衡和升降，也有强大的拨水弹跳能力，在遇敌时能急速后退，避免受到袭击和伤害，形成虾类特有的运动方式——后跃。因此，虾类的运动方式有游泳、爬行和后跃等 3 种方式。爬行虾类游泳能力差，但也能后跃。

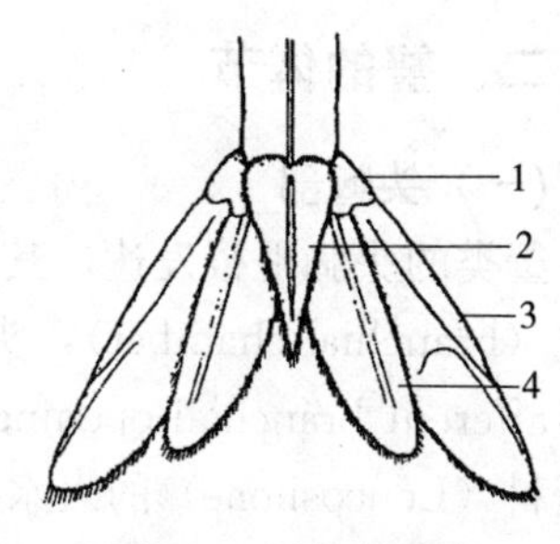

图 4-9 对虾的尾扇

1. 基肢 2. 尾节 3. 外肢 4. 内肢

（仿 Young，1959）

四、虾体的测量术语

全长：从额角前端到尾节末端的长度。

体长：眼柄基部或额角基部眼眶缘到尾节末端的长度。

头胸甲长：额角基部眼眶缘到头胸甲背中线后缘间的直线距离。

头胸甲宽：头胸甲两侧最宽处的距离。

步足长：步足基部至其末端的距离。

第二节 蟹类的外部形态

蟹类为十足目腹胚亚目短尾下目的种类。体多扁平，腹部不发达或退化，折叠于头胸部之下，第一对步足极发达，为大螯，一般无额角。蟹类游泳能力较差，主要活动方式为爬行。在甲壳动物进化过程中，已经达到较高级的阶段，它比虾类更大程度地适应不同的栖息地，特别是潮间带和陆地都有它们的踪迹。

一、蟹的体形

蟹类的身体由头部、胸部和腹部组成，头部 5 节和胸部 8 节愈合在一起为头胸部，但腹部 7 节显著退化，曲折于头胸部之下。

蟹的头胸部特别发达，盖以整片的头胸甲。头胸甲为头胸部背面包被着的一层坚韧的几丁质硬壳，用来保护和支持身体内部的柔软组织。头胸甲形态随种类而异，有圆形、椭圆形、菱形、四角形和多角形等。因蟹类腹部曲折于头胸部之下，头胸部的形态代表了蟹的体形。有的蟹类头胸甲呈长方形，如关公蟹科（Dorippidae）、蛙蟹科（Raninidae）；有的犹如一顶草帽，如真馒头蟹（*Calappa calappa*）；有的呈三角形，如裂隐蟹（*Merocryptus lambriformis*）；有的呈五角形，如五角蟹属（*Nursia*）、仿五角蟹属（*Nursilia*）；有的呈圆形，如坚壳蟹属（*Ebalia*）、拳蟹（*Philyra*）、玉蟹属（*Leucosia*）、和尚蟹（*Mictyris*）等；有的呈菱形，如栗壳蟹属（*Arcania*）、飞轮蟹属（*Ixa*）等；有的呈梭形，如梭子蟹属（*Portunus*）等。在个体大小方面，头胸甲最小的蟹如弯肢再角蟹（*Nursia hamipleopoda*），其头胸甲的长度仅为 3 mm 左右。我国东海和日本产的蜘蛛蟹科（Majidae）的巨螯蟹（*Macrocheira kaempferi*），其头胸甲长度加上螯足超过 3 m，是目前已知最大的一种蟹，也是最大的节肢动物。

二、蟹的体节

（一）头胸部

蟹类的头胸甲很发达，其前部与口前板愈合，侧缘折向腹面。头胸甲与体壁之间形成鳃室（branchial chamber），头胸甲的边缘与步足之间有缝隙，水可进入鳃室，称为入鳃孔（afferent branchial openings）或入水孔。大多数蟹类的入水孔位于大螯基部前方，但玉蟹科（Leucosiidae）的入水孔位于第三颚足基部。出鳃孔（efferent branchial openings）或称出水孔，则位于口器部分附肢基部的两侧。

头胸甲表面起伏不平，形成若干区域，这些区域与内脏的位置相对应。头胸甲表面也有各种刺、沟、缝及突起等结构，边缘多具齿。

1. 分区

（1）头胸甲背部分区（图 4-10）：

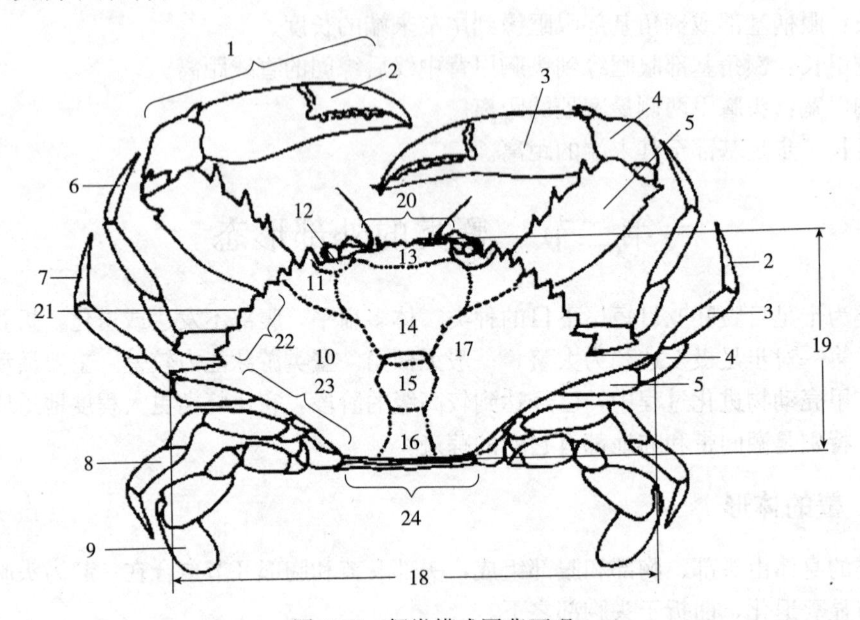

图 4-10　蟹类模式图背面观

1. 螯足　2. 指节　3. 掌节　4. 腕节　5. 长节　6. 第一步足　7. 第二步足　8. 第三步足　9. 第四步足　10. 鳃区　11. 肝区　12. 眼区　13. 额区　14. 胃区　15. 心区　16. 肠区　17. 甲壳　18. 甲宽　19. 甲长　20. 额缘　21. 前侧缘齿　22. 前侧缘　23. 后侧缘　24. 后缘

（仿宋海棠，2006）

额区：头胸甲背面最前端，两眼之间，胃区之前的区域。头胸甲前面的边缘称为前缘（anterior），分为额缘（frontal border）和眼缘（orbital border）。其中额缘即位于额的前缘，一般或凸出或平截或内凹，分齿或不分齿，齿数不定，是分类的依据。额后叶为额之后的一对突起。

眼区：位于额区外侧，眼缘之后，肝区内侧，胃区之前的眼窝附近的区域。隐藏眼睛之处称为眼窝。有些种类只有眼眶，而不形成眼窝，如膜壳蟹科（Hymenosomatidae）及尖头蟹亚科（Inachinae）等，也有不完全眼窝或原始的眼窝，如豆眼蟹亚科（Pisinae），其他蟹类一般都有完整的眼窝。眼缘或眼窝缘可分为腹（背）眼窝缘（dorsal or super orbital border），分上、下眼窝缘，有齿或无齿。沙蟹科（Ocypodidae）的种类，眼窝特别长，几乎占据整个额缘之外的前缘。眼区后横行的隆脊，称为眼后隆脊。

胃区：为额区之后、心区之前、肝区和鳃区之间的区域，可分为中胃区、侧胃区、后胃区和尾胃区。

肝区：眼区之后外侧、鳃区之前内侧的区域。

心区：位于头胸甲中部稍后方，即胃区之后、肠区之前、鳃区之间的区域。

肠区（intestinal region）：位于心区的正后方，鳃区之间的区域。有些种类肠区膨大，并向后凸出一长刺，如长臂蟹（*Myra*）。

鳃区：位于肝区后方，胃区、心区、肠区两侧的区域。鳃区又可分前鳃区、中鳃区、后鳃区。

（2）头胸甲腹部分区（图 4-11）：

下肝区（subhepatic region）：位于肝区的腹面、口部的外前侧的区域。

下眼区（suborbital region）：位于腹眼窝缘之后的区域。

颊区：位于头胸甲腹面两侧，在下肝区之后的区域，螯足基部上方。黎明蟹科（Matutidae）的种类，其颊区具短绒毛，还有突起及一列发声响脊。

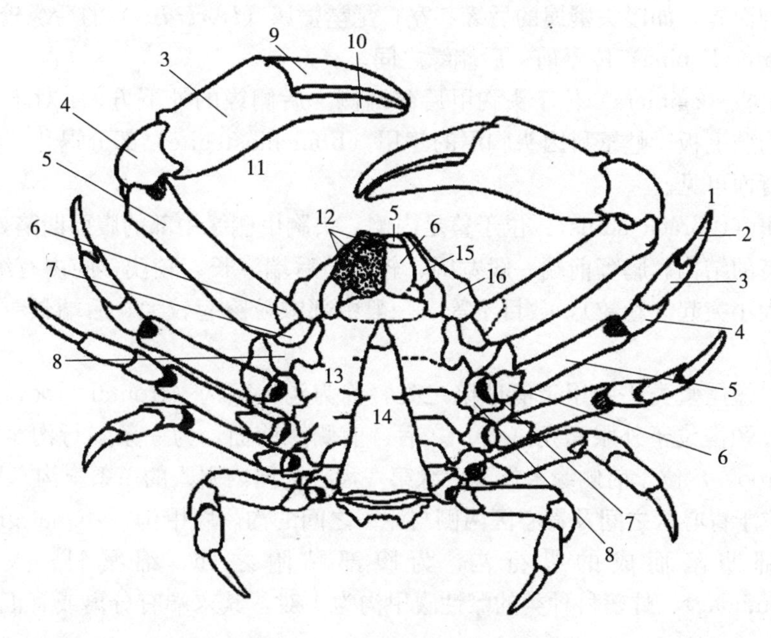

图 4-11　蟹类模式图腹面观

1. 步足　2. 指节　3. 掌节　4. 腕节　5. 长节　6. 座节　7. 基节　8. 底节　9. 可动指　10. 不动指　11. 螯足　12. 第三颚足　13. 胸部腹甲　14. 腹部　15. 外肢　16. 颊区

（仿 Rathbun，1937；陈惠莲，2002）

2. 其他结构

(1) 口前板：位于蟹类头胸甲额缘之后的腹面，第二触角基节的腹面，口腔前部的甲壳。

(2) 口腔（bucca cavity)：位于头胸甲腹面前方的一大凹陷，称为口腔，为口器所在处，由 6 对附肢包围，最外面被第三颚足所覆盖。其形状有尖口（三角形)、方口（方形）之分。关公蟹科、玉蟹科（Leucosiidae）及馒头蟹科（Calappidae）等，口腔呈三角形，前端尖，后（基部）宽；绵蟹科（Dromiidae)、蜘蛛蟹科、梭子蟹科、扇蟹科（Xanthidae)、方蟹科（Grapsidae）等，口腔呈方形。

(3) 胸部腹甲（stemum)：头胸部腹面的甲壳，又称为腹甲和胸甲，共有 8 节，通常第 2～4 节愈合，其余各节的中部较凹，为腹部的隐藏处。多数种类雌性生殖孔在腹甲上。

(4) 侧缘（lateral border)：位于头胸甲两旁。

前侧缘（anterolateral border）位于头胸甲眼窝角之后，螯足之前，一般向外扩大，有分齿和不分齿两种。如拳蟹属、玉蟹属的种类不分齿，而梭子蟹科、馒头蟹属（*Calappa*)、黎明蟹属（*Matuta*）等，前侧缘有细齿（或突起)。蟹类的前侧缘折向腹面，完全与口前板愈合。眼窝外侧角（external orbital angle）通常作为前侧缘的组成部分。

后侧缘（posterolateral border）位于前侧缘之后，后 4 对步足的内侧，有分齿（突起）或不分齿两种，如栗壳蟹属有齿，坚壳蟹属（*Ebalia*）不分齿。有的种类后侧缘很发达而向后扩大成盾状部，如馒头蟹属。

后缘（poteriorborder）位于头胸甲最后端（基部)，末对步足之间的边缘。其大小和有无齿也因种而异，如馒头蟹属的后缘甚宽，琵琶蟹属（*Lyreidus*）的后缘较窄等。

侧刺（lateral spina）位于前、后侧缘之间。

(5) 肢上板（epimera）位于头胸甲后部两侧。后侧缘的外下方，4 对步足上方凸出的薄脊，称为肢上板。蛙蟹科因头胸甲的鳃甲（branchiostegite）部分退化，故肢上板显著外露，从背面可见。

(6) 胸窦（thoracic sinus)：位于螯足内侧，头胸甲侧缘中部的腹面凹陷处称为胸窦，是玉蟹属独特的结构。胸窦前端一般宽阔、较深，后端窄长、较浅，腔内有绒毛或无毛，窦底有一排大小突起（颗粒)，数目不等，一般中部颗粒突起较大，后端颗粒小且与肢上板相连接。

(7) 沟：短尾蟹类头胸甲上有凹陷之处，称为沟。额沟（frontal groove）位于额缘后的中线上。颈沟位于外眼窝角（齿）之后、前侧缘前面，为一条斜行沟至胃区。鳃沟（branchial groove）位于前侧缘末齿或后缘第一齿，为向内引入的一条斜沟。H 形沟（H-groove）为位于胃心区之间及胃心区两侧与鳃区之间的沟。腹甲沟（stemal groove）为胸部腹甲中部凹陷而成的纵行沟，为腹部贴附之处。绵蟹科、人面绵蟹科（Homolodromiidae)、蛙蟹科种类的雌性腹甲沟为 1 对，其末端有分离或有汇合的，因种而异。

(二) 腹部

蟹类腹部短小而扁，肌肉显著退化，折叠于头胸部腹面，位于胸部腹甲的中央，整个腹部多数种类分为 7 节，少数种有几节愈合，一般第 1～3 节愈合，第 4～7 节分节清楚，尾节很小。肠贯穿于整个腹部，肛门开口于尾节上。雄性腹部一般呈长三角形，俗称尖脐，雌性腹部一般呈宽圆形，称为圆脐、团脐。有些种类，它们的腹部没有完全折叠在头胸部之下，如蛙蟹（*Ranina*）、绵蟹（*Dromia*）、关公蟹（*Dorippe*）等。包被腹部各节背面及两侧的甲壳称为腹甲，腹甲平滑且各节彼此分离使得腹部可以自由伸屈。

蟹类雄性第五胸节中央两侧具1对锁突（button），能嵌入第六腹节腹面后侧角的锁窝（socket）内，状似搭扣，用以锁住腹部，以免腹部开启妨碍运动。在绵蟹、人面蟹（*Homola*）中，这种结构包括胸肢的底节。不同的类群中，这个结构的位置和结构有所差异。

三、蟹的附肢

蟹类附肢亦由原肢或基肢、内肢和外肢组成。蟹类和虾类一样，头胸部所有体节均有1对附肢，腹部附肢部分退化，存在雌雄差异。

（一）头部附肢

蟹类的头部附肢共5对（图4-12）。

1. 第一触角

位于额缘近中央处，额缘腹面中线的两侧，十分短小，为双肢型，由基肢、内肢、外肢组成。基肢3节，其柄膨大，通常固定在触角窝里，解剖时不易取出，内有一个感觉器官（平衡囊），起着调节身体平衡的功能；第二、三节曲折于外侧。内肢和外肢鞭状，极小。

2. 第二触角

位于两眼内侧，第一触角与眼之间，细小，为单肢型，外肢退化，第一节与口前板愈合，但绵蟹类（Dromiacea）除外。基部为排泄器官（触角腺），腹面有排泄孔，孔外有

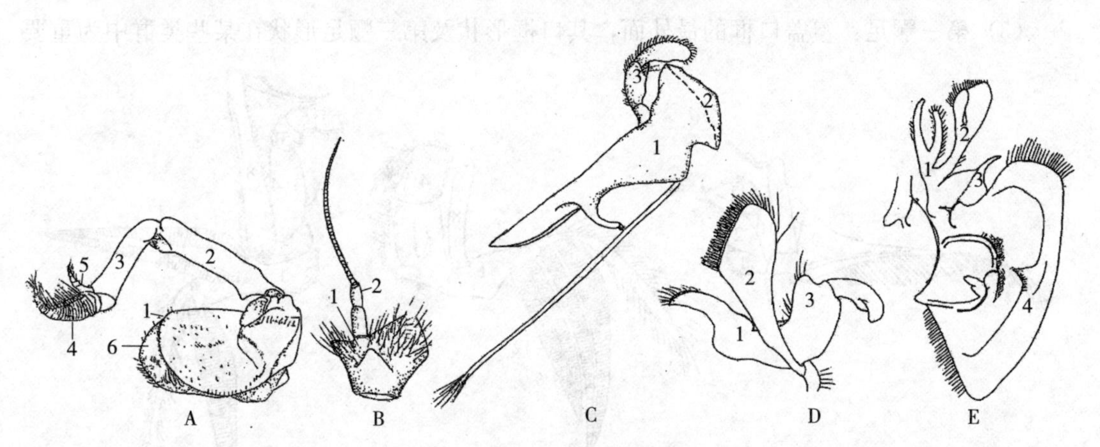

图4-12 蟹类头部附肢

A. 第一触角：1. 下底节 2. 底节 3. 基节 4. 外鞭 5. 内鞭 6. 平衡囊

B. 第二触角：1. 底节 2. 节鞭

C. 大颚：1. 大颚突（底节、基节） 2. 咀嚼板 3. 大颚须

D. 第一小颚：1. 内片（底节） 2. 中片（基节） 3. 颚须

E. 第二小颚：1. 底节 2. 基节 3. 颚须 4. 颚舟叶（外肢）

（杨思琼，2012）

盖，尿液从此孔排出。人面绵蟹总科（Homolodromioidea）的种类第二触角鞭很长，长于头胸甲。异尾下目的种类，第二触角位于眼的外侧。

3. 大颚

大颚是重要的咀嚼器官，为单肢型，无外肢。基肢发达，由底节和基节组成。底节细长而伸入体内，有肌肉附着，用以控制大颚运动，又称为大颚突（mandibular process）。基节位于口的前端，又称为咀嚼板（mandibular plate），具有齿，门齿部和臼齿部分化不明显。大颚突和咀嚼板合称为大颚体。内肢3节，称为大颚须，静止时折叠于切齿内侧，具感觉功能。

4. 第一小颚

单肢型，基肢薄片状，由底节和基节组成，内缘有硬刺毛，缺外肢，只有内肢，分2节，由内、中、外3个薄片构成。

5. 第二小颚

双肢型，基肢由底节和基节组成，呈扁平薄片状，各分成两小片。内肢很小，外肢较大呈叶片状，称颚舟片。颚舟片在腔内不停地摆动，使腔内的水保持流动，以助呼吸。

（二）胸部附肢

蟹类共有8对胸部附肢，前3对为颚足，后5对胸足。

1. 颚足

蟹类具有3对颚足，为摄食的辅助器官，均为双枝型附肢（图4-13）。

（1）第一颚足：基肢由底节和基节组成薄片状，内肢分为两节，第一节细长，末端宽大呈叶片状，用来封闭出水孔，以防鳃室干燥。外肢由柄和触须组成。

（2）第二颚足：基肢由底节和基节组成。内肢4节，第一节长，呈长扁形，上接三小节。外肢柄部顶端有一鞭。

（3）第三颚足：覆盖口框的最外面，其口框形状及第三颚足形状在某些类群中为重要

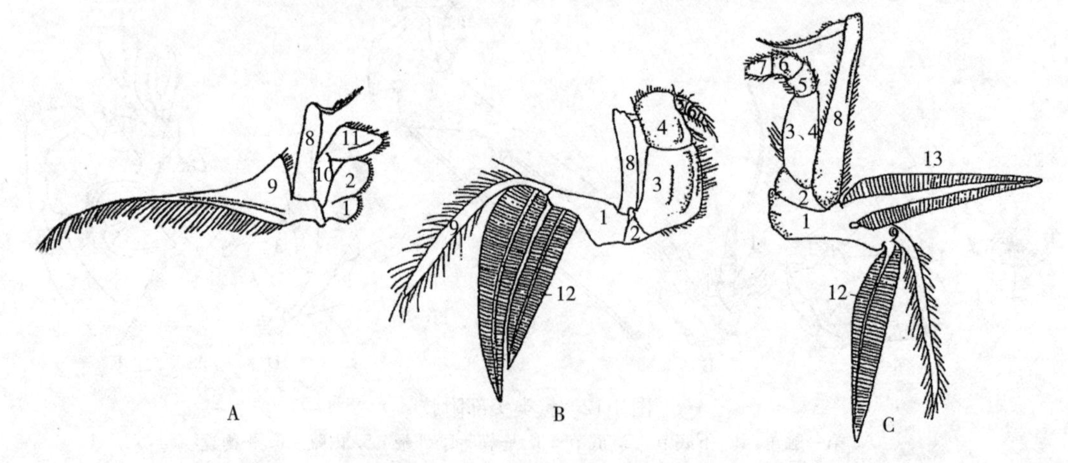

图4-13　蟹类（三疣梭子蟹，*Portunus trituberculatus*）的颚足结构及鳃的类型

A. 第一颚足　B. 第二颚足　C. 第三颚足

1. 底节　2. 基节　3. 座节　4. 长节　5. 腕节　6. 前节　7. 指节　8. 外肢
9. 上肢（肢鳃）　10. 内肢第一节　11. 内肢第二节　12. 关节鳃　13. 足鳃

（杨思琼，2012）

的分类依据。基肢常分为 2 节，但常愈合一起，内肢分为 5 节，外肢有柄和触须。

第一、二、三颚足具上肢（肢鳃），上肢为一长形突起，基部宽、末端窄，伸入鳃室，横卧在鳃的上面，不停地摆动以清除污物。同虾类一样，由大颚、第一小颚、第二小颚、第一颚足、第二颚足和第三颚足组成口器。

2. 螯足和步足

头胸部两侧生有 5 对胸足，均为单肢型，由基肢和内肢组成，基肢由底节和基节组成，内肢由座节、长节、腕节、掌节、指节组成，为具有捕食、攻击、防御及爬行等功能的行动器官。

（1）螯足：由第 1 对胸足特化而成，作为攻击和防御武器并具有捕食功能，其大小和形状与后 4 对胸足显著不同。螯足的指节分为可动指和不动指（图 4-14）。某些种类螯足不等大，如雄性招潮蟹（*Uca*），但年幼个体的雄性和雌性的螯足均对称。螯足的形状也表现为多样性，如遁行长臂蟹（*Myra fugax*）等的螯足也都较长，蛙蟹、馒头蟹、黎明蟹等螯足形状特殊，掌节宽而扁，背缘的隆起很高，具锯状齿。有些螯足的结构具有发声器的功能，如黎明蟹螯足掌节内侧面的刻纹，不动指外侧有 1 条刻纹隆脊，摩擦可发声。

（2）步足：蟹类后 4 对胸足一般为爪状，适于爬行生活，又称为步足（图 4-14）。其形状因异，如绵蟹的末对或末 2 对步足十分短小，位于背部。蛙蟹（*Ranina ranina*）步足的指节和掌节宽而扁，呈铲子状，用来挖砂；梭子蟹科的种类末对步足掌节和指节扁平呈桨状，利于游泳，亦称为游泳足。因此，蟹类的运动方式有游泳和爬行。步足上还生有各种突起、刺、毛等结构。

由于关节的限制，蟹类步足只能上下活动，所以蟹只能横行，但由于各步足的长短不一，所以横行时是斜行的。步足活动受胸神经节控制，而横行受脑控制。并不是所有的蟹都是横行的，和尚蟹就可以向前奔走，其他蟹也能向前缓慢地前行。也有人认为蟹的横行

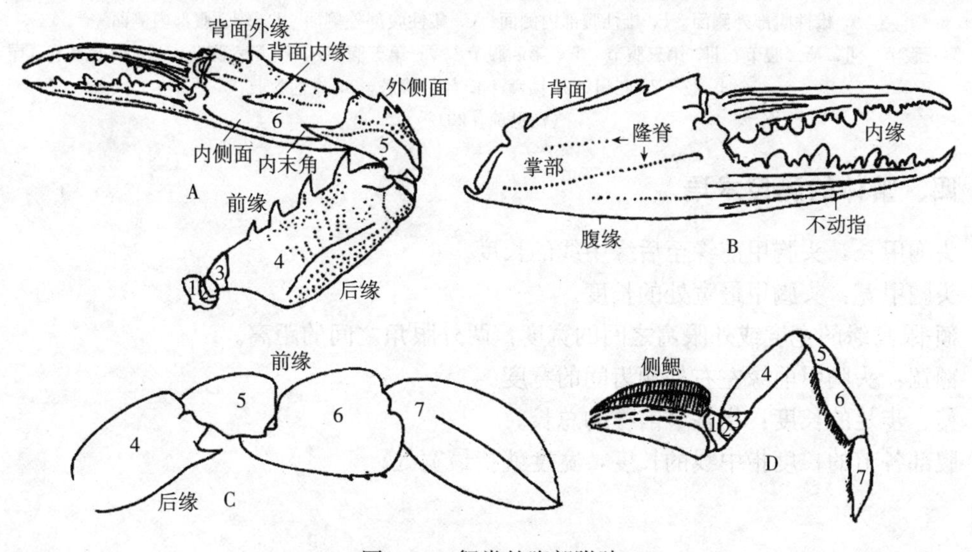

图 4-14　蟹类的腹部附肢

A. 螯足　B. 螯　C. 游泳足　D. 步足

1. 底节　2. 基节　3. 座节　4. 长节　5. 腕节　6. 前节（掌节）　7. 指节（可动指）

（杨思琼，2012）

是由于受到地球磁场变化的影响。

（三）腹部附肢

蟹类腹肢不发达，多退化，已丧失游泳的功能（图 4-15）。

雄性蟹类有 2 对腹肢，仅存第一、二对腹肢，形成交接器，称为生殖肢（gonopod），单肢型，呈针状，有一定的弯曲弧度。第一腹肢大多粗壮，坚硬，内侧纵褶形成一细沟，可放置第二腹肢，称为第二腹肢沟。末端有腹肢孔，基部有较大的开孔，外侧部分为一片覆以柔毛的瓣，阴茎就伸入此孔。雄性生殖孔大多位于末对步足的底节，孔外具柔软的阴茎（penis）与第一腹肢基部相连。交配时，精荚可通过第一腹肢，经末端的输精孔，输送至雌性生殖孔内。第二腹肢细小。

雌性有 4 对腹肢，即第二至第五对腹肢存在，具内、外肢，密生刚毛，用于附着并抱持卵子。

蟹类中只有绵蟹科（Dromiidae）的两性第六腹节两侧尚存退化的尾肢，其余绝大多数蟹类已不存在尾肢，这也说明蟹类比虾类更为进化。

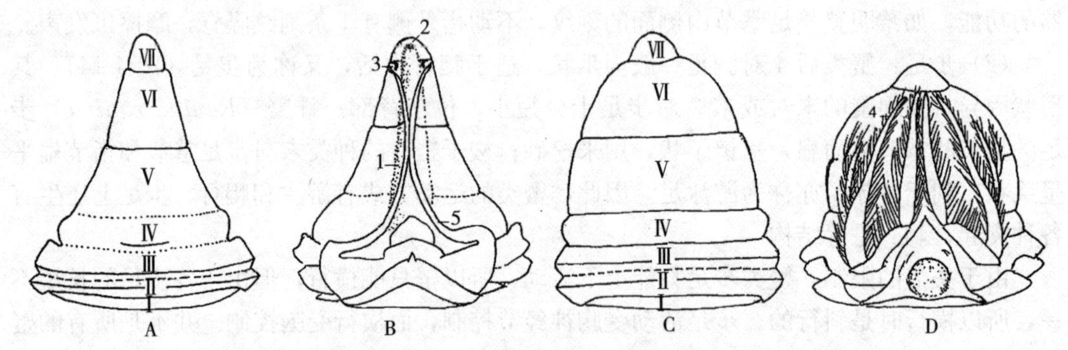

图 4-15　蟹类腹部及附肢（三疣梭子蟹，*Portunus trituberculatus*）

A. 雄性腹部外侧面　B. 雄性腹部内侧面　C. 雌性腹部外侧面　D. 雌性腹部内侧面

Ⅰ. 第一腹节　Ⅱ. 第二腹节　Ⅲ. 第三腹节　Ⅳ. 第四腹节　Ⅴ. 第五腹节　Ⅵ. 第六腹节　Ⅶ. 第七腹节（尾节）

1. 肠　2. 肛门　3. 锁窝　4. 雌性腹肢　5. 雄性腹肢

（杨思琼，2012）

四、蟹体的测量术语

头胸甲长：头胸甲前缘至后缘中线的长度。

头胸甲宽：头胸甲最宽处的长度。

额-眼窝缘的宽度或外眼窝之间的宽度：两外眼角之间的距离。

额宽：头胸甲前缘左右外额齿间的宽度。

螯、步足的长度：指各节前缘的总长。

腹部各节的长度指中线的长度，宽度就指最宽处。

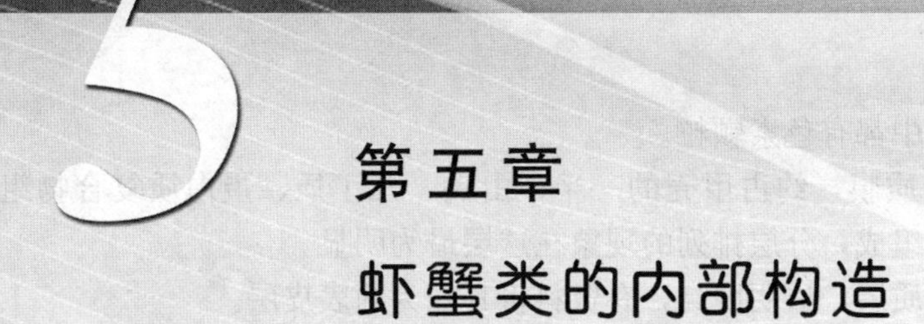

第五章 虾蟹类的内部构造

第一节 虾类的内部构造

一、体壁

（一）体壁的结构

虾蟹类与其他甲壳动物一样，具有一薄的体壁，由甲壳（carapace）和其下方的皮肤（skin）组成。虾蟹类的体壁结构相似，在此一并叙述。不同种类的虾蟹，甲壳的厚薄以及钙质的含量并不相同，如凡纳滨对虾和中国明对虾等外壳薄而较软，而螯虾、龙虾和大部分蟹类的外壳则相当厚和硬。

1. 甲壳

虾蟹类与其他甲壳动物相似，外具一硬质外壳，称为甲壳，即外骨骼（exoskeleton）。其主要成分为几丁质（又称甲壳素或甲壳质）、蛋白质复合物，以及钙盐（多为 $CaCO_3$）等，钙盐的多少决定了甲壳的硬度。一般来说整个甲壳主要由上皮细胞分泌而来，具有支撑及保护内部器官，支持身体运动的功能。甲壳动物的甲壳由外至内分别为上表皮层（epicuticle）、外表皮层（exocuticle）、内表皮层（endocuticle）和膜层（membranous layer）（图 5-1）。

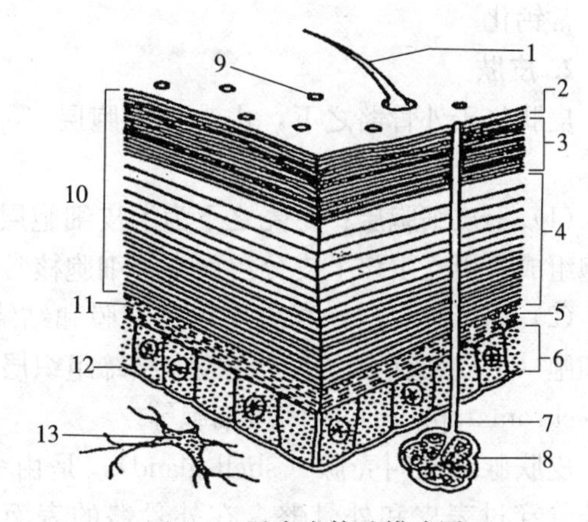

图 5-1 甲壳类体壁模式图
1. 刚毛 2. 上表皮层 3. 外表皮层 4. 内表皮层 5. 膜层 6. 上皮细胞层 7. 壳腺导管 8. 壳腺 9. 色素细胞 10. 钙化层 11. 未钙化层 12. 底膜 13. 色素细胞
（仿 Lowery）

（1）上表皮层：又称上角质膜，非常薄，约占整个外骨骼厚度的 3%，不含几丁质，主要成分为类脂物质，通常未钙化。脂质有防水作用，不渗水，也不能进行气体交换，是与外界隔绝的屏障，对甲壳的其他部分也有保护作用。上表皮层可为 2 层，最外一层为纤维层，另一层较厚。

（2）外表皮层：又称外角质膜，略薄，由钙、几丁质、蛋白质复合物组成，矿物质分布不均匀，在孔道内、几丁质蛋白原纤维间和原纤维内有矿物质沉淀。结构上由许多纤维小板组成，水平切面可看到细长纤维小板与表面平行排列。因很多虾蟹在这层中有类似黑色素的颗粒状沉淀物，这些色素颗粒与分散在甲壳下的色素细胞共同组成了虾蟹身体的色彩，但并非所有的虾蟹在这层中都有色素颗粒。

（3）内表皮层：又称内角质膜，约占甲壳的一半，由钙、几丁质、蛋白质复合物组成。内表皮层由许多层状片层组成，分层排列的现象在这层最为明显。

（4）膜层：无钙化的几丁质层，透明度高，有资料将其归为内表皮层。

根据甲壳组成情况，可以将甲壳分为非几丁质层和几丁质层。非几丁质层为甲壳的最外面，很薄，不含几丁质而含脂类物质，由下面的壳腺所分泌，水分不能渗透，即上表皮层。几丁质层占甲壳的绝大部分，几丁质以丝状结晶的形式有规律地排列，使之呈现出层状结构，即外表皮层和内表皮层。此层是由下面的真皮层所分泌，水分能够透过。甲壳如有钙盐沉淀，则分布在非几丁质层的靠里部分和几丁质层靠外部分。关节膜处的甲壳不钙化，便于关节的活动。

甲壳由外胚层发生而来。因此，从口、肛门向体内陷入，覆盖前肠（口腔、食道及胃膜）与后肠（直肠和肛门）的内壁上，也会形成甲壳。腹部、附肢关节处外骨骼不钙化，柔韧可曲。甲壳不仅分布于体表，有些部分进入体内形成所谓的“内骨骼”。如在前肠、直肠及鳃腔的表面，这些“内骨骼”蜕壳（蜕皮）时一起蜕掉。表皮层在蜕壳时将发生巨大变化，旧壳被吸收、蜕去，新壳形成并逐渐硬化构成新的甲壳。上表皮和外表皮在蜕壳前形成，外表皮矿化发生蜕壳后，内表皮和膜层在之后形成。

甲壳上着生有棘、刺和刚毛等结构，具有感觉和保护功能。刚毛中空，有管道穿过外骨骼与皮肤的上皮细胞层相连，并有神经分布，因此称为感觉刚毛。管道垂直或几乎垂直，常钙化。

2. 皮肤

皮肤位于外骨骼之下，由上皮细胞层（epithelial layer）和真皮层（enderonic layer）构成。

（1）上皮细胞层：甲壳之下为上皮细胞层，又称为表皮层（epidermis）。由单层柱状细胞组成，甲壳由该上皮分泌而来，细胞核常位于细胞中部偏上。

（2）结缔组织层：真皮层包括底膜和结缔组织层（connective tissue layer）。单层柱状细胞（上皮细胞）之下为底膜。结缔组织层中含有皮肤腺（tegumental gland）、色素细胞（chromatophore）及间质细胞等。

皮肤腺，又叫壳腺（shell gland），是由多细胞构成的球状腺体，直径约 150 μm，壳腺管穿过表皮和外骨骼，在外骨骼的表面（上表皮层）开孔，即皮肤腺管孔，分泌物形成了甲壳的非几丁质层。色素细胞含有色素颗粒，细胞具有放射状或枝状分支的胞突向四周伸展，呈星状。细胞体直径约 80 μm，新鲜标本或用甲醛液固定时间不长的标本，可借体视显微镜从标本体表看到。色素细胞有单色素细胞（分别含有红、黑、褐、白、黄等色素颗粒）、双色素细胞（含有红、黄等色素颗粒）、三色素细胞（含有红、黄、蓝等色素颗粒）以及四色素细胞（含有红、黄、蓝、白等色素颗粒）。色素颗粒在色素细胞中的聚集、扩散及消长使动物的体色发生变化。色素颗粒的移动受中枢神经系统产生的激素所调控，也受环境条件变化影响（如昼夜、光照、背景颜色及潮汐等），分布在细胞质的色素颗粒可随细胞质向四周胞突移动使色素面积增大，或随细胞质向细胞体集中使色素面积缩小，借以改变身体颜色。虾蟹所具有的颜色，主要是它们甲壳下面真皮层中色素细胞的作用。

(二) 蜕皮与蜕壳

虾蟹类幼体的外骨骼薄而软，称为“皮”，幼虾或成体的外骨骼厚而硬，称为“壳”。因此，蜕去外骨骼的过程，称为蜕皮或蜕壳（molt），狭义上指虾蟹类从旧壳中脱出的过程，广义上则是一个连续的变化过程，贯穿虾蟹类的整个生命周期。虾蟹类生长伴随着蜕壳，蜕壳次数因种类不同而不同，且影响其形态、生理和行为的变化。蜕壳为动物完成生长以及变态发育所需，又是导致其畸形、死亡、被捕食的重要原因。

虾蟹类通过蜕壳完成生长，体长在两次蜕壳之间基本维持不变，在线性尺度上基本没有增加，在体重上随物质积累而略有增长。蜕壳后，动物的新甲壳柔软而有韧性，此时动物通过大量吸水使甲壳扩展至最大尺度，随后矿物质及蛋白质沉淀使甲壳硬化，完成身体的线性增长，然后以物质积累和组织生长替换出体内的水分，完成真正的生长。因此，一般认为虾蟹类的生长随蜕壳的发生而进行，呈阶梯状不连续的生长，称为阶梯式增长。

因此，虾蟹类的生长速度有赖于蜕壳的次数和再次蜕壳时体长与体重的增加程度。游泳虾类在其生命周期内每隔数天或数周蜕壳一次。甲壳厚重的龙虾、螯虾及蟹类幼体一般每年蜕壳 8～12 次，成体则蜕壳间隔较长，通常第一年内只蜕壳一次或两次。

蜕壳是复杂的生理过程，需要消耗大量的能量。蜕壳主要在夜间进行，之前难发现明显征状。甲壳比较薄的种类，如某些虾类，在即将蜕壳或蜕壳不遂时，可观察到一层未脱去的旧壳，成为“双壳虾”；蜕壳前侧卧水底，游泳足间歇地缓慢摆动；临近蜕壳的虾活动频率加快，蜕壳时甲壳膨松，腹部向胸部折叠，反复屈伸；随着身体的剧烈弹动，头胸甲向上翻起，身体屈曲自壳中蜕出，然后继续弹动身体，将尾部与附肢自旧壳中抽出，食道、胃以及后肠的表皮亦同时蜕下。刚蜕壳的虾活动力弱，有时会侧卧水底，幼体及仔虾蜕壳后可正常游动。

1. 蜕皮与蜕壳的种类

根据生长发育阶段不同，蜕壳可分发育蜕皮（developmental molting）、生长蜕壳（growth molting）和生殖蜕壳（reproductive molting）。

(1) 发育蜕皮：在幼体阶段，随着蜕皮，动物的形态结构不断变化，由简单到复杂，直至发育完成，故称为发育蜕皮或变态蜕皮。

(2) 生长蜕壳：幼体发育至幼虾，幼虾在形态上和成虾基本相似，但要长成与成体大小、形态一致，还要进行蜕壳，即称为生长蜕壳。身体增大，而形态上仅有些小变化，如额角齿数变化、步足内肢增大、外肢缩小、交接器的出现和完善等。

(3) 生殖蜕壳：具封闭式纳精囊的雌性个体在交尾前需要先行蜕壳，以便在新壳硬化之前进行交配，此次蜕壳与生殖有关，称生殖蜕壳。具封闭式纳精囊的对虾、真虾下目的罗氏沼虾和日本沼虾（*Macrobrachium nipponense*）以及大多数蟹类具有生殖蜕壳。还有一些具封闭式纳精囊的对虾，如中国明对虾，交配时，其性腺发育并未成熟，只有在适宜的环境条件下才逐渐成熟。

2. 蜕壳周期

蜕壳周期（molting cycle）是指由前一次蜕壳到后一次蜕壳所经历的过程。甲壳动物的甲壳及真皮层在蜕壳过程中变化复杂，依其结构、形态学、行为等变化，可以将蜕壳周期分为不同时期。

(1) Carlisle (1959) 将蜕壳周期分为 4 个时期：

①蜕壳前期（premolt）：为即将到来的蜕壳活动做最后准备的阶段。旧壳的钙质被吸收，导致血钙水平上升；体内合成一种能溶解壳质的酶（甲壳酶），将部分甲壳溶解，旧壳变得薄而脆弱，易于蜕壳。

②蜕壳期（moult）：对虾的蜕壳期很短，即脱掉旧壳那一瞬间。除头胸甲因水流冲击而分离外，其他部分的甲壳皆完好地连在一起。

③蜕壳后期（postmolt）：对虾蜕壳后至新壳变硬之前这一阶段，虾体蜕壳增大在此时进行。最大的特点是虾体大量吸水而膨大。由于新壳仍软，对虾还不能摄食，完全靠吸入水分而使体积增大。

④蜕壳间期（intermolt）：新壳一旦变硬，便进入蜕壳间期。虾体不能继续增大，表皮继续钙化，体内血钙水平及其他生理活动逐渐恢复正常，营养物质开始积累，体内水分含量大幅下降并逐渐恢复正常；完成组织生长为下次脱壳过程进行物质准备。

（2）Robertson将蜕壳周期分为5期：依其结构、形态学变化，结合动物的行为，将蜕皮（壳）周期分A期（蜕皮后期）、B期（后续期）、C期（蜕皮间期）、D期（蜕皮前期）和E期（蜕皮期），并进行了进一步的细化。

①蜕皮后期（A期）：蜕皮后新壳处于柔软状态的时期，仅有上表皮、外表皮存在，开始分泌内表皮。动物大量吸水使新壳充分伸展至最大尺度。动物短时不能支持身体，活力弱，不摄食。

②后续期（B期）：表皮钙化开始，新壳逐渐获得一定硬度。动物可支持身体，体长不再增加，开始摄食。

③蜕皮间期（C期）：新壳一旦变硬，便进入此期。表皮继续钙化，体内血钙水平及其他生理活动逐渐恢复正常；营养物质开始积累，体内水分含量大幅下降，逐渐恢复正常；完成组织生长为下次蜕皮进行物质准备。

④蜕皮前期（又称D期）：皮肤变化最大，旧壳开始脱离，新壳开始分泌，分几个亚期。

D0：真皮层与表皮层分离，上皮细胞开始增大。

D1：上皮细胞增生，出现贮藏细胞。

D2：旧壳的内表皮开始被吸收，血钙水平上升，新表皮开始分泌。动物开始减少摄食。

D3：新表皮继续分泌，旧壳吸收完成，新表皮与旧壳分离，摄食停止。

D4：新外表皮分泌完成，开始吸水，准备蜕皮。

⑤蜕皮期（又称E期）：动物大量吸水，旧壳破裂，动物弹动身体自旧壳中蜕出。蜕皮期一般较短，为数秒钟或数分钟。螯虾和蟹类的蜕壳时间稍长些，螯虾5～10 min，蟹类就更长一些，为15～30 min，最长达2 h。蜕壳时间过长，蜕壳后容易死亡。

对虾的寿命为1～2年，其间要蜕壳50次左右；一种大螯虾的寿命有50多年，数月才蜕壳一次，其蜕壳周期要长得多。幼体蜕壳频数较多，随着个体增大，蜕壳频数减少，周期相对延长。

3. 自切与再生

（1）自切：虾蟹类动物遭遇天敌或相互争斗时常常会自行脱落被困的附肢，进行逃逸，在附肢有机械损伤时，虾蟹亦会自行钳去残肢，或使其脱落，这种现象称之为自切（autotomy）。自切是虾蟹类动物的防御手段，是一种保护性适应，也是一种反射作用，人工刺激虾蟹类的脑神经节可引起相关步足的自切。自切时动物的步足由于肌肉的收缩而弯曲，自其底节与座节之间的关节处从腹面向背面裂开、断落。在断落处，由于几丁质薄膜的封闭作用及血液的凝集而使创面自行封闭，因而自切时几乎没有血液的流失。

（2）再生：自切（或折断）的附肢经过一段时间，大多可以重新生出，称为再生（regeneration）。在自切残端处新生的附肢由上皮形成，初时为细管状突起，逐渐长大，形成新的附肢。新生的附肢弯曲折叠在几丁质表皮之下，当虾蟹再次蜕壳时新生附肢就伸展开来，形成再生的小附肢，一般要经过2～3次蜕壳后再生的附肢才能恢复到原来的大小。再生的速度与程度与个体及环境有关，未成熟的个体再生较快。

4. 蜕皮（蜕壳）在生产实践上的意义

蜕皮（蜕壳）与虾蟹的人工育苗、养成等生产实践息息相关。

一般来说幼体或幼虾蟹的甲壳正常蜕换，有利于虾蟹的生长，蜕皮（蜕壳）加快，幼虾蟹生长也会加快。在生活条件不适时，长时间不蜕壳会影响生长。虾蟹的生长率与蜕壳的次数并非绝对成正比，由于某些因素的刺激，如水温、水质和盐度等变化，虾蟹的蜕壳次数可能会增加，但这样的蜕壳不会使虾蟹生长。

蜕皮（蜕壳）还可把身上沾染的污物、聚缩虫等寄生虫、丝状细胞或黏附的藻类等脱掉，从而减轻负荷，有利于虾蟹的生长。

通过蜕皮（蜕壳）还可以使发育不全、附肢或刚毛出现残缺或折断的部位恢复正常。

对于具有封闭式纳精囊的种类，未交配的虾蟹，蜕壳利于交配；对已交配的雌虾，要尽量控制环境条件（水温和饵料等），防止其蜕壳引起精荚丢失。

5. 影响虾蟹类蜕皮（蜕壳）的因素

（1）内分泌因素：甲壳动物的蜕壳调控过程十分复杂，受到内分泌系统的调节。传统的甲壳动物蜕壳调控理论认为蜕壳受眼柄内的X-器官窦腺和Y-器官分泌的蜕皮抑制激素和蜕皮激素共同调节。其他一些激素，如甲基法尼酯也参与蜕壳的调控。

（2）环境因素：

①温度：温度是影响甲壳类蜕壳发生的关键因子。在一定温度范围内，较高的温度能够提高甲壳类体内酶的活性，加速代谢，从而提高蜕壳发生频率，加速生长。

②光照：光照直接或间接影响着甲壳类的蜕壳、发育、生长与繁殖。通过光照强度与光照周期波动影响蜕皮抑制激素的合成与释放，进而影响甲壳类的蜕壳生长过程。滑背新对虾（*Metarenaens bennettae*）的蜕壳受持续光照或持续黑暗的抑制。中国明对虾产卵后在黑暗条件下和正常光照条件下蜕壳率分别是60%和18.8%。甲壳类的蜕壳与生长过程受光照强度的影响随着其不同发育阶段而变化。中华绒螯蟹（*Eriocheir sinensis*）大眼幼体阶段具有较强的趋光性，在黑暗条件下变态发生过程推迟，死亡率升高；而当大眼幼体变态发育到仔蟹后，对光照的适应性也由趋光性转为避光性，主动选择水草以及掩蔽物等弱光区域进行蜕壳。

③盐度：盐度是影响甲壳类蜕壳发生的又一关键生态因子。淡水甲壳类在一定盐度范围内，盐度升高，蜕壳周期时间缩短，蜕壳频率升高，诱导性早熟比例升高；而对于一些海水甲壳类，盐度降低或盐度波动会刺激甲壳类动物蜕壳的发生，缩短蜕壳间期时间。水

中钙离子浓度波动幅度过大会刺激对虾蜕壳，但一定程度上会影响对虾的生长。节律性地增加自然水体中钙离子浓度，可以提高对虾的生长速度。

④饵料：甲壳类的周期性生理蜕壳生长需要一定的能量积累与储备。当饵料不足，营养积累不够充分时，蜕壳间期时间会延长，蜕壳增长率和增重率下降，有些甚至无法顺利完成蜕壳过程而死亡；而当营养物质过剩，蜕壳间期时间会缩短，蜕壳频率提高。

⑤水质：水质的好坏也是影响甲壳类蜕壳的一个重要因素，如养殖水体氨氮、亚硝酸盐过高时，会抑制虾蟹的蜕壳。锯缘青蟹（*Scylla serrata*）可以在氨氮浓度低于 8 mg/L 的海水中正常蜕壳，也可在亚硝酸盐氮浓度低于 50 mg/L 的海水中正常存活和蜕壳，在溶解氧 2～7 mg/L 时，锯缘青蟹都可以蜕壳，但只有溶解氧浓度高于 5 mg/L 时，青蟹才可以正常存活和蜕壳，溶解氧浓度低于 4 mg/L，将不利于青蟹的存活。

二、消化系统

（一）消化系统的组成和结构

虾类的消化系统由消化道及消化腺组成。消化道包括口（mouth）、食道（esophagus）、胃（stomach）、肠（intestine）及肛门（anus）（图 5-2）。从发生来源上可分为外胚层发育而来的前肠（fore-gut）（食道和胃）、后肠（hind-gut）以及中胚层发育而来的中肠（mid-gut）。消化管的组织结构基本相同，由内向外分为四层，即黏膜层（mucous layer）、黏膜下层（submucous layer）、肌层（muscular layer）和外膜层（outer membrane）。黏膜层由基膜和单层柱状上皮构成；黏膜下层为结缔组织，含血管、血窦等；肌层常含有纵行肌或环行肌或放射肌；外膜层为薄的结缔组织。

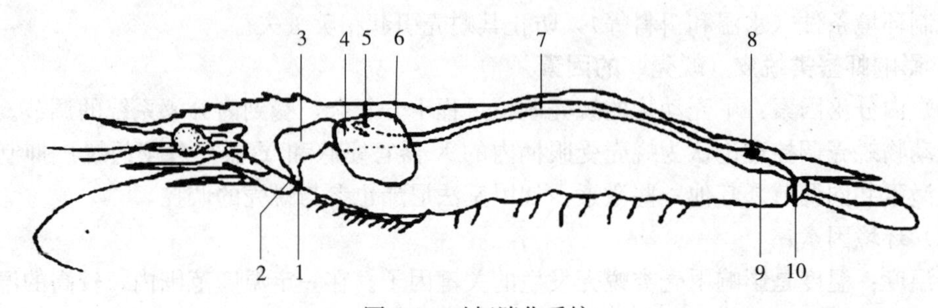

图 5-2　对虾消化系统

1. 口　2. 食道　3. 贲门胃　4. 幽门胃　5. 中肠前盲囊　6. 肝胰脏　7. 中肠　8. 中肠后盲囊　9. 直肠　10. 肛门

（王克行，1997）

1. 口

虾类的口位于头胸部前端的腹面，被唇及口器所包围。罗氏沼虾的口上方为一片上唇（labrum），上唇一般较发达；口的下方为一片下唇（labium），下唇中央有一深裂。唇为实心结构，唇的横切面由外至内为角质层、上皮细胞层和疏松结缔组织。唇的中央横纹肌较集中，有发达的唇腺，唇腺外围也有横纹肌分布。

2. 食道

口后为一短而直的食道，开口于胃。食道壁较厚，黏膜层向腔内形成许多皱褶，大小皱褶的几丁质上分布有刚毛，皱褶具有 X 形交叉，防止食物倒流。食道具有食道腺，又称皮肤腺（tegumentary gland）和黏液腺，在近口端数量多，随着食道延伸到胃，逐渐稀少而消失。黏液腺分泌黏液物质，主要是多糖类，起润滑作用，有助于吞咽，还可以帮助消化。食道肌肉非常发达，肌肉层为不同走向的横纹肌肌束，包括环肌、纵肌和放射肌 3 种。

3. 胃

胃位于头胸部的背面，呈囊状，食物由口器附肢传送入口，由大颚切断磨碎经食道至胃。

胃分为前、后两腔，前腔称贲门胃（cardiac stomach），后腔称幽门胃（pyloric stomach）。贲门胃为一大囊，其表面亦覆盖有较厚的几丁质表皮，有储藏和磨碎食物的功能。胃内有由骨状物、齿和刚毛组成的几丁质结构称为胃磨（gastric mill），用来磨碎食物。爬行虾类的胃磨较为复杂。贲门胃的背面后方有一较大的软骨，从软骨的中央向背面后下方，有几丁质特化成的骨片称为腹突，末端有硬的几丁质齿，称为中央齿；胃的两侧壁上有 2 个侧突，其上几丁质加厚部分形成骨片，在游离缘上有一行强壮的钙质齿，称为侧齿，中央齿夹于左右侧齿列之间，由骨片、中央齿和侧齿共同组成胃磨。胃磨将食物进一步磨碎后，送到幽门胃。幽门胃亦为一囊状结构，具有复杂的几丁质刚毛及骨片，用来过滤食物糜，亦称为腺滤器（gland filter）。

胃由几丁质层、黏膜层、黏膜下层、肌层和外膜层构成。表面也有许多皱褶，几丁质层内发出许多刚毛。胃内有胃腺，为管泡状，位于幽门胃的结缔组织中，分泌黏液。肌肉有纵束肌和环行肌。一般认为胃没有消化作用，只是起机械磨碎和过滤作用。

4. 中肠

中肠从胃后肝胰腺开口处向腹部后端延伸直至第六腹节，于中肠后盲囊处与后肠相连，为一长管状器官。中肠管壁前、后段皱褶较多，中段较平整，管壁组织结构由内向外依次分为黏膜层、黏膜下层、肌层和外膜层，没有几丁质。中肠内层由单层柱状细胞组成，有分泌型中肠细胞和吸收型中肠细胞两类，细胞游离面具浓密微绒毛形成的纹状缘。中肠分布有连续环肌及成束的纵肌以完成肠的蠕动功能。结缔组织中有许多血窦和皮肤腺，血窦可以储存并运输营养物质。中肠是消化和吸收食物的主要部位之一。

中肠在与胃及后肠相连处分别有中肠前盲囊（anterior midgut cecum）和中肠后盲囊（posterior midgut cecum）存在。中肠前盲囊 1 对，位于中肠与幽门胃交界处的背面，是由单层柱状上皮细胞凸入盲囊形成的多分支的盲管，盲管之间是结缔组织，盲囊壁形成许多大小、形状不一的内褶，使盲囊腔呈狭窄的迷路状。中肠后盲囊 1 个，位于第六腹节的前部，中肠与后肠交界处背面，组织结构与中肠前盲囊相似。盲囊的功能不详，可能参与调节对虾机体营养的物质平衡（存储营养物质）、分泌部分消化酶、调节渗透压、产生围食膜等。

围食膜（peritrophic membrane）是由中肠前盲囊和中肠前部产生的中肠内的半透性薄膜。围食膜连续不断地产生与排出，与食物通过消化道的速率相适应。主要成分是蛋白质和几丁质（骨架），起着机械保护和防止外源物入侵的物理屏障的作用，也可能参与免疫、渗透压调节和营养物质转运等生理过程。

5. 后肠

后肠位于第六腹节，中肠后盲囊之后。后肠前粗后细，肠壁向腔内折叠形成许多纵褶，腔面有几丁质衬里；纵褶小，肠腔大，肌肉发达。黏膜层由单层柱状细胞组成，疏松结缔组织中分布有黏液腺，肌肉层包括环肌和纵肌，外膜明显。在其周围肌肉的作用下可推动肠道蠕动使粪便进入直肠排出。

前肠和后肠无吸收功能。

6. 肛门

肛门狭缝状，位于尾节腹面。

7. 消化腺

虾类的消化腺为1对黄褐色大型腺体，位于胃的两侧，占体重的2%～6%。对虾类已合成块状，为一大型致密腺体，位于头胸部中央，心脏前方，包被在中肠前端及幽门胃之外，称为消化腺（digestive gland）、中肠腺（midgut gland）、肝胰腺或肝胰脏（hepatopancreas）。还有研究者认为肝胰腺的功能复杂，称为“胃周器官”（perigastric organ）更为适合。

对虾仔虾的肝胰腺颜色偏黑，其颜色也会因饲料不同发生改变。幼虾和成虾的肝胰腺一般为黄褐色。幼虾时期，对虾的肝胰腺表面逐渐出现一层白膜，白膜逐渐发育渐渐包围整个肝胰腺后缘和底部，在对虾的整个养殖周期一直持续存在。

肝胰腺为复管状腺，由中肠分化而来，由多级分支的囊状肝管组成，最终的分支为具盲端的肝小管（hepatopancreatic tubules）。各级肝管由结缔组织连接在一起，外表包裹一层被膜。肝小管具单层柱状上皮细胞构成的管壁，内为具有许多微绒毛状突起的腔室，肝管内腔汇集后开口于胃与中肠相连处。组成管壁的单层柱状细胞根据细胞形态结构的不同，可分为4种类型。

吸收细胞（R细胞）（restzellen cell）：肝胰腺中数量最多的细胞，高柱状，细胞游离面具微绒毛；核圆形，基位，核内有1～2个核仁。R细胞胞质中含有多个小囊泡，囊泡内含均质物质，具吸收、储存和运输营养物质的功能。

分泌细胞（B细胞）（blasenzellen cell）：细胞体积最大，形状不规则，细胞游离面具微绒毛，细胞质中含有一个大泡，约占细胞体积的80%～90%，大泡内含有少量絮状物质。细胞核因大泡的挤压呈新月状，细胞质呈一薄层环状围绕在大泡周围。B细胞可分泌消化酶对食物进行细胞外消化。

纤维细胞（F细胞）（fibrillenzellen cell）：散布在R细胞和B细胞之间，具强嗜碱性，HE染色时整个细胞被染成深蓝色。细胞呈柱状，游离面具微绒毛。核圆形，位于细胞中下方，核仁明显。细胞质中含许多酶原颗粒，可分泌消化酶对食物进行细胞外消化。

胚细胞（E细胞）（embryonalzellen cell）：位于三种细胞的基部，细胞体积小，不规则，排列紧密，染色较深，核大而圆，占据细胞质主要空间，核仁1～2个。一般认为E细胞属胚性细胞，分裂能力强，可以分化成其余几种细胞。

消化腺的主要功能为分泌消化酶、吸收和储存营养物质。目前在十足目动物体内发现的消化酶有蛋白酶、脂肪酶、淀粉酶、羧肽酶、胶原酶、纤维素酶、昆布多糖酶等。蛋白酶包括胃蛋白酶、胰蛋白酶、胰凝乳蛋白酶、弹性蛋白酶等。由于不同种类占有的生态位不同，生活环境和食性各异，因此不同种类之间消化酶种类和活力的差异会很大。十足目动物因发育阶段、昼夜节律、季节和饵料等变化，其消化酶的种类和活力也会发生相应变化。

8. 皮肤腺

虾类食道、中肠、后肠等均有黏液腺分布，称为皮肤腺，食道中皮肤腺也称为食道腺，认为其分泌的黏液有润滑和包裹功能。

（二）消化系统的发生

对虾类无节幼体时期，消化道尚未贯通。从第一期溞状幼虫开始，消化道才完全贯通，胃呈简单的囊状。此时消化道形态简单，不形成皱褶。各期溞状幼体的胃都很小，尚未明显分化为贲门胃和幽门胃，肛门开口于尾叉之间的体后端，与体长轴的方向一致。

糠虾幼体的胃明显增大，第一期糠虾幼体的胃已可区分为管状的贲门胃和囊状的幽门胃。贲门胃与食道约成直角相接，幽门胃大于贲门胃，但胃内尚无胃磨和几丁质刚毛，肛门的位置已移到尾节的下方。

仔虾期，消化道有明显的发育。在贲门胃与幽门胃之间有一个缢缩，使胃的两部分的界限明确。体长 7～8 mm 的仔虾，在贲门胃中已明显可见胃磨，在幽门胃内也已出现许多几丁质刚毛。

肝胰脏的发生开始于晚期无节幼体。在第六期无节幼体的前段中肠壁出现前后两对肝突，不久逐渐膨大伸长，成为肝盲囊。第一对肝盲囊自中肠前端两侧伸向前方，在第一期溞状幼体的胃和食道两侧可见到第一对肝盲囊膨大，但在体长 6.5 mm 的仔虾体内，这对肝盲囊已经退化消失；第二对肝盲囊在第一期溞状幼体时位于中肠膨大部稍后的左右腹侧，呈囊状凸出，以后沿着中肠的腹面两侧向后延伸呈盲管状；在第三期溞状幼体时，肝盲管的后端出现分支。在糠虾幼体期，肝盲管加粗，分支也增多，一部分肝盲管向前延伸分布于幽门胃两侧，一部分肝盲管向后延伸，其分支包围中肠的前段，约有 4～5 对，形成肝胰腺。

（三）虾类的摄食

1. 觅食方式

虾类觅食方式以嗅觉和触觉为主。一般是以螯足来探查、摄取食物，一旦发现食物，即以螯足及颚足抱持食物送进口中。大颚用于撕扯、切割及磨碎食物，小颚则用来协助把持、咀嚼。对食物的感觉主要靠第一触角、各对步足的指节和口器及其周围的化学感觉毛。虾蟹类有明显的摄食周期，对虾类一般在夜间觅食，日落前后摄食旺盛。

虾类大多为杂食性或腐食性，少数为肉食者或植食者。由于栖息水域不同，生境各异，季节变化以及处于不同发育期等原因，虾类的食性及饵料组成均有变化。虾类的食物种类范围很广，包括有机碎屑、微生物、植物及动物几大类。幼体营浮游生活，一般以浮游藻类、原生动物以及水中悬浮颗粒为食；幼虾由浮游生活向营底栖生活转变，其饵料组成也由浮游生物为主转向以底栖生物为主；成虾主要以底栖甲壳类为食，亦喜食贝类，尤喜食双壳贝类。

在饥饿时虾蟹类均有自相残食的习性。饥饿的对虾类会攻击刚蜕壳的同类。人工培养下的中国明对虾仔虾即有明显的相互残食行为，有时在溞状幼体时期就出现相互残食。密度过大是诱发残食的主要因素，个体受伤也会引起残食。

2. 虾胃饱满度

检查和统计胃饱满度的目的在于了解虾的摄食情况和对所投饵料的喜食程度，以便调整饵料数量、提高饵料质量、改进投喂方式和方法。甲壳比较薄的虾类，可以从外观上判断虾胃的饱满度。对虾饱食的时候胃呈黑褐色不透明，呈近圆形；空胃时黄褐色，透明度很高，仔细观察可见里面有水状液体。根据胃含物所占胃体的比例，胃饱满度一般划分为4级。

饱胃：胃内充满食物，胃壁膨胀。

半饱胃：胃含物约占胃体的1/2，胃壁不膨胀。

残食胃：又叫少胃，胃含物不足整个胃的1/4。

空胃：胃内没有食物。

虾胃小，肠直且短，摄食量不多，易消化、吸收及排泄，建议采用少量多餐的投饵方式。

三、呼吸系统

（一）呼吸系统的组成和结构

1. 鳃的种类

虾类的呼吸器官是鳃，根据其位置不同分为侧鳃（pleurobranch）、关节鳃（arthrobranch）、足鳃（podobranch）及肢鳃（epipodite or epipod）（图5-3）。侧鳃位于胸部两侧的鳃腔里，直接着生于胸部附肢基部上方的侧壁上。关节鳃生在胸部附肢与身体相连的关节膜上。足鳃则位于胸肢的底节上，是具鳃轴的鳃。肢鳃又称为上肢，也位于胸肢的底节上，无鳃轴鳃丝之分，薄片状，具有辅助呼吸、清洁鳃丝的作用。

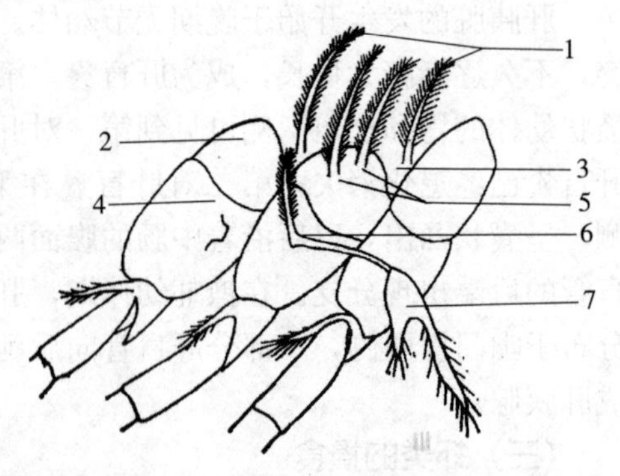

图5-3　对虾各类鳃着生部位
1. 侧鳃　2. 关节膜　3. 体壁　4. 底节　5. 关节鳃　6. 足鳃　7. 肢鳃
（刘瑞玉，1982）

表示各胸节上鳃的种类和数量的序式称为鳃式，是分类学上鉴别种类的重要依据。对虾类4种鳃共有25对，龙虾共有28对（表5-1）。

表5-1　对虾和锦绣龙虾（*Panulirus ornatus*）鳃的种类及数量（对）
（梁华芳，2013）

鳃的种类	对虾各体节鳃数								合计	锦绣龙虾各体节鳃数								合计
	Ⅵ	Ⅶ	Ⅷ	Ⅸ	Ⅹ	Ⅺ	Ⅻ	ⅩⅢ		Ⅵ	Ⅶ	Ⅷ	Ⅸ	Ⅹ	Ⅺ	Ⅻ	ⅩⅢ	
侧鳃	0	0	1	1	1	1	1	1	6	0	1	1	1	2	2	2	1	10
关节鳃	1	2	2	2	2	2	1	0	12	0	0	1	1	1	1	1	0	5
足鳃	0	1	0	0	0	0	0	0	1	0	1	1	1	1	1	1	0	6
肢鳃	1	1	1	1	1	1	0	0	6	1	1	1	1	1	1	1	0	7

2. 鳃的结构

按鳃的结构分类，有枝状鳃（dendrobranch）、丝状鳃（trichobranch）和叶状鳃（phyllobranch）（图5-4）。

（1）枝状鳃：枝状鳃的每个鳃由中央的鳃轴及两侧的鳃丝组成。枝状鳃呈三级分支结

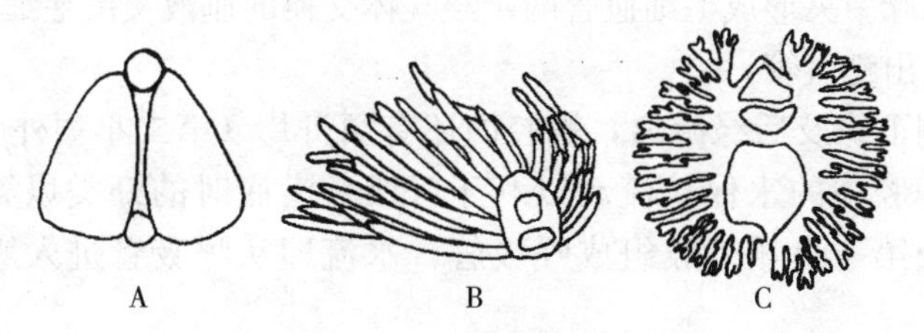

图 5-4　十足类鳃的横切面
A. 叶状鳃　B. 丝状鳃　C. 枝状鳃
（堵南山，1993）

构，在鳃轴两侧有许多鳃瓣（鳃丝）垂直于鳃轴平行地分支，形成第一级分支结构；每个鳃瓣两侧又垂直地分生出许多平行的，由鳃膜、呼吸上皮细胞和微血腔组成的鳃瓣小叶，形成第二级分支结构，每一个鳃瓣小叶以二分法再次分支，形成虾类鳃第三级分支结构（图 5-5）。枝状鳃为枝鳃亚目种类特有。

枝状鳃的鳃轴由鳃中隔隔开，其外侧为出鳃血管，内侧为入鳃血管。鳃分支由次级鳃中隔隔开，分成次级出鳃血管和次级入鳃血管，两种血管都有分支透入鳃丝形成血管网。鳃具十分宽广的表面积用来进行气体交换，血液经入鳃血管进入鳃轴，再进入鳃丝，然后在鳃丝处进行气体交换，富氧的血液再经鳃轴内的出鳃血管流回心脏。

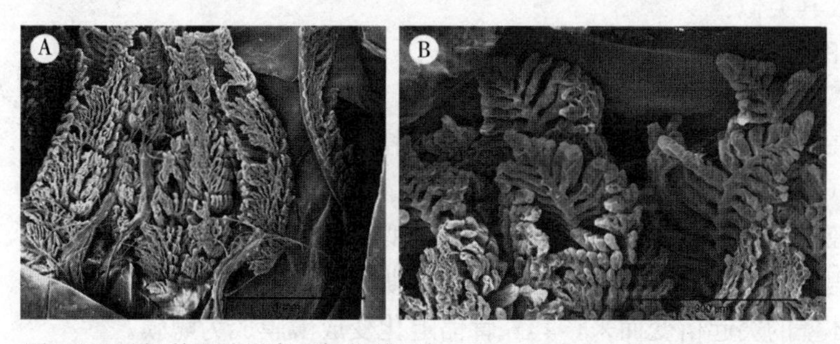

图 5-5　对虾科鳃的形态（加州美对虾，*Farfantepenaeus californiensis*）
A. 低倍镜视图　B. 高倍镜视图
（Martin，1993）

（2）丝状鳃：丝状鳃由鳃轴直接发出多条鳃丝，龙虾下目、螯虾下目、短尾下目的绵蟹类的种类具有丝状鳃。鳃轴由着生部位向头胸甲背方延伸，顶端指向头胸甲背方。波纹龙虾（*Panulirus homarus*）第二颚足上的侧鳃的鳃丝并非对侧生长，而是只在鳃轴的一边有鳃丝。

丝状鳃的每个鳃轴中央有入鳃血管和出鳃血管，鳃丝内有流入沟、流出沟和由结缔组织形成的纵走隔膜，血液从流入沟流入，可在鳃丝末端纵走隔膜缺失处从流入沟进入流出沟，鳃丝上分布鳃血管的分支，形成微血管网。

（3）叶状鳃：叶状鳃中央有一鳃轴，鳃轴两侧平行着生多片呈柳叶状的鳃叶，鳃叶沿鳃轴重叠排列，各鳃叶之间的间隔是水流流动的通道。鳃叶对生或互生在鳃轴两侧，结构大致相同，分为中央和边缘两部分。鳃叶壁由单层扁平上皮和几丁质层构成。真虾下目和短尾下目的种类为叶状鳃。

鳃轴背腹面分别具有一条入鳃血管和一条出鳃血管，在无鳃叶着生的地方，外被几丁质层。鳃叶边缘具有入鳃边缘血管和出鳃边缘血管。入鳃边缘血管自入鳃血管发出后，分出许多分支伸入鳃叶中央形成毛细血管网，经气体交换的血液又由毛细血管网汇集到出鳃边缘血管，再流入出鳃血管。

虾类头胸甲侧下缘及后缘游离，鳃腔内还有颚舟片（第二小颚外肢）伸入，其在鳃腔内不断摆动使鳃腔中的水保持流动以利于呼吸。潜底时的虾类以第一触角和第二触角、大颚触须以及第一小颚外肢组成呼吸管，水流即从呼吸管进入鳃腔然后自鳃盖下缘流出。

虾类的鳃含有上皮细胞（epithelial cell）、颗粒细胞（granular cells）和肾原细胞（nephrocytes）。上皮细胞层比较薄，有两种细胞：一种是呼吸上皮细胞，主要功能是进行气体交换和离子扩散运动；另一种是离子转运上皮细胞，是特化了的上皮细胞，其主要功能与离子的补偿运输有关，是甲壳动物渗透压和血液离子浓度调节的主要执行者，只占小部分。颗粒细胞分布于鳃丝中隔中央及鳃轴处，细胞内充满了丰富的高尔基体、粗面内质网及大型的球状分泌颗粒，其颗粒内含有絮状物质或斑纹状物质，其功能不详。肾原细胞主要分布于鳃轴内血管腔的表面，其细胞膜内陷形成许多足突及过滤孔，细胞质中充满了各种大小的泡、包被泡和管道，是一种具有排泄功能的细胞。

波纹龙虾在入鳃血管上方结缔组织中有鳃腺（gill bland），其分泌物为黏性物质，这些腺体有保持鳃的湿润的作用，以利于少水状态下保持正常呼吸，与三疣梭子蟹和中华绒螯蟹的鳃腺极其类似。

（二）鳃的发生

在日本囊对虾（*Marsupenaeus japonicus*）的无节幼体和溞状幼体时期，还未观察到鳃的结构。在糠虾幼体第二期和第三期时，鳃腔的胸部附肢的底节上出现鳃，此时仅为一个小的鳃芽（gill bud），只是简单的上皮包裹着血腔。仔虾第一期时，出现一个弯曲的鳃盖包围着鳃腔，鳃芽进一步变长，鳃的血腔也变大。仔虾第四期，鳃轴出现，鳃的上皮出现分支，出鳃血管和入鳃血管出现。仔虾第十期，鳃长度达 1 mm。

侧鳃为体壁的突起衍变而来，其外骨骼退化变成薄膜成为鳃膜。

（三）鳃的功能

虾类的鳃是一种多功能器官，除了具有呼吸作用外，还是多种生理活动的场所。

1. 呼吸作用

虾类的鳃具十分宽广的表面积和丰富的血管，用来进行气体交换，是虾类的呼吸器官。

2. 离子转运和渗透压调节

甲壳类动物鳃中离子转运的结构基础在于细胞水平上的适应。虾类的鳃有呼吸上皮细胞和离子转运上皮细胞，离子转运上皮细胞的线粒体含量高，离子转运蛋白质及酶的浓度和活性均较高，而在鳃的渗透调节过程中离子的吸收是通过转运蛋白和转运相关酶的协调作用来实现的，研究最多的是 Na^+/K^+-ATPase 和碳酸酐酶（carbonic anhydrase，CA）。

3. 氨排泄

在甲壳类动物中，氨的排泄方式还未完全明了，一般认为，水生无脊椎动物的氨排泄是一个被动的过程。然而，最新的研究表明，氨也是通过转运分子来进行排泄的，是一个主动的过程。Na^+/K^+-ATPase、V-type 和 H^+-ATPase 等转运酶，以及 Rh 蛋白和钠-质子交换蛋白等转运蛋白，在氨排泄中起着重要的作用。

4. 酸碱平衡的调节

研究表明，鳃是虾类血淋巴酸碱平衡调节的主要部位。Na^+ 和/或 Cl^- 转运的相对速率的调节可能是酸碱平衡调节的一个补偿机制。

5. 有毒金属的解毒

有毒金属（Zn^{2+}、Hg^{2+} 和 Cd^{2+}）能诱导鳃中金属硫蛋白样蛋白（MTLP）的合成，有毒金属与 MTLP 结合并形成细胞内空泡颗粒或细胞外颗粒是解毒的机理之一。但其他因素，如盐度胁迫、温度和生物因素（蜕壳和繁殖等）可能影响 MTLP 的合成。

四、循环系统

通常认为虾类的循环系统属开管式系统，即血液在流动中经过开放的血窦（sinus）完成循环。但最近的一些研究认为，十足类甲壳动物具有发育良好的心血管系统，被称为"不完全的闭管式"循环系统。其血窦不是开放式的，而是被纤维结缔组织包围。虾类的循环系统由心脏（heart）、血管（vessel）、血窦和血液（blood）等组成（图 5-6）。

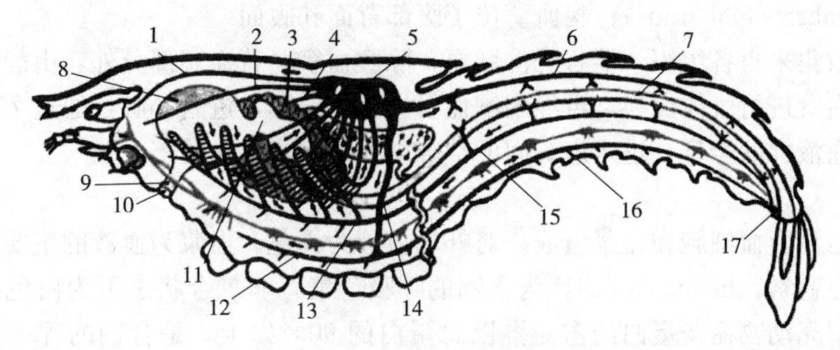

图 5-6 虾类循环系统模式图

1. 眼动脉 2. 触角动脉 3. 肝胰腺 4. 肝动脉 5. 心脏 6. 背腹动脉 7. 肠 8. 贲门胃 9. 食道 10. 口 11. 幽门胃 12. 胸下动脉 13. 胸血窦 14. 胸动脉 15. 腹血窦 16. 腹下动脉 17. 肛门

（仿王金星，2018）

（一）循环系统的组成和结构

1. 心脏

心脏位于头胸部背面近后端消化腺的背后侧，黄白色，呈多边形，囊状，外壁结实、致密，内具空腔。心脏具多对心孔，心孔为血液进入心脏的通道，有瓣膜以防止血液倒流。多数种类具三对心孔（如斑节对虾）；少数种类有 5 对心孔（长臂虾属、鼓虾科等）；中国明对虾具 4 对心孔，2 对在背面中部，腹面近后端 1 对，另 1 对位于后侧端。

心脏壁由心外膜和心肌等两层组成，无内皮层。心外膜包裹心脏外表面，由结缔组织形成。在心孔处心外膜骤然消失，仅有较薄心肌层从心孔两侧向中央延伸，形成成对的瓣膜。心肌束具有分支，从各方向穿越心脏，并在不同点相互吻合，形成三维的网状结构。心肌细胞是多核合胞体，具有明带和暗带相间排列的横纹，心肌纤维包含粗肌丝和细肌丝。心脏外面有一大的空腔即围心腔，有韧带将心脏连接于围心腔壁。

2. 血管

由心脏直接发出 7 条动脉分布全身各部分。眼动脉（ophthalmic artery），又叫中央动脉或前大动脉，1 条，由心脏前端中央发出，供给脑神经节及复眼等头胸甲前部各器官的血液。触角动脉（antennary artery）1 对，在前大动脉的基部两侧发出，供给两对触角、排泄器官和前肠等器官血液。肝动脉（hepatic artery）1 对，从触角动脉后方、心脏腹面两侧发出，分布到肝和生殖腺等处。背腹动脉（abdominal artery）1 条，自心脏后端中央发出，沿身体背侧向体后端延伸，位于中肠背面，沿途发出分支分布于腹部肌肉、中肠、生殖腺及腹肢等处。胸动脉（sternal artery）1 条，自背腹动脉基部发出，自肠道旁侧垂直下行，穿过腹神经链上的神经孔至腹部腹面，而后分别向前和向后分支形成胸下动脉和腹下动脉，合称神经下动脉，前者分布于胸肢组织，后者向后延伸至腹部。

3. 血窦

血窦是虾蟹类的静脉系统，由组织来的血液在身体各部的血窦汇合后输回心脏，参加再次循环。虾蟹类的血窦主要有围心窦（pericardial sinus）、胸血窦（thoracic sinus）、背血窦（dorsal sinus）、腹血窦（abdominal sinus）以及组织间的小血窦。围心窦又称围心腔，包围在心脏外面，腔壁由薄层结缔组织和角质层组成，有肌肉分布，可收缩以吸引血液流入，两侧有血管与鳃血管相通。背血窦位于头部背面；胸血窦位于胸部腹面，又叫鳃下血窦（infrabranchial sinus）；腹血窦位于腹部背面和腹面。

各血窦收集来自各组织、器官的静脉血，除腹血窦、背血窦部分外，由静脉汇入胸血窦进入入鳃血管进行气体交换，再经出鳃血管进入围心窦，进入心脏，通过 7 条由心脏发出的动脉将血液导向全身，进入组织间的空隙（血窦）内。

4. 血液

虾类的血液由血细胞和血浆组成。对虾的血液为无色。血浆为血液的主要部分，含有血蓝蛋白（血蓝素，hemocyanin），为含铜的呼吸色素，非氧合状态下为白色，氧合状态下呈蓝色。甲壳动物血蓝蛋白约占血淋巴总蛋白的 90%以上，是含铜的呼吸蛋白，也是一种多功能蛋白质。研究表明血蓝蛋白除载氧功能外，还有储存蛋白质、调节渗透压等作用，并具酚氧化物酶活性、抗菌肽活性和凝集活性等免疫学特性。有资料显示血蓝蛋白主要在肝胰腺中合成，造血器官产生的血蓝素细胞也合成血蓝蛋白。

血细胞占总血量的 1%以下，形态为卵圆形或椭圆形。由于甲壳类血细胞的形态多样性和易变性以及凝血的影响，都给血细胞的分类和研究带来很大的不便，至今也没有一个明确而合理的分类方法。目前，国内外关于对虾血细胞分类依据是细胞质中是否含有颗粒或颗粒的大小，可分为 3 类，即小颗粒细胞或半颗粒细胞（semi-granule cell small, SGC）、大颗粒细胞（granular cell，GC）及无颗粒细胞（透明细胞）（hyaline cell，HC）（图 5-7）。虾类的血液量是变化的，Belman（1975）测定发现，成年龙虾的总血容量与湿重之比为 0.190～0.440，平均为 0.314。据报道，12 种常见虾蟹类的血细胞细胞长径 5 ～20 μm，短径 4～14 μm。同种虾蟹的颗粒细胞大于半颗粒细胞，半颗粒细胞大于透明细胞。颗粒细胞占 17%～69%，半颗粒细胞 26%～76%，透明细胞 4%～26%。

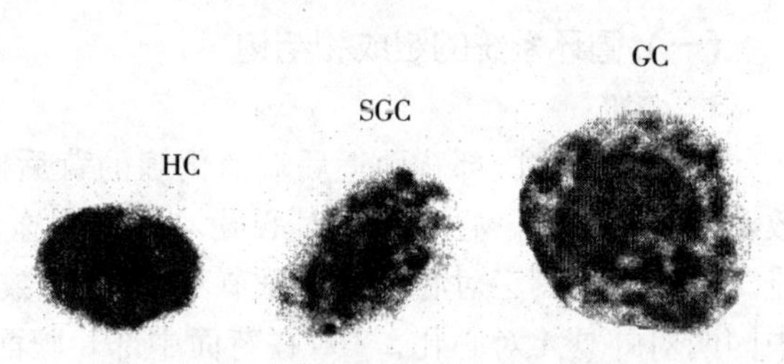

图 5-7　日本囊对虾的血细胞
HC. 透明细胞　SGC. 小颗粒细胞　GC. 颗粒细胞
（周辉，2004）

5. 造血组织

甲壳动物的造血组织（haematopoietic tissue）呈薄片状，由结缔组织包被，主要位于胃的背部及背两侧、头胸部附肢的基部（前肠背方额角基部及消化腺前方腹部）（图 5-8）。不同形态的造血细胞在数量不等的造血小叶中紧密排列。中国明对虾的造血组织分布于胃的背部及其两侧、头胸部附肢的基部，由许多紧密排列的圆形或长形的小叶组成，埋于周围的结缔组织中。血细胞被造血组织释放到邻近血窦中，从而进入循环系统。造血组织细胞可分为 3 类，即具高核质比和发达常染色质的干细胞、含条纹状颗粒和均质颗粒的年轻小颗粒细胞，和含电子致密均质颗粒的大颗粒细胞，另外还可见干细胞分别向两类血细胞分化的一系列过渡形态。据此认为中国明对虾血细胞是由干细胞分别分化产生小颗粒细胞和大颗粒细胞；透明细胞可能是刚释放的年轻小颗粒细胞的未成熟阶段。

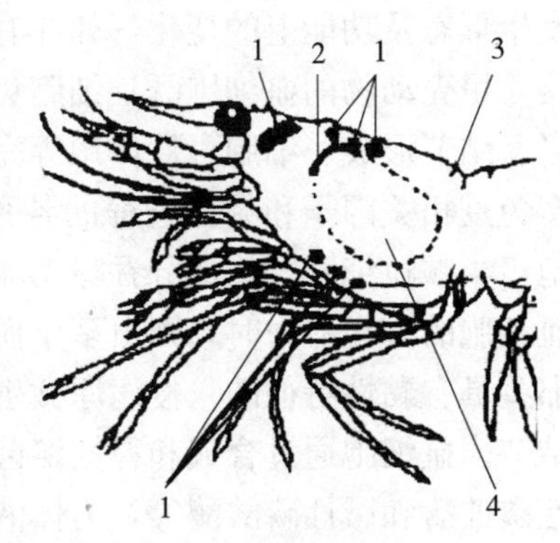

图 5-8　对虾的造血组织
1. 造血组织　2. 淋巴器官
3. 心脏　4. 肝胰腺
（邵明瑜，2004）

6. 淋巴器官

对虾淋巴器官（lymphoid organ）位于肝胰腺腹面前方，为 1 对半透明的对称囊状小叶，通过结缔组织膜连在肝胰腺腹部前方位置，由动脉末端多次分支形成的淋巴小管网构成。作为对虾循环系统的一部分，被认为是血淋巴的主要过滤器官。该器官对侵入机体的细菌和病毒有高效而特异的清除作用。除淋巴小管外，淋巴器官中还发现了一些圆形的细胞团（球状体，spheroid）。

十足目动物有些种类，如龙虾、蟹等常具有额心，因其位置在额区而得名。额心是中央动脉末端在分支之前管壁局部增大而形成的，其结构与原来管壁相同。额心在心脏功能不能满足脑部及复眼血液供给需要时，起着辅助循环作用，因此，称它为“辅心”（auxiliary heart）或“附心”（accessory heart）

（二）循环系统的发生

王静凤等（2002）采用组织学方法，研究了中国明对虾循环系统的发生过程。在无节幼体第三期，起源于头胸甲皱褶部位的腹侧中胚层细胞通过增殖向背面迁移，在中肠的背面形成一中胚层板，此板两侧向背面上卷、合拢而成心脏，与此同时，该中胚层板两侧周围的中胚层细胞向两侧迁移，与体壁接触形成围心腔；心孔出现在无节幼体第五期，由该处的心壁细胞直接内陷形成；心脏的形态结构随着幼体的发育而不断完善，至溞状幼体第一期以后，组成心壁的细胞分化为单层的心肌细胞，随后其外包被一层由结缔组织细胞形成的心外膜；至仔虾期，心脏的外形和结构已与成虾的相似。背腹动脉发生的方式与时间和心脏的相同。血细胞最早出现在无节幼体第一期，分散于身体各处中胚层细胞形成的腔隙中。高等虾类的胚胎从卵膜中孵化出时心脏已基本形成，并具有生理功能。对于罗氏沼虾来说，心脏原基和动脉系整体同时生成。心脏原基的前端即体腔囊向前端形成一膜状的管状结构，管壁细胞排列疏松，与心脏原基相连处管腔略大，可认为是前大动脉原基。

（三）循环系统的功能

血液的生理功能主要为物质合成、储藏及运输，并参与渗透压及离子调节。血液成分、物质浓度以及血量随蜕壳活动呈周期性变动。在外界环境变化时以及病理状况下常会发生形态及功能上的变化，如在有细菌感染的情况下凝血时间将大大延长。

甲壳动物的血细胞既是细胞免疫的承担者，又是体液免疫的提供者，可通过吞噬、包囊、结节形成、细胞毒性作用等完成入侵病原体的杀灭和清除，也可合成、储存及分泌许多免疫相关因子和凝血过程的各种物质。淡水龙虾血细胞的吞噬功能主要依赖于透明细胞，半颗粒细胞行使部分吞噬功能，而颗粒细胞则缺少吞噬功能。当入侵微生物超过单个血细胞的吞噬能力时，则由多个血细胞联合在一起，将其包围而形成包囊作用，将细胞外那些具有黏性特征的入侵病原微生物截留而形成血细胞聚集体，这些血细胞聚集体被称为结节。血细胞通过合成和释放溶菌酶、超氧化物歧化酶、抗菌肽、凝集素、酚氧化酶、酸性磷酸酶和碱性磷酸酶等，为体液免疫提供物质基础。当虾类受到机械损伤时，损伤部位的血淋巴形成聚合物凝结蛋白（cottable protein，CP），可防止损伤后血淋巴的流失和微生物的入侵。循环系统也通过合成一些免疫应答因子在抗病毒免疫应答中发挥作用。

五、生殖系统

虾类通常为雌雄异体，生殖器官差异显著。鞭藻虾属（*Lysmata*）和雄萎秀虾为真正的雌雄同体。在物种系统进化过程中，虾蟹类处于承前启后的重要位置，与高等脊椎动物相比，其性别决定机制具有原始性、多样性和可塑性的特点。虾蟹类的性别决定和分化主要有遗传决定型和环境决定型两种模式。遗传决定型是指生物体的性别由遗传因素（性染色体）决定，在虾蟹类有 XX/XY、ZW/ZZ、XX/XO 和 ZO/ZZ 等 4 种染色体性别决定类型。

环境决定型是指生物性腺性别尚未分化前受到环境因素的影响而导致性别分化方向发生改变。虾蟹类作为生活在开放性环境中的类群，其性别决定及其分化有可能受温度、光照、盐度及性激素等影响。

此外，甲壳动物特有的内分泌腺（促雄性腺）在虾蟹类性别决定中也扮演着重要的角色。

（一）生殖系统的组成和结构

1. 雄性生殖系统

雄性生殖系统包括一对精巢（testis）、输精管（vas deferens）及精荚囊（精囊、储精囊，seminal vesicle）和交接器等（图 5-9）。

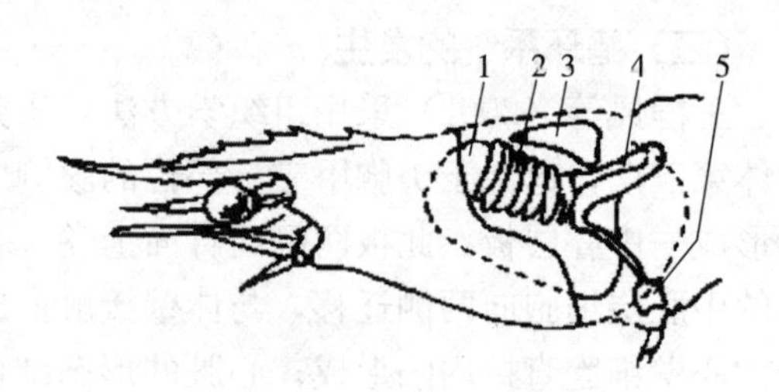

图 5-9　对虾雄性生殖系统

1. 肝胰腺　2. 精巢　3. 心脏　4. 输精管　5. 精荚囊

（王克行，1997）

（1）精巢：虾类的精巢成对存在，位于心脏的前下方，贴附在肝胰腺背方，是精子生成的场所。对虾类精巢薄而透明，只有成熟时才呈半透明的嫩白色。大多分有精巢叶，各精巢叶有细管汇合于输精管基部，然后扩大形成输精管。在第二叶基部左右精巢愈合。精巢叶的数目和形态因种类不同而有差异。中国明对虾每侧各有 9 叶；长毛明对虾（*Fenneropenaeus penieillatus*）、刀额新对虾（*Metapenaeus ensis*），每侧各有 8 叶，排列疏松；日本囊对虾则每侧各有 9 叶，呈扁平叶片状，排列较紧密；长毛明对虾、刀额新对虾的精巢叶呈指状，而日本囊对虾的呈扁平叶状。罗氏沼虾的精巢前端联在一起呈 V

形，它们在胃所在的前腹部开始扩展，延伸到肝胰腺的上面、心脏的下面，直达心脏末端；日本沼虾的精巢最前部以结缔组织相连，前端分离，后端左右愈合，呈环形，左右并未分为多叶，在其后端两侧各发出一条输精管；克氏原螯虾（*Procambarus clarkii*）的精巢是由 3 个部分的精巢互相连接形成的，其形态类似 Y 形；红螯螯虾（*Cherax quadric*）的精巢呈棒状；龙虾下目的精巢呈 H 形，显示了其形态学上种属的特异性。

精巢内部由许多生精小管盘聚而成，外被结缔组织包膜，各发育阶段的雄性生殖细胞据其在生精小管腔的位置及细胞学特征加以区别。

（2）输精管和雄性生殖孔：输精管是输送精子的结构，具有分泌精荚壁物质、形成精荚与储存精荚的功能。对虾类的输精管由各叶精巢基端伸出的多支细管汇合而成，自精巢发出，有两处弯曲，据其管径大小及形态结构差异可分为前、中、后三段。前段与精巢相连，从各精巢小叶的基端伸出，多支细管汇成一主管，该段肉眼清晰可辨，弯曲盘绕成一团。前段之后为中段，中段粗，为圆筒状结构，具有分泌功能，弯曲地伸出头胸甲两侧，沿鳃后缘下行。输精管后段管径变细，长而曲折，连接中段和精荚囊，下行到第五步足基部，末端膨大成精荚囊（图 5-10）。雄性生殖孔（gonopore）开口于第五步足基部。不同虾类输精管的结构也有差异。日本沼虾的输精管从形态结构上分为前输精管、中输精管、后输精管和端壶腹等 4 部分（图 5-11）；红螯螯虾输精管分为前输精管、中输精管、后输精管和射精管 4 部分。

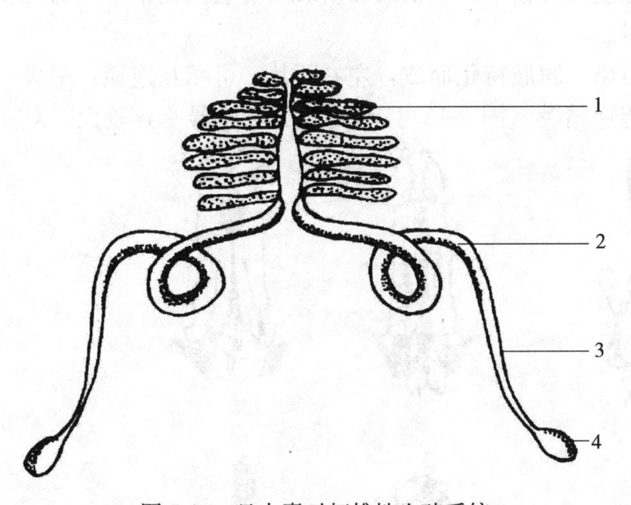

图 5-10　日本囊对虾雄性生殖系统

1. 精巢　2. 输精管中段
3. 输精管后段　4. 精荚囊
（张子平等，1996）

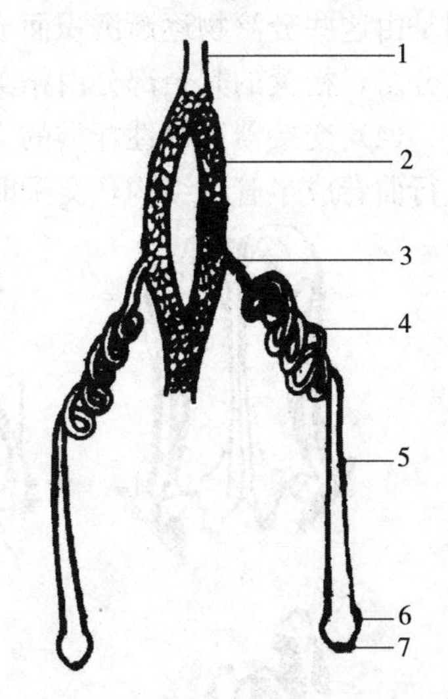

图 5-11　日本沼虾雄性生殖系统

1. 结缔组织系膜　2. 精巢
3. 前输精管　4. 中输精管
5. 后输精管　6. 端壶腹
7. 雄性生殖孔
（邱高峰等，1995）

长毛明对虾的输精管外壁为结缔组织薄膜，内壁为单层高柱状上皮，管腔内具成熟精子。输精管中段由隔膜完全分隔成输精管和分泌管两部分，仅在末端两者共同通入输精管后段。隔膜由一层结缔组织膜及一层输精管管壁细胞和一层分泌管管壁细胞所组成。

（3）精荚囊：精荚囊又称精囊、储精囊，位于第五步足的基部，乳白色，外包一层荚膜。精子成熟后，通过输精管下行至精荚囊，在输精管中相互聚集，外被薄膜形成簇状精子团块称之为精荚（spermatophore），成熟时为白色。对虾的精荚囊壁厚且透明，内壁上皮细胞和结缔组织向内延伸构成明显的褶突，结缔组织下为肌肉层，从外向内依次为纵肌和环肌。

精荚是十足类动物所具有的一种特殊结构，成对存在，储存在精荚囊中，每侧各一个。其形态各异，主要有三种类型，即柄状（异尾类）、管状（长尾类）、球形或圆形（短尾下目）。精荚分两部分，一部分为豆状体，是包裹精子的容器；另一部分为瓣状体，交配后留在体外，呈薄膜样在水中伸展，为交配的标志，称为交配栓（图 5-12）。交配时雄性个体将精荚射出，粘贴于雌性个体的体表或储藏于雌体的纳精囊内。产卵的同时，精荚破裂，释放出精子，进行受精。精荚在精子传送、储存和受精过程中起着十分重要的作用。

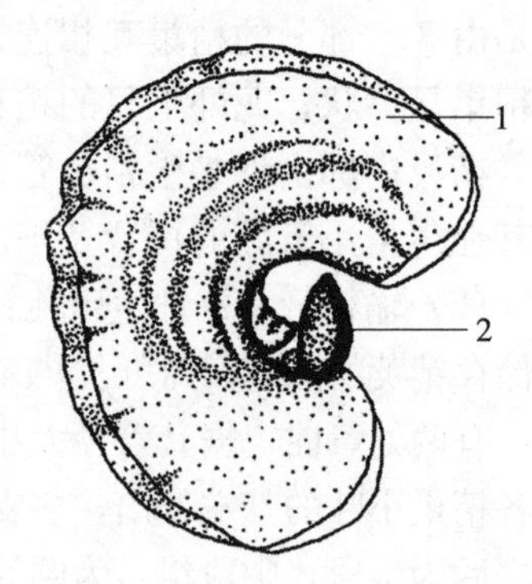

图 5-12　中国明对虾的精荚
1. 瓣状体　2. 豆状体
（高洪绪，1980）

精荚一般由精子、精荚基质、精荚壁三部分构成。输精管在精荚形成过程中起重要作用。一般认为精荚是在精子从精巢进入输精管前段以后，随即由输精管上皮细胞分泌物包被精子团形成的，精荚壁则是由这些分泌物逐渐沉积而成。凡纳滨对虾精子团、初级和次级精荚层由输精管的前三段分泌，精荚的其余部分由精荚囊形成。

（4）交接器：雄性虾类的交接器由第一腹肢特化而成，左右两片，可相互连锁，中央纵行曲卷成半管状结构，交配时用以传递精荚（图 5-13）。不同种类交接器差异较大。对

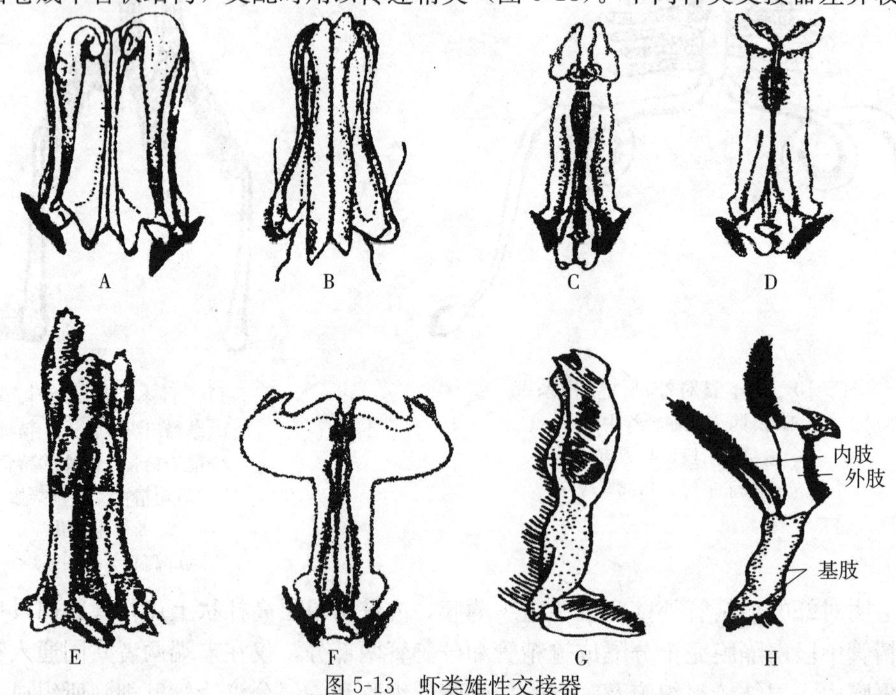

图 5-13　虾类雄性交接器
A. 斑节对虾　B. 中国明对虾　C. 刀额新对虾　D. 近缘新对虾　E. 须赤虾
F. 澎湖鹰爪虾　G. 克氏原螯虾（第一腹肢）　H. 克氏原螯虾（第二腹肢）
（冯玉爱；薛俊增，1998）

虾的交接器简单；新对虾和仿对虾等种类交接器结构复杂，有中央突和侧突等结构，是分类的重要依据；雄性螯虾第一、第二腹足演变成白色、钙质管状交接器；真虾下目和龙虾下目没有交接器；雄性对虾还具有雄性附肢。

（5）精子：虾类的精子无鞭毛，不能活动，表面有原生质突起；大多呈鸭梨状，近于球形的细胞核外被一薄层细胞质构成精子的主体，在前部顶端有锥形的顶体，最前端为尖锐突起的刺突。受精时精子以刺突与卵子结合，并伴有复杂的顶体反应变化。

精子主要分为两种类型：一类是精子具有多个棘的多棘型，这类包括了一些爬行亚目的螯虾下目、龙虾下目和蟹类；另一类为精子只有一个棘的单棘型，这类包括了一些游泳亚目的虾类。中国明对虾的精子由三部分组成：主体部、帽状体、棘突（图 5-14）。

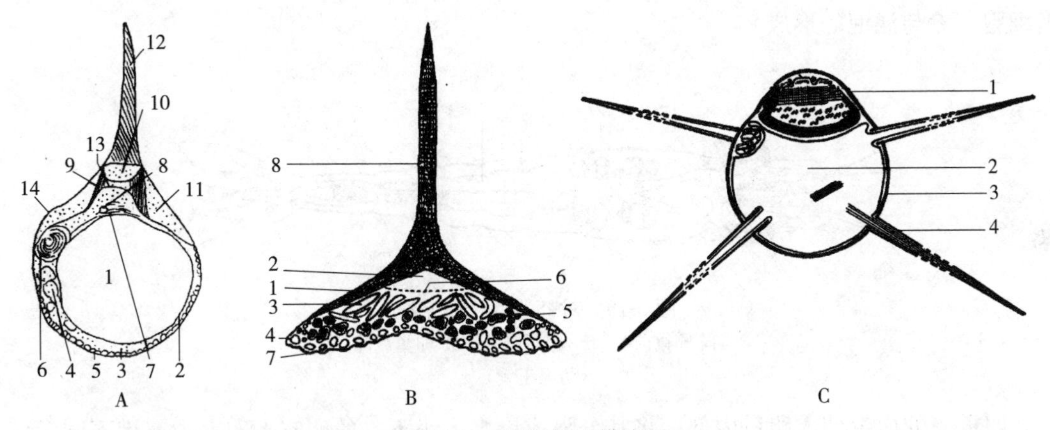

图 5-14　虾类精子模式图

A. 中国明对虾（林勒武，1991）：主体部：1. 精核　2. 核膜　3. 细胞质带　4. 大泡囊　5. 小泡囊　6. 环状片层　7. 内质网　8. 微体

帽状体：9. H 型环状体　10. 顶体颗粒　11. 膜囊　12. 棘突　13. 顶体内膜　14. 顶体外膜和质膜融合而成的 5 层膜

B. 日本沼虾（邱高峰，1996）：1. 帽状体　2. 细胞质带　3. 膜状带　4. 泡状带中的小泡　5. 内含基质的小泡　6. 核膜　7. 细胞质膜　8. 棘突

C. 龙虾（*Panulirus*）（Talbot，1978）：1. 顶体　2. 细胞核　3. 质膜　4. 棘突

2. 雌性生殖系统

枝鳃亚目的种类雌性生殖系统包括成对的卵巢（ovary）、输卵管（oviduct）和纳精囊（thelycum）（交接器）。

（1）卵巢：虾类的卵巢位于身体背面、消化道的背方、围心窦下方，分左右对称的两部分，由多叶组成。对虾类的卵巢常由前叶（anterior lobe）、侧叶（sidearm lobe）和后叶（posterior lobe）或腹叶（abdominal lobe）组成。

凡纳滨对虾的成熟卵巢有前叶 1 对，自幽门胃背面向前延伸至贲门胃前方，可伸至胃的两侧，其前端卷曲；侧叶向身体两侧伸展，一般为 7 对小叶，包被肝胰腺并向腹面延伸，各侧叶大小不同；后叶 1 对，很长，向后沿着肠的背面直达尾节前，通过结缔组织系带连接到尾节上（图 5-15）。生殖孔开口于第三对步足基部。真虾下目的种类卵巢后叶也延伸至尾端。克氏原螯虾雌性生殖系统由卵巢和输卵管组成，卵巢呈 Y 型结构，位于头胸甲背侧中央，前端伸至额剑后缘，其前为胃，上为心脏，下为肝胰腺，成熟的卵巢后端伸向头胸甲与腹节交界处。中国龙虾的卵巢由前叶、后叶和中间横桥三部分组成，呈 H 型，前叶左右对称，后叶延伸至第一腹节后方。不同发育阶段的卵巢大多具有不同颜色和不同形态，可作为生产上判别亲虾质量及成熟度的标志。

凡纳滨对虾的卵巢由卵巢壁（ovarian wall）及其内部的卵室（egg chamber）和中央卵管（central tube）组成，基本呈实心结构。卵巢壁系卵巢的外膜，由外向内依次由上皮层、肌层、基膜和分化上皮构成。上皮层由单层扁平上皮构成，覆盖在卵巢壁最外层，极薄，光滑。肌层是卵巢壁的主体部分，主要由大量环行的平滑肌细胞构成，其间夹杂少量疏松结缔组织，丰富的血管和血窦即分布其中。基膜明显，分化上皮即附着于其上。分化上皮层有两类：一类为生殖上皮，集中分布于中央卵管内壁，可分化出大量卵原细胞，卵子在卵囊壁上发育、成熟；另一类分化上皮随着卵巢壁内突伸入卵巢内部，可分化出滤泡细胞，参与滤泡的形成。

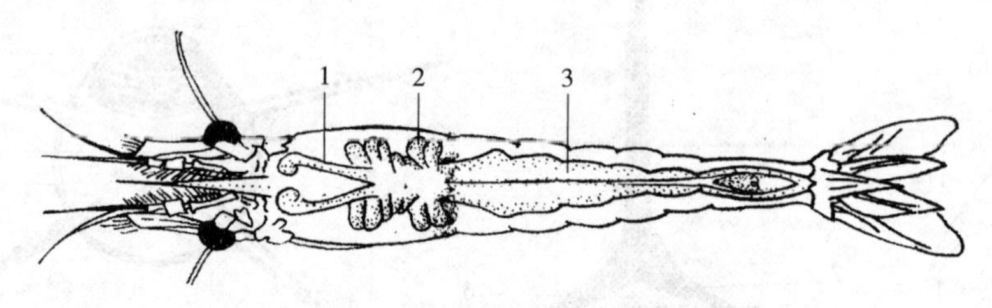

图 5-15 对虾雌性生殖系统

1. 卵巢前叶 2. 卵巢侧叶 3. 卵巢后叶

（仿冯玉爱）

卵巢壁的内突伸入卵巢内部，将其分隔成许多大小不一的卵室，卵室中充满不同发育阶段的卵母细胞。在卵巢发育初期卵巢壁较厚，随着卵巢的发育，卵巢壁被顶撑而逐渐伸展变薄，卵巢成熟时变为极薄的一层。

中央卵管 1 条，从卵巢壁一侧发出，伸入卵巢内部，实际为卵巢壁的内突。管壁主要由外层的基膜和内层的复层生殖上皮构成。生殖上皮分化出卵原细胞并大量增殖，是卵巢的增殖中心。中国明对虾卵巢的左右两部分内侧各有一条透明的集卵管纵向埋藏于卵巢组织的凹沟内，在第六侧叶根部横生一输卵管埋藏于第六侧叶凹沟内向腹面延伸并从侧叶末端伸出。

（2）输卵管和雌性生殖孔：输卵管为细管状，短，从卵巢第六（或第五）侧叶处向腹部延伸，下行至第三步足基部开口为生殖孔。输卵管由外膜、基膜和管壁上皮组成。在生殖发育初期输卵管管径小，随着卵巢的发育，管径逐渐增大。

（3）纳精囊：虾类雌性交接器又称纳精囊，位于第四、五步足基部间的腹甲上（图 5-16），为接受和储存精荚的部位。根据存储精荚的方式不同分为封闭式（闭合型）纳精囊和开放式纳精囊。

封闭式纳精囊位于第四、五步足间，由甲壳和骨片组成一袋状或囊状结构，如斑节对虾、中国明对虾等。其中明对虾属和对虾属的封闭式纳精囊为盘状，中央中裂。日本囊对虾的封闭式纳精囊为袋状，上端开口，交配时，雄虾把精荚送到雌虾的纳精囊内，精荚在纳精囊内可保存较长的时间。

开放式纳精囊为在第四、五步足间腹甲上，由骨片、刚毛及表皮衍生物共同组成的黏附精荚的结构，无囊状结构，如滨对虾属、新对虾属、龙虾和螯虾等。当雄虾交配时，精荚通过本身的黏液黏附在开放式纳精囊的骨片和刚毛上，精荚露在体外，与水直接接触。产卵后，精荚即脱落。

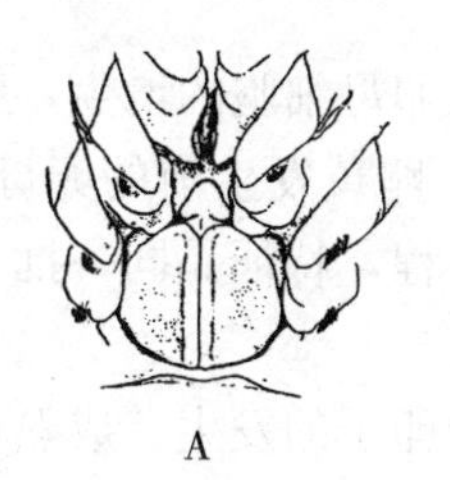

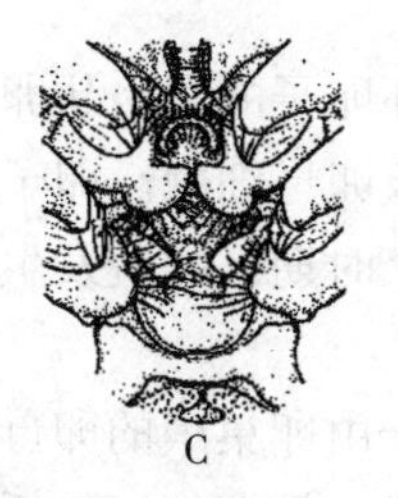

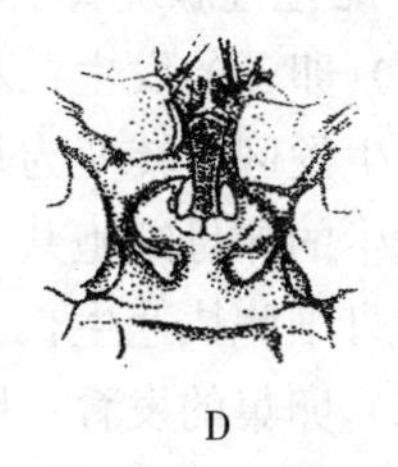

图 5-16 虾类雌性交接器

A. 长毛明对虾 B. 日本囊对虾 C. 凡纳滨对虾 D. 刀额新对虾

（刘瑞玉，1986；冯玉爱）

（4）卵子：虾类的卵子多呈圆形或长圆形，卵黄丰富，中黄卵，内部充满卵黄颗粒，卵核位于中央位置，周围具有少量原生质，外被卵膜。对虾类为沉性卵，产出后在静止的水中下沉，其他的卵则由黏液黏附到母体腹部。对虾类成熟卵子直径为 0.22～0.38 mm，波纹龙虾的成熟卵子直径约为 0.40 mm，秀丽白虾的卵平均卵径达 1.22 mm，克氏原螯虾的卵卵径为 1.5～2.5 mm。

（二）虾类的性腺发育

1. 雄性性腺发育

（1）精子的发生：精巢内部由生殖上皮不断产生新的精细胞，形成精子，在成熟的对虾精巢中可随时见到处于不同发育阶段的精细胞。因此，成熟后的雄虾可持续地产生精子，具有多次交配的能力。精子（sperm）由精巢内精原细胞（spermatogenous cell），经初级精母细胞（spermatocyte Ⅰ）、次级精母细胞（spermatocyte Ⅱ）、精细胞（spermatid）发育形成。对虾类的精子直径为 2～8 μm。

精原细胞卵圆形或多角形，具核，核内染色质分散，部分染色质凝聚成团，位于靠近核膜的位置。

初级精母细胞呈卵圆形或多角形，核染色质凝聚成异染色质团块的程度明显增加。

次级精母细胞核发生明显变化，核内染色质更加聚集成块状结构，核经历减数分裂的变化。

次级精母细胞完成第二次成熟分裂后即形成精细胞。早期精细胞核呈圆形或卵圆形，染色质高度浓缩，细胞质中高尔基体囊泡明显增多。中期的精细胞核染色质由高度浓缩状态变为弥散状态。晚期的精细胞中，棘突已形成，细胞质呈杯状包围细胞核。

精细胞完成一系列变态过程后发育为精子。精子的形成是连续的，非同步的。

（2）精荚的再生：雄虾具有多次交配能力，精子的数量较多，精荚可以再生。精荚的再生分 4 个阶段：①未发育阶段，少量不透明乳白色黏液，没有精子和精子团；②早期发育阶段，大量黏液，其中有薄而硬的片状物质但没有精子和精子团；③晚期发育阶段，白色柔软具有精子团；④成熟阶段，精荚变硬呈浅黄色或浅橙色。凡纳滨对虾健康饱满的精荚外观呈白色，有的边缘呈蓝色，易从储精囊中挤出；变质的精荚开始呈黄色，随时间推移颜色逐渐加深至黄褐色，甚至呈黑色。

对虾类雄性成熟有两个特征（成熟雄虾的鉴别）：①储精囊由扁平变得鼓胀起来；②储精囊由未成熟时的透明、半透明变成成熟时的乳白色。其他甲壳较厚的虾类，由于储精囊不透明，主要依靠其繁殖和解剖学特征来确定。

2. 雌性性腺发育

（1）卵子的发生：对虾卵子的发生从卵原细胞分裂开始进入卵母细胞的增生，卵原细胞离开生发区，转变为初级卵母细胞。卵子发生分为卵原细胞、卵黄发生前的卵母细胞、卵黄发生的卵母细胞共 3 个时期。卵黄发生即卵黄合成和积累过程，特征是同一批一起发育的卵母细胞快速生长。

（2）卵巢的发育：卵子由卵巢中的卵母细胞发育而来。随着卵子的发生、成熟，卵巢的体积、颜色有明显的变化。初期的卵巢纤细，无色透明，从外观难以辨认。随着卵巢的发育，透过甲壳可明显地看到卵巢色泽的变化，颜色由无色透明变为白色、土黄色、淡绿色、绿色、灰绿色、墨绿色，完全成熟的卵巢为褐绿色。凡纳滨对虾的卵巢发育过程中颜色由无色变为白色、淡青色、乳黄色、红褐色，完全成熟的卵巢呈暗红色。螯虾下目和龙虾下日的种类，由于其甲壳较厚，难以从外观上观察到卵巢发育情况和颜色变化，只能进行解剖后观察。关于虾类卵巢发育的分期比较混乱，各学者分期标准不一。卵巢发育的分期应以细胞学和发生学的理论为依据，适当结合卵巢的形态进行分期。以墨吉明对虾（*Fenneropenaeus merguiensis*）为例，将卵巢发育分为形成期、增殖期、生长期、将成熟期、成熟期和恢复期（图 5-17）。

形成期：指卵巢的形成阶段。体外观察不到卵巢，卵巢纤细而无色透明，难以剥离。在体长 15 mm 左右的仔虾阶段，从组织切片中可见背大动脉两侧各有一团直径小于 10 μm的细胞群，由此细胞群逐渐发育为卵巢。卵径 20 μm 左右，核仁小块状，数目多；滤泡细胞分布不规则。染色反应呈碱性。

增殖期：体外观察不到卵巢的形态和色泽。解剖观察可见卵巢半透明，色白浊带有灰色。卵原细胞分裂，数目增加，发育为卵母细胞。此期的卵原细胞个体小，细胞质少，细胞核相对较大，呈弱嗜碱性。卵巢体积缓慢增大。卵径 36～53 μm，核仁小块状，数目多；滤泡细胞分布不规则。染色反应呈碱性。

生长期：体外观察卵巢清楚可见，呈浅蓝绿色或浅绿色。解剖观察可见卵巢几乎充满体腔，不透明，卵巢基本达到最大体积。平均卵径 70～134 μm，平均卵粒径 38～52 μm，核仁集中为大块状或圆形、条状、环状、串珠状，数量为 2～6 个。出现小卵黄粒，滤泡包围每个卵细胞。

将成熟期：体外观察卵巢饱满，卵巢基本达到最大体积，呈绿带灰蓝色或灰绿色。卵径约 210 μm，核仁分裂为小点状，数量多，散布于核的周边。滤泡膜变薄；卵黄颗粒增大；出现周边体（棒状体），即排列在卵细胞周边的短棒状胶状物质。

成熟期：卵巢达到最大体积，呈褐绿色或橘红色。前叶伸到胃区，后叶覆盖整个腹部，质地结实，轮廓清楚。从头胸部与腹部交界处观察，卵巢表面呈龟裂状，卵粒清楚。第一腹节处卵巢向两侧凸。卵室仍存在，滤泡膜已被吸收消失，细胞内核膜消失，核仁溶解，卵黄颗粒大，棒状体明显增长。

恢复期：虾类有多次产卵的特点。恢复期的卵巢萎缩，土黄色，质地松弛，卵巢内有各期的细胞，不规则。另一批卵子开始进入生长期。

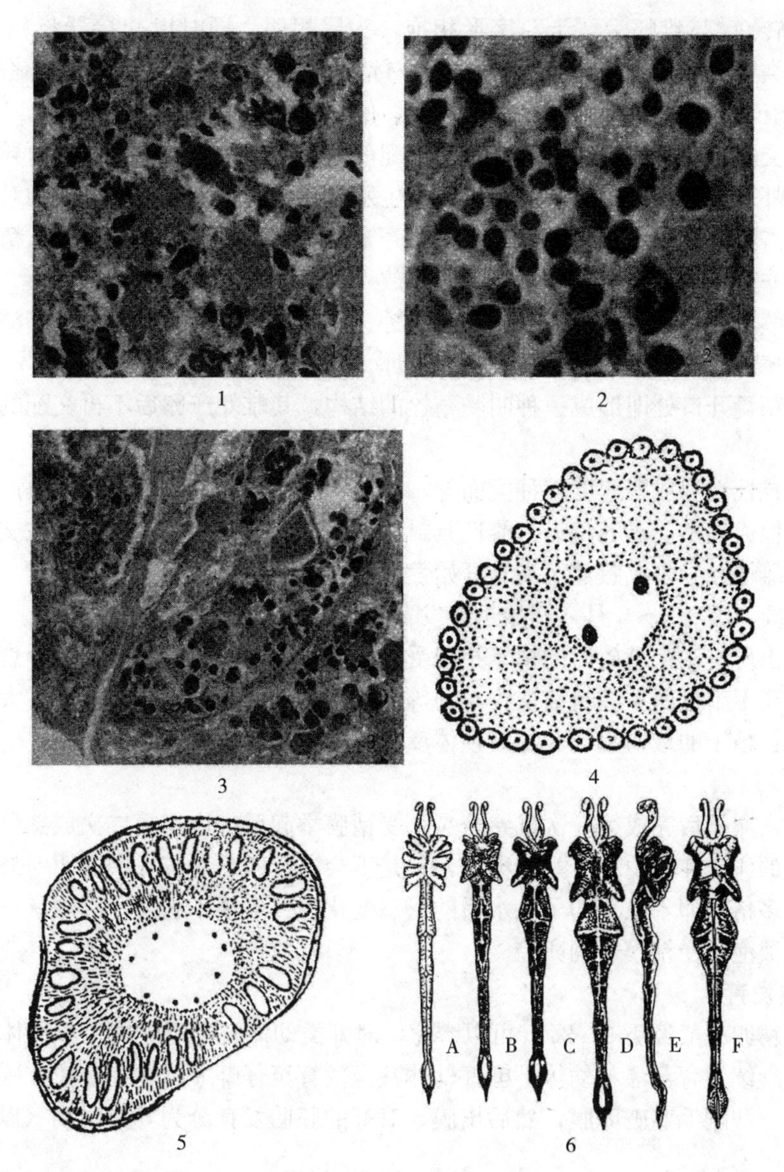

图 5-17 对虾卵巢发育分期

1. 形成期 2. 增殖期 3. 生长期 4. 生长期卵细胞 5. 将成熟期卵细胞 6. 卵巢外观

A. 未发育期 B. 生长期 C. 将成熟期 D、E、F. 成熟期

（梁华芳，2012）

（三）繁殖习性与生长发育

1. 繁殖方式

虾类为体外受精、体外发育。具封闭式纳精囊的种类交配后精荚储存于纳精囊中，待雌虾成熟时，产卵受精，可多次成熟多次受精。具开放式纳精囊的种类精荚则黏附于其上，产卵时也排出精子，在水中受精，雌虾每次成熟时都要重新交配。对虾类卵在水中发育、孵化。腹胚亚目的虾类则抱卵于母体腹肢上发育，孵化后脱离母体。

2. 交配与产卵

对虾类的交配行为大致相同，雄虾尾随雌虾，游到雌虾之下，翻转身体与雌虾相抱，然后雄虾横转 90°与雌虾呈“十”字形相抱，头尾相叩，同时以交接器将精荚输送给雌虾。有些种类则转动 180°与雌虾头尾相抱进行精荚输送。具开放式纳精囊者精荚被黏附于第四、第五对步足之间的区域，随后产卵，使之受精。

虾蟹类交配一般在傍晚和夜间进行，交配前是否需进行生殖蜕壳依种而异。具开放型纳精囊的对虾（如凡纳滨对虾）交配前无需生殖蜕壳，而具封闭式纳精囊的对虾类（如中国明对虾）需进行生殖蜕壳，蜕壳后，在甲壳未完全硬化前交配，便于植入精荚。由于能交配的时间非常短，因此认为雌性个体靠释放外激素来吸引雄性个体。

交配持续的时间因种而异，可持续几分钟、十几分钟，乃至几小时。虾类交配次数也有差异，许多虾类一年中多次交配、多次产卵（如罗氏沼虾、凡纳滨对虾）；中国明对虾交配后在纳精囊开口处即形成一种叫受精栓的结构，其雌虾产卵后不再交配的可能性几乎没有。

雌性与雄性性腺成熟速度随种类而异。有些种类同步成熟，交配后很快产卵；有些种类则具有两性成熟不同步的特点。雌性具封闭式纳精囊的虾类及某些蟹类在交配时雄性发育成熟，而雌性性腺未成熟甚至尚未开始发育。如中国明对虾在秋季交配时，雌虾卵巢尚未发育，而要待翌年 2～3 月才开始迅速发育，于 4～5 月成熟产卵。

卵子产出后与纳精囊放出的精子相遇受精。卵产出时处于第一次成熟分裂中期。虾蟹类受精过程还不十分明了，目前认为对虾等的受精过程可以分为六个阶段，大致可分为以下几个过程：精子的最初附着、初级顶体反应、凝胶排放、次级顶体反应、受精作用和受精膜举起。

精子进入卵子后完成第一次成熟分裂，受精膜举起后，进行第二次成熟分裂，极体放出。未受精的卵子在水中亦可举起卵膜，只是不会进行卵裂发育。中国明对虾精子入卵是随机的，有多精入卵现象。卵子入水后的形态变化为：不规则状态—圆球状—胶质膜（周边体）—黏液泡—受精膜—围卵腔。

3. 胚胎发育

对虾受精卵一般经历 9～24 h 可以孵化。对虾类幼体发育至膜内无节幼体后孵化，其他虾类则要继续发育至溞状幼体，糠虾幼体甚至发育至仔虾才孵化。幼体在膜内转动，以身体附生的刺和刚毛刺破卵膜，然后出膜。对虾的胚胎发育分为 5 个时期（以墨吉明对虾为例）（图 5-18）。

（1）卵裂期（cleavage stage）：虾类的卵富含卵黄，对虾类为完全卵裂，并有螺旋卵裂的特征。卵在受精后 15 min 左右开始卵裂；8 细胞期以后，分裂球由于螺旋卵裂的影响而排列不规则，但分裂球的大小大致相等。在水温为 27.5～27.8 ℃，盐度为 28 的条件下，平均每次分裂的时间为 14.4 min。

（2）囊胚期（blastula stage）：从第 7 次卵裂开始，卵裂至 64 细胞后，发育为圆球形的囊胚，胚胎进入囊胚期。此期胚胎仍为圆形，在显微镜下能观察到胚胎边缘由细胞分裂产生的分裂球，植物极的裂球比动物极的略大些。

（3）原肠期（gastrula stage）：对虾类以内陷方式形成原肠，两个内胚层母细胞内陷入囊胚腔中，不久胚层细胞也出现于囊胚腔中，在显微镜下不能明显观察到胚胎边缘的分裂球，可明显观察到内陷处的细胞分裂球。

（4）肢芽期（limb bud embryo）：原肠胚继续发育，胚胎出现了第二触角原基、大颚原基及第一触角原基等 3 对原基隆起，称之为肢芽期。

（5）膜内无节幼体期（egg nauplius stage）：胚胎的 3 对附肢末端出现刺状刚毛，胚体前端腹面中央出现红眼点，胚体在卵膜内逐渐可以转动，标志着胚胎发育进入膜内无节幼体期，不久幼体破膜而孵化。

胚胎发育速度随水温而异，一般对虾类的胚胎发育需时 13～24 h。凡纳滨对虾在水温 30 ℃时，孵化时间约 9 h，中国明对虾在水温低时，胚胎发育时间可延长至 50 h 以上。

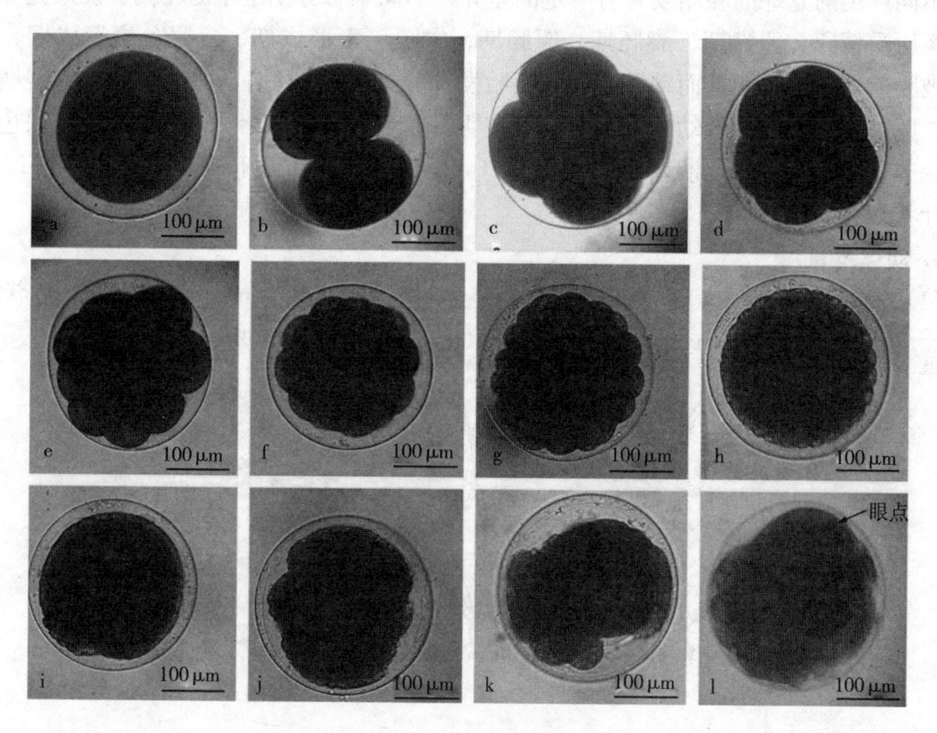

图 5-18 墨吉明对虾胚胎发育各期的形态

a. 受精卵 b. 2 细胞期 c. 4 细胞期 d. 8 细胞期 e. 16 细胞期 f. 32 细胞期 g. 64 细胞期
h. 囊胚期 i. 原肠期 j. 肢芽期 k. 膜内无节幼体期 l. 膜内无节幼体期（出现眼点）
（杨世平，2014）

真虾下目的罗氏沼虾在水温 28 ℃条件下，胚胎发育的全过程约需 20 d，分为 7 个时期：

（1）卵裂期：富含卵黄，表面卵裂，有螺旋卵裂特征。

（2）囊胚期：20 h，256 细胞后。

（3）原肠期：44 h，内陷方式形成原肠。

（4）前无节幼体期（embryonized nauplius）：62 h，出现三对附肢原基。

（5）后无节幼体期（embryonized metanauplius）：110 h 后，出现两对小颚原基，呈 S 形。出现复眼、步足、背甲、头胸甲原基。

（6）前溞状幼体期（embryonized protozoea stage）：183 h，复眼原基内色素细胞分泌的黑色颗粒物出现。标志为头胸甲形成。

(7) 溞状幼体期（embryonized zoea stage）：389 h，头部附肢发育基本完成，有 13 对，双枝型，透过卵膜，隐约可见其分节。腹部附肢尚未出现。

克氏原螯虾胚胎发育的分期没有统一的标准。有的将克氏原螯虾的胚胎发育过程分为 12 个时期，有的根据发育的时间和形态变化，将其分为 9 个时期，还有的分为 7 个主要时期，即受精卵、卵裂期、囊胚期、原肠期、无节幼体期、复眼色素期和孵化期。水温 22～25 ℃时，一般为 25～33 d 孵化。

不同种类的龙虾的胚胎发育有一定的差异，不同学者分期也不尽相同。波纹龙虾胚胎发育经历受精卵、卵裂期、囊胚期、原肠期、中眼色素形成期、复眼色素形成期、心跳期、破膜前期和出膜期；而锦绣龙虾的胚胎发育分为 11 个时期，即受精卵、卵裂期、囊胚期、原肠期、膜内无节幼体期、七对附肢期、九对附肢期、十一对附肢期、复眼色素形成期、准备孵化期和孵化期。在水温 29.2 ℃，盐度 30 的条件下，受精卵经 22～23 d 孵化出叶状幼体。

4. 幼体发育

(1) 对虾的幼体发育：对虾幼体发育经过无节幼体（nauplius，N）、溞状幼体（zoea，Z）、糠虾幼体（mysis，M）和仔虾（postlarva，P）的过程（图 5-19）。

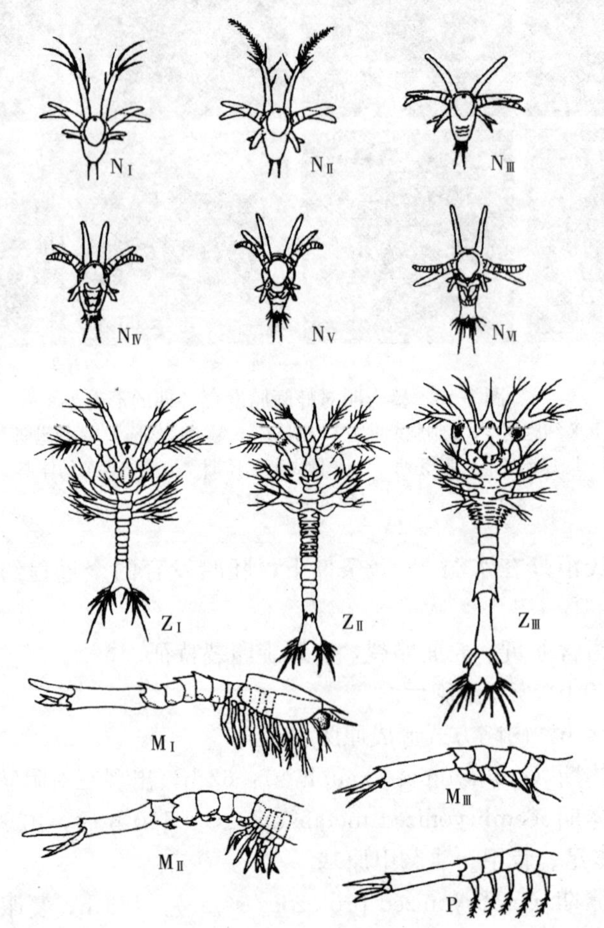

图 5-19　中国明对虾幼体发育

（王克行，1997）

①无节幼体：幼体卵圆形或倒梨形，体不分节；具 3 对附肢，即第一、二触角和大颚，第一触角单肢型，为游泳器官；在身体前端稍偏腹面的正中央处有一红褐色的单眼，不具复眼；尾端有成对的尾棘，其中的一对较长，称长尾棘，尾棘数是分期的依据之一；消化系统发育不完善，不摄食，为内源性营养；趋光性强，可利用其趋光性收集强壮的幼体。无节幼体共分 6 期，主要依据其尾棘数及其他器官发育特征来确定。

N_{I}：尾棘 1 对；第一触角顶刚毛 3 条，等长；附肢刚毛为光滑刚毛（非羽状刚毛）；尾凹未出现。

N_{II}：尾棘 1 对；第一触角顶刚毛 3 条，一长二短；附肢刚毛为羽状刚毛；尾凹未出现。

N_{III}：尾棘 3 对；尾凹出现，但很浅；大颚具咀嚼面的雏形；芽体出现：在大颚后方出现第一、二小颚和第一、二颚足的雏形，包在皮下未外露（切片可见到）。

N_{IV}：尾棘 4 对；尾凹加深；大颚具咀嚼面的雏形膨大；4 对小附肢增大，外露。

N_{V}：尾棘 6 对；尾凹较深；大颚咀嚼面增大，球形；4 对小附肢增大，皆双肢型，但无刚毛。

N_{VI}：尾棘 7 对；大颚咀嚼面增大，具齿；4 对小附肢增大，皆双肢型，出现刚毛；体形显著增长，尤以尾部增长最甚，尾凹很深。体长 463～532 μm。

水温 28～30 ℃条件下，无节幼体经过 24～34 h 发育为溞状幼体。

②溞状幼体：体分为头胸部与腹部，头胸甲出现，分节明显，出现复眼；体长 920～2 400 μm；附肢 7 对；消化器官发育完善，开始摄食，多为滤食性；趋光性强；运动方式为蝶泳式游动。溞状幼体共分 3 期，具体特征如下。

Z_{I}：头胸甲出现，身体分成头胸部和腹部；复眼形成，但未外露；附肢 7 对，除第一触角单肢型外，其余均为双肢型；头胸甲圆形，无额角；腹部分节不明显。

Z_{II}：头胸甲未盖住腹部，腹部分 6 节，末节未分化；复眼显露，具柄；额角出现；出现第三颚足和五对步足的肢芽。

Z_{III}：头胸甲显著增大，后缘盖住第四胸节后端或第四胸节中部；腹部分化完善，各节分界清楚；尾肢出现，形成尾扇；第三颚足和五对步足的肢芽增大，腹肢尚未形成；第一至五腹节背面后缘中央各具一中背刺；第五至第六腹节后侧缘各具 1 对中侧刺；第六腹节后缘偏向腹侧处还具 1 对下侧刺。

③糠虾幼体：头胸部愈合，被头胸甲所覆盖；第一触角双肢型；腹部游泳足逐步发育，全部附肢长齐；身体倒置水中，运动靠腹部弓弹运动；趋光性弱。体长 2 200～3 680 μm。糠虾幼体分三期，具体特征描述如下。

M_{I}：第一触角内肢短，不到外肢长度的一半；游泳足瘤状突起；步足无螯，内肢短于外肢。

M_{II}：第一触角内肢接近或超过外肢长度的一半；游泳足分 2 节，较短，不可动；步足有螯，内肢短于或等于外肢。

M_{III}：第一触角内肢长于外肢；游泳足分两节，较长，可动；步足有螯，内肢长于外肢。

④仔虾：又叫后期幼体（post larva）。初具虾形；额角上、下缘具齿；平衡囊出现，能水平游泳；游泳足出现刚毛；步足的外肢退化，内肢增大；尾凹逐渐消失，尾尖形成。

第一期仔虾体长3.6～4.2mm。仔虾还需经14次或更多次蜕皮发育成幼虾，每蜕皮一次即为一期，以尾尖逐渐变尖的形态构造为主要鉴别特征。在育苗生产上，按变态为仔虾后的天数进行分期，如P6，表示第6天的仔虾。

（2）真虾下目的幼体发育：罗氏沼虾的幼体刚从卵孵出时呈溞状，称溞状幼体。这是罗氏沼虾整个生命周期中唯一在咸淡水中度过的生活阶段。在此期间，幼体要求一定的盐度、温度、饵料和溶氧量等条件，才能完成多次蜕皮，变态成幼虾。孵出后第一、二天为溞状幼体一期，头胸部外披头胸甲，平滑无刺；复眼一对，固着于头胸部前上方；残留的卵黄占头胸甲的二分之一；依靠自身营养，不摄食。溞状幼体二期，头胸甲前缘长出眼上刺一对；出现眼柄，使复眼能自由活动；头胸部卵黄减少至约占头胸甲三分之一；开始摄食。罗氏沼虾经过11期溞状幼体发育至仔虾期，再变态成幼虾。而匙指虾科（Atyidae），如中华锯齿米虾（*Neocaridina denticulata sinensis*），从产卵到幼体孵化大约需要40～49 d，其无节幼体期、大部分溞状幼体期均在膜内度过，孵化出的幼体与成体在形态结构上大体相似，称为直接发育。

（3）螯虾下目的幼体发育：螯虾下目幼体孵化时，具备了终末体形，与成体无多大区别，仅缺少一些附肢而已。刚出膜的幼体为末期幼体（postlarvae），也称为第1龄幼体（first instar）或1龄幼体，以后每蜕一次皮为一个龄期。第一次蜕皮后的幼体称第二龄幼体（second instar）。克氏原螯虾从孵出到仔虾要经过11次蜕皮。1龄幼体不能直立，身体上几乎无刚毛，无眼柄。2龄幼体眼柄开始发育，同时腹肢和尾部开始长出刚毛，能爬行和游泳，并开始摄食。3龄幼体腹肢和尾部刚毛进一步长长、变硬，眼柄继续发育，各部分附肢已全部发育齐全，幼体离开母体自由活动，但仍常回到母体腹部。4龄幼体体色进一步加深，眼柄已经成形。5龄幼体腹肢已经长出，完全具备了成体的外形特征，开始脱离母体营独立生活，认为从此进入仔虾阶段。因此，一般将前三龄定义为幼体发育阶段，第4龄起定义为幼虾发育阶段。

（4）龙虾下目的幼体发育：龙虾从胚胎中孵化出膜的幼体，两眼细长，身体极度扁平，头胸部宽大，腹部短小，附肢十分纤细，形似压扁了的蜘蛛；因其体薄如叶片，故称之为叶状幼体（phyllosoma larva）（图5-20）。

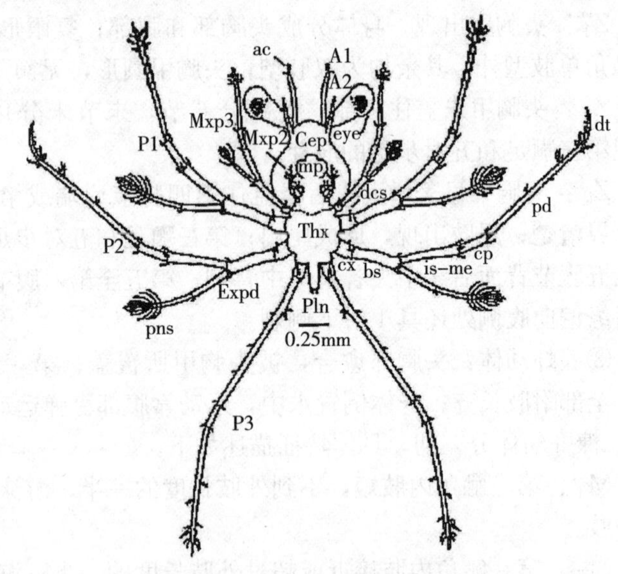

图5-20 锦绣龙虾叶状幼体外部形态腹面观

Cep. 头部 Thx. 胸部 Pln. 腹部 Mxp. 颚足 P. 步足 A1. 第一触角 A2. 第二触角 Expd. 外肢 dcs. 背侧基节刺 pns. 羽状游泳刚毛 ac. 感觉刚毛 eye. 眼睛 mp. 口器 cx. 底节 bs. 基节 is-me. 座节-长节 cp. 腕节 pd. 掌节 dt. 指节

（梁华芳，2013）

叶状幼体靠第三颚足及第一、第二步足的羽状外肢来运动，运动方式特殊，常以后退方式行进；时常头部朝下，身体翻转；趋光性很强。在海区叶状幼体能借助洋流漂泊很远，这也是龙虾分布范围广泛的主要原因。叶状幼体共分 10 期或 11 期。日本的井上正昭花了十几年时间第一个完成了日本龙虾的幼体发育，培育 253 d，使叶状幼体变态至第 11 期，完成幼体变态全过程。

(四) 生殖系统的发生

对虾仔虾后第 12 天，体长为 15～18 mm 时，中肠前部背面出现了一个双叶的原始生殖腺结构。仔虾后第 16 天时，生殖器官更加明显。仔虾后第 39 天，体长约 22 mm，在心脏前面、肝胰脏背面及背大动脉两侧均有带状生殖腺。仔虾后第 43 天，体长约 2.4 mm，在心脏和肝胰脏之间的末端发现与生殖腺相连的生殖管。仔虾后第 55 天，体长约 35 mm，生殖腺出现分化，可明显区分为精巢和卵巢；此时卵母细胞变大，形成梨形或三角形，卵巢叶开始扩大；精母细胞圆形致密，产生的精子细胞转移到生殖小管的内腔中。

仔虾后第 37 天，体长为 20 mm 时，开始出现外部特征的性别分化，雄虾在第二腹肢内肢上出现明显突起，这是雄性附肢的芽基，雌虾则无此结构。仔虾后第 45 天，体长约 2.7 cm，第一腹肢内肢明显出现两种不同形态，雄虾为片状，离外肢较远，除顶端外无刚毛，这是交接器（petasma）的雏形；雌虾为细棒状，较靠近外肢，且在距离内肢基 1/3 处出现刚毛，有明显分节现象。

六、神经系统

(一) 神经系统的组成与结构

虾类的神经系统是由低等甲壳动物的梯形神经系统演化而来的链状神经系统类型，各体节神经节多有合并现象。中枢神经系统由脑（brain）、围食道神经、食道下神经节及腹神经索组成（图 5-21）。

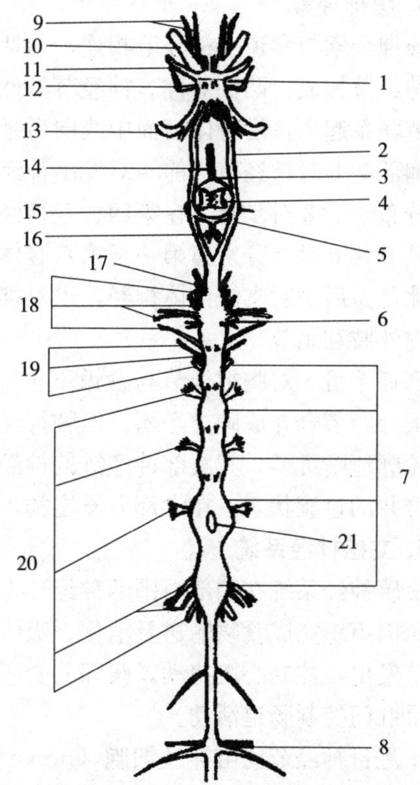

图 5-21 虾类的神经系统

1. 脑 2. 围咽神经环 3. 胃神经 4. 食道 5. 食道后神经联合 6. 咽下神经节 7. 第三至八胸节神经节 8. 腹部第一神经节 9. 第一触角神经 10. 平衡囊神经 11. 眼神经 12. 动眼神经 13. 第二触角神经 14. 返回神经 15. 上唇神经 16. 后接索器 17. 间颚神经 18. 大、小颚神经 19. 第一至三颚足神经 20. 第一至五步足神经 21. 胸动脉孔

（仿 Young，1959）

1. 脑

虾类的脑位于 2 个眼柄相连处外骨骼下的一团海绵组织内，脑的前端靠近前上方，后部斜向后下方，由 2～3 对神经节愈合而成。一般划分为 3 个区，即前脑（protocerebrum）、中脑（deutocerebrum）和后脑（tritocerebrum）。不同虾类的脑的结构相似。

前脑位于脑前部，包括视神经节、侧前脑和中前脑三部分，为视觉中心。中脑位于

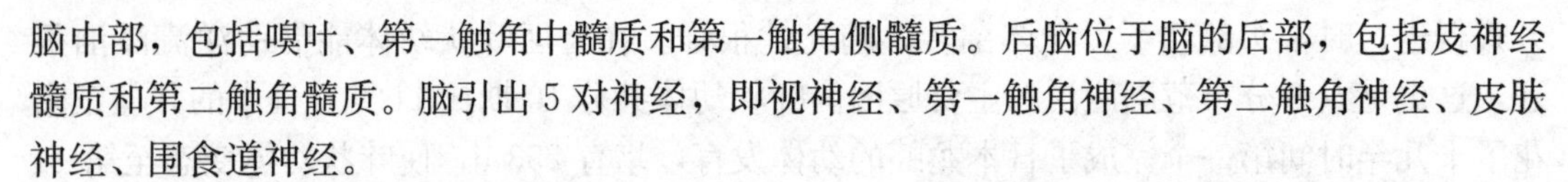

脑中部，包括嗅叶、第一触角中髓质和第一触角侧髓质。后脑位于脑的后部，包括皮神经髓质和第二触角髓质。脑引出5对神经，即视神经、第一触角神经、第二触角神经、皮肤神经、围食道神经。

2. 围食道神经

围食道神经（围咽神经环）由脑的后侧引出，与食道下神经节相连，在食道下方与咽下神经相连。在围咽神经环上有食道侧神经节，发出胃神经，胃神经分布于胃磨。两食道侧神经节之间有横联神经形成食道后神经联合，并由其发出1对神经分泌器官（后接索器）。

3. 食道下神经节

食道下神经节（咽下神经节）位于食道下方胸部的壁上，由头部及胸部的神经节愈合而成。由它引出5对神经，通至大颚、第一小颚、第二小颚、第一颚足和第二颚足。

4. 腹神经索

腹神经索与食道下神经节相连，包括胸神经节和腹神经节，由多个节间神经纤维束连成的神经节构成，两侧对称。神经节虽然两侧融合，但节间纤维束分成两束，纵向把各个神经节联系起来，沿身体腹面中线向后延伸，直到腹部第六节止。

胸部共5对神经节，前4对发出神经各自分布于第三颚足和前3对步足；后1对发出神经分布于后2对步足。在第四、五神经节间有一孔道，为胸动脉孔，有胸动脉穿过。腹部神经节共6对，分别属第一至第六腹体节，前5对神经节各自发出2对神经，前1对支配游泳足，后1对支配该体神经，末对神经节发达，发出4对神经分别支配本体节肌肉尾肢的内外肢和尾节。

真虾下目5对胸神经节与食道下神经节愈合；长臂虾属（*Palaemon*）胸部神经节与食道下神经节合并成胸神经团，但胸神经团较长，合并也不完全，胸神经团内的后5对神经节轮廓清晰可辨，其腹部神经链的神经节数目完整，位置正常。这种情况，可认为是神经节合并的过渡状态。在大部分异尾类，第一腹神经节也愈合在内。

5. 交感神经系统

交感神经系统在脑部由围咽神经环上的食道侧神经节发出多对神经控制胃、肝胰脏及相关肌肉组织完成食物输送及消化、吸收过程。心脏背面的心神经由围咽神经节及其后的神经节发出，控制心脏搏动。腹部的交感神经多由腹部最后一神经节发出，分布于中肠、直肠及肛门控制肠道活动。

十足目神经节均由神经细胞（nerve cell）、神经胶质细胞（glial cell）和疏松结缔组织等构成。神经细胞多呈圆形，大小不一，细胞膜薄，细胞质中有许多颗粒状物质，为尼氏体（Nissl body），细胞核为圆形或长椭圆形，核膜薄，核仁1个。神经胶质细胞分布在神经细胞周围，数量多，体积小而扁平，其细胞核略大于神经细胞的核仁，核内含异染色质。神经系统中还含有神经分泌细胞（neurosecretory cell，NSC），产生的多种激素对生命活动具有重要的调节作用。

（二）神经系统的发生

无脊椎动物中枢神经系统由胚胎腹侧神经外胚层发育而来。中国明对虾脑的神经母细胞起源于原肠胚期，至膜内无节幼体期时位于幼体前端；脑神经节起始于无节幼体第一期，无节幼体第三期脑神经节前端愈合；溞状幼体第一期分化出嗅脑和前、中、后脑，此时前脑和中脑前端两侧愈合；仔虾期脑大部分已经愈合，但后脑仍分离。无节幼体第一期，胸腹突腹面的一层外胚层细胞即为预定发生为胸腹部附肢和对应神经节的原基细胞。无节幼体第三期，食道下神经节母细胞也已出现，左右分离。胸神经节在溞状幼体第一期出现，前后连接紧密但不愈合，呈念珠状，髓质明显，腹部神经细胞明显多于背部；腹神经节也在溞状幼体第一期出现，前后分离，间隔一定距离，以神经束相连，髓质明显，神经细胞也多位于腹部，但数目较胸神经节少。

七、排泄系统

虾类排泄器官随发育而变化。幼体利用位于第二小颚基部的小颚腺（maxillary gland）进行排泄，成体排泄器官为触角腺（anttennal gland）或绿腺（green gland）。

（一）排泄系统的组成与结构

中国明对虾触角腺位于第二触角基部，整体浸于血淋巴中，腺体呈蚕豆状，腹面中部向内凹陷，动脉血管由凹陷处进入触角腺。触角腺分为腺质部与膜质部两部分（图 5-22）。腺质部由体腔囊（coelomosac）、迷路（labyrinth）、原肾管（nephiridial canal）组成。膜质部为一膨大的膀胱（bladder），有尿道开口于第二触角基部的乳突上。在体腔囊、迷路和原肾管之间是一些动脉小血管和开放的血窦。尿液自原肾管经膀胱、尿道（urethra），最后从第二触角基部的开口处排出体外。触角腺和小颚腺的结构相似，无论触角腺还是小颚腺，体腔囊是不可缺失的重要结构，由其完成排泄功能中的过滤作用。中国明对虾膀胱外侧直通排泄孔。

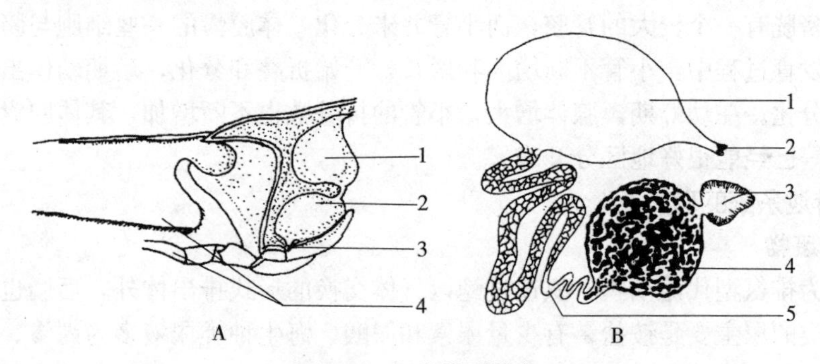

图 5-22 虾类排泄器官

A. 日本囊对虾触角腺（仿山东海洋学院，1961）：1. 绿腺 2. 膀胱 3. 排泄孔 4. 第二触角
B. 螯虾（*Astacus astacus*）触角腺（仿 Marchal）：1. 膀胱 2. 排泄孔 3. 盲囊 4. 绿腺 5. 排泄管

1. 体腔囊

膨大的体腔囊位于腺体中部并向四周分叉凹入腺体中，占据了大部分腺体。体腔囊上皮是由一些排列不规则、细胞表面伸出许多突起的足细胞（podocyte）构成的，足细胞常具有大的液泡。

2. 迷路

迷路小管分为近端迷路与远端迷路。近端迷路与体腔囊分支交错存在于触角腺的内部，小管管壁较薄，管径较小；远端迷路位于腺体的背侧并延伸包绕整个腺体，其小管壁增厚，管径增大。

迷路由排列紧密、细胞质致密的矮柱状或立方状上皮细胞构成，无论近端还是远端的迷路管壁均由单层细胞围成，其细胞为较规则的立方形，在其腔面上有一层长而规则的刷状结构，一般称为微绒毛（microvilli），因此迷路细胞被称为刷状边缘细胞（brush border cell）。通常迷路近端微绒毛长且整齐规则，而远端稍短而显不规则。

3. 原肾管

远端迷路末端连接原肾管，原肾管位于触角腺内部腹侧，管壁较薄，管径较大。其细胞形态与迷路远端细胞较接近，也有微绒毛，但较短小且很不规则。

4. 膀胱

膀胱位于体腔囊背侧，起始于原肾管远末端，从触角腺腹后侧延伸至腺体背部后呈扁平囊状，并覆盖在体腔囊背方。膀胱内腔即尿隙（urinary space），膀胱壁的细胞结构与原肾管细胞很接近。有些种类有多支状盲囊，这些盲囊分布广泛，有些遍及整个头胸部，有些甚至延伸至腹部。

某些海产种类的排泄器官会出现缺失或某部分不甚发达的情况，如褐虾属（*Crangon*）、异指虾属（*Processa*）及一部分鼓虾科种类等无迷路和原肾管，而龙虾下目则无原肾管。通常十足目的种类均具有膀胱（位于体腔囊背侧），但也有少数种类如莹虾属（*Lucifer*）和蝲虾总科（Thalassinidea）的一小部分种类无膀胱。

（二）排泄系统的发生

通过对亚马逊沼虾（*Macrobrachium amazonicum*）的胚胎发育和胚胎后发育研究发现，溞状幼体第一期幼体在触角基部和中枢神经系统两侧出现1对触角腺，其位置在整个发育过程中没有什么变化。此时，排泄器官为简单的管状结构和一个小膀胱。溞状幼体第五期幼体的膀胱有一个较大的管腔，而小管并未分化，体腔囊的一些细胞与膀胱联系在一起。在幼体发育过程中，小管不断增大和增长，开始折叠和分化，后期幼体出现了近端和远端小管的分化。在幼虾期，腺体增大，小管的折叠数也不断增加，其体腔囊、迷路、原肾管和膀胱等已经能很好地区分开来。

（三）排泄系统的功能

1. 排泄废物

虾蟹类为排氨型代谢动物，氨通过鳃以气体交换的形式排出体外，后肠也排泄部分含氮废物。虾类的尿主要是铵盐，有少量尿素和尿酸。海生种类尿液多为高渗、浓缩尿。

虾类触角腺的体腔囊具有过滤血淋巴形成原尿的功能。以螯虾触角腺为原型的实验研究显示，初级滤液在体腔囊中形成后，葡萄糖被体腔囊壁上的足细胞和迷路细胞的刷状边缘所吸收，原尿中的部分蛋白质、多肽和氨基酸通过足细胞的胞饮作用而被吸收并消化，另一部分则被足细胞和迷路细胞吸收并形成小体，在其中被消化，最后被原肾管细胞吸收利用。原尿中还有不少具有重要生理作用的离子，需要在触角腺中被重新吸收利用。Mg^{2+}、Ca^{2+}由迷路细胞重吸收，Na^{+}、Cl^{-}部分被迷路细胞重吸收，而大部分则被原肾管细胞和膀胱细胞重吸收。

2. 渗透压调节

多数淡水生活的甲壳动物能进行高渗调节，其触角腺能产生低渗尿，与触角腺的原肾管大量逆梯度重吸收离子以保持平衡有关。大多数海产甲壳动物采取随变调节的方式，总是与环境盐度处于等渗状态，产生等渗尿，此时原肾管中的离子转运酶系列几乎无活性，因而基本上不重吸收离子。

八、肌肉系统

肌肉系统是虾类身体的主要部分，它构成运动器官，也是最有食用价值的部分。按所在位置可分为体部肌肉、眼柄及附肢肌肉等。

(一) 肌肉的结构

1. 体部肌肉

(1) 头胸部肌肉：虾类头胸部有肌肉分布到各器官，根据所在位置和功能命名，有表胸侧肌、背胸腹肌、侧胸腹肌、原头牵引肌、前胸肌、头胸甲内收肌、原头后提肌、唇基平衡肌、腹胸肌、食道肌、胃磨前牵引肌等。

(2) 腹部肌肉：对虾体部肌肉以腹部最为发达（图 5-23），根据所在位置和功能命名，有表腹肌、表腹侧肌、表腹背肌、背腹伸肌、第一腹屈肌、第二腹屈肌、第三腹屈肌、第四腹屈肌、第五腹屈肌、第六腹屈肌、腹屈肌后环、腹屈肌外臂、后斜肌、腹中肌、横肌等。其腹部的腹屈肌、腹屈肌外臂、后斜肌、腹中肌及横肌等，相互交织，组成强大肌肉群，配合尾扇一起，完成强有力的快速运动，这一点与对虾属特征相吻合，也是区别于十足目其他各类群的特征之一。

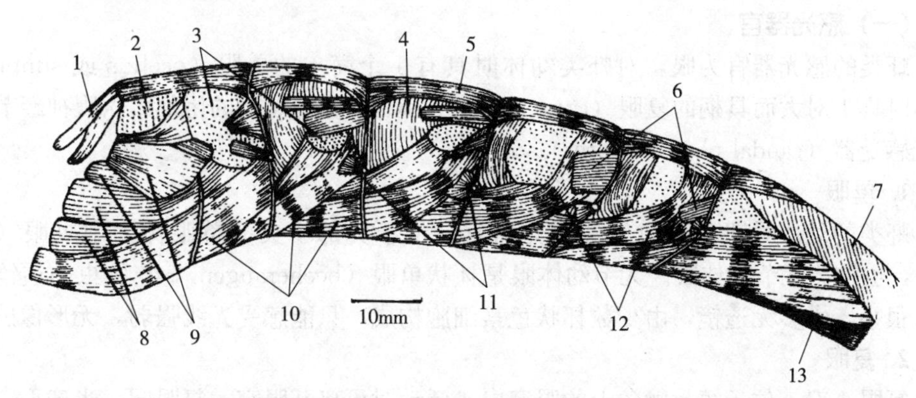

图 5-23 中国明对虾腹部肌肉左侧面观，示表层肌肉（移去甲壳及皮肤）

1. 背胸腹肌 2. 腹中肌 3. 横肌 4. 腹屈肌后环 5. 背腹伸肌 6. 表腹背肌 7. 尾肢背旋肌 8. 前胸肌 9. 侧胸腹肌 10、12. 腹屈肌外臂 11. 表腹侧肌 13. 第六腹屈肌

（卢建平，1994）

(3) 尾部肌肉：尾部肌肉有尾肢后动肌、尾肢原肢后动肌、尾肢平衡肌、尾肢原肢旋肌、尾肢背旋肌、尾肢内肢内收肌、尾肢外肢前伸肌、尾肢外肢外展肌、尾肢外肢内收肌、尾节前屈肌、尾节后屈肌、尾节腹屈肌、肛门压缩肌、肛门扩张肌和直肠牵引肌等。

2. 眼柄及附肢肌肉

虾类眼柄的肌肉包括眼柄提肌、眼柄降肌、眼柄旋肌等。虾类由于各部体节机能分化，其所属附肢结构各不相同，附肢肌肉群分布也各不相同。各附肢根据功能差异，具有外展肌、内收肌、旋肌、前动肌、后动肌、提肌、降肌、屈肌或伸肌等多种肌肉。中国明对虾的第一小颚到第三颚足这 5 对附肢的肌肉都很细小，但结构比较复杂，与其进行精细的摄食、呼吸等动作相适应。

虾类的肌肉为横纹肌，构成许多强有力的肌群。横纹肌均成平行排列，由肌纤维组

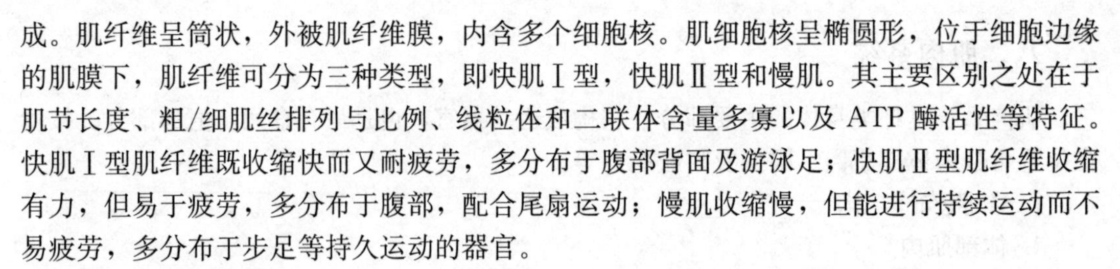

成。肌纤维呈筒状，外被肌纤维膜，内含多个细胞核。肌细胞核呈椭圆形，位于细胞边缘的肌膜下，肌纤维可分为三种类型，即快肌Ⅰ型，快肌Ⅱ型和慢肌。其主要区别之处在于肌节长度、粗/细肌丝排列与比例、线粒体和二联体含量多寡以及 ATP 酶活性等特征。快肌Ⅰ型肌纤维既收缩快而又耐疲劳，多分布于腹部背面及游泳足；快肌Ⅱ型肌纤维收缩有力，但易于疲劳，多分布于腹部，配合尾扇运动；慢肌收缩慢，但能进行持续运动而不易疲劳，多分布于步足等持久运动的器官。

（二）肌肉的发生

关于虾类肌肉发生的研究很少。Jirikowski G. 等（2010）报道了大理石纹螯虾（marbled crayfish）的肌肉发生：其肌肉原基出现在膜内无节幼体期，其尾部的尾乳头中包含中胚层细胞；至后无节幼体期，其附肢肌肉、头胸部肌肉和腹部肌肉开始出现，成体时的所有肌肉群都在胚胎发育过程中形成。而枝鳃亚目的种类，胚胎时期的肌肉原基伸入头胸甲附肢处，但直到孵化时也并未分化。

九、感觉器官

虾类的感觉器官主要有感光器官、化学感受器及触觉感受器等。

（一）感光器官

虾类的感光器官为眼。对虾类幼体时具有 1 个简单的单眼（ocellus 或 simple eye），成体时具 1 对大而具柄的复眼（compound eyes）。一些虾蟹类的尾部第六腹神经节中有尾部光感受器（caudal photoreceptor）。

1. 单眼

虾类的幼体时期存在的一种感光器官，位于头部中央的单眼称为中央眼（median eye），也称为无节幼体眼。无节幼体眼是杯状单眼（beeheraugen），与昆虫的透镜单眼不同，很小，大多无透镜，由少数杯状色素细胞构成，只能感受光线强弱，无形像感觉。

2. 复眼

复眼 1 对，位于第一触角上的眼窝内，活动时可离开眼窝。复眼圆，半球形，着生在眼柄上，也称为柄眼（stalked eye），由许多结构相同的小眼扇形紧密排列而成，数目因种类和发育阶段而异，中国对明虾约 55 000 个，斑节对虾约 80 000 个。复眼可上下及两侧转动，单眼水平视野 200 °。

小眼具有折光和感光两部分功能结构，由角膜、晶状体、视网膜细胞、基膜及色素组成。视网膜细胞为光受体，内含色素，通过视神经与前脑相连。小眼周围还具有吸收和反射光线的色素层。

每个小眼均可感知光线并形成影像，全部小眼形成的影像即为复眼影像。由各小眼分别感知的像点联合形成的物体总影像称之为并列影像，一般在白天形成。由若干小眼接受的光集中形成的影像称为叠加影像，一般在夜晚形成。

3. 眼的发生

对虾类单眼在膜内无节幼体时已经形成。无节幼体 6 个亚期内，单眼由 3 个圆形的单晶眼构成，每个单晶眼有一圆形的晶体（len），晶体外围有网膜细胞、色素等。无节幼体第三期开始，单眼被两侧正在发育的复眼原基组织围在一腔内。溞状幼体第一期，单眼仍是圆形，溞状幼体第二期和溞状幼体第三期时，单晶眼由圆形变为菱形。糠虾幼体第一期，单眼的三个单晶眼开始退化，晶体消失；糠虾幼体第三期，单眼色素存在，其他结构消失。进入仔虾期，单眼已彻底消失。

无节幼体第一期开始，单眼两侧存在复眼原基；无节幼体第六期，复眼原基向上凸出，原基与脑神经节结合疏松。溞状幼体第一期，复眼原基发育为乳突状，形成沿腹中线对称排列的两个眼叶，形成复眼雏形，尚未分化出小眼；溞状幼体第二期，眼叶分化成复眼和眼柄两部分；溞状幼体第三期，复眼内已有部分发育好的小眼。仔虾期，复眼内各区域的小眼分化发育已基本完成。

日本沼虾的视叶原基由外胚层分化而来，胚胎的复眼结构发育虽然基本完成，但至孵化时也未形成真正的眼柄，只是在复眼内端分化出一群细胞，为眼柄的前身。在螯虾的胚胎发育过程中眼柄已形成并向外凸出。

（二）化学感受器

甲壳动物的化学感受器几乎分布于躯体的每个部位，一般认为第一触角鞭为十足目动物的特化嗅觉器官，其上有刚毛（setae）。化学感受刚毛壁薄、中空，末端开孔通外界，司嗅觉，可探知食物（并不依靠视觉）及水体中化学成分变化。凡纳滨对虾的第一触角上就广泛分布着700根以上的羽状刚毛。大颚、小颚和颚足是构成口器的附肢，其感觉毛一般与接触化学感觉（即味觉）有关。此外口器与螯足上也分布有化学受体，可感受嗅觉和味觉刺激。嗅觉器官有复杂的中枢神经联系，可感受到较低浓度的刺激物，而味觉器官的神经联系较简单，需要较高浓度的刺激物。

甲壳动物化学受体的显著特点是多样性，多样性不仅表现在受体器官的形态水平，而且表现在受体细胞的亚显微结构和生化结构水平。

（三）触觉感受器

触觉感受器主要包括分布于体表的各种刚毛、绒毛等结构。各类司触觉的刚毛、绒毛又称感觉毛、触毛，一般遍布全身甲壳表面，其分布方式因种类不同而异。甲壳动物的机械感觉就是通过体表感觉毛完成的，而仅从形态上很难区分化学感觉毛和机械感觉毛。事实上，许多感觉毛都具有化学感觉和机械感觉双重功能，如第一触角的感觉毛。对虾各附肢上的刚毛很发达，所以感觉很敏锐。

解剖镜和扫描电镜观察中国明对虾头胸部附肢上的感觉毛，根据其外部形态可分为嗅毛（aesthetasc hair）、锥状刚毛（cuspidate seta）、简单光滑刚毛（simple seta）、鳞状刚毛（squamous seta）、锯状刚毛（serrate seta）、细齿状刚毛（serrulate seta）、羽状刚毛（plumose seta）、轮生羽状刚毛（pappose seta）、CAP器官（CAP organs）、齿状刚毛（tooth-shaped seta）、栓状毛（peg sensilla）等11种类型。这些感觉毛，除了部分具有化学感觉功能外，多具有机械感觉功能，或同时具有化学感觉功能和机械感觉功能。中国明对虾第二触角的主要功能为机械感觉。

（四）平衡囊

平衡囊为1对特化的触觉器，位于第一触角底节基部丛毛中，由体壁内凹形成。内凹的空腔即为平衡囊腔，其背面有背孔与外界相通，腔壁上生有多种感觉刚毛，腔室内有平衡石，司身体平衡，由外界进入的砂粒或自身分泌物形成。

平衡囊的功能为平衡动物身体的矢轴旋转，测知身体姿势与重力方向的关系并测知位移的方向。支配平衡囊的神经从脑神经节腹面前端两侧发出，每侧各有3支，从平衡囊腹壁进入平衡囊，分布到平衡囊壁结缔组织中。铠甲虾（*Galathea*）的平衡囊有一深的龙骨状陷入部分，使平衡囊形状复杂而不规则；寄居蟹（*Pagurus*）的平衡囊呈球茎状，背孔两侧各有一排浓密刚毛保护，无背闭合叶。

十、内分泌系统

虾蟹类同属甲壳动物十足目的种类，其内分泌器官的种类和作用相同，在此一并叙述。其内分泌器官无管，分泌物直接释入血液，由神经内分泌器官和非神经内分泌器官组成。神经内分泌器官包括脑和中枢神经的神经分泌细胞、X 器官-窦腺复合体（X-organ-sinus gland complex，XO-SG）、后接索器（post-commissural organ，PCO）和围心器（pericardial organ，PO）等；非神经内分泌器官则包括 Y 器官（Y-organ，YO）、大颚器官（mandibular organ，MO）以及促雄性腺（androgenic gland，AG）等（图 5-24）。

（一）神经内分泌器官

1. X 器官-窦腺复合体

（1）X 器官-窦腺复合体的结构：X 器官-窦腺复合体位于虾蟹类的眼柄内，而无眼柄的种类则位于脑神经节内。一群或几群位于眼柄内的相互间无连接的神经内分泌细胞组成 X 器官（X-organ，XO），产生神经内分泌物质，这些细胞发出的轴突汇集成束，并在血窦附近膨大，包裹整个血窦形成窦腺（sinus gland，SG），为 X 器官的神经内分泌物质储藏和释放的部位，因此，合称为 X 器官-窦腺复合体（图 5-25）。

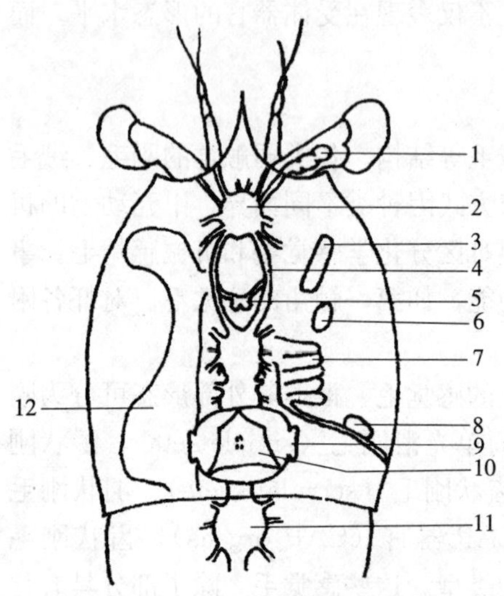

图 5-24　虾类内分泌器官

1. X 器官-窦腺复合体　2. 脑　3. Y 器官　4. 围咽神经环　5. 后接索器　6. 大颚器官　7. 精巢　8. 促雄性腺　9. 围心器　10. 心脏　11. 腹部第一神经节　12. 卵巢

（梁华芳，2012）

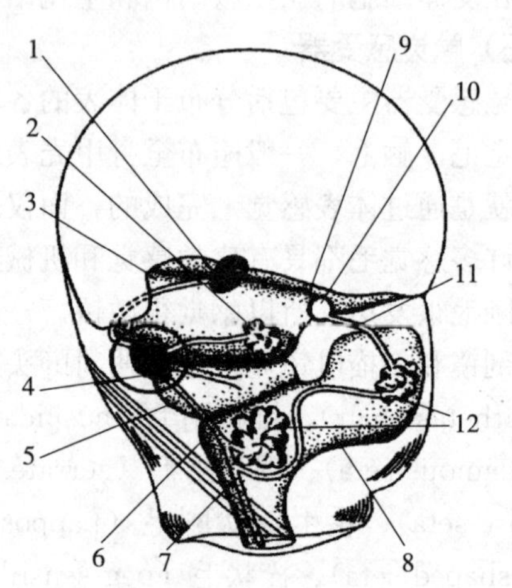

图 5-25　锯齿瘦虾（*Leander serratus*）眼柄示意图

1. 附属色素斑　2. 外髓神经节　3. 外髓　4. 窦腺　5. 内髓　6. X 器官-窦腺束　7. 从头部到窦腺的神经分泌纤维束　8. 端髓　9. 视神经层　10. 感觉孔　11. X 器官连丝　12. 端髓神经节

（蔡生力，1998）

中国明对虾的 XO-SG 从进化程度上看较低等，XO 神经内分泌细胞在视神经节的端髓、内髓和外髓中均有分布，分散程度很高，部分脑、胸神经节的一些神经内分泌细胞的轴突末端也进入SG。SG分成内窦和外窦两部分，内窦和外窦之间有神经纤维相连，结构疏松，不像其他较高等的甲壳动物那样，SG已经特化成结构致密的一个腺体。XO和SG之间无明显的神经轴路相连。中国明对虾视神经节中共观察到5种神经细胞，SG中含有6种不同的神经内分泌末梢。

（2）X器官-窦腺复合体的功能：XO-SG类似于哺乳动物的下丘脑-垂体系统，是甲壳动物的内分泌调控中心，一直以来是甲壳动物内分泌学的重点研究对象。主要分泌物是甲壳动物高血糖激素（crustacean hyperglycemic hormone，CHH）、蜕皮抑制激素（molt-inhibiting hormone，MIH）、大颚抑制激素（mandibular organ-inhibiting hormone，MOIH）和性腺抑制激素（gonad-inhibiting hormone，GIH）等，分泌的激素参与甲壳动物体内许多重要的生理活动，如蜕壳、生长、性成熟和代谢调控等。

①抑制蜕皮/蜕壳、抑制Y器官：MIH为神经肽，主要靶器官是一个非神经性内分泌器官——Y器官。它抑制Y器官分泌蜕皮激素，从而抑制甲壳动物的蜕壳。

②调节血糖浓度：CHH是一类非常重要的神经肽激素，在甲壳类体内行使多种重要功能，也是XO-SG中最丰富的一类神经分泌激素，在甲壳动物代谢过程中起着重要作用，尤其是对血淋巴中血糖浓度的调控。CHH是一种多功能的激素，能提高血淋巴中的葡萄糖浓度，调节糖代谢，与甲壳动物的生理恒定状态及逆境适应能力有关，逆境条件能促使其分泌。CHH在调控甲壳动物脂代谢方面也有重要作用，能促使中肠释放淀粉酶，肝胰腺分泌消化酶。多种多样的CHH分子构成了CHH分子超家族。近年来，发现CHH不仅仅存在于眼柄中，也存在于胸神经节、食道下神经节中。

③抑制性腺发育：GIH为神经肽，亦称为卵黄发生抑制激素（vitellogenin-inhibiting hormone，VIH），直接抑制性腺的发育。GIH既无种类特异性，也没有性别特异性，既能抑制雌性卵巢的发育，也抑制雄性精巢发育成熟，所以更确切地讲应称为性腺抑制激素。对于雌性虾蟹，GIH直接作用于卵巢，能够抑制卵黄蛋白原的形成，减少与卵黄发生有关的蛋白的合成，使卵黄不能正常形成和沉积，从而抑制卵巢发育和成熟。在雄性虾蟹中，GIH通过抑制促雄性腺的活动，抑制甲壳动物的精巢发育和交配行为。

眼柄切除或破坏XO-SG可使其分泌物减少或消除，而影响靶器官的功能。虾蟹类眼柄切除可以促进某些种类的蜕壳和性腺发育。因此，在虾蟹的人工育苗生产时，常常通过切除眼柄来促进虾蟹类卵巢的发育，提高生产效率。

④抑制大颚器官：MOIH为神经肽，抑制甲壳动物大颚器官分泌甲基法尼酯（methyl farnesoate，MF）。切除眼柄也可引起甲壳动物幼体和成体大颚器官的增生和超微结构的变化，从组织学上进一步说明了XO-SG对大颚器官分泌活动的抑制作用。

⑤调节体色变化：XO-SG分泌的色素分散激素（pigmentary dispersing hormone，PDH）和红色素集中激素（pigment concentrating hormone，PCH）等共同调节色素细胞中色素颗粒的集中和扩散，从而调节虾蟹的体色变化。

⑥调节神经活动：从窦腺分泌神经抑制激素（neurodepressinghormone，NDH），可以抑制运动和感觉神经的活动，降低运动和感觉神经的能力。

⑦渗透压和离子调节：虾蟹类处于低渗溶液时，眼柄中能分泌一种离子转运肽（ion

transport peptide，ITP）防止体重增加及降低血淋巴渗透压。ITP 是一种眼柄 CHH 家族成员，CHH 激素对渗透压也具有重要调控作用。

2. 后接索器

后接索器，又叫后联结器官，位于围咽神经分支上，由该神经分支扩张而成，亦为神经-血器官，其神经细胞体位于食道后连接环食道神经纤维管的联结处。分泌黑化诱导神经肽（corazonin）、红色素聚焦激素（red pigment concentrating hormone）和咽侧体抑制素（allatostatin）等，具有控制色素活动、促进呼吸的功能，也参与渗透压和离子调节。

3. 围心器

围心器也是神经血管器，位于包裹心脏的围心窦中，由胸神经节发出，其神经轴突末端进入围心腔，形成围心的网状组织，其分泌物质可以迅速释放入血液中。分泌物为各种胺和肽类，具有促使心脏兴奋、调节心率的作用。

甲壳动物心肌活动肽（crustacean cardioactive peptide，CCAP）最早在蟹类的围心器中发现，有调节心率的作用。在低盐度和正常盐度条件下对虾心脏活动有刺激作用，注射 CCAP 可以通过增加对虾的淡水耐受性，提高虾的存活率。围心器还可能分泌多巴胺（dopamine）、章鱼胺（octopamine）、5-羟色胺（serotonin）、肠动肽（proctolin）、咽侧体抑制素、CHH 和 MOIH 等。

4. 脑、胸神经节

虾蟹类的脑、胸神经节中存在许多神经分泌细胞（neurosecretory cell，NSC），产生的多种激素对虾蟹类的生命活动具有重要的调节作用，如蜕壳、生殖、代谢等。促性腺激素释放激素（gonadotropin releasing hormone，GnRH）是一种 10～12 肽的神经激素，分布于虾蟹类的脑、胸神经节的一些中型神经内分泌细胞群，能显著增加卵黄蛋白原的积累量，促进对虾卵母细胞成熟。脑、胸神经节还分泌性腺刺激激素（gonad stimulatory hormone，GSH）能够促进肝胰腺和卵巢合成卵黄蛋白原，刺激卵巢的发育，与 GIH 形成颉颃作用。脑和胸神经节还可以分泌促卵泡激素（follicle stimulating hormone，FSH）、促黄体生成素（luteinizing hormone，LH）和多种生物胺。

新发现的前心神经丛（anterior cardiac plexus，ACP）和前联合器官（anterior commissural organ，ACO）等神经内分泌器官，能分泌多种激素，也越来越受到重视。

（二）非神经内分泌器官

1. Y 器官

Y 器官，又称为蜕皮腺（molting gland），是与昆虫的前胸腺同源的器官。来源于外胚层的非神经内分泌器官，在虾蟹类形态各异，也是甲壳动物的重要内分泌器官，分泌蜕皮激素（ecdysteroids，ECD 或 molting mormone，MH），调控甲壳动物蜕壳。通常蟹类的 YO 为一致密的集合体，而螯虾和龙虾的 YO 为弥散带（图 5-26）。中国明对虾的 YO 位于第二小颚基部。中华绒螯蟹（*Eriocheir sinensis*）的 YO 为 1 对，卵圆形，苍黄色，位于头胸部鳃腔前端，大颚外侧内收肌腹缘，邻近头胸甲内侧上皮。YO 的超微结构显示，它是由一种类型的细胞构成的。这种细胞的结构类似于脊椎动物的类固醇分泌细胞，其中的光面内质网远比粗面内质网丰富。

ECD 的分泌在虾蟹类蜕壳之前达到高峰，随蜕壳活动开始迅速下降，恢复正常。

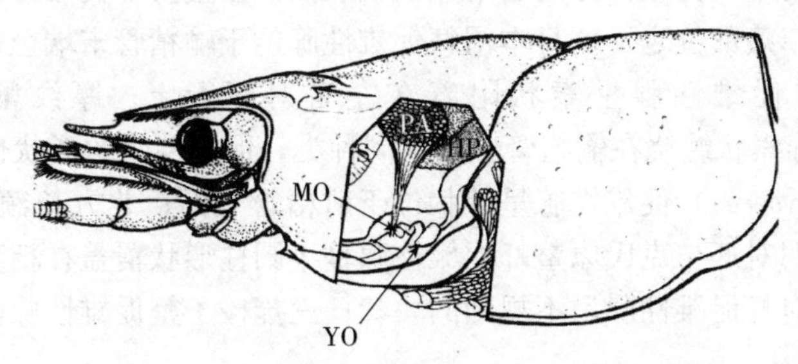

图 5-26　克氏原螯虾 Y 器官和大颚器官的位置

YO. Y 器官　MO. 大颚器官　S. 胃　PA. 后内收肌　HP. 肝胰腺

(Taketomi，2001)

主要成分为 20-羟蜕皮酮及共同产物。一般认为 YO 分泌蜕皮激素的前体——蜕皮甾酮（ecdysone），随后被运输到血淋巴中，在 20-羟蜕皮甾酮酶的作用下形成具有活性的蜕皮激素，即 20-羟蜕皮甾酮（20-OH-ecdysone，20E），为类固醇激素。甲壳动物不能自身合成胆固醇，但能将食物中的胆固醇转化为固醇类蜕皮激素。蜕皮激素在甲壳动物的生长、蜕壳及蛋白质合成中起重要作用，也参与调节甲壳动物卵黄的生长和卵巢的成熟。

2. 大颚器官

大颚器官又叫大颚腺或大颚器，位于大颚的基部，成对分布，邻近 Y 器官，一般呈椭圆形，在发育的过程中由白色转变成浅黄色（图 5-27）。中国明对虾大颚器官位于大颚几丁质肌腱的基部，腺体外包被一层结缔组织膜，并与神经细胞纤维紧密相连。腺体细胞呈束状排列，形成小叶状，内有血窦和丰富的血细胞，通常位于小叶边缘。

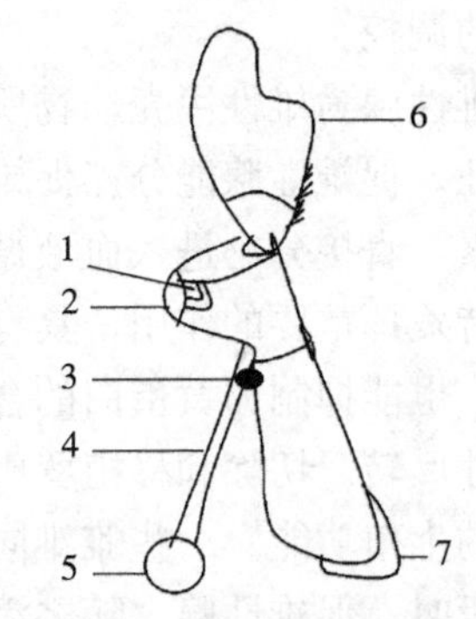

图 5-27　中国明对虾大颚器官的位置

1. 门齿突　2. 臼齿突　3. 大颚器官　4. 肌腱　5. 背肌　6. 大颚触须　7. 大颚关节

(蔡生力，2001)

在蜕壳和生殖阶段，大颚器官超微结构发生明显变化，说明其作用与蜕壳、生殖等有关。大颚器官类似于昆虫咽侧体（corpora allata，CA），能分泌甲基法尼酯（methyl farnesoate，MF），亦受 X 器官-窦腺复合体的调控，去除眼柄后，大颚器官会明显肥大。MF 是一种保幼激素（juvenile hormone，JH）类似物，能够促进动物卵黄发生，是一种重要的甲壳动物性腺刺激激素，与甲壳动物的蜕壳、卵巢发育、形态建成和渗透压调节等生理活动的调控密切相关。

3. 促雄性腺

促雄性腺又叫雄腺、促雄腺和雄性腺等，是甲壳动物的一种内分泌器官，只存在于雄性体内（图 5-28）。最早发现于雄蓝蟹（*Callinectes sapidus*），然后在端足目跳沟虾（*Orchestia gammarella*）中也发现。促雄性腺的位置和形态有种属差异性：跳沟虾的促雄性腺位于输精管的后端；中国明对虾的促雄性腺位于第五对步足基部的肌肉间，成片状覆盖在精荚囊和射精管连接处，呈乳白色；凡纳滨对虾的促雄性腺埋于精荚囊端壶腹外侧的肌肉中；日本囊对虾的促雄性腺附着于端壶腹表面；红螯螯虾促雄性腺附着在射精管和后输精管之间的狭窄痕部位之下；日本沼虾促雄性腺位于输精管末端至端壶腹表面；中华绒螯蟹、锯缘青蟹促雄性腺呈索状附着在左右射精管上；厚纹蟹（*Pachygrapsus crassipes*）促雄性腺索状缠绕在输精管上。不同种类，促雄性腺的形状也各异：宽角长额虾（*Pandalus platyceros*）促雄性腺呈叶状位于射精管表面；北方长额虾（*P. borealis*）的则呈楔形；中国明对虾与克氏原螯虾促雄性腺呈半圆柱形状覆盖在精荚囊与射精管连接的内侧面；凡纳滨对虾促雄性腺呈不规则的块状；三疣梭子蟹促雄性腺呈不规则索状。

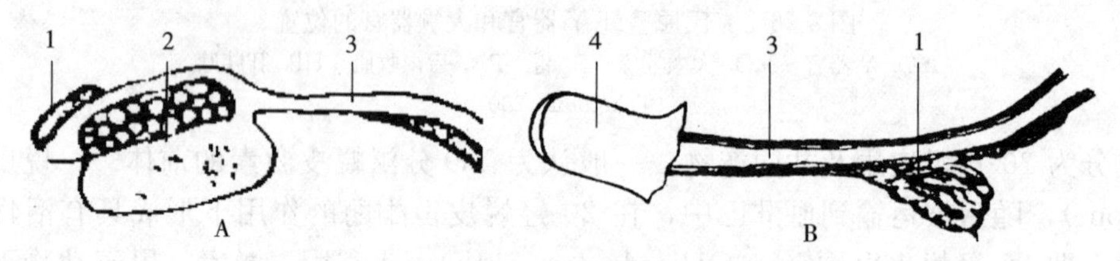

图 5-28　甲壳动物促雄性腺的位置
A. 中国明对虾（仿李霞，1993）　B. 跳钩虾（Charniaus-cotton，1968）
1. 促雄性腺　2. 精荚囊　3. 输精管　4. 生殖突

促雄性腺是非神经上皮的内分泌器官，来源于中胚层，由许多腺泡组成。腺体以结缔组织和肌纤维附着在生殖系统上，有血窦存在。促雄性腺的发育受眼柄区内 X 器官-窦腺复合体的调控。

促雄性腺为雄性甲壳动物所特有，能够决定个体性别分化，促进雄性性腺发育，维持雄性性征。促雄性腺能分泌促雄性腺激素（androgenic gland hormone，AGH）。AGH 是肽类激素，直接分泌进入血液循环，对精巢的发育有促进作用，对雄性初级、次级性征发育和维持发挥重要的作用，具有使性腺原基发育为雄性生殖腺，并促使雄体出现第二性征的功能；也能抑制卵黄蛋白的合成，阻碍雌性特征的出现。因此，移植促雄性腺可以使雌性发生性反转。切除和移植罗氏沼虾的促雄性腺可以成功地诱导性反转，且性反转个体具有正常的生殖功能。一些雌雄同体的种类，在雄性阶段，雄性腺和精巢同时存在，而到其雌性阶段时，促雄性腺也随之消失了。

4. 卵巢

虾蟹类的卵巢能转化和分泌性类固醇激素，包括孕酮（progesterone）和雌二醇（estradiol）等。性类固醇激素主要由性腺合成，分泌进入血液循环，并渗透入特定部位和细胞中，与其相应受体结合，直接参与调节性腺的发育和成熟。在斑节对虾卵巢发育过程中血淋巴中孕酮浓度随发育的进行而上升。多种虾蟹类的雌二醇均在卵黄发生阶段浓度较高，其峰值均出现在这一阶段，而卵黄发生前和成熟期阶段雌二醇含量都较低。野生斑节对虾卵巢中还发现有前列腺素（prostaglandin）。

第二节　蟹类的内部构造

蟹类和虾类外部形态差异较大，其内部结构与虾类也存在较大的差异（图 5-29）。

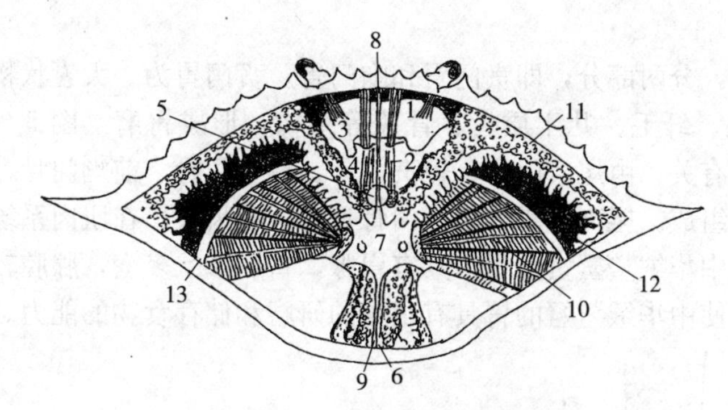

图 5-29 蟹的内部结构

1. 前胃肌 2. 后胃肌 3. 膀胱 4. 贲门胃 5. 幽门胃囊部位 6. 后肠 7. 心 8. 头动脉 9. 腹上动脉 10. 鳃 11. 精巢 12. 肝胰腺 13. 第一颚足上肢

（杨思谅，2012）

一、体壁

蟹类的体壁与虾类相同，参照虾类体壁部分。

二、消化系统

（一）消化系统的组成和结构

同虾类一样，蟹类的消化系统也由消化道及消化腺组成（图 5-30）。消化道分为前肠、中肠和后肠。前肠包括口、食道和胃。消化管的组织结构基本相同，均由黏膜层、黏膜下层、肌层和外膜构成。黏膜层均为位于基膜上的单层柱状上皮；黏膜下层主要是结缔组织层，内含血管、神经等结构；肌层均为环形横纹肌；外膜（浆膜）由薄层结缔组织构成。

1. 口

口位于身体腹面，大颚之间，外围一片上唇和两片下唇。外面为口器附肢所遮挡。

2. 食道

口后为食道，食道与胃相接。食管管壁在整个消化道中最厚，食道腺丰富。中华绒螯蟹食道前段上皮的纤毛丰富，内环外纵排列的横纹肌发达，牵引其口自如开合。食物随纤毛的摆动向胃中输送，其发达的食道腺分泌黏液并润滑食道，更利于输送食物。

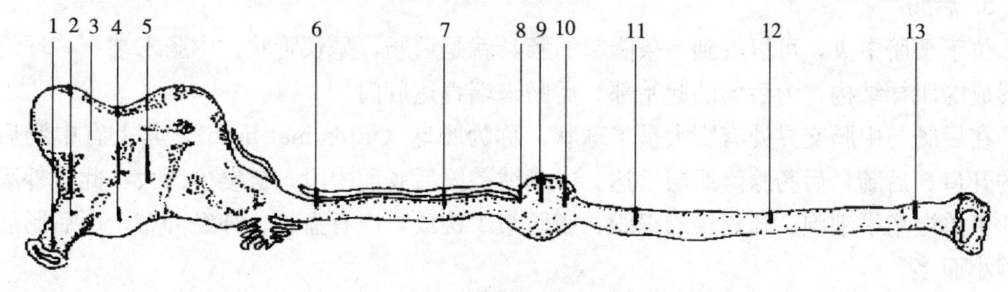

图 5-30 中华绒螯蟹消化道的解剖形态

1. 食道前段 2. 食道后段 3. 贲门胃背面 4. 贲门胃侧面 5. 贲门胃腹面 6. 中肠前段 7. 中肠后段 8. 后盲囊 9. 肠球前段 10. 肠球后段 11. 后肠前段 12. 后肠中段 13. 后肠后段

（方之平，2002）

3. 胃

胃在身体背面，分两部分，即贲门胃和幽门胃。贲门胃为一大囊状物，有储藏食物的功能，内壁有刚毛、纤毛、几丁质齿、骨片等结构，形成胃磨（图 5-31）。蟹类胃磨发达，形态与其食性有关，由尾贲门骨、轭贲门骨、翼贲门骨、前幽门骨、外幽门骨、下齿骨以及相关的肌肉组成。尾贲门骨和轭贲门骨具几丁质齿板，在肌肉系统的操纵下，对食物进行咀嚼加工。中华绒螯蟹贲门胃内具有胃腺，胃腺形状多变，腺腔较大；胃壁横纹肌层厚，收缩有力，使中华绒螯蟹的胃具有很强的研磨和储存食物的能力。

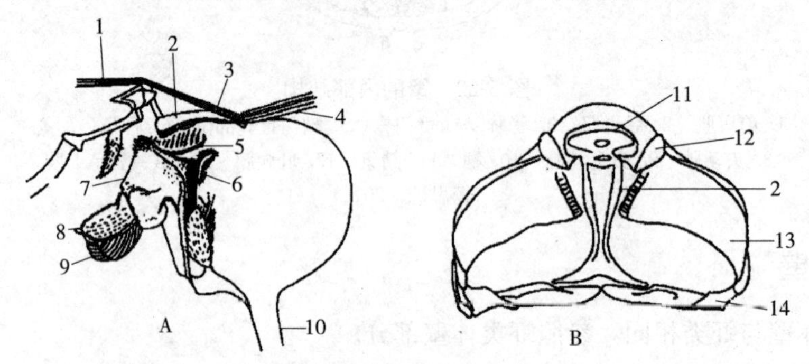

图 5-31　胃及胃磨结构

A. 胃磨侧面观　B. 胃磨背面观

1. 后胃肌　2. 尾贲门骨　3. 贲-幽门胃肌　4. 前胃肌　5. 轭贲门骨齿板　6. 附齿　7. 活瓣　8. 至肝胰腺开口　9. 幽门胃筛区　10. 食道　11. 前幽门骨　12. 外幽门骨　13. 轭贲门骨　14. 翼贲门骨

（杨思谅，1986）

幽门胃的胃腔很小，壁较厚，外观呈半球形，即为幽门垂。内布满刚毛，有过滤食物的作用，经贲门胃磨碎的食物颗粒，通过幽门胃的过滤后到达中肠。

4. 中肠

蟹类等腹部不发达且折叠的种类，其肠呈 U 形弯曲折向前方。中肠短，前接幽门胃，后接后肠，为一段细长直管，位于头胸部后半部。中肠上皮细胞柱状，形成发达皱襞凸入腔内。中肠腔内有明显的围食膜。

在中肠的前部，左右各生出一条盲管，向前延伸直至贲门胃的部位，称为中肠前盲囊，其管径较中肠细，组织学结构与中肠壁类似，离开中肠后向前延伸，可达贲门胃处。

5. 后肠

位于蟹脐中央，可以看到一条隆起的肠，就是后肠，呈长管状。中肠末端有一环绕肠壁形成的肌样结构，为后肠的起始部。后肠末端直达肛门。

在后肠与中肠交界处有膨大呈半球状，称为肠球（intestinal bulb），其上有中肠后盲囊的开口。后肠具后肠腺，肌层发达。中华绒螯蟹后肠前中段，皱襞少而大，此段外膜发达，由单层扁平细胞、疏松结缔组织、脂肪组织构成，内有血管、神经分布，而后肠后段皱襞小而多。

6. 肛门

后肠开口于腹部末节，称为肛门。

7. 肝胰腺

肝胰腺分左右两叶，体积很大，位于头胸部的前端、胃的两侧及心脏的附近。蟹的肝胰腺由许多分支的肝小管组成，有管通往中肠，消化液由此输入。每叶有一输肝总管开口于中肠前端、中肠盲囊开口之后。肝胰腺含有B细胞、R细胞、F细胞和E细胞，其组织结构与虾类相似。肝胰腺具有分泌消化酶、同化作用和储藏营养物质等功能。

大多数蟹类亦为杂食者，食性与虾类大体相同。梭子蟹科的种类多为肉食者，通常捕食双壳类及腹足类，亦捕食小型甲壳动物和鱼类。某些蟹类为植食者或沉积物食取者。总之，多数虾蟹类是以底栖小型动物为主的杂食性生物。

（二）消化系统的发生

不同种类甲壳动物在消化器官的形成方面存在差异。三疣梭子蟹的前肠、中肠和后肠皆发生于原肠胚期。前肠在第一期卵内无节幼体阶段发育成胃与食道，胃开口于卵黄囊；后肠肠上皮细胞在膜内无节幼体阶段尚未形成有序排列，至膜内溞状幼体时始形成后肠腔，并逐渐与中肠连接；孵化前中肠与前肠贯通，形成完整的消化系统。中华绒螯蟹溞状幼体第一期，前肠已明显分化为食道和胃两部分，食道短小，胃大，椭圆形；溞状幼体第二期的胃略显凹陷；从溞状幼体第三期开始，胃明显分化为贲门胃与幽门胃两部分。各期幼体的中肠都是消化道最发达的部分，均超过消化道全长的一半。中肠前盲囊和中肠后盲囊形成于溞状幼体第二期。肝胰腺由中肠分化，肝小管在溞状幼体第一期已出现，在随后各期幼体中逐渐增长，分化形成有许多管状小室的两叶状致密器官。

三、呼吸系统

（一）呼吸系统的组成和结构

蟹类以鳃进行气体交换，其表面积很大。蟹类的鳃着生在鳃室内，每一鳃室以一层几丁质膜为顶，前面与肝胰腺、后面与头胸甲内壁相隔离，腹面以外侧鳃盖和内侧的体壁为界（图5-32）。

除绵蟹为丝状鳃外，绝大多数蟹类的鳃为叶状鳃。每个鳃由中央的鳃轴及两侧的鳃叶构成。鳃轴主要由结缔组织构成，无鳃叶着生处结缔组织外侧包被几丁质层。一般来说，鳃轴的背面为入鳃血管，腹面为出鳃血管。鳃轴向两侧发出片状鳃叶。鳃叶基本结构为角质层、上皮细胞和中央血腔，由几丁质层和扁平上皮构成；鳃叶的边缘具出鳃和入鳃边缘血管，中央具由横纹细胞相连形成的毛细血管网。鳃横断面的形状不同，分别呈矩形、三角形、梯形等，但其组织结构基本相似。

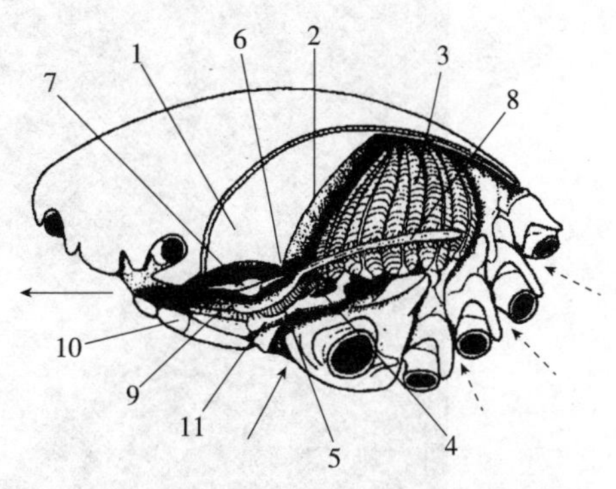

图5-32 鳃室的内部结构（珊瑚瓢蟹，*Carpillius corallinus*）

箭头表示呼吸水流方向；实线表示主要通道，虚线表示次要通道

1. 体腔 2. 几丁质膜边缘 3. 螯足的第二关节鳃 4. 第三颚足的足鳃 5. 第二颚足的足鳃 6. 收缩部 7. 颚舟片 8. 第一颚足上肢 9. 第一、第二颚足外肢 10. 第三颚足内肢 11. 至第三颚足上肢的凸缘

（仿 Warner，1977）

每一鳃叶的背缘，入鳃血管两侧各有3个椭圆形颗粒突起，突起上具褶皱，边缘端有一近圆形接触点，与另一鳃叶相接触，这些突起的作用是使鳃叶间保持一定的空间以便水流通过。腹面左右两侧各具一弯曲的小钩，小钩尖端弯曲而钩住下一片鳃叶，但其

基部膨大，亦起到防止鳃叶贴在一起影响呼吸的作用。

按着生部位也可分为侧鳃、关节鳃、足鳃、肢鳃。不同种蟹鳃的数量有差异：绵蟹类的鳃数很多，有8～20对；玉蟹科和馒头蟹科的鳃数较少，一般为6～9对；高等蟹类的鳃为8对叶状鳃，包括2对侧鳃（在第二、三步足）、5对关节鳃（第二颚足1对，第三颚足和螯足各2对）、1对足鳃，另外还有3对肢鳃。

蟹类的鳃腔相对封闭，由入水孔与出水孔与外界相通，入水孔为胸足基部间由刚毛所围绕的缝隙以及鳃盖下缘，螯足基部的入水孔最大。出水孔位于口前板两侧。鳃腔内有第二小颚外肢特化成的颚舟片，与第三颚足特别发达的上肢，不停地摆动，使水保持流动状态，不仅可清除污物，还可促进气体交换。

蟹类离水后可以用颚足堵住出水孔，防止水分蒸发，使鳃腔内保持湿润，因此，蟹类离水后仍可存活许久。虾蟹类的鳃腔表面血管丰富，可能亦具有呼吸功能。三疣梭子蟹在入鳃和出鳃血管外侧结缔组织中均具有类食道腺，可分泌黏液，认为这些腺体分泌物有保持鳃体湿润的作用以利于其在少水状态下保持正常呼吸。

（二）呼吸系统的发生

岸蟹（*Carcinus maenas*）溞状幼体第四期在鳃腔中出现了鳃芽（gill bud）；大眼幼体（megalopa）的鳃分化出鳃轴和薄片状的鳃叶；在幼蟹具有8对叶状鳃，鳃轴上出现了鳃叶。

四、循环系统

（一）循环系统的组成结构

蟹类的循环系统与虾类相似，属开管式循环系统，由心脏、动脉、血窦、血液等组成（图5-33）。

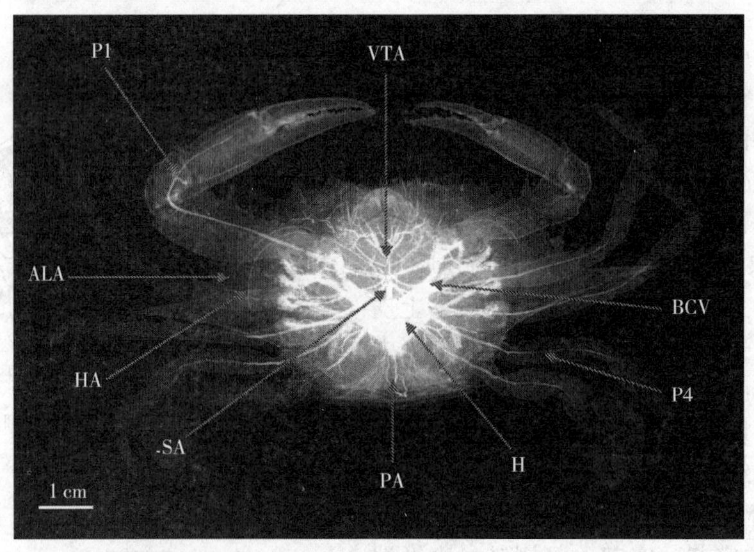

图5-33　蟹的循环系统背面观（蓝蟹，*Callinectes sapidus*）

围心腔注入硫酸钡悬浮液后动脉系统的背侧视图

P1. 螯足　ALA. 前侧动脉　HA. 肝动脉　SA. 胸动脉　VTA. 胸下动脉　PA. 后主动脉

H. 心脏　BCV. 鳃心静脉　P4. 第四胸足

（McGaw，2002）

1. 心脏

蟹类心脏位于头胸部稍中央的围心窦内，略呈五角形，有系带与围心窦壁相连，是一个富有弹性的小囊。蟹的心脏单室，心脏壁由肌纤维组成；心脏表面有 3 对心孔（ostia），背面前端和后端各 1 对，腹面或侧面 1 对，心孔有瓣膜控制，可防血液倒流。

心脏由围心腔包裹，当心脏收缩时，心室缩小，系在围心腔上的 11 条韧带拉紧，心孔关闭，血液从 7 条动脉送出，每一条动脉都具有瓣，防止血液倒流入心脏。心脏收缩减少了围心腔的压力，引起静脉系血液的流入；在心舒张时，心室膨大，心脏内的压力下降，心孔开放，血液由围心腔经心孔进入心脏。

中华绒螯蟹的心脏指数为（0.2±0.03）%。心脏的组织结构也分为内膜、中膜和外膜三层。心外膜较厚，主要由结缔组织构成，在浆膜中含有大量的单核细胞，并富有血管。中膜层为心肌层，肌纤维与肌纤维之间、肌束与肌束之间均有复杂的结缔组织相连。

2. 血管

从心脏发出 7 条动脉穿过围心膜分布至全身。心脏向前发出 5 条动脉，其中央 1 条称前大动脉（anterior aorta）或眼动脉（ophthalmic artery）或头动脉（cephalic artery），从心脏背侧前面的中间发出，穿过性腺、幽门胃和贲门胃，达头胸甲的前缘，分布于头部、脑、视神经和视神经结等。眼动脉两侧各有 1 条前侧动脉（anterolateral arteries）或侧动脉（lateral artery）或触角动脉（antennary artery），管径小于前大动脉，分布于触角、大颚、眼柄肌及触角腺等。在触角动脉的腹侧发出 2 条肝动脉（hepatic arteries），分布到生殖腺、肝和中肠等。心脏向后有两条动脉：一条为后主动脉（posterior aorta）或腹上动脉（superi- or abdominal artery），从后侧发出，分布到步足、性腺、消化道等；另一条为胸动脉（sternal artery），为最大的一条动脉，由心脏的腹面中央发出，穿过胸神经节再分为两支，一支向前为胸下动脉（ventral thoracic artery），分布于口器和步足等，另一支向后为腹下动脉（inferior abdominal artery），分布于后肠及腹部肌肉等，胸下动脉和腹下动脉贯穿全身。

3. 血窦

动脉分支分布于全身，其末端开口于全身的组织间。动脉血液向组织供应营养物质与氧气，同时吸收二氧化碳和代谢产物而变成静脉血，经过胸血窦（thoracic sinus）进入入鳃静脉（afferent branchial veins），在鳃中进行气体交换，变成动脉血，通过出鳃静脉（efferent branchial veins）进入围心腔，经心孔而入心脏。背部的血液可以直接回到心脏。蟹类的血窦主要有鳃下窦（infrabranchial sinuse）、围心窦、胸血窦、背血窦、腹血窦以及组织间的小血窦。其中鳃下窦位于鳃的基部，通过入鳃血管输送血液到鳃中进行气体交换。

4. 血液

蟹的血液无色，含有血蓝素，血液里有吞噬细胞。血细胞与虾类类似，分三种，即大颗粒细胞、小颗粒细胞和无颗粒细胞（亦称透明细胞）。性别、生理状态以及环境条件会影响蟹类血细胞密度及各类血细胞比例。

（二）循环系统的发生

通过对多种蟹类的胚胎发育观察发现，蟹类的心脏原基在原溞状幼体期（protozoea）形成，并逐渐形成囊状心脏，呈半透明状。心脏刚开始搏动时很微弱，为 25 次/min，处于间歇性和不规则跳动状态。随后心跳逐渐加快，间隙次数减少，间隙时间也缩短，节律性加强，但仍不规则。孵化前，心脏已较发达，血液中出现血细胞。

五、生殖系统

成熟蟹类的雌雄差异较大，可从外形上鉴别雌雄。雌雄蟹腹部形状不同：雄蟹腹部窄，呈三角形，称为“尖脐”；雌性腹部宽大，呈半圆形或卵圆形，称为“团脐”。雌雄蟹腹肢形状和数量不同：雌性腹部附肢 4 对，为双肢型；雄性腹部附肢 2 对，特化为交接器。雌雄蟹生殖孔位置不同：蛙蟹和梭子蟹等大多数蟹类的雄性生殖孔开口于末对步足底节上，中华绒螯蟹等胸孔亚派的种类雄孔位于最末胸节的腹甲上；大多数蟹类雌性生殖孔开口于第六胸节腹甲上，蛙蟹亚派雌性生殖孔开口于第六胸足底节上。

雌雄蟹的种类不同，第二性征各有差异，如中华绒螯蟹等雌雄蟹螯足上绒毛的数量和长度相差极大，雄蟹更加浓密。有的种类雌雄蟹颜色不同，如远海梭子蟹（*Portunus pelagicus*）雄蟹特别鲜艳，而雌蟹则显得灰暗，颜色不鲜艳。

（一）生殖系统的组成和结构

1. 雄性生殖系统

由精巢、输精管、副性腺（accessory gland）、阴茎（penis）和交接器组成（图 5-34）。

（1）精巢：蟹类的精巢分左右两叶，位于胃两侧，消化腺背方，心脏之前下方，在胃和心脏之间相互联合，成熟时充满头胸甲前方两侧腔内。精巢由生精小管盘聚而成，小管间充填结缔组织，结缔组织内分布着很多血窦。左右精巢末端在幽门胃下方有一精巢组织的横连，横连两端各与一输精管相连。精巢和输精管及射精管整体上为 H 形结构。雄性生殖腺俗称“蟹膏”。

（2）输精管：精巢下方各有一输精管，与射精管相连，开口于第 8 胸节腹甲上或末对胸足底节上。输精管（sperm duct）可分为 3 部分，即腺质部、储精囊（seminal vesicle）和射精管（ejaculatory duct）。腺质部为连接精巢的细而盘曲部分，用以形成精荚；紧接为膨大的储精囊，用以储存精荚；末部为细而具弹性的射精管，射精管紧接储精囊开口于生殖孔。

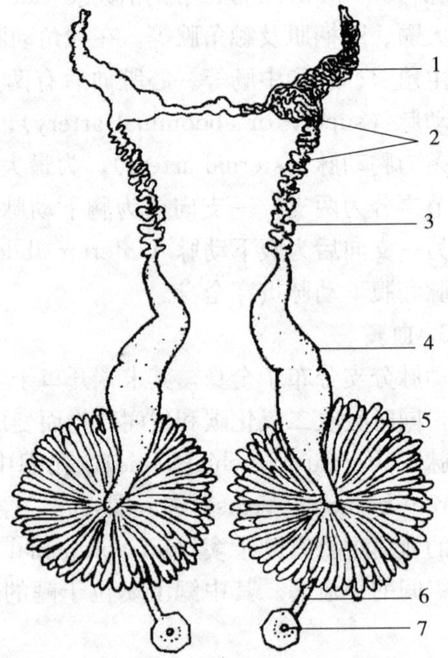

图 5-34　中华绒螯蟹雄性生殖系统

1. 精巢剖面（示生精小管）　2. 输精小管　3. 输精管　4. 储精囊　5. 副性腺　6. 射精管　7. 雄生殖孔

（胡自强，1997）

输精管主要是精荚形成和储存的位点，而射精管则起到在交配时将精荚短时间内迅速转移到体外的作用。精荚为多数精子被分泌物包裹的圆形团块，无特殊结构。与虾类一样，青蟹精荚也是由精子、精荚基质及精荚壁组成的。

（3）副性腺：副性腺 1 对，由树杈状盲管组成，为开口于储精囊与射精管交界处的管状结构，末端为盲管。中华绒螯蟹的1对副性腺位于储精囊和射精管之间，呈乳白色管状结构。在雄性成熟个体中，副性腺十分发达，左右副性腺呈树枝状分叉，几乎占据心脏后方的全部体腔。副性腺的管壁内侧为上皮层，由单层柱状上皮组成，其间有杯状细胞，能分泌黏液，有利于精荚的运行。

（4）阴茎：生殖孔上各着生1条阴茎，为短小膜质管状突起，交配时阴茎膨大，插入第一腹肢的基部，精荚经由阴茎输入第一腹肢的沟槽内。

（5）交接器：交接器由第一腹肢和第二腹肢构成，2对腹肢常弯曲。在第一腹肢具有第二腹肢沟，可放置第一腹肢。

2. 雌性生殖系统

雌性生殖系统包括卵巢、输卵管、纳精囊、阴道（vagina）及雌性生殖孔（图5-35）。

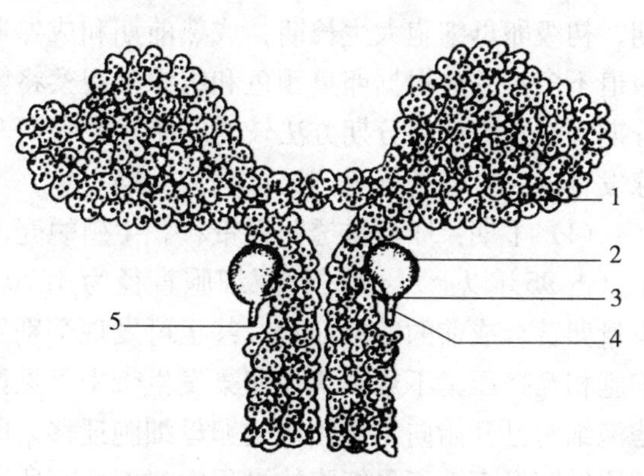

图 5-35 中华绒螯蟹雌性生殖系统
1. 卵巢 2. 纳精囊 3. 输卵管
4. 阴道 5. 雌生殖孔
（胡自强，1997）

（1）卵巢：卵巢1对，分为左右两叶，中部稍后有横桥相连，呈H状，位于头胸部背面，胃的两侧至胃的后下方，周缘分许多小叶而呈葡萄状。成熟时充满头胸甲前侧缘，向后则延伸至腹部前端，很少延伸进入腹部。卵巢壁由致密的结缔组织膜构成，内为生殖上皮，被结缔组织分为许多卵囊。雌蟹性成熟后的卵巢和肝部分俗称“蟹黄”。

（2）输卵管：输卵管短，是连接卵巢通向纳精囊的1对短小的管道。输卵管壁由管壁上皮和外膜构成，上皮是由高矮不一的单层柱状细胞构成的，没有发现腺细胞。

（3）纳精囊：蟹类的体壁内陷形成的一个与输卵管末端相通且垂直的椭球形囊状结构，称为纳精囊（有时称受精囊），位于雌蟹腹面靠近中央部位。纳精囊在卵巢发育不同阶段形态差异很大，内含物量可能也有很明显的不同，从而影响其外观和组织结构。纳精囊平时空瘪，交配后则因充满精荚和乳状物质而膨大。纳精囊囊壁由黏膜和外膜构成，还有发达的肌肉组织确保受精和产卵的顺利进行，同时受神经支配在精子储存、受精及排卵过程中起着十分重要的作用。

（4）阴道：阴道与纳精囊相连，是通达雌孔的1对较短的管道，由体壁内陷形成。阴道壁由内向外由角质层、胶质层、上皮层和外膜组成，在近生殖孔的一段阴道内壁衬有角质的骨管，其长度约占阴道的一半。

（二）性腺的发生

三疣梭子蟹胚胎发育到第二期卵内溞状幼体阶段，在胸部与腹部之间，卵黄囊的腹侧，肠附近才开始观察到具形态结构的生殖腺。生殖腺外观囊状，左右两个生殖腺以管状结构相连。到胚胎末期孵化前，生殖腺发育成近实囊状结构。

（三）性腺发育

1. 雄性性腺发育

精子的发育可分为五个时期，即精原细胞期、精母细胞期、精细胞期、精子期和休止

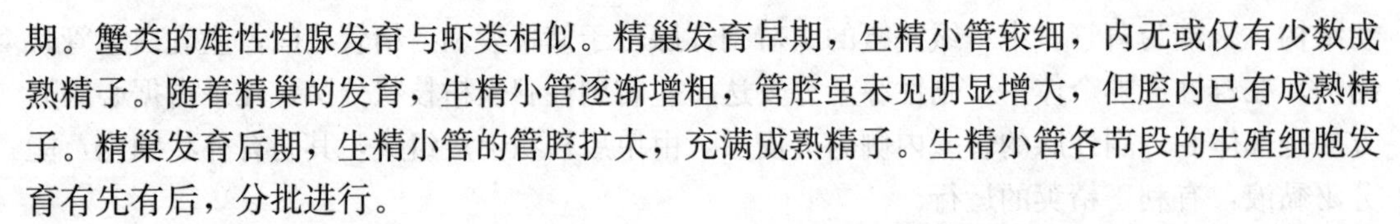

期。蟹类的雄性性腺发育与虾类相似。精巢发育早期，生精小管较细，内无或仅有少数成熟精子。随着精巢的发育，生精小管逐渐增粗，管腔虽未见明显增大，但腔内已有成熟精子。精巢发育后期，生精小管的管腔扩大，充满成熟精子。生精小管各节段的生殖细胞发育有先有后，分批进行。

2. 雌性性腺发育

中华绒螯蟹卵细胞的发育大致可分为五个时期，即卵原细胞期、初级卵母细胞小生长期、初级卵母细胞大生长期、成熟前期和成熟期。目前，国内外有关蟹类卵巢发育规律的报道不多，一般根据卵巢颜色和组织学观察将蟹的卵巢进行分期。由于蟹的种类较多，而分期又是人为的，分期方法较为笼统，在科研和养殖生产中需根据情况具体分析。雌性性腺发育以三疣梭子蟹为例，可分为六期。

（1）Ⅰ期：卵巢呈透明细带状。生殖蜕壳前的三疣梭子蟹均属于此期。以卵原细胞为主（占 95%以上），此时卵原细胞直径为 4.70～12.18 μm。在卵原细胞生发带周围，有少量卵黄合成前的卵母细胞，甚至可发现个别发育到内源性卵黄合成期的卵母细胞；卵母细胞相互挤压呈不规则状。卵巢发生带中可见许多正在形成的卵原细胞和滤泡细胞，部分滤泡细胞已开始向发育较快的卵母细胞迁移。卵巢中所有的卵细胞均表现为嗜碱性，但从卵原细胞发育至卵母细胞的过程中嗜碱性有所减弱。

（2）Ⅱ期：卵巢呈乳白色，主要由内源性卵黄合成期（约 50%）、卵黄合成前（约 30%）和外源性卵黄合成期的卵母细胞（约 20%）组成。卵黄合成前的卵母细胞呈不规则状，内源性卵黄合成期的卵母细胞为近圆形或椭圆形，直径为（64.11±20.40）μm，外源性卵黄合成期的卵母细胞直径为 71.54～93.23 μm，细胞质中出现较均匀的卵黄颗粒，略有嗜酸性。此期生发区间的滤泡细胞已向生发区内迁移，部分已分布在卵母细胞周围。

（3）Ⅲ期：卵巢进入快速发育期，呈淡黄色或橘黄色。卵巢以外源性卵黄合成期的卵母细胞为主，细胞近圆形或椭圆形，呈嗜酸性，卵径为 89.98～162.18 μm，平均卵径为（128.38±16.09）μm，细胞质中开始出现少量脂滴。滤泡细胞呈梭性，完成对外源性卵黄合成卵母细胞的包裹。此外，卵巢中个别卵母细胞的核膜已开始皱缩。

（4）Ⅳ期：卵巢快速发育期，呈橘红色，卵粒明显可见。卵巢中几乎全为外源性卵黄合成期的卵母细胞，许多卵母细胞已接近成熟，平均卵径为（222.71±22.146）μm。随着卵黄物质的积累，卵母细胞间相互挤压呈多边形状，滤泡细胞紧贴在卵母细胞周围。近成熟的卵母细胞中，核膜皱缩而不明显，大的卵黄颗粒主要分布在细胞外缘，核附近的卵黄颗粒较小，但分布较均匀。

（5）Ⅴ期：卵巢发育基本成熟，性腺指数（GSI）不再增长，卵粒大小均匀，部分游离松散，将排卵。卵巢中主要为成熟或近成熟的卵母细胞。成熟卵母细胞大多趋于圆形或近圆形，平均卵径达（362.24±34.34）μm，细胞内卵黄颗粒大小均匀，且充满整个细胞，同时尚可见正在相互融合的卵黄颗粒，以及在卵黄颗粒间分布的一些脂滴。此期细胞核膜不明显，核出现偏位，有时也可见极个别挤压变形的早期卵母细胞，嗜碱性较强。

（6）Ⅵ期：已排卵，卵巢呈淡橘红色，有少量残留卵粒。组织学显示排卵后卵巢中剩余的基膜和滤泡，在一些生发小区内主要为内源性卵黄合成的卵母细胞，生发区的中心也有少量卵黄合成前的卵母细胞。

（四）繁殖习性

1. 繁殖方式

蟹类为体外受精、体外发育。在繁殖习性上，也因蟹种类不同而不同。如中华绒螯蟹、三疣梭子蟹等温水性蟹类，繁殖受温度影响相当明显，多呈现出生殖洄游习性。暖水蟹类如青蟹、远海梭子蟹等，则通常不具有这种明显的生殖洄游习性，一般终年均可产卵繁殖。

2. 交配与产卵

雌雄蟹交配的方式因种而异，一般是受到温度、盐度等环境因子刺激，并在激素的刺激下，待交配的雌雄蟹找到一处僻静处，雄蟹追逐雌蟹，雌蟹完成生殖蜕壳；雌蟹一旦蜕壳，雄蟹马上与其交配。交配时，雄性第一腹肢插入雌性生殖孔，第二腹肢由第一腹肢基部的大孔插入；雄性的精荚通过阴茎注入第一腹肢的沟槽内，第二腹肢的插入犹如一个注射器，将第一腹肢内的精荚迅速压入雌性生殖孔内，并储藏于雌性的纳精囊内。交配时间因蟹的种类而异，一般达数小时。交配后，雄蟹保护雌蟹，直到雌蟹完全硬化才离去，以防其他蟹再与其交配或伤害甲壳尚未硬化的雌蟹。

雌性排卵时，卵子与精子汇合受精，受精卵由雌性生殖孔排出体外。蟹类属于抱卵型，即受精卵黏附在腹肢的刚毛上，直至孵化。卵的大小与数量因种和个体大小而异。卵粒径为 0.5～0.8 mm；卵数少的几十粒、几百粒，经济蟹类一般为 100 万～400 万粒，锯缘青蟹多在 200 余万粒，多者达 400 万粒。

3. 胚胎发育

已有的蟹类胚胎发育资料较少，且分期比较混乱。廖永岩将远海梭子蟹的胚胎发育分为卵裂、囊胚期、原肠期、无节幼体、后无节幼体、原溞状幼体 6 个阶段。

（1）卵裂（cleavage stage）：受精卵产出后并不立即进行卵裂，而存在一个约 28 h 的卵裂前期（水温 25～26 ℃），之后受精卵行第一次卵裂。远海梭子蟹的卵为富含卵黄的中黄卵，其受精卵的卵裂方式为不完全卵裂中的表面卵裂。

（2）囊胚期（blastula stage）：经 8 次卵裂，进入囊胚期。囊胚期卵表面呈均匀、致密状态，卵裂沟及卵裂块消失，看不出任何块状结构。卵裂产生的细胞排列在胚胎周围，组成一层薄的囊胚层，而囊胚层下的囊胚腔则全被卵黄颗粒所填充，后构成卵黄囊。

（3）原肠期（gastrula stage）：随着胚胎的发育，胚胎以内移方式形成原肠胚，卵一端的卵黄被吸收，出现一透明状区域，卵黄颗粒不明显，胚胎进入原肠胚期。随着分裂的加速，细胞越来越小，胚胎前端的大部分形成细胞密集的区域，称为胚区。原肠的形成，确立胚胎发育的纵轴。

（4）无节幼体（nauplius）：又叫卵内第一无节幼体或前无节幼体。小触角、大触角及大颚 3 对附肢原基形成，标志着胚胎发育进入无节幼体阶段；随细胞分裂不断增大，分别形成视叶、小触角、大触角及大颚。

（5）后无节幼体（metanauplius）：又叫卵内第二无节幼体。胸腹原基前部外侧先后出现 2 对附肢原基，并发育成 2 对小颚，此时胚胎共形成了 5 对附肢。

（6）原溞状幼体（protozoea 或 original zoea stage）：2 对小颚后面，胸腹原基后部外侧又先后长出 2 对颚足肢芽，内侧为第二颚足，外侧为第一颚足。此时胚胎共形成了 7 对附肢，身体明显可见分节。头胸甲原基不断生长，左右相连，成为头胸甲。复眼刚出现时为排列成弧形的数列短棒状结构。出现了心脏原基，稍后心脏开始缓慢跳动。

4. 幼体发育

一般蟹类经过 5 期溞状幼体（zoea）和 1 期大眼幼体（megalopa），发育成幼蟹。中华绒螯蟹在水温 11～20 ℃、饵料充足的条件下，约经 30 d 发育成大眼幼体，39～40 d 才能发育成第一期幼蟹（图 5-36）。

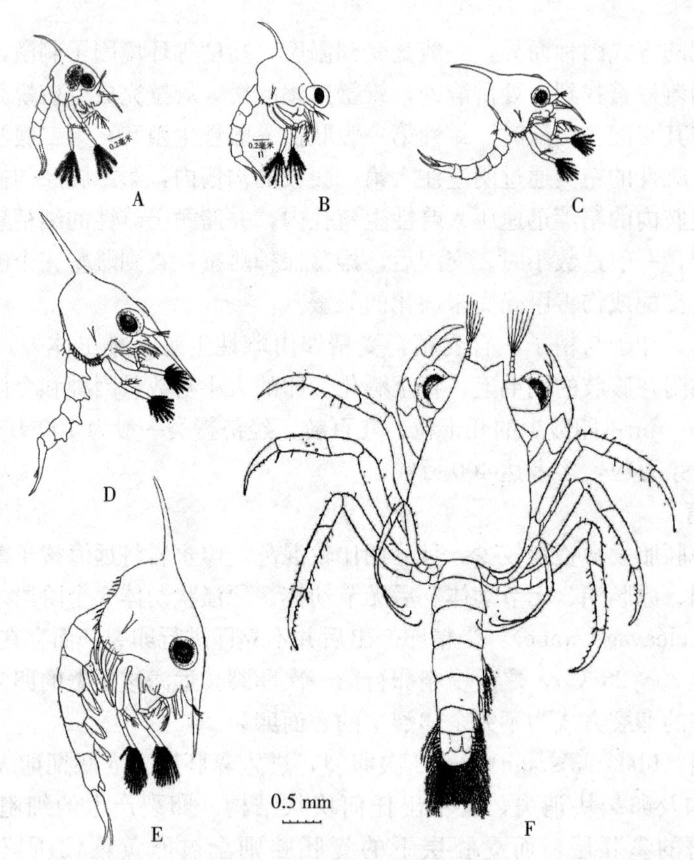

图 5-36　中华绒螯蟹幼体发育

A～E. 第一期至第五期溞状幼体侧面观　F. 大眼幼体背面观

（梁象秋，1974）

第一期溞状幼体（Z_{I}）：1.59～1.78 mm，体略呈三角形。分头胸部和腹部。复眼无柄，不能转动。头胸部具 1 背刺、1 额刺和 2 侧刺，在额、侧刺上偶见有极小刺毛。头胸甲后下角有约 8 个小齿，排列成锯齿状。腹部 6 节，第二至四节两侧各具 1 侧刺。尾节叉状。

第二期溞状幼体（Z_{II}）：2.11～2.28 mm，复眼有柄，头胸甲后下角具 11～12 个小齿，并出现 5 根羽状刚毛。腹部第一节背面中央具 1 短刚毛。

第三期溞状幼体（Z_{III}）：2.44～3.24 mm，头胸甲后下角具 10～13 个小齿和 9～11 根羽状刚毛。腹部 7 节，第一节背面中部具 3 根短刚毛。尾叉内面中部具 4 对刺形刚毛。第三颚足和步足小芽状突起出现。腹肢胚芽出现。

第四期溞状幼体（Z_{IV}）：3.50～3.99 mm，头胸甲后下角具17～18个小齿和12根左右的羽状刚毛。腹部第一节背面约具5根短刚毛。尾叉内面中央在一些个体已出现第五对刚毛的胚芽。第三颚足和胸足延长，腹肢延长，呈叶芽状突起。

第五期溞状幼体（Z_{V}）：4.54～5.25 mm，头胸甲后下角约具18个小齿，并有许多长羽状刚毛延伸到整个头胸甲后缘。腹肢5对，前4对为双肢型，第5对为单肢型。腹部第一节背面约具8根短刚毛。尾叉内面中部的刺形刚毛为5对。

大眼幼体：4.90～5.36 mm，体形平扁，额缘中央凹成一缺刻，两侧凸起，因而额呈双角状突起。背、额、侧刺均消失，眼柄伸长。腹部7节，第五节后侧角呈尖刺状，尾叉消失，尾节两侧各具3根短毛，后缘中部具2对羽状刚毛。

蟹类几乎都是间接发育，由受精卵孵出溞状幼体，通过大眼幼体，最后发育为成体。而溪蟹比较特殊，其在两性硬壳时进行交配，产卵量少，卵粒大，卵壳较厚，以直接发育的方式完成幼体发育，由受精卵直接孵出近似成体的仔蟹，各期幼体阶段均在卵内度过，没有幼体变态过程。

六、神经系统

（一）神经系统的组成和结构

蟹类是甲壳动物系统发育最高等的类群，其神经系统仍为链状神经系统，但相对于对虾类的链状神经系统，其腹神经索高度愈合为团状，有资料称为“团状神经系统”。蟹类的腹神经链所有神经节与食道下神经节完全合并，形成一个大的胸神经团。因此，中枢神经系统主要包括数对神经节愈合而成的脑和胸神经团，两者以围食道神经相连。脑和胸神经团又各自发出若干神经，分布至身体的各部分。位于食道左右两边的围食道神经节，隶属于蟹类的交感神经系统（图5-37）。

1. 脑

脑位于头胸部最前端两眼之间，食道上方，口上板的后方，背面观略呈横长方形。向前发出视神经、皮肤神经、触角神经，向后与两条围食道神经连接。

2. 围食道神经节

围食道神经节位于食道两侧的围食道神经上，由它发出分布于胃和内脏的胃神经。两条围食道神经在胸部与胸神经团（胸神经节）连接。

3. 胸神经团

胸神经团位于胃磨和心脏之间的下方腹面体壁上。锯缘青蟹的胸神经团很发达：前部稍呈等腰三角形，相当于食道下神经节；后部呈圆形，相当于胸神经节和腹神经节愈合部分，从组织学上可以观察到其后中部由腹神经节愈合而成。胸神经团后部中央有1个圆孔，是胸动脉穿过的地方，称为胸动脉孔（thoracic artery foramen）。

由胸神经节两侧自前向后呈放射状依次发出11对附肢神经和1支腹部神经，附肢神经（锯缘青蟹）分布到大颚、小颚、颚足、螯足和步足等。胸神经节向尾部延伸是腹神经。腹神经从神经团后方发出，进入腹部后再分支，分布于腹肢和腹部肌肉。蟹类由于腹部退化，腹神经很短。

中央神经系统的功能是调节身体的整体行为，而周边神经则起到局部的反射功能。

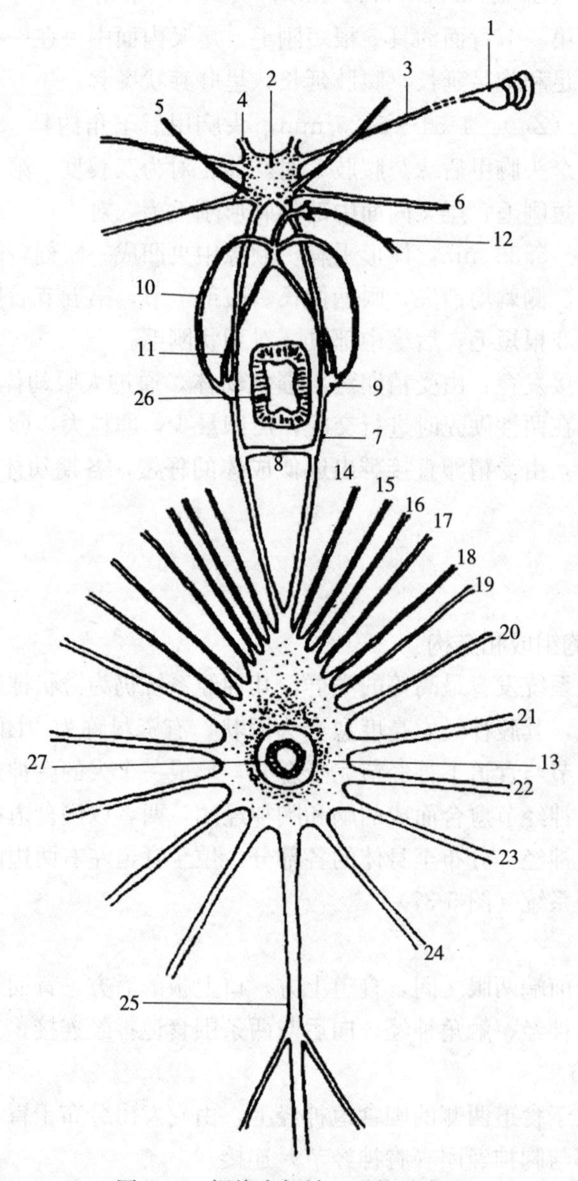

图 5-37　锯缘青蟹神经系统示意图

1. 眼柄神经节　2. 脑　3. 视叶柄　4. 第一触角神经　5. 第二触角神经　6. 表皮神经　7. 围食道神经　8. 食道下横连神经　9. 围食道神经节　10. 胃神经的背根　11. 胃神经的腹根　12. 胃神经　13. 胸神经团　14. 大颚神经　15. 第一小颚神经　16. 第二小颚神经　17～19. 第一至第三颚足神经　20. 螯足神经　21～24. 第一至第四步足神经　25. 腹神经　26. 食道　27. 胸动脉

（陈宽智，1980；黄辉洋，2001）

（二）神经系统的发生

三疣梭子蟹胚胎期脑由前脑、中脑和后脑组成。脑能在光镜下被识别是在第二期卵内无节幼体阶段。三疣梭子蟹胚胎期腹神经链由大颚、两对小颚和两对颚足所对应的神经节以及腹部神经链组成。

中华绒螯蟹溞状幼体Ⅰ期时，其中枢神经系统已见雏形，但前、中、后脑未愈合，前脑较小；溞状幼体Ⅲ期时，后脑向上迁移与前脑愈合；到溞状幼体Ⅴ期，前脑、中脑、后脑完全愈合并迁移到两眼之间；大眼幼体和稚蟹脑具备了六边形形态。食道下神经节与胸神经节的两条神经索在溞状幼体Ⅰ期呈分离状态，溞状幼体Ⅱ期时开始愈合，至溞状幼体Ⅴ期完全愈合。腹神经链在溞状幼体Ⅰ期时发育不完全，溞状幼体Ⅲ期时形成两条神经索，溞状幼体Ⅳ期两条神经索联系紧密。溞状幼体Ⅴ期食道下神经节与胸神经节高度愈合，腹神经链发育完全，并在大眼幼体期开始与胸神经节愈合。胸腹神经团的3个组成部分在稚蟹期愈合完全。

七、排泄系统

蟹类的排泄器官也为小颚腺和触角腺。小颚腺多见于幼体，成体大多仅存触角腺。触角腺也称为绿腺，位于眼柄底部，开口于第二触角的基部。开口处有1薄膜内陷，外面有一小盖。由端囊、迷路、膀胱和输尿管组成。端囊和迷路相连形成1个小的淡绿色致密的海绵状体，位于眼窝后。主要功能是排泄含氮废物，调节体内离子，起到了过滤血液的作用。与虾类相比，蟹类无原肾管，而瓷蟹属（*Porcellana*）的种类无膀胱。

八、肌肉系统

蟹的运动靠肌肉系统完成。与虾类大型肌肉主要分布在腹部不同，蟹类的主要肌肉在头胸部，用以活动口器和胸肢。其肌肉为横纹肌，可分为伸肌和缩肌，能协调伸缩运动，使蟹具有较强的运动能力。如三疣梭子蟹等游泳蟹类，肌肉系统更为发达，便于其游泳。蟹类的肌肉通到各器官，眼柄的竖立、大颚的转动、触角摇动、胸部附肢伸缩，均依靠肌肉的运动来牵动外骨骼做出各种运动。对酋妇蟹（*Eriphia spinifrons*）肌肉精细结构研究发现，蟹的肌肉纤维分4种，即1种慢肌（Ⅰ型）和三种快肌（Ⅱ型、Ⅲ型、Ⅳ型）纤维。

九、感觉器官

蟹类有感光器官、化学感受器、触觉感受器、平衡感受器、听觉器官和本体感受器（proprioception或proprioceptor）等感觉器官。

1. 感光器官

有1对有柄的复眼。眼柄分2节，第一节很短，从外面不易看到，第二节较长，常露出在外面；两节之间有坚韧的几丁质相连。眼柄的活动范围较大，可以直立起来，可以横卧在眼窝里。蟹类的眼柄长短及眼的大小和形状均随种类而异。如人面蟹科（Homolidae）及蛛形蟹科（Latreillidae）的种类眼柄很长，眼发达呈肾形；玉蟹科（Leucosiidae）眼柄和眼很小但灵活；长脚蟹科（Goneplacidae）的某些种类眼柄不能活动，眼很小；沙蟹属（*Ocypode*）眼柄粗，角膜肿胀，占据整个眼柄的腹面，眼窝长，占据除额外的全部头胸甲前缘；而招潮蟹属眼柄细长，角膜小，位于眼柄的末端。也有些种生活在深水区，眼退化。

2. 化学感受器

化学感觉包括味觉（taste）和嗅觉（smell），是对摄食和求偶等活动的感觉，它较集中的部位是第一触角，其上有成排的化学感觉毛。此外，在口器和步足的指节部分也有较多的能感觉化学物质的刚毛，在体表也有能感知化学物质的各类刚毛，但很分散。

3. 触觉感受器

触觉无特殊的器官，几乎遍布全身体表的各种刚毛多起着触觉感受器功能。根据其形态特征，中华绒螯蟹体表至少有 8 种毛状体，分别称为光滑毛、棘状毛、羽状毛、锯齿状毛、爪状毛、针状毛、鳞片状毛、鳃状毛，起着感受水流、振动和接触异物等作用。

4. 平衡囊

位于第一触角基节内的囊状结构，囊内有平衡石和感觉毛。平衡石的移动引起囊内感觉毛受压变化而感受到体位的变化。蟹类平衡囊为封闭型，囊腔分化成一个垂直管和一个水平管，其内充满淋巴，成为十足目动物中最复杂的类型。锯缘青蟹淋巴代替平衡石，借以调节身体平衡，成为高等演化象征。

5. 听觉器官

甲壳类动物听力的机制以及听力是否存在一直都有争议，但从生态行为来看，蟹的听觉十分灵敏。推测平衡囊（statocyst）是十足目动物的主要听觉器官。新西兰圆趾蟹（*Ovalipes catharus*）的平衡囊是一个狭窄的管道系统，只有由少量沙粒组成的平衡石，对较低频率（100～200 Hz）的声音最为敏感，而去除平衡囊后，对声音的反应消失。十足目不同种类之间的平衡囊结构和敏感性可能存在根本的差异。沙蟹属能感知 800～3 000 Hz 的声波，对 1 000～2 000 Hz 的声波最为敏感，位于步足长节的 myochordotonal organ 感知高频声波。有些类型的体表刚毛也能感受到外界声波的变化。

6. 本体感受器

本体感受器是存在于关节处的肌肉群内的一种肌纤维组织，能感觉附肢的运动，从而使机体协调运动。本体感受器由位置（静态）和运动（动态）感受器组成，类似昆虫的弦音器（chordotonal）。并非所有的本体感受器都横跨一个关节，但它们仍然可以感知关节的运动。它们附着在表皮突起上，并与骨骼肌和关节联合运动。蟹胸足有 6 个关节，每个关节都有一个或两个本体感受器。类似结构在天空蓝魔虾（*Cherax destructor*）中也有发现。

十、内分泌器官

内分泌器官包括 X 器官-窦腺复合体、脑和胸神经节、大颚器官、Y 器官和促雄性腺等。蟹类的大颚器官较为明显，位于大颚肌几丁质腱外侧的基部，白色至淡黄色，椭球状或肾形，在蛋白质代谢、生殖、蜕壳和变态等方面具有重要的调节功能，具体内容参照虾类内分泌系统。

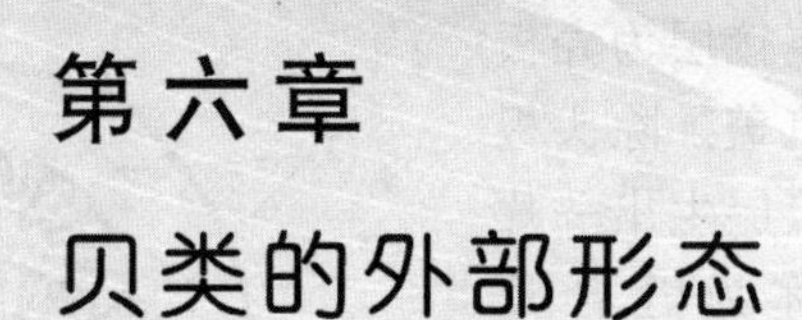

第六章 贝类的外部形态

第一节　无板纲的外部形态

无板纲为软体动物中的原始种类。身体呈圆柱形蠕虫状，体长多在 5 cm 以下，左右对称，细长或短粗（图 6-1）。根据外形，身体可以分为 3 部分，分别为头部、体躯和排泄区。头部小，在前方，不明显，由一收缩部与体躯清楚地分开，口在前端腹侧，无眼和触角。体躯通常细长，在后方也有一收缩部与后端的排泄区清楚地分开。外套膜极发达，其边缘在腹面愈合，形成包围身体的管。体表面无石灰质板和贝壳，但被有角质并带有石灰质针状棘的外皮。在背面有时具疣状突起物。身体的腹面中央有一纵行沟，称为腹沟。在腹沟区无石灰质棘，除毛皮贝（*Chaetoderma*）和龙女簪（*Proneomenla*）外，在腹沟中有一脊状物，实为其小型的足，足上亦有纤毛，动物借此运动。腹沟前方与一纤毛沟有联系，后端则直接与排泄腔相通。排泄腔在体后端，为肛门开口处。大多数种类在腔中具 1 对或 1 环本鳃，鳃壁有单一或复合的褶叠。

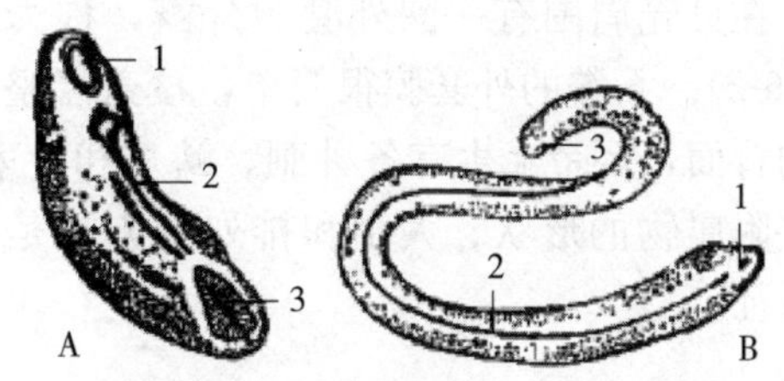

图 6-1　无板纲的外部形态
A. 隆线新月贝（*Neomenia carinata*）
B. 龙女簪（*Proneomenla*）
1. 口　2. 腹沟　3. 排泄腔
（引自蔡英亚等）

第二节　多板纲的外部形态

一、贝壳

多板纲贝类体呈椭圆形，背稍隆，腹平。背侧具 8 块石灰质壳板（贝壳），故称多板纲。壳板自前端向后端呈覆瓦状排列，通常不能将身体完全包被。壳板的形状、大小和花纹，是分类的重要依据。

8 块壳板按其形态和位置可分为 3 类（图 6-2）：前面一块半月形，称头板（cephalic plate），在腹面前方有嵌入片（insertional lamina）；中间 6 块结构一致，称中间板（intermediate plate），在腹面后方的两侧有嵌入片；末块为元宝状，为尾板（tail plate），在腹面的后方有嵌入片。

壳板由盖层（tegmentum）和连接层（articulamentum）组成。盖层为壳板的上层，具各种刻纹和颜色，露于体外。连接层为壳板的下层，呈白色，被盖层和环带遮盖。除头板外，每一壳板的前面两侧，由连接层生出一片白色光滑而较薄的片状物，称为缝合片（sutural lamina）（图 6-2），插在表皮中而不与表皮相连。缝合部能活动，从岩石上被剥落后，动物身体能蜷缩起来。每一块壳板按外形可分为 3 部：中央凸出者为峰部，两侧为肋部，后方的两侧称翼部（图 6-2）。

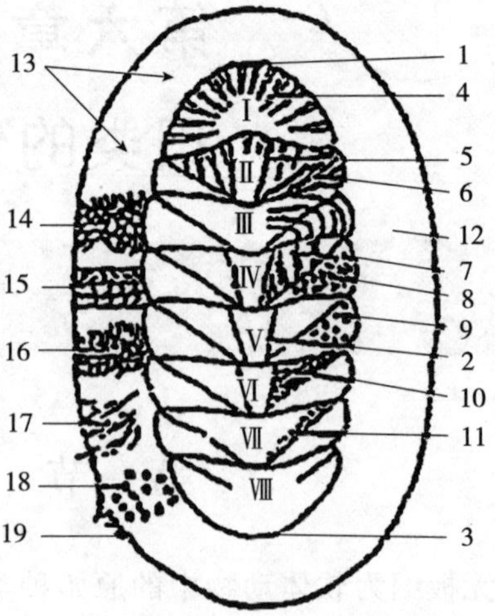

图 6-2　多板纲外形模式

1. 头板（前板）　2. 中间板（中板）　3. 尾板（后板）　4. 放射肋　5. 肋　6. 辐射线　7. 刻槽　8. 放射结　9. 颗粒　10. 网纹　11. 壳眼　12. 环带　13. 针束　14. 鳞片　15. 尖头鳞　16. 条鳞　17. 毛　18. 棘　19. 边缘刺

（引自张玺等）

二、外套膜

在贝壳周围有一圈外套膜外露，称为环带（图 6-2）。石鳖的外套膜很简单，覆盖着整个身体的背面，环带上生有各种刺、鳞片和针束等，这些附属物的形状、大小和排列的方式是分类的特征。

三、头部

头部不发达，位于腹侧前方，圆柱状，有一向下的短吻，吻中央为口，无触角和眼等附属器官。

四、足部

足位于身体腹面、头的后方，占腹面的绝大部分。足宽大，呈椭圆形，具发达的肌肉，吸附力强，有时能把外套沟中的水分压出形成真空，使身体牢固地附着在外物上。石鳖生活时依靠足部和环带肌肉的伸缩在岩石、海藻上爬行，它爬行的速度很缓慢，且多在夜间行动。

第三节　单板纲的外部形态

一、贝壳

单板纲身体左右对称，壳体的形状变化很大，常见的有笠状、帽状、罩形和弓锥壳、平旋壳等，壳顶在中央部稍靠前方，向前倾斜。壳表有自壳顶生长的同心生长线，有的有放射线。胚壳右旋，有单板纲螺旋，壳口向后方，说明动物没有经过扭转。

二、外套膜

外套膜包裹着软体的主要部分，其边缘环绕整个动物体的周缘，并能伸到贝壳的最外缘。外套腔呈浅槽状，腔的内壁与足分界。加拉提亚新碟贝（*Neopilina galatheae*）外套腔的两侧有 5 对鳃，环列于足的周围，肾 6 对，1 对开口于前部，其余 5 对均开口于鳃的基部。

三、头部

头部不明显，位于腹面足部的前方，无眼，口为头盘所包围，在头盘的后方，有两排口后触手（图 6-3）。

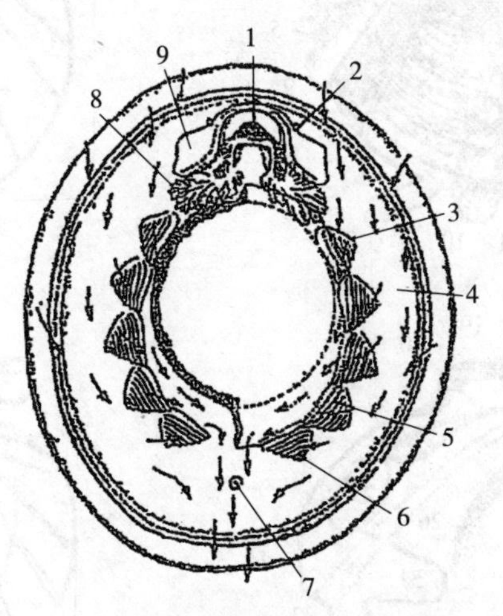

图 6-3 加拉提亚新碟贝的腹面观
箭头示水流方向
1. 口 2. 口前触手 3、6. 栉鳃 4. 外套沟 5. 足缘 7. 肛门 8. 口后触手 9. 头盘
（引自 Purchou）

四、足部

足宽大，呈低圆柱形，由环行肌纤维组成。在足的前缘有足腺，能分泌黏液以助爬行。

第四节 瓣鳃纲的外部形态

一、贝壳

1. 贝壳的形态

瓣鳃纲具有从两侧合抱身体的 2 片贝壳，故名“双壳类”，头部退化，故又名“无头类”。瓣鳃类的贝壳可分为左右相称（equivalve）和左右不相称（inequivalve）。左右相称指左右两壳的大小、形状相同，左右不相称（inequivalve）指左右两壳大小、形状不同。瓣鳃类的贝壳还可分为两侧相等（equilateral）与两侧不相等（inequilateral）。两侧相等即贝壳的前、后两侧等长，两侧不相等（inequilateral）即贝壳的前后两侧不等长。一般说来，瓣鳃类的贝壳包括如下结构（图 6-4）。

壳顶：为贝壳最初形成的部分，即胚壳。多数壳顶略偏前方，有些种类壳顶位于中央或后端。

小月面：壳顶前方的小凹陷，一般为椭圆形或心脏形。

楯面：壳顶后方与小月面相对的一面。

壳耳：在丁蛎、扇贝、珍珠贝等，壳顶的前、后方具壳耳，前端称为“前耳”，后端

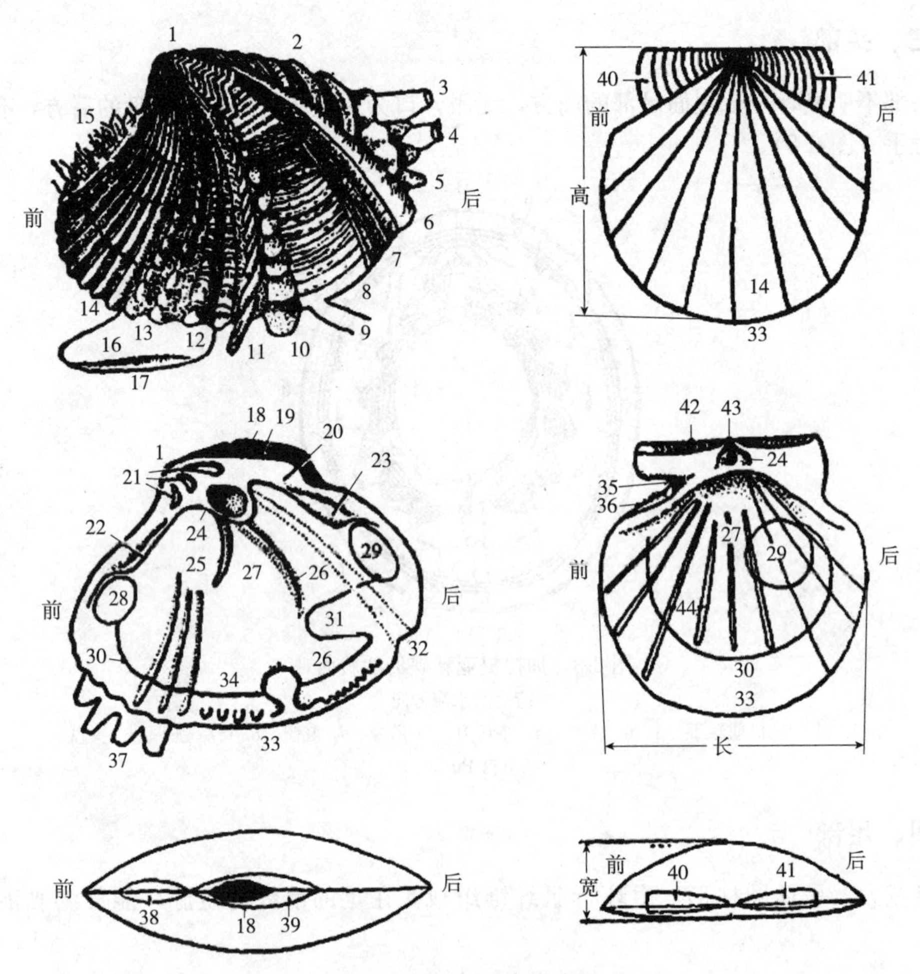

图 6-4 瓣鳃纲贝壳模式图

1. 壳顶 2. 背缘 3. 出水管 4. 入水管 5. 鳞状片、板状等突起 6. 后斜肋 7. 格子状雕刻 8. 电光状雕刻 9. 足丝 10. 瓣状突起 11. 刺状突起 12. 鳞片状放射肋 13. 粒状放射肋 14. 放射肋 15. 刚毛 16. 足 17. 蹠 18. 外韧带 19. 内韧带 20. 齿丘 21. 主齿 22. 前侧齿 23. 后侧齿 24. 韧带窝 25. 棒状突起 26. 内隆起 27. 窝心部 28. 前闭壳肌痕 29. 后闭壳肌痕 30. 外套痕 31. 外套膜 32. 嘴沟 33. 腹缘 34. 锯齿状襞 35. 足丝孔 36. 足丝孔边缘栉齿 37. 壳皮 38. 小月面 39. 楯面 40. 前耳 41. 后耳 42. 铰合齿 43. 内韧带 44. 内肋

(引自浤庸)

称为“后耳”。

生长线：壳表面以壳顶为中心的环形线。

放射肋：以壳顶为起点，向腹缘伸出的放射状条纹。

铰合部（铰合齿）：在壳顶内下方，两壳的衔接部分。原始种齿多（1或2列），演化种齿少且为异形齿。分为主、侧齿，主齿位于壳顶部的下方，侧齿位于主齿的前、后两侧，分别为前侧齿、后侧齿。有的没有齿。

壳内柱：海笋及船蛆在贝壳内面壳顶的下方有1个棒状物。

韧带：在壳顶后方，铰合部背面有一呈黑色具弹性的几丁质韧带，有些种类具有内韧带，起开壳的作用。它又分为外韧带与内韧带两种。一般外韧带多位于壳顶后面两壳的背缘；内韧带多位于壳顶下方，铰合部中央的韧带槽中。这两种韧带，在同种中可以同时存在，但大多数贝类只有一种韧带。

外套痕：外套膜环走肌的痕迹。

外套窦：水管肌的痕迹，是外套痕末端向内弯入的部分。

闭壳肌痕：闭壳肌的痕迹。前伸、缩足痕多在前闭壳肌痕的附近；后伸、缩足肌痕多在后闭壳肌痕的背侧。有 1 个，或前后 2 个。

2. 瓣鳃纲贝壳的方位辨别

瓣鳃纲贝壳方位的辨别，首先是确定前后方位，而后再辨别左右和背腹。辨别前后方位时可观察：①壳顶尖端所向的通常为前方；②由壳顶至贝壳两侧距离短的一端通常为前端；③有外韧带的一端为后端；④有外套窦的一端为后端；⑤具有 1 个闭壳肌的种类，闭壳肌痕所在的一侧为后端。

贝壳的前、后方向决定后，以手执贝壳，使壳顶向上，壳前端向前，壳后端向观察者，则左边的贝壳为左壳，右边的贝壳为右壳，壳顶所在面为背方，相对面为腹方。有些瓣鳃类，如贻贝，贝壳较小的一端为壳顶，它的口接近这个部位，因此，把壳顶称为前端，相对的一端为后端，靠近鳃的一侧称腹面，相对一方称为背面。

贝壳的测量术语：

壳高（height）：壳顶至腹缘的距离。

壳长（length）：壳前端至后端的距离。

壳宽（width）：左右两壳面间最大的距离。

3. 贝壳的构造

贝壳的主要成分是 $CaCO_3$，约占 95%左右，其他成分还有贝壳素（conchiolin）和少量其他物质，一般可分为三层，由外套膜分泌而成，其分泌作用具有区域性。

（1）角质层：又称皮层，为最外面的一层，由贝壳素构成，能耐酸的腐蚀，起保护外壳的作用，一般较薄，透明，具有光泽。外套膜缘称为生壳突起，分泌角质层。

（2）棱柱层：又称壳层，位于中间，占据壳的大部分，由角柱状的方解石构成。外套膜缘背面表皮细胞分泌石灰质棱柱层。

（3）珍珠层：又称壳底，通常由叶状的霰石构成，电镜下霰石结晶呈砌砖状构造，每层间有微量的氨基酸充塞。由外套膜的全外表皮细胞分泌而成，它随着动物的生长而增加厚度，富有光泽。

角质层与棱柱层的生长完全由外套膜外缘分泌形成，随着动物体的生长面积逐渐增大，但是这种增长不是连续的，例如在动物繁殖期间停止生长，或因食物不足或因季节不同而形成对生长速度的不同影响，因而在贝壳表面常形成生长线（grow line），可以用来判断其年龄。分泌机制的区域性在某些条件下是可以改变的。

4. 副壳

某些两壳不能完全闭合、外套膜特别封闭且具有水管的种类，它们常在壳外的凸出部分产生副壳。副壳有 2 种形式。

（1）副壳不属于贝壳而独立：如海笋科，在贝壳的背腹及后端有 5 种副壳。原板在壳顶正上方，为 1 个或 2 个大的石灰质片；中板位于原板之后，常为一近三角形的横板；后板为紧接中板或原板之后的一个披针形长板；腹板在贝壳腹面后部，为左右两片互相愈合而成的梭形板；水管板在水管基部为两个左右连接呈管形的板。船蛆的副壳为石灰质管及水管自由端左右两侧的2个石灰质片（铠）。

（2）副壳与贝壳互相愈合而连成一个壳：如筒蛎，它的双壳附着在石灰质管（副壳）上，石灰质管大，呈筒状，其顶端的帽状部由许多细管组成，排列在一个平面上。

二、外套膜

外套膜为左右贝壳内面的薄膜，是躯干部背侧皮肤的一部分褶皱向下延伸而形成的。通常向下包裹整个内脏囊和足部，其背缘与内脏囊背面的上皮组织相连，边缘较厚，背缘和中央部分很薄，半透明。有的种类生殖腺伸入外套膜（贻贝，不等蛤）。有的外套膜内面有腺体（胡桃蛤有鳃下腺）。

外套膜由内表皮、结缔组织及少许肌肉纤维、外表皮组成。一般外套膜游离边缘可分为3层：外层又称生壳突起，主要功能为分泌贝壳角质层；中层又称感觉突起，该层对外界刺激司感觉作用，在牡蛎中具有触手和感觉细胞，在扇贝和鸟蛤中有外套眼；内层又称缘膜突起，这层肌肉纤维较多，借助肌肉的伸展和收缩，能控制水流的进出，在扇贝科中则转向内部成帆状部。外套膜表皮细胞含有色素颗粒。

1. 外套膜的形状

所有的瓣鳃类，左右两侧的外套膜，在背缘均互相愈着。而外套膜前、后、腹缘的愈着形式，则随种类而不同，可分为4种类型（图6-5）。

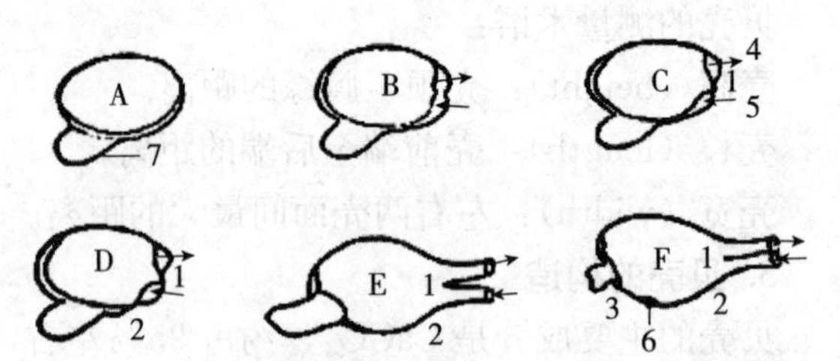

图6-5　瓣鳃纲外套缘愈着的各种形式
A. 外套膜缘未愈着者　B. 仅剩水管痕迹尚未愈着者
C. 外套膜缘在一处（1）愈着者
D. 外套膜缘在两处（1、2）愈着者
E. 水管发达，腹面的愈着部（1、2）扩展至前方
F. 外套膜缘在三处（1、2、3）愈着者　4. 出水孔
5. 入水孔　6. 腹孔　7. 足
（引自 Cooke）

（1）简单型：左右外套膜除在背缘愈着外，在外套膜的前、后、腹缘完全游离，无愈着点（胡桃蛤、不等蛤、蚶、扇贝等）。

（2）二孔型：在外套膜边缘的背后方有一愈着点，形成肛门孔（出水孔，排泄粪便和废水）和鳃足孔（入水孔，水流和食物进入的孔道）（珠母贝、牡蛎、贻贝等）。

（3）三孔型：外套膜边缘有两点愈着，即在第一愈着点的略近腹侧处，形成第二愈着点，形成肛门孔、鳃孔和足孔（帘蛤、蛤蜊、砗磲）。有的愈合点特别延长，除肛门孔、鳃孔和足孔外，外套边缘完全关闭，如海笋等。

（4）四孔型：外套膜边缘有三点愈着，形成肛门孔、鳃孔、足孔和腹孔（竹蛏、筒蛎等）。腹孔的作用是当进出水管缩入体内时，作为水流进出的孔道，如筒蛎。

外套膜后端的两孔，即肛门孔和鳃孔，有时延伸成为管状伸出壳外，称为水管。由肛门孔延伸者为肛门水管或出水管，由鳃孔延伸者为鳃水管或入水管。有的两管是完全分开的，如斧蛤、樱蛤等。有的合并成一管，仅先端部分分离，如蛤仔等。有的完全愈合，宛如一管，如蛤蜊、海笋等。船蛆的水管特别发达，长度超过身体其余部分的总长，构成了动物体的主要部分，鳃即藏于管中。

2. 外套膜中的肌肉

外套膜肌肉有4种。

(1) 环走肌(外套膜环肌):为沿着外套膜边缘的环形肌肉纤维,附着在贝壳内面,起收缩外套膜边缘作用。

(2) 水管肌:由外套膜环肌的后部分化而来的肌肉纤维,具有牵引水管的作用。

(3) 闭壳肌:又称为肉柱,由外套膜分化而成的横行肌束,用来连接左右外套膜及左右贝壳。前闭壳肌位于口的前方背侧,后闭壳肌位于肛门的前方腹侧。有的种类(如扇贝、牡蛎等)前闭壳肌特别退化,甚至完全消失。闭壳肌起着开关两壳的作用,其中,横纹肌动作迅速,能快速把贝壳关闭起来,平滑肌运动迟缓,但能使贝壳紧闭;平滑肌的闭合力比横纹肌大。横纹肌和平滑肌的组成比例与贝类的生活类型和栖息环境有关。

按照闭壳肌的数目、大小也可将瓣鳃类分为3类。等柱类前后两个闭壳肌大小相似,如镜蛤、西施舌。异柱类两个闭壳肌大小不等,前闭壳肌小,后闭壳肌大,如贻贝。单柱类只有一个闭壳肌,前闭壳肌消失,如牡蛎、扇贝、珍珠贝等。

(4) 副闭壳肌:有水管的瓣鳃类(如斧蛤),外套膜在分隔鳃孔和足孔时,常出现交叉的肌肉束,这种肌肉束自左壳的边缘斜走到右壳的边缘,形成了副闭壳肌束,这种肌束可以控制贝壳开闭大小。

3. 外套膜的作用

(1) 保护作用:包裹整个内脏囊和足部。

(2) 辅助呼吸作用:外套膜内富含血管,可进行呼吸,同时依靠其内侧纤毛运动,使水在体内流动。外套膜与内脏囊之间有一腔与外界相通,称外套腔(mental cavity),大多数种类腔内有呼吸器官(鳃),故又称呼吸腔或鳃腔。排泄孔、生殖孔和肛门有时开口在外套腔中。

(3) 分泌物质形成贝壳。

三、足部

生在身体腹面的肌肉质突起,形状变化很大。瓣鳃类的足部一般左右侧扁,呈斧刃状,故又称"斧足类"(Pelecypoda)。

1. 足的形状

瓣鳃类的足位于身体的腹面,其背侧与体躯相连,在其内部常有内脏囊伸入,如消化盲囊、肠以及生殖腺。足的形状和大小变化很大,在较原始的种类,足一般呈圆柱状,两侧稍扁,末端腹面为扁平的足底(又称蹠面),如胡桃蛤科(Nuculidae)和蚶蜊(*Glycymeris*)等,可用足匍匐爬行。演化的种类足不具蹠面,先端腹面呈斧刃状或龙骨状凸起,在足的前方或前、后方凸出呈尖状,使足形成一个前尖,如鸟蛤(*Cardium*),或具有前、后二尖端,如三角蛤(*Trigonia*)。在满月蛤总科(Lucinacea)中的大多数种类,足呈一细长圆柱形向前方伸出,先端膨大。竹蛏足的末端膨大而无固定的形状。在附着或固着生活的种类,足部显著退化或完全消失。例如扇贝在成体时,足已失去了运动的机能,变得很小;牡蛎在固着后,终身不能移动,足就完全退化消失。

足为运动器官,动作很缓慢,主要功能是挖掘泥沙,进行埋栖生活。足的运动依靠足中肌束的收缩和伸展来进行。足中通常有 4 对肌束（斧足肌），分别是前缩足肌、前伸足肌、举足肌和后缩足肌。

2. 足丝

足丝（byssus）是营附着生活的瓣鳃类的特殊器官，如贻贝、江珧、珠母贝和扇贝等，在成体时足部退化，但足丝特别发达，它们利用足丝附着在外物上生活。当遇到环境条件不适合时，如盐度、水温、饵料生物等急剧变化，可以放弃旧的足丝，从附着物上脱落，至环境适宜处遇到新的外物再分泌新的足丝附着其上。

足丝是由足丝腔和足部内单细胞腺体（又称足丝腺）分泌的产物，这种分泌物经过足丝腔的表皮细胞与水相遇则变硬成含贝壳素的丝状物，集合而成足丝，最后从足丝孔伸出黏附在外物上（图 6-6）。足丝的形状和性质随种类而异：如贻贝呈毛发状，由贝壳腹面伸出；蚶呈片状，由贝壳腹面裂缝的足丝孔伸出；不等蛤呈石灰质的块状，由右壳顶端的孔穴中伸出。

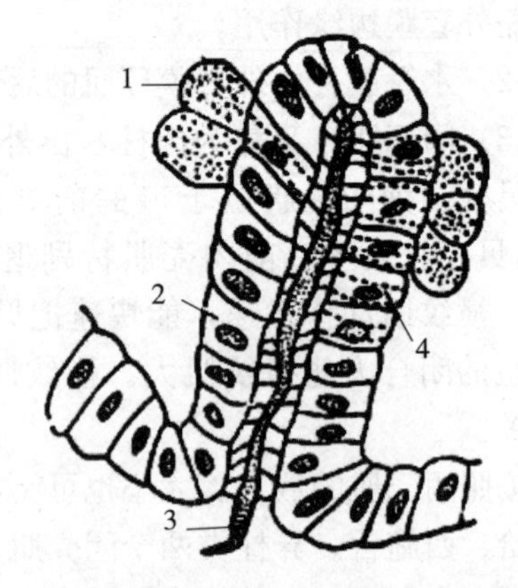

图 6-6　肌蛤（*Musculus*）足丝腔沟的横切面

1. 足丝腺　2. 足丝腔的上皮细胞　3. 足丝根

4. 足丝腺细胞分泌物经过上皮细胞间

（引自 Pclsencer Cattic）

四、内脏囊

内脏囊位于身体的背面，包含着消化、循环、排泄、生殖等内脏器官系统。

第五节　掘足纲的外部形态

掘足纲为两侧对称的动物，具一个两端开口的长圆锥形管状贝壳，稍弯曲，似象牙。贝壳由前到后逐渐变细，前端的开口为前壳口，又称“头足孔”，足可自此伸出；后端的开口为后壳口，称为“肛门孔”，为海水进出外套腔的开口。贝壳略拱，凹的一面为背方，凸的一面为腹方，壳表具有生长纹和肋纹（图 6-7）。外套膜管状，衬于贝壳内表面，末端背方伸出贝壳之外，为重要的感觉器官。

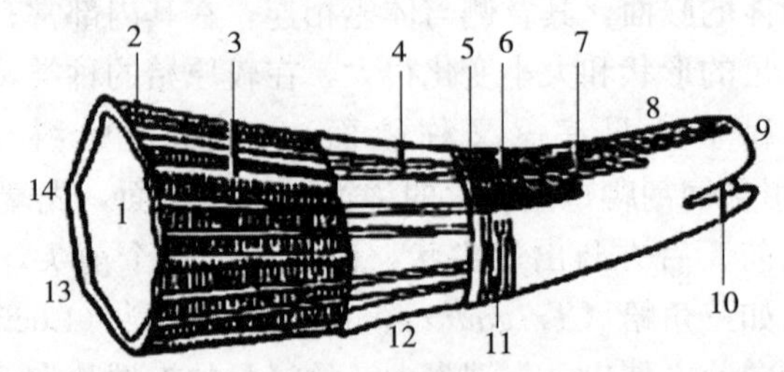

图 6-7　掘足纲贝壳模式图

1. 壳口　2. 纵肋　3. 肋间　4. 间肋　5. 布目状雕刻　6. 间沟

7. 纵纹　8. 凹面　9. 肛孔　10. 裂隙　11. 生长线　12. 凸面　13. 棱角　14. 口缘

（引自泷庸）

掘足纲的头部不明显，无眼，前端有一个能伸缩的吻，吻前端中央为口，在吻的基部两侧生有许多细长、末端膨大的头丝（captacula）。头丝的伸缩性很强，可由前壳口伸出壳外，是捕食和触觉的重要器官。

掘足纲的足在吻的腹部，钝圆锥状，近端部两侧有一对脊状突起。足的伸缩性强，善挖掘泥沙。运动时，先将足插入沙中，然后通过肌肉的牵引，使两侧的脊状突起竖起，足犹如锚一样插在沙中，然后通过缩足肌牵拉贝壳，使动物潜入沙中，仅留后端于海水中。

第六节　腹足纲的外部形态

一、贝壳

腹足类贝类通常有 1 枚贝壳，仅少数种类（如双壳螺）具双壳，也有些种类（如裸鳃类）在成体时贝壳完全消失。有贝壳的种类，多数为外壳，少数为内壳。

1. 贝壳的形态

腹足类由于演化过程中经过旋转和卷曲，形成了不对称的体制，如果以壳顶向上，壳口面向观察者，壳口在壳轴的右侧，则称为右旋壳（dextral shell），壳口在壳轴的左侧，称左旋壳（sinistral shell）。大多数腹足类动物为右旋壳，少数种为左旋壳，也还有少数种类同时具有右旋壳个体与左旋壳的个体，如椎实螺。这种旋向特性受母本的基因型控制，而不受个体自身的基因型所控制，这种现象在遗传学上称为母性决定（maternal determination）。

腹足类的贝壳由两部分组成，即螺旋部（spire）和体螺层（body whorl）（图 6-8）。螺旋部是动物内脏囊所在之处，由很多螺层（spire whorl）组成；体螺层是贝壳最后一层，头、足可由壳口缩入壳中。体螺层与螺旋部大小的比例随种类而不同，有的螺旋部极小，体螺层极大，如鲍、宝贝等；有的螺旋部极高而体螺层极小，如椎螺（*Turritella*）；有的种类贝壳呈笠状，不具螺旋，如蝛（*Cellana*）。

腹足类的壳为典型的螺旋圆锥形壳，壳尖细的一端，即螺旋部的顶端，称壳顶（apex），是动物最早的胚壳。由壳顶至基部的体螺层中间常分为很多螺层，每一螺层表示贝壳旋转 1 周。螺层的数目在不同种类相差很多，如笋锥螺可达 20 层以上，而杂色鲍只有数层。计算螺层的数目时，以壳口向下，数缝合线的数目然后加一，就是螺层的数目，如果缝合线是 5 条则螺层为 6 层。幼小的腹足类，螺层往往较少，生长期间逐渐增加，到达成贝时具有一定的螺层数。腹足类的大多数种类，贝壳的生长是持久而缓慢的。

壳表面有许多与壳口平行的细线称生长线（grow lines）。在螺层表面还常有突起、横肋、纵助、棘和各种花纹。各螺层之间的交界线称为缝合线（suture），缝合线有的很深，而有的较浅。

体螺层向外的开口称为壳口（aperture），贝的食性不同，其壳口的形状也不同。在肉食性种类，壳口的前端或后端常具缺刻或沟，前端的称前沟（anterior canal），后端的称后沟（posterior canal）。有的种类前沟特别发达，形成贝壳基部的一个大型棘突，或成为吻伸出的沟道，如骨螺；后沟一般都不发达。具有前沟或后沟的壳口通常称为不连续壳口或不完全壳口。草食性种类，壳口大多圆滑无缺刻或沟，称为完全壳口，如马蹄螺。壳口靠螺轴的一侧为内唇（inner lip），内唇边缘常向外卷贴于体螺层上，在内唇部位常有褶，如笔螺和榧螺。内唇相对的一侧为外唇（outer lip），外唇随动物的生长逐渐加厚，有时亦具齿或缺刻。

螺壳的旋转中轴称为螺轴（columella），在贝壳的中心（图 6-8）。螺壳旋转在基部遗留的小窝称为脐（umbilicus）。各种螺类脐的深浅不一，有的很深，有的很浅，有的被内唇边缘所覆盖而不明显。有的种类由于内唇向外卷在基部形成了小凹陷，称为假脐（pseudoumbilicus）。

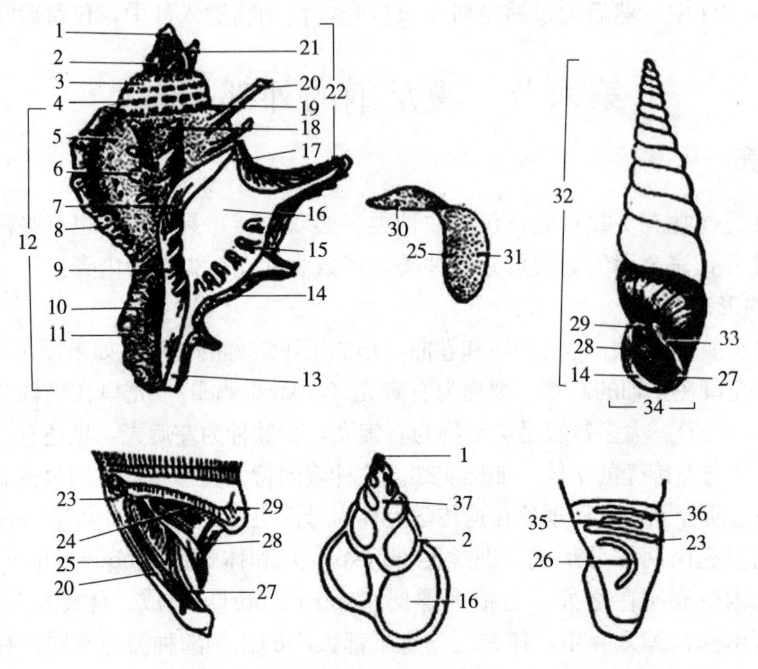

图 6-8　腹足纲贝壳模式

1. 胚壳　2. 螺纹　3. 螺肋　4. 纵肋　5. 颗粒突起　6. 结节突起　7. 内唇　8. 纵胀脉　9. 褶襞　10. 脐　11. 绷带　12. 体螺层　13. 前沟　14. 外唇　15. 外唇齿　16. 壳口　17. 后沟　18. 角状突起　19. 缝合线　20. 棘状突起　21. 翼肋　22. 螺旋部　23. 主襞　24. 螺旋板　25. 闭瓣　26. 月状瓣　27. 下轴板　28. 下板　29. 上板　30. 柄部　31. 瓣部　32. 壳高　33. 上缘　34. 壳宽　35. 平行板　36. 缝合襞　37. 螺轴

（引自张玺等）

腹足纲贝壳主要化学成分为碳酸钙，主要由方解石和文石组成。

2. 腹足类贝壳的方位辨别

腹足类贝壳的前、后、左、右方位是按动物行动时的姿态来判定的。壳顶端为后端，相反的一端为前端；有壳口的一面为腹面，相反面为背面。以背面向上，腹面向下，后端向观察者，在右侧者为右方，在左侧者为左方。但是通常在描述贝壳形态时，常称后端的壳顶为上方，前端为基部；在测量贝壳时，由壳顶至基部的距离为壳高，贝壳体螺层左右两侧最大的距离为壳宽。

二、外套膜

腹足纲贝类的外套膜是一层很薄的薄膜，覆盖着整个内脏囊，在内脏囊和足的交接处呈游离状态，周围环绕呈领状。外套膜和内脏囊之间的空隙称外套腔。在内脏囊不对称的腹足类，外套腔移到内脏的右侧或前方，腔中有鳃、肛门、生殖孔和排泄孔等。有的种类外套腔很浅，如海牛总科（Doridacea），即无特别的外套腔，它们的肛门和生殖孔直接与外界相通，本鳃消失，而由皮肤的一部分形成二次性鳃。

在原始的腹足类中，外套膜缘呈现出不连续的状态，其中央线上有一或长或短的裂缝，如翁戎螺科（Pleurotomariidae），这个裂缝恰位于直肠的末端，利于排泄物的迅速排出。有的种类在裂缝的两边可有一点或数点愈着，使外套膜和贝壳形成一个或多个孔，例如钥孔蝛（*Fissurella*）和鲍等。有的种类外套膜的边缘显著扩张，如宝贝科（Cypraeidae）和琵琶螺科（Ficidae），在运动时外套膜从贝壳的腹面两侧伸展到背方，把整个贝壳包被起来。头楯类外套膜后端扩展成外套叶，凸出于外套孔下。外套膜的边缘常生有色素和触角等感觉器官。

三、头部

除个别的翼足类外，腹足纲贝类的头部都很发达，位于身体的前端，呈圆筒状。头部具有1对或2对触角。头触角一般为圆锥形或棒状，能伸缩。有2对触角的种类，眼常位于后触角顶端，如后鳃类及肺螺类的柄眼目。有1对触角的种类，眼位于顶端、中部或基部，如前鳃类和肺螺类的基眼目。腹足纲的一些种类，头部常具有一些附属物：如蜗牛（*Fruticicola*）的口有触唇、鲍的触角之间有头叶、圆田螺有颈叶等。在肉食性种类，吻部发达，周围包有吻鞘，取食时由于头部充血而将吻伸出，缩回时受肌肉控制，由缩吻肌将吻鞘拉回。此外，在蜗牛类，雄性个体的触角特化为受精用的交接器。

四、足部

腹足类的足比较发达，呈肉质块，除个别种类外，都位于身体的腹面，因此又称这类动物为腹足类。

1. 足的形态

腹足类的足蹠面宽平，适于爬行，足的形态常因生活方式的不同而有变化，例如生活在沙泥滩的种类，足部特别发达，可分为前足（propodium）、中足（mesopodium）和后足（metapodium）。在某些种类，如玉螺（*Natica*）、榧螺（*Oliva*）和竖琴螺（*Harpa*）等，前足特别发达，其作用如犁，在爬行前进时，可以将前方泥沙推至身体两侧；前足有时延伸至背部卷盖贝壳一部分，后足也能与其他部分分开（图6-9）。有的种类足左右两侧特别发达，形成侧足（parapodium）。侧足可以向背部卷曲与外套膜接合，卷盖贝壳，例如大部分的后鳃类。在翼足类中，侧足变态成为浮游器官，并能帮助收集食物。有的种类足部上端比较发达，并扩张成褶襞或边缘物，称为上足（epipodium）。鲍的足分为上足和下足两部分，上足生有许多上足触角和上足小丘，下足呈盘状。有的种类足面中央有一纵褶将足分为左右两部分，爬行时可以交替动作，如圆口螺（*Pomatias*）。还有的种类营固着生活，如蛇螺（*Vermetus*），足部退化成为闭塞壳口的小型盘状突起。寄生的种类，足部也仅为肌肉质的小突起，如圆柱螺（*Stilifer*）。

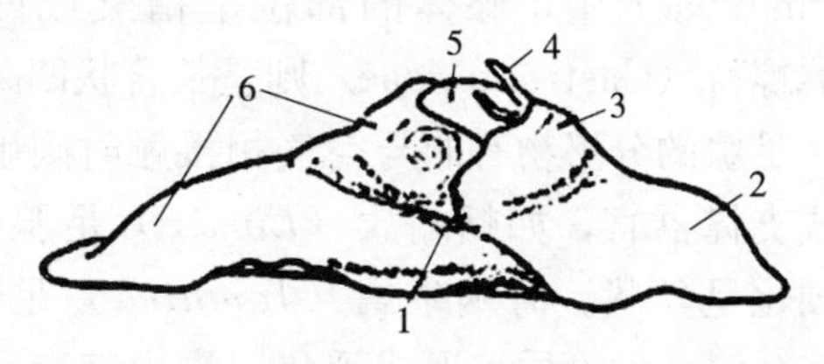

图6-9　一种玉螺（*Natica josephina*）足部充分伸展的状态

1. 出水孔　2. 前足　3. 前足的一部分向壳面折转　4. 触角　5. 贝壳　6. 后足

（引自 Schiemenz）

足的运动方式常与生活环境及生活方式相关。大多数地面或水底匍匐爬行的种类，以足部肌肉的收缩来推动身体前进，如大蜗牛（*Helix*）。也有的种类靠足部伸肌伸长，然后横肌收缩从而拖曳身体前进，这样的伸缩波与运动方向相反。一些生活在软质沙底的小型种类，可以靠足部纤毛运动推动身体前进，例如蜗牛、椎实螺（*Lymnaea*）等，其足部有丰富的腺体或腺细胞，分泌物在地面或植物上形成一层薄膜，再靠纤毛的摆动在薄膜上滑行，像扁形动物一样。在沙中营穴居生活的种类，运动时靠足部充血形成犁或锚，然后拖动身体前进，如笋螺（*Terebra*）。水生后鳃类靠身体侧缘的波状收缩，或足部特化成翼在水中游泳运动。一般壳的螺旋部低平的种类，如鲍，通常在岩石上附着生活，不善于运动。

2. 足部的腺体

足的皮肤表面通常具有大量单细胞黏液腺，这些单细胞黏液腺常集中在足的某一区域，构成一种皮肤凹陷，称足腺（pedal gland）。常见的足腺有下列几种：

（1）足前腺：位于足的前缘沟（图 6-10），这种腺体常出现在前鳃类的水生爬行种类和后鳃类中。它所分泌的黏液，可以润滑蹠面，帮助动物在水底匍匐爬行，或使动物在水表面下悬体而行。

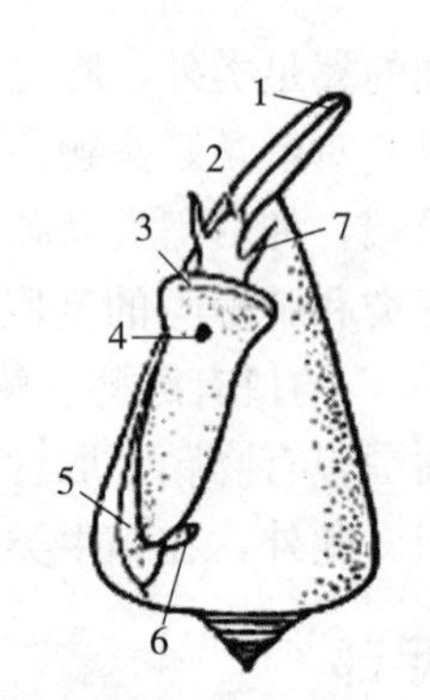

图 6-10　线纹芋螺（*Conus lineatus*）的外形
1. 水管　2. 口　3. 足前腺　4. 足腺孔
5. 外套腔开口　6. 厣　7. 眼及触角
（引自 Sonle）

（2）上足腺：开口在吻和足的前缘中央线上的一种腺体。在营固着生活的蛇螺和陆生肺螺类，此腺几乎占足部的全长，其壁呈折叠状，腹面具纤毛。

（3）腹足孔：在中央线上的前半段有 1 孔状的开口，足腺的分泌物即从孔内流出。这个器官与瓣鳃类足丝腺腔相当。在圆口螺为褶式管，在芋螺和其他种类，过去认为是一种水孔，其实为黏液腺的开口（图 6-11）。

（4）后腺：按其位置分为背后腺及腹后腺 2 种。背后腺常出现在陆生肺螺类中，如 *Leptopoma*，其上面常有一种单一或复数的角状隆起。腹后腺为皮部腺体，常出现在后鳃类。在侧鳃科（Pleurobranchidae）、片鳃科（Arminidae）中，腺体的部位呈褶襞或凹陷；腹翼螺科（Gastropteridae）则呈长管状凹陷。

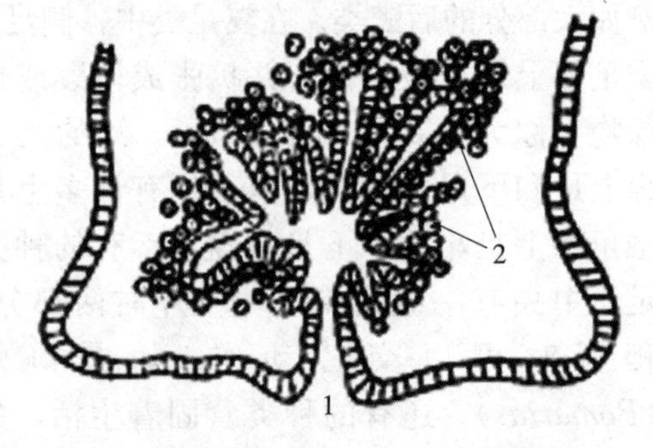

图 6-11　芋螺（*Conus*）足部横断面
1. 腹足孔　2. 腺体开口在褶方洞内与孔相通
（引自 Houssay）

足腺的分泌物有的与空气相接触时则硬化，形成支撑器官，如蛞蝓属（*Limax*）足腺分泌物硬化呈丝状。海蜗牛属（*Janthina*）足部腺体能分泌一种物质，形成浮囊，囊内充满空气，使它能漂浮海中营浮游生活，并把卵产在浮囊上面，此时浮囊起携带卵群的作用。

3. 厣

腹足类足的后端背面皮肤分泌一个角质的

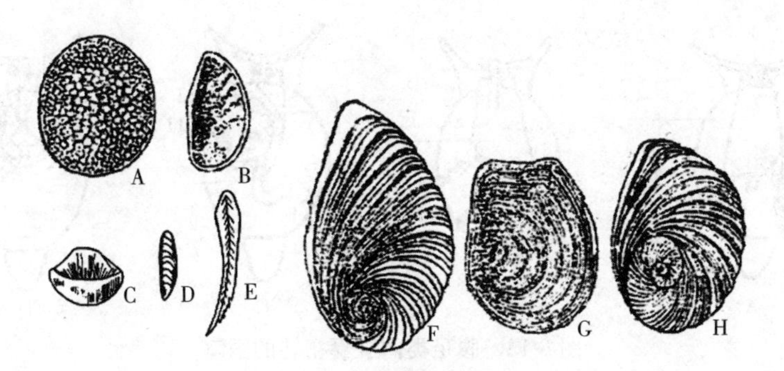

图 6-12　腹足纲的厣

A. 蝾螺（*Turbo*）　B. 玉螺（*Natico*）　C. 拟蜒螺（*Nerifopsis*）

D. 芋螺（*Conus*）　E. 凤螺（*Sirombus*）　F. 湖北钉螺（*Onnomelania hapensis boponsis*）

G. 螺蛳（*Nargaryn melanoides*）　H. 方格短沟蜷（*Semisulcospira cancaliata*）

（引自 Cooke 等）

或石灰质的薄片状保护物，称为厣（operculum）（图 6-12）。厣是腹足纲独特的保护装置，田螺的厣为角质，蝾螺的厣为石灰质。它像一个盖子，当动物身体完全缩入壳内后，即用厣把壳口盖住，它的大小和形状常和壳口一致。但也有许多种类，如芋螺和凤螺等的厣极小，不能盖住壳口。

在厣的上面生有环状或螺旋状的生长纹，生长纹有一核心部，即生长的中心部，是生长的起始点。在前鳃类中有些种类在成体时无厣，如鲍科、宝贝科和竖琴螺科中的某些种类。后鳃类在发生期间也都具厣。肺螺类的成体，除网纹螺（*Amphibola*）外，几乎都无厣，但在柄眼目中的一些种类，它们能分泌黏液膜，称为膜厣（epiphragm），将壳口封闭以利越冬或度夏。

五、内脏囊

贝类的内脏囊一般为两侧对称，只有腹足纲具有不对称的贝壳和内脏囊。比较形态学、古动物学及发生学的研究都证明了腹足类动物早期的体制还是两侧对称的，而以后大多数种类的不对称是在进化过程中形成的。

一般的解释是这样的，腹足类祖先的体制是左右对称的，其内脏囊位于身体的背部，外被一个简单的贝壳。在以后的演化过程中内脏囊逐渐发达，向背部隆起，贝壳也随着增高增大，形成了一个圆锥体，在这种情况下，腹足类就难以保持身体平衡，对运动有很大影响，其身体向后方倾斜。然而，内脏囊向后倾斜，使得外套腔的出口压在内脏囊和腹足之间，腔内的水流不能顺利流通，直接影响了生理活动的正常进行。这时它们便开始旋转，先使外套腔的出口移到侧面，然后再向背面做 180°旋转，这样水流就可以畅通无阻。但旋转的结果使得内脏器官左右变换位置，肛门从后端转到内脏囊前方，例如前鳃类，由于这种旋转，左右两侧的脏神经节交换位置，使侧脏神经连索交叉呈 8 字形，同时位于心耳后面的鳃也转到心耳的前方，这种现象在观察腹足类面盘幼虫时便完全得到证实。腹足类旋转和卷曲的结果，使原来对称的体制变得不对称。但某些腹足类在继续演化的过程中，又进行了反扭转，内脏囊向右侧和后方旋转，恢复到原有的体制，如后鳃类，这一类动物的内脏器官左右位置不变，侧脏神经连索不交叉呈 8 字形，但在扭转时所消失的器官，如一侧的鳃、心耳和肾等，不因反扭转而恢复，仍呈不对称情形（图 6-13）。

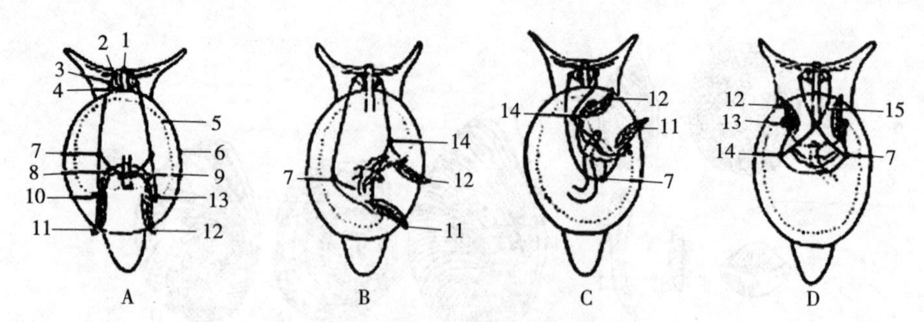

图 6-13　腹足类内脏囊扭转的图解

A. 尚未扭转的原始位置　B. 扭转 45°的位置　C. 较 B 图更进一步的扭转　D. 扭转 180°的位置

1. 口　2. 脑　3. 左侧的侧神经节　4. 左侧的足神经节　5. 内脏的轮廓　6. 外套膜　7. 左侧的脏神经节　8. 左心耳　9. 脏神经节（腹神经节）　10. 左侧嗅检器　11. 左鳃　12. 右鳃　13. 右侧嗅检器　14. 右侧的脏神经节　15. 侧脏神经连索

（引自 Lang）

第七节　头足纲的外部形态

一、贝壳

头足类的贝壳分为外壳、内外壳、内壳和假外壳等。

1. 外壳

现存的头足类中仅有鹦鹉贝具有外壳，壳两侧对称，平面盘旋，内有许多隔板（septa）将壳分隔成许多小室，最后一个室最大，称为住室，动物整个软体部就藏于住室中。其他各小室都充以空气，称为气室，气室具有减少身体密度而使其能漂游于水中的作用。小室随着动物不断地生长、身体后端不断分泌隔板而形成，壳也不断增大。隔板均呈半月形、前凹后凸，板的两端与壳相连处称为缝合线（suture），隔板中央有小的向后伸出的突起，其中央有孔，称为隔颈（septal neck）。有一膜质的小管穿过隔颈，连贯各室，称为串管或叫室管（siphuncle）。管内充气或液体以控制身体在海洋中的垂直运动（图 6-14）。

2. 内外壳

二鳃亚纲的原始种类，如旋壳乌贼（*Spirula*），贝壳向腹面作游离状螺旋，壳的内部分室、隔颈与鹦鹉贝不同，呈连续状，室管在壳的腹缘。贝壳大部分包埋在外套膜内，只在动物体后端背腹面部分裸露形成了内外壳（图 6-15）。这种现象可认为旋壳乌贼是由四鳃类演化到二鳃类的中间过渡类型。

3. 内壳

头足类的内壳，在发育初期位于皮肤外面，至胚期则隐蔽在皮下。内壳可分为石灰质和角质内壳。

（1）石灰质的内壳：通常所称的海螵蛸，属石灰质的内壳。在二鳃亚纲某些化石种类中，如箭石，其内壳称为闭锥（phragmocone）。闭锥由外套膜分泌的石灰质包被，向前形成背楯（proostracum），向后形成顶鞘（rostrum）（图 6-16 B）。现存的十腕目中，除旋壳乌贼外，闭锥和顶鞘都显著退化，而背楯特别发达，几乎占了贝壳的全部（图 6-16 A）。贝壳周围具有角质缘（chitinous margin），此缘扩展至背楯后方形成内圆锥体（inner cone），外缘环绕贝壳全缘形成外圆锥体（outer cone）。背楯的背面常沉淀有许多石灰质

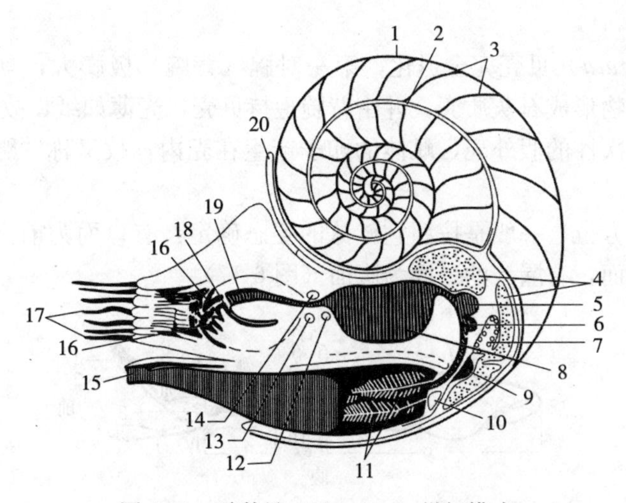

图 6-14 鹦鹉贝（*Nantilus*）纵切模式

1. 贝壳 2. 通管 3. 隔板 4. 消化腺 5. 胃 6. 盲囊 7. 生殖腺 8. 嗉囊 9. 心脏 10. 肾 11. 鳃 12. 脏神经节 13. 足神经节 14. 脑神经节 15. 漏斗 16. 颚片 17. 腕 18. 齿舌 19. 食道 20. 外套膜

（引自 Naef）

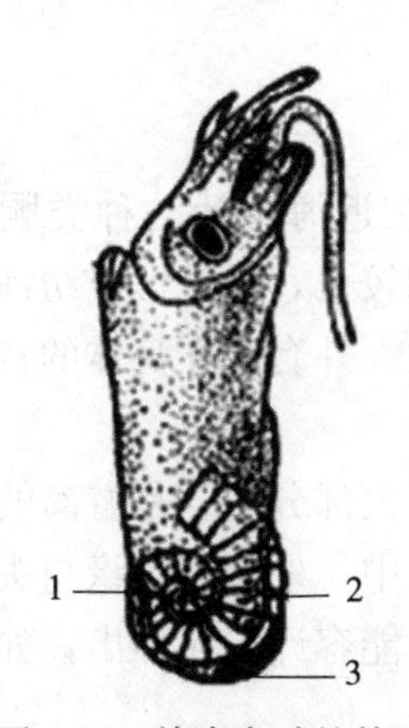

图 6-15 旋壳乌贼的外形

1、2. 贝壳凸出部分 3. 终吸盘

（引自 Cooke）

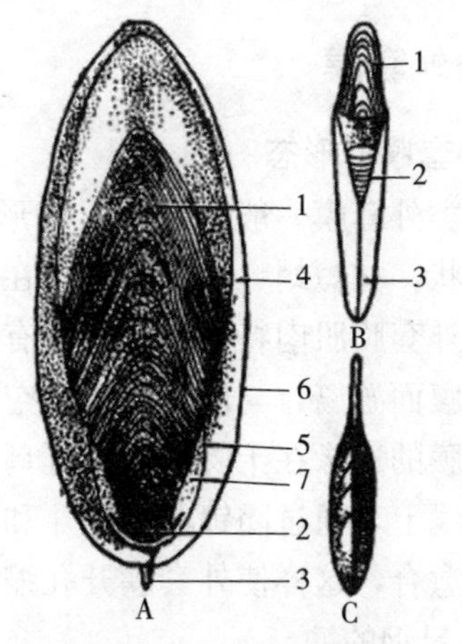

图 6-16 头足纲的内壳

A. 金乌贼（*Sepia esculenta*）的贝壳 B. 箭石（*Belemnites*）

C. 日本枪乌贼（*Loligo japonica*）的贝壳

1. 背楯 2. 闭锥 3. 顶鞘 4. 外圆锥体

5. 内缘 6. 外缘 7. 内圆锥体

（引自张玺，齐钟彦和 Parker）

粒，在其正中线上隆起的部分称为中央阜。背楯的腹面分为前后两部，前部平滑，称为终室（last loculus），后部有许多生长纹，称为横纹面（striated area）。终室长度占全壳长度的百分率称终室率（locular index）。

（2）角质的内壳：在十腕目，如枪乌贼和耳乌贼，内壳为薄而透明的角质羽状壳，显著退化，仅占体躯的前半，呈黄褐色，中央有 1 纵肋，自纵肋向两侧发出极细的放射纹（图 6-16 C）。在八腕目没有真正的内壳。须蛸（*Cirroteuthis*）仅具有 1 个小的中央片，在章鱼中有 2 个小侧针（lateral stylet），位于身体背部表皮下的中线两侧，用于附着漏斗器和头的收缩肌。

4. 假外壳

船蛸（*Argonauta*）贝壳完全退化，第一对腕（背腕）极膨大，具有很宽的腺质膜，内含分泌腺，分泌物形成石灰质壳，并由背腕抱持贝壳，壳薄如纸，故俗称“纸鹦鹉螺”。船蛸类贝壳属于二次性的假外壳，雌体的卵子产生在壳内，故又称“孵卵袋”，用于携带卵子。

头足类的身体方位，一般是按照它游泳的姿态确定：有口面为前方，反口面为后方；无漏斗的一面为背面，有漏斗的一面为腹面（图 6-17）。

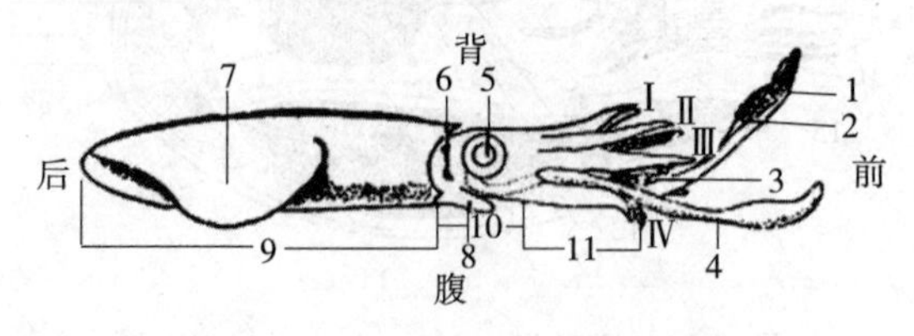

图 6-17　头足纲体制各部名称

1. 触腕穗　2. 触腕吸盘　3. 腕吸盘　4. 触腕　5. 眼　6. 嗅觉陷　7. 鳍　8. 漏斗　9. 胴部　10. 头部　11. 腕（Ⅰ、Ⅱ、Ⅲ、Ⅳ示第 1 至第 4 对）

（引自张玺，齐钟彦）

二、外套膜

1. 外套膜的形态

头足类外套膜一般呈锥形、袋形和球形，故又称胴部。在近海生活的种类胴部都较短，呈球状，如短蛸、耳乌贼等。在远洋和深海生活种类胴部较长，呈锥形或纺锤形，如枪乌贼。外套膜肌肉特别发达，所有的内脏器官都包被在其中。外套膜在身体的背面与体壁相连、腹面游离，与内脏之间的空间形成外套腔。

外套膜的边缘在十腕目中除耳乌贼在背部与头部愈合外，大部分边缘是游离的，只在背部正中线上，通过闭锁器与漏斗和外套内面相接。在八腕目中，外套膜边缘与头部在背部和两侧愈合，这样使外套膜开孔缩小，有的种类甚至小到只能容许漏斗伸出，如须蛸。

2. 头足纲的鳍

在十腕目中，胴部的两侧或后部，常有由皮肤扩张而形成的肉鳍（图 6-17），它是协助游泳的器官。游泳时肉鳍不时地微微波动，用它来保持身体的平衡和前进的方向。肉鳍在胴部上的位置随种类而不同，例如金乌贼肉鳍狭窄，位于胴部左右两侧，末端稍有分离，称周鳍型。双喙耳乌贼的肉鳍大，但仅位于胴部中间稍偏后的两侧，形状似两耳，称中鳍型。中国枪乌贼的肉鳍较长，位于胴部的后半部，左右两鳍在末端相连，彼此合并呈菱形，称端鳍型。

在头部、足部和胴部的表面被有 1 层很薄的表皮，表皮下面具有许多能够伸缩的色素细胞，色素细胞与脑神经节分出的神经末梢相连。这些色素细胞呈扁平囊状，内含黄、黑、橙黄等色素，细胞膜具弹性，周围富有放射状的肌肉纤维。由于肌肉纤维的收缩，能使色素细胞放大，肌肉松弛时又复原。乌贼和章鱼正常生活状态下，体表的颜色忽深忽浅，就是由于色素细胞收缩和扩张的缘故。色素细胞在身体上的分布，一般以头部、胴部的背面和腕的外面最多，腹面最少。在十腕目中，体表常呈虹彩光泽，这是由于在皮肤中具有虹彩细胞。

三、头部

头足纲的头部特别发达，顶端中央有口，口的周围和头的前方有腕，与头部相连。在口的四周还有口膜（buccal membrane），有些种类口膜发达，有的则不发达。十腕目口膜常分裂呈叶状，尖端伸入其相对的两腕之间，与腕的基部相连。腕与口膜相连的部位不同，有的在背面，有的在腹面，是分类的依据。

头足类的头部两侧各有1个发达的眼，眼的结构较为复杂（图6-17）。

鹦鹉贝的眼结构比较简单，形成一个球形的囊，内有杆状体层、色素层及视网膜细胞层，没有晶体。乌贼等蛸亚纲动物的眼结构复杂，与脊椎动物的眼相似，眼的基部有软骨支持，形成眼窝。眼包括角膜（cornea）、晶体（lens）。角膜具有保护眼的作用，一般是封闭的，如枪乌贼（*Loligo*）和八腕目，但有些种类，角膜有小孔与外界相通，如大王乌贼总科（Architeuthacea）。晶体的焦距是固定的。

头足类动物的头部，还有一些凹陷或孔。如十腕目中，眼的前方往往有1个小孔，称为泪孔（lacrymal pore）。在金乌贼眼的后方，接近外套膜边缘的部分也有1个小孔或凹陷，称为嗅觉陷（olfactory pit）（图6-17）。在八腕目中的短蛸和长蛸（*Octopus variabilis*）等，在眼的周围还常有棘状突起。头部的腹面有1凹陷，为漏斗的贴附部位，称为漏斗陷（funnel excavation）。

四、足部

头足类的足部包括腕和漏斗两部分（图6-17）。

1. 腕

通常呈放射状环列于头的前方，口的周围。一般基部粗大，顶端尖细，横断面三角形或四方形。腕的内侧生有吸盘，或有须毛和钩。吸盘列的两侧常有由皮肤延伸的薄膜，称为侧膜（lateral membrane）或保护膜（protective membrane）。

腕的形状和数目是分类的重要依据。在四鳃亚纲的鹦鹉贝约有90只腕；在二鳃亚纲的八腕目有8只腕，十腕目有10只腕。腕的长短随种类而不同，但在同一种内各腕的长度大体上是固定的。一般原始的种类腕较短，而且各对腕的长度几乎相等；演化的种类腕较长，而且各对腕的长度不相等。

二鳃亚纲所有的腕都是左右对称的，除了十腕目的2只触腕另计外，其余8只腕自背面向腹面分为左右相称的4对。背面正中央的2只为第一对，称为背腕，接连的为第二对、第三对，又称侧腕，其中第二对又叫第一对侧腕，第三对又叫第二对侧腕，腹面的1对为第四对，又称腹腕。

(1) 茎化腕：在雄性二鳃亚纲的10只或8只腕中，可以有1只或1对腕茎化（hectocotylization）成为茎化腕（hectocotylized arm），又称交接腕，它是用来输送精子的。茎化腕随种类而不同，在八腕目通常为右侧第三腕，在十腕目一般是左侧第四腕。茎化腕通常与其相对称的一只不同，其变化表现在长度不同、末端膨大或出现精液沟，甚至吸盘的改变等。茎化的部位有的在腕的顶端，有的在腕的基部，有的则全腕茎化，可以鉴别雌雄性，还可用以区分不同的种类。

(2) 触腕：在十腕目中除了 8 只腕外，还有 2 只专门用来捕捉食物的腕，称为触腕（tentacular arms）或攫腕（grasping arms）（图 6-17），位于第三、四对腕之间，通常比较狭长。触腕的基部，在眼的下方有囊，称为触腕囊，如乌贼、针乌贼等，触腕可以完全缩入囊中，但枪乌贼的触腕只能缩入一部分。触腕通常具有 1 个极长的柄，柄的顶端呈舌状，称为触腕穗，内面生有吸盘，有的种类还生有钩，外面有腕鳍。

(3) 吸盘：腕和触腕穗的内面都生有吸盘（sucker），吸盘在腕上的排列和构造，是分类上鉴别种属的依据。八腕目的吸盘是一个简单的环状的肌肉盘，在吸盘的口部有环行肌肉，向内为放射状肌肉，吸盘中央有圆形小孔，小孔内面为一空腔（图 6-18）。腕上的吸盘一般排列成 1 行或 2 行，仅个别的属有 3 行吸盘。

十腕目的吸盘构造较复染，吸盘呈球状或半球状，称为吸盘球。吸盘球下面与腕相连接的部分为柄，柄通常不与吸盘口在一个垂直线上。柄与腕相接的部分呈圆锥形，称为吸盘台。吸盘通常排列成 2 行或 4 行，触腕的吸盘则有 4～20 行。一般中央数行或数个吸盘较大，在边缘、基部或顶端者较小。

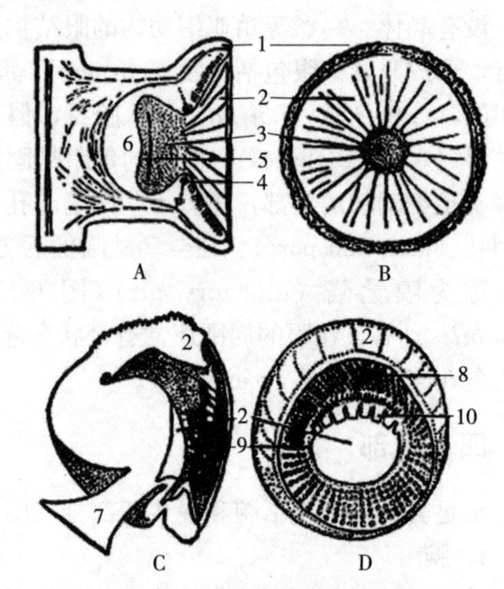

图 6-18　头足纲吸盘构造图解

A、B. 八腕目　C、D. 十腕目

1. 环形肌　2. 放射肌　3. 吸盘腔　4. 括约肌　5. 吸盘腔底　6. 吸盘腔底的收缩肌　7. 吸盘柄　8. 疣带　9. 角质环　10. 角质环的齿

（引自张玺，齐钟彦）

吸盘主要用来吸附外物，依靠腔底面肌肉的收缩，使腔内成为真空而吸附在外物上，吸盘口外的放射肌肉可以增加对外物的附着力，防止空气或水渗入。十腕目有疣带和角质环等结构，作为避免吸盘球移动的装置。

(4) 腕间膜：有些种类在腕和腕之间有由头部皮肤伸展而形成的腕间膜（interbranchial membrane）或称伞膜（umbrella）。腕间膜在各腕之间并不是恒等的，在八腕目中，腕间膜弧三角的深度（由口至膜缘的垂直距离）在同种内比较恒定，可以作为分类的依据。

2. 漏斗

漏斗由足部特化而来，贴附于头部腹面的漏斗陷，是用来游泳的主要器官。在原始的种类如鹦鹉贝，漏斗由两个左右对称的侧片构成，但并不成为一个完整的管。在二鳃亚纲，左右两片完全愈合成为一个完整的管。此管可分为 3 部分。

(1) 水管：漏斗最前端是游离的，并露于外套之外，为一锥形管，称为水管（siphor）。在鹦鹉贝和十腕目，水管内面背侧常有 1 个半圆形或 3 个尖形的舌瓣（valve），为防止水从漏斗口进入体内的装置。由舌瓣向内在水管内壁的背、腹面，各有 1 个倒 V 形的腺状组织，称为腺质片（glananular lamella）或漏斗器（funnel organ）。在八腕目如短蛸，其水管口内无舌瓣，漏斗器位于水管内壁的背面。漏斗器分泌物有滑润作用，可使漏斗便于排除异物，保持通畅。

（2）漏斗基部：漏斗基部一般较水管部分宽大，与身体相连接，隐于外套膜之内。漏斗基部与外套膜以闭锁器（locking apparatus）相连接。闭锁器亦称附着器（adhering apparatus），在十腕目，闭锁器十分发达，为软骨质，分为两部分，即闭锁槽和闭锁突起。

（3）漏斗下掣肌：由漏斗基部向后，在身体的背面两侧各有 1 束控制漏斗动作的肌肉，称为漏斗下掣肌。

当外套膜边缘张开的时候，海水就可流进外套膜中，然后利用闭锁器，使外套膜与漏斗基部紧合，这时水就不能从外套腔中溢出，再依靠外套膜肌肉的收缩，水便从漏斗的水管喷射出来。乌贼就是依靠这种喷水的力量游泳，漏斗孔喷出的水流越快，乌贼游泳也就越迅速。

漏斗不仅是运动时的主要动力结构，还是头足类的排泄物、生殖产物、墨囊中墨汁排出的通道。

7 第七章 贝类的内部构造

第一节　无板纲的内部构造

一、消化系统

无板纲的消化系统较简单，口和肛门在身体的两端（图 7-1）。口在前端腹方，通常为纵裂，少数为横裂。口后为口腔，口腔内有唾液腺。齿舌或有或无，或为单一的大齿。新月贝（*Neomenia*）中，有齿舌者齿舌上有许多小齿，另有一些种类没有齿舌。肠较特殊，直而不卷曲，有的种类肠有盲囊，有的有许多成列的侧盲囊，而有的无盲囊，这些器官具有肝的作用。肠的末端为肛门，开口在排泄腔中。

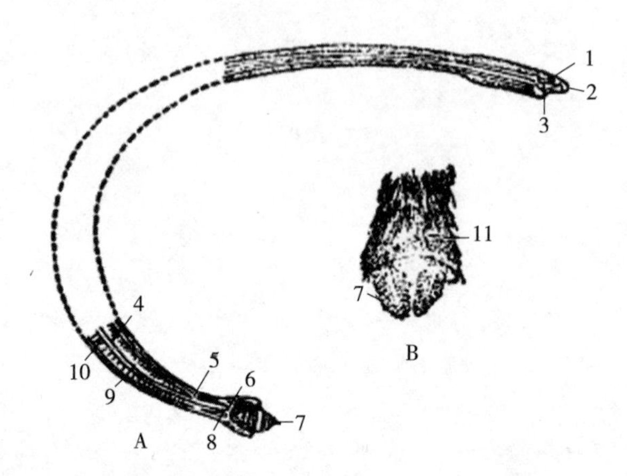

图 7-1　闪耀毛皮贝（*Chaetoderma nanitidulum*）

A. 纵切面　B. 排泄腔区（放大）

1. 脑　2. 口　3. 齿舌　4. 腺质的中肠盲囊　5. 将身体后部分开的隔膜　6. 肛门　7. 本鳃　8. 围心腔　9. 直肠　10. 生殖腺　11. 背部感觉器

（A 引自 Simroth，B 引自 Wiren）

二、呼吸和循环系统

身体的后方有一垂直的隔膜（图 7-1），把体腔和后端的围心腔隔开。在体腔中，各器官与体壁间均由带肌纤维的结缔组织所填充。在围心腔中有心脏，由 1 心耳和 1 心室组成。血管系统极度退化。龙女簪（*Proneomenia*）没有本鳃，其他各属具 1 对或 1 环本鳃，位于身体后端的排泄腔中，此腔也为肛门的开口处。

三、排泄系统

对无板类的排泄系统了解很少。毛皮贝（*Chaeto derma*）的肾呈简单的管状，一端开口在围心腔中，另一端开口在泄殖腔的排泄孔。靠近围心腔狭窄的部分，具有纤毛的表皮和腺质部。

四、神经系统

无板纲动物的神经中枢，由食道神经环、1对足神经索和1对侧神经索组成。食道神经环背面有1个或1对脑神经节，在此前方还有1对较小的口神经节及其连索组成的口神经环。足神经索和侧神经索的前部，分别具1对足神经节和侧神经节。每一条足神经索有时还具1列神经节状的膨大部，此部由若干神经连索互相关联。侧神经索的末端，则由1条稍粗的神经连索在肠的上方互相贯通起来。

五、生殖系统

无板纲除毛皮贝外，均为雌雄同体。生殖腺通常成对，但在毛皮贝中合二为一。生殖腺与位于后端的围心腔的前部相连，生殖输送管不直接通外界，成熟的生殖细胞落入围心腔中。肾的一端开口在围心腔中，另一端开口在体腔，生殖细胞经肾管排出体外，故肾管兼具输送生殖产物的作用。

第二节　多板纲的内部构造

一、肌肉系统

肌肉系统主要由4组肌肉组成（图7-2）。第1组是直肌，位于身体中央，由前端向后延伸。第2组是斜肌，位于每一壳板下面，自直肌两侧向后斜向延伸，在头板下这种肌肉有3对，其背面与壳板相连。第3组是横肌，位于每一壳板内面的后部，使壳板与身体相连。第4组是纵肌和侧肌，位于身体前、后端及身体两侧，其收缩可使动物的身体向腹面卷曲。此外，在身体的中部还有较强的足肌和外套肌伸入足部和外套膜。

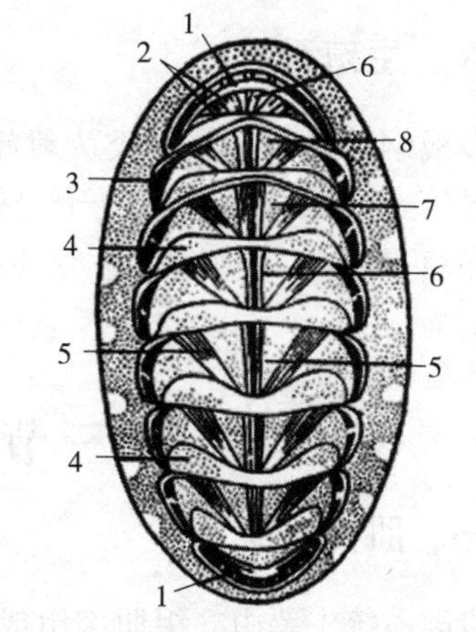

图7-2　*Tonicella marmora* 去壳后自背面观

1. 前后端的纵肌和侧肌　2. 斜肌　3. 纵肌的一部分　4. 横肌　5. 背大动脉　6. 直肌　7. 生殖腺　8. 缩肌的背板固着点

（仿 ИввИов）

二、消化系统

消化系统包括口、咽、食道、胃、肠、肛门和一些附属的消化腺。口位于身体的前端腹面，头的中央，口腔形成口球，齿舌囊开口在口腔内面底部。齿舌是几丁质的带状物，其上有数目很多的尖锐小齿，每一横列由17个小齿组成。齿舌的功能是刮取和磨碎食物，齿舌上小齿的形状和数目是分类上的重要特征之一。

在口腔的前方两侧具有1对唾液腺，以导管与口腔相通。口腔与宽大的咽相接，咽的后方便是很短的食道。食道前方两侧有1对糖腺，分泌酶使淀粉转变为葡萄糖。食道后方与胃相接，胃很大，胃壁薄，胃的周围有发达的肝，呈淡绿色葡萄状，有管道与胃相通，肝在幼体时左右两叶对称，成体时左叶变小。肠很长而迂曲，末端为肛门。

三、呼吸和循环系统

鳃为羽状，位于足的两侧。鳃的数目随种类而不同，为6～88对。

循环系统为开管式循环，心脏在身体的后端中央处，外包被有围心腔膜。1心室2心耳，心室和心耳壁薄，有2对耳室孔相通。心室后端封闭，向前端派出1支大动脉，血液经大动脉送至各器官，然后由身体各部流入肾，送至外套沟内侧的血窦而进入鳃，经心耳又重新回到心室。

四、排泄系统

排泄系统为1对后肾管，位于消化管的腹面两侧。肾的内端呈漏斗状，肾口开于围心腔；肾孔开于外套沟中后2对栖鳃之间。它与前方的生殖孔和后方的肛门都有一段距离。肾本体呈管状，伸出许多腺质构造的分支至内脏间，收集血液中的废物排出体外。

五、神经系统和感觉器官

多板纲的神经系统较为原始，由环食道的神经环与向后伸出的侧神经索和足神经索组成，没有分化显著的神经节。多板纲动物无头眼，有的种类的贝壳表面，有一种特殊的感光器官——微眼（aesthetes）。在微眼中有角膜、晶体、色素层、虹彩和网膜，虽然有的微眼缺乏晶体，但其基本构造与眼近似。

六、生殖系统

多板纲动物大多数种类为雌雄异体，但也有少数为雌雄同体。雌雄异体具生殖腺和生殖导管，雌雄生殖腺皆位于身体背侧中央，在围心腔的前方，呈长筒状，精巢呈赤色，卵巢呈绿色。生殖输送管1对，自生殖腺后端背面两侧伸出，末端开口在外套沟中。

第三节　单板纲的内部构造

一、肌肉系统

肌肉系统主要由3组肌肉组成。第1组是背腹肌，其背端与贝壳相连，下端连接口和足部。第2组在口的两侧与贝壳相连，由3对或3对以上的肌肉构成，司口、唇、口后触手和齿舌等的活动。第3组由躯干部8对肌肉构成，这8对肌肉的排列有分节的现象，各对肌肉中的主肌是足的收缩肌。此外，在各对肌肉中，还有肌束与贝壳及足部的环肌相联络。足的环肌围绕于足的基部，司足的伸缩。

二、消化系统

口位于身体腹面的前端（图 7-3），齿舌囊开口于口腔内面。齿舌很长，齿式为 5 • 1 • 5，每一横列由 11 个齿片组成，中央齿 1 枚；齿舌上的小齿呈 V 形，尖端向前。口腔与咽头相接，在咽头的两侧有 1 对巨型盲囊状腺体，其功能还不清楚。咽头的后方便是食道，有 1 个唾液腺开孔紧靠在食道的前端，胃的周围是肝，晶杆囊开口于胃腔，依靠囊内纤毛的旋转，囊中的晶杆可以向胃腔挺进以搅拌食物。肠长而弯曲。肛门开口于身体后端。

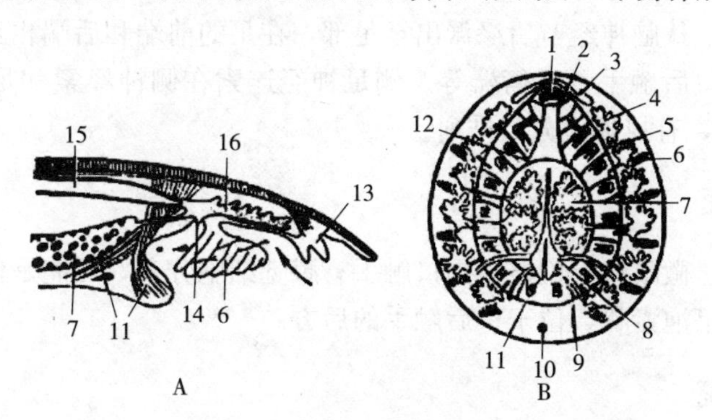

图 7-3　加拉提亚新碟贝的解剖
A. 右侧面　B. 整体观
1. 口　2. 脑神经联结　3. 后触角　4. 原肾　5. 侧神经索　6. 鳃　7. 生殖腺
8. 心室　9. 心耳　10. 肛门　11. 缩足肌（壳肌）　12. 足神经索
13. 外套膜边缘　14. 肾孔　15. 背体腔　16. 右肾
（引自 Mortou et Youge）

三、呼吸系统

本鳃位于外套腔的两侧，每个鳃有 1 个鳃轴，鳃轴上长有 7～8 个栉状鳃叶，最靠近鳃轴基部的鳃叶最长，其余的鳃叶随着向轴的末端分布而依次缩短，由于各个鳃轴都向内弯曲，所以鳃叶都在鳃轴的内侧。在鳃轴和鳃叶上，都长有纤毛。加拉提亚新碟贝有 5 对本鳃。

四、循环系统

心脏由 1 对心室和 2 对心耳构成，外包被有围心腔膜。心室位于直肠的两侧，每个心室派生 1 条前侧大动脉，2 条前侧大动脉在直肠的上端合为单一的前大动脉，血液经大动脉分支送至各器官入血窦，流经肾进入鳃。血液在鳃中进行气体交换后，前 4 对鳃的血液由前 1 对心耳回到心室，第五对的血液由后 1 对心耳复归心室。每个心室接受相应 2 个心耳的血液，在心室和心耳之间有瓣膜间隔。

五、排泄系统

新碟贝的排泄系统具有 6 对肾（图 7-3），每对有 1 个短的肾管通向外套沟肾孔的开口。第一对肾孔位于外套的前端，其他 5 对肾孔开口靠近 5 对鳃的基部。每个肾位于肾孔之上，由许多小裂片组成，裂片不规则地向外凸出。新碟贝的围心腔是成对的，每一半围绕相应的心室以及它的 2 个心耳。生殖腔与肾由 2 对短的生殖管相连，生殖产物通过第

三、第四对肾和它们的肾孔进到外套沟。在新碟贝体腔背部的表皮，存在色素颗粒，有人认为它类似于环节动物的黄色组织（chloragngue tissue）。

六、神经系统

脑神经节1对，位于口的两侧，围口神经索和口后神经索彼此联络，形成环状神经中枢。侧神经索从脑神经节的侧缘派出，位于身体的两侧，至直肠腹面相连形成环状，派出神经至外套膜、鳃和内脏等部位。

足神经索1对，从脑神经节后缘派出至足部，在足的前端和后端相互连接，形成足神经环，派出神经到口后触手、平衡器等。侧足神经连索在侧神经索和足神经索之间，有10条侧足神经连索，有规则地分节排列。

七、感觉器官

新碟贝无头眼、微眼和嗅检器。围口触手有感觉细胞分布，可能是化学感受器或触觉器。平衡器2个，呈泡囊状，位于口后触手的后方。

八、生殖系统

单板纲为雌、雄异体，性腺位于身体的中部。每个性腺由生殖管通至第三和第四对肾孔，精子或卵子由这两对肾孔排出，体外受精。

第四节　瓣鳃纲的内部构造

一、消化系统

瓣鳃纲的消化系统分消化管和消化腺。消化道包括唇瓣、口、食道、胃、肠和肛门等（图7-4）。

1. 唇瓣

唇瓣（labial palp）位于口的两侧，通常呈三角形，一般为单缘，在扇贝科中常有缺刻和分支。唇瓣分上唇与下唇，上唇亦称背唇或外唇，下唇亦称腹唇或内唇。内唇瓣的内面和外唇瓣的外面是平滑的，不具沟嵴和纤毛，而内、外唇瓣相对的一面则具横褶并布满了纤毛，这些纤毛起选择食物及运送食物进入口的作用。扇贝的每侧内外唇瓣底边相连接而成1条凹沟，称为唇瓣沟。唇瓣是收集食物的主要器官，依靠唇纤毛的摆动，凡在运动能力所及范围的一切小的食物

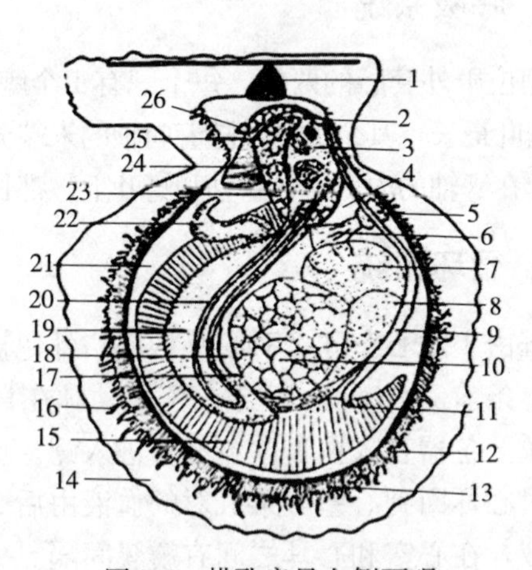

图7-4　栉孔扇贝左侧面观

1. 韧带　2. 食道　3. 胃　4. 围心腔　5. 心室　6. 心耳　7. 收足肌　8. 平滑肌（闭壳肌）　9. 直肠　10. 横纹肌　11. 肛门　12. 外套眼　13. 右侧外套膜内层的帆状部　14. 右壳　15. 右侧鳃　16. 外套膜缘的触手　17. 肾外孔　18. 肾　19. 生殖腺　20. 肠　21. 外套腔　22. 足　23. 肝　24. 唇瓣　25. 口　26. 口唇

（引自王如才）

颗粒都能被引入口中。

2. 口

由 2 片内外唇瓣组合而成，仅为一个简单的横裂，位于身体的前端，足的基部背侧。有 2 个闭壳肌的种类，通常位于前闭壳肌的腹方或后方附近。大多数瓣鳃类，口不形成口腔，没有颚片、齿舌和消化腺体的存在。胡桃蛤科有口腔存在，并且有左右对称的 2 个侧腺囊开口于口腔中。

3. 食道

紧接着口的后面，极短，食道壁有具有纤毛的上皮细胞。没有消化腺体，黏液腺很少，在结缔组织内则有一些血管和肌纤维。这种组织结构，证明食道只能依靠上皮细胞表面的纤毛摆动，使食物进入胃，所以食道仅是食物从口入胃的通道。

4. 胃和晶杆

胃与食道相连，呈卵形或梨形，一般两侧较扁，位于身体的前半部，稍陷入脏足块内。除孔螂总科中的肉食性种类外，胃壁无肌肉组织，胃的表皮具有一种能脱落的厚皮质物，称胃楯（gastric shield），用以保护胃的分泌细胞。如牡蛎的胃楯呈不规则形，分两叶，中间有一狭颈相连，大叶薄而平滑，小叶厚具有小齿。黏膜上皮为典型纤毛上皮，之间夹杂着许多杯状细胞。

胃腔常有 1 个幽门盲囊（pyloric caecum），囊内有一种表皮的产物称为晶杆，故此囊又称为晶杆囊（crystalline sac）（图 7-5）。晶杆囊由规则排列的纤毛柱状上皮组成，内夹杂着杯状细胞。晶杆为一支几丁质的棒状物，一般为黄色或棕色，其末端自晶杆囊凸出于胃腔中，处于与胃楯相对的位置，依靠晶杆囊表面纤毛，晶杆作一定方向的旋转和挺进以搅拌食物，起机械消化作用。三角帆蚌的晶杆依靠晶杆囊内壁的柱状纤毛和胃楯的纤毛的摆动，不断地搅拌食物，速度为 10～100 r/min，依生理状态而定。而当饥饿时间达到 72 h 以上时晶杆溶解消失。另外，依靠胃液的酸化作用使晶杆溶解，还能释放出消化酶，帮助消化食物。晶杆囊长短随种类不同，斧蛤、蛤蜊长，三角蛤短。晶杆囊一般与肠分离，但扇贝等与肠愈合，有狭缝相通。有的种类胃腔中还有第二盲囊，如贻贝。

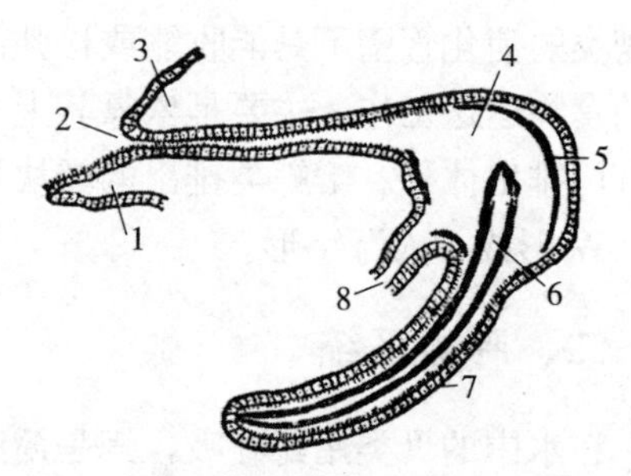

图 7-5　无齿蚌（*Anodonta*）的消化管前部
1. 腹唇　2. 口　3. 背唇　4. 胃　5. 胃楯
6. 晶杆　7. 幽门盲囊　8. 肠
（引自 Yung）

关于晶杆的生理机能，有人认为其在消化液的作用下被溶解为一种黏液，能包被不消化的坚硬物质，保护胃壁不受损伤。有人认为晶杆为蓄藏食物的构造，因为当动物饥饿之后，晶杆常常消失。研究晶杆的化学与物理性质，发现其在晶杆囊表面纤毛作用下做一定方向的旋转、挺进，搅拌食物起机械消化作用；还可以溶解出淀粉酶和糖原酶，帮助消化食物。有人认为它具有调节消化速度的作用，或起蠕动的作用使食物保持动态，分出下沉的较大的外来颗粒，对食物具有选择作用。

5. 消化盲囊

瓣鳃类的肝是复管状腺，为 1 对大型近对称排列的葡萄状褐色腺体，由许多一端封闭的具分支的盲管组成，这些盲管具有吸收营养物质和进行细胞内消化的作用，故称消化盲囊（digestive diverticula），包被在胃的周围，有时伸入足内。在繁殖季节，其外围常被生殖腺所包被。消化盲囊有导管（输出管）通向胃腔，各小管之间由少量的结缔组织连接，联系很疏松；通常有 2 个对称的输出管，但有的种类输出管数目更多，如蚶为 4 个，扇贝为 5 个，贻贝有 12 个。

消化盲囊是主要的消化腺，其内腔有许多高的皱褶，腺管上皮则由多种细胞组成，其中含有大量的消化酶，如蛋白酶、淀粉酶、蔗糖酶、脂肪酶等。在牡蛎中至少有 16 种酶，在生理上兼有肝和胰的功能。消化盲囊内的吞噬细胞还能把食物吞食后营细胞内消化。

6. 肠和肛门

肠为细长的管道，通常位于胃的腹侧，经常在内脏块内盘曲，多时可弯成十余圈。肠的上皮都具有纤毛。肠的后面接着直肠，直肠中常有 1 条纵沟，称为肠沟。

直肠与心脏关系一般表现为三种形式。一是直肠穿过心室，如无齿蚌和栉孔扇贝等；二是直肠经过心室的腹侧，如蚶、不等蛤和胡桃蛤，三是直肠经过心脏的背面，如珍珠贝、船蛆和大多数牡蛎。直肠在接近末端时经过后闭壳肌的背部，以肛门开口于后闭壳肌的后部，但有时直肠是迂回的，如扇贝和铿蛤，围绕闭壳肌将近 1 周。在江珧科中的一些种类，直肠的末端还有一个附属物，即外套腺。

直肠内有大量黏液细胞。食物的吸收作用主要在肠内进行，肠无分泌消化酶的机能。瓣鳃类的消化管壁不具能收缩或松弛的肌肉层，因而其消化管没有蠕动的能力。在消化管内的食物运送工作，主要是依靠其上皮纤毛的扇动来进行的。不能消化和吸收的废物，经过肛门排出体外。瓣鳃类排出的粪块形状，随种类而不同，有的呈颗粒状，有的为“⊥”形、W 形或“人”字形。

二、呼吸系统

在水中的贝类用鳃呼吸，鳃是瓣鳃类主要的呼吸器官，外套膜具有辅助呼吸的作用。鳃通常由外套膜的内侧壁延伸形成，为了与他种鳃区别，特称为本鳃。在原始的种类，每片鳃在鳃轴两侧生有并列的小瓣鳃叶，使全鳃呈羽状，称楯鳃，如仅在鳃轴的一侧生有鳃叶，使全鳃呈栉状的称栉鳃。

鳃轴内有动静脉血管贯通，附着在隆起的背面。鳃和外套膜内全面密生纤毛，依靠纤毛的运动，使水按一定方向进出呼吸腔，从而进行气体交换。

鳃位于外套腔中，起始于外套膜与内脏囊后方，以后逐渐扩展至前方的唇瓣。鳃的构造随动物的种类而有变化，按其形态基本上可以分为 4 个类型（图 7-6）。

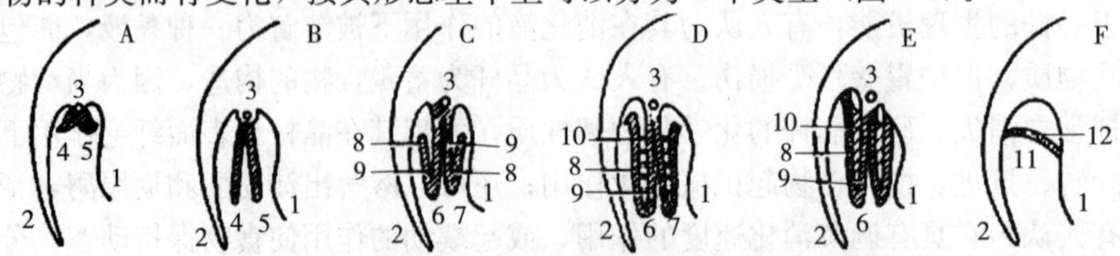

图 7-6　瓣鳃类各种鳃型的横断面图解

A. 胡桃蛤　B. 日月贝　C. 蚶　D. 贻贝　E. 无齿蚌　F. 孔螂

1. 足　2. 外套膜　3. 鳃轴　4. 外鳃　5. 内鳃　6. 外鳃瓣　7. 内鳃瓣　8. 上行板　9. 下行板　10. 板间联结　11. 隔膜　12. 鳃隔膜的穿孔

（引自 Parke et Haswell）

1. 原始型

最原始的瓣鳃类，在身体的两侧各有 1 个位于后方的羽状本鳃（图 7-6 A）。其鳃轴向上隆起，两侧各有 1 行排列呈三角形的小鳃叶，与腹足类的羽状本鳃相似。胡桃蛤科的鳃属于这种类型，因此有人把这一类动物称为“原鳃类”（Protobranchia）。

2. 丝鳃型

丝鳃型变化较大。双肌蛤科（Dimyidae）各小鳃叶延伸呈丝状，称为鳃丝。各侧的鳃由 2 列呈悬挂式分离状态的单纯鳃丝组成（图 7-6 B），形态与原始鳃型很接近，故被称为丝鳃型（Filibranchia）。

以不等蛤科和蚶科为代表的鳃比较高等，各鳃丝的前侧与后侧生有数处纤毛盘。各鳃中同列鳃丝可以依靠纤毛的相互结合而联结，这种联结称丝间联结（interfilamental junctions）（图 7-6 C），身体各侧鳃丝由此结合为 2 枚相连的鳃瓣，故称瓣鳃类。在两侧鳃瓣由基部向下行，至下缘反折而向上行，外鳃瓣向外方折转，内鳃瓣向内方折转，二鳃瓣的上行端为游离缘。这样形成的每一鳃瓣可分为内板与外板。各侧外鳃瓣，其内板为下行板，外板为上行板，各侧内鳃瓣则反之，其外板为下行板，内板为上行板（图 7-6）。如此各鳃瓣被分为内外两板，使原来 1 个的本鳃形成了 1 对鳃。

贻贝科的鳃各鳃瓣的上行板与下行板之间形成若干间隔，这种间隔称为板间联结（interlamellar junctions）（图 7-6 D）。在扇贝科中，这种板间联结是由结缔组织联系的。而在海菊蛤科、珍珠贝科和江珧科，板间联结是由血管联系的，所以结构更为复杂，但在同列的鳃丝中，尚无血管联系。

牡蛎的鳃 1 对，共 4 片，相互对称，位于左右两侧的 2 片外鳃瓣稍窄，称外鳃板（outer gill plata）；位于内方的 2 片内鳃瓣稍宽，称内鳃板（inter gill plata）。每一片鳃板均由 1 排上行鳃和 1 排下行鳃构成。上行鳃与下行鳃在前缘愈合，形成 1 个沟道，专门输送食物，故称为“食物运送沟”。鳃的基部彼此互连，形成了 1 个双 W 形，在每一 W 形的中央基部有 1 支出鳃血管，而 2 个 W 形的联络处有 1 支粗大的入鳃血管。在鳃板中，尚有支持作用的鳃杆和将鳃板分隔成许多小室的鳃间膜（图 7-7）。

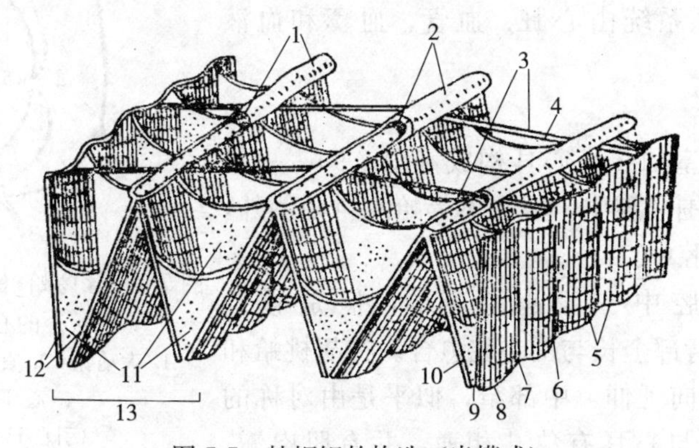

图 7-7　牡蛎鳃的构造（半模式）

1. 出鳃血管　2. 入鳃血管　3. 鳃杆　4. 鳃间小室
5. 普通鳃丝　6. 移行鳃丝　7. 主鳃丝　8. 上行鳃
9. 食物运送沟　10. 下行鳃　11. 鳃间膜　12. 鳃板　13. 鳃
（引自 Awati et Rai）

牡蛎的每一片鳃都由无数鳃丝相连而成，鳃丝与鳃丝之间，只有结缔组织的丝间联系。鳃的表面并不是完全平坦的，它可以起伏不平呈现波纹状的褶皱，每一褶皱一般由9～12根鳃丝组成。在褶皱的凹陷中央，有1根比较粗的鳃丝，它由2根几丁质棒支撑着，这根鳃丝称主鳃丝。主鳃丝的两侧为移行鳃丝，再侧面为普通鳃丝。在鳃丝上有前、侧、侧前、上前等4种纤毛（图7-8）。

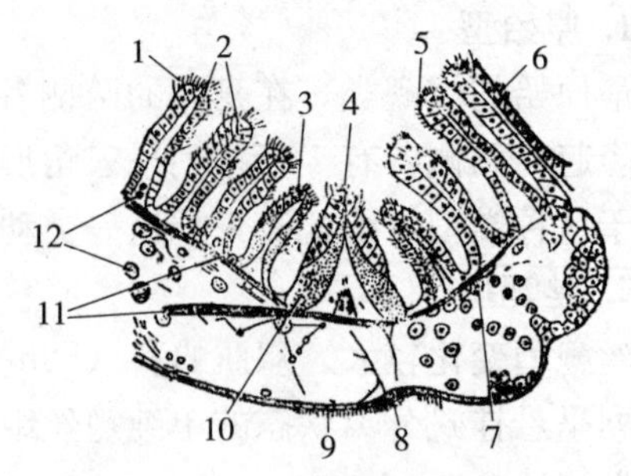

图7-8　牡蛎鳃结构

1. 侧前纤毛　2. 黏液腺　3. 移行鳃丝　4. 主鳃丝　5. 前纤毛　6. 侧纤毛　7. 普通鳃丝　8. 腹孔　9. 上前纤毛　10. 几丁质支持棒　11. 平行肌　12. 吞噬细胞

（引自Yonge）

3. 真瓣鳃型

这种类型的鳃，其外鳃瓣上行板的游离缘与外套膜内面相愈合，而在内鳃瓣上行板前部的游离缘则与背部隆起的侧面相愈合，后部的游离缘通常为身体左、右两侧的鳃瓣上行板之间互相愈合而成（图7-6 E）。真瓣鳃型的鳃，不仅在板间以血管联系，还在同列的鳃丝中以血管贯通，这样在鳃板间形成多数的横格以代替纤毛联系，故鳃的构造为规则的格子状。

4. 隔鳃型

这类型的鳃，为身体各侧的2片瓣鳃互相愈合，并退化而成。它们仅在外套膜与背部隆起之间架起一个肌肉性的有孔隔膜（图7-6 F），而真正营呼吸作用的为其外套膜的内表面。在瓣鳃类中，仅有孔螂总科具有这种类型的鳃。所以这类动物又被称为隔鳃类（Septibranchia）。

鳃不仅是呼吸器官，还是滤食器官。在某些种类，鳃板之间的空腔，又可作为育儿室。

三、循环系统

瓣鳃类的循环系统由心脏、血管、血窦和血液组成。

1. 心脏

心脏由1个心室和2个心耳构成（图7-9），一般位于内脏囊背侧的围心腔中，但在不等蛤总科则例外，它们的心脏在外套腔中。

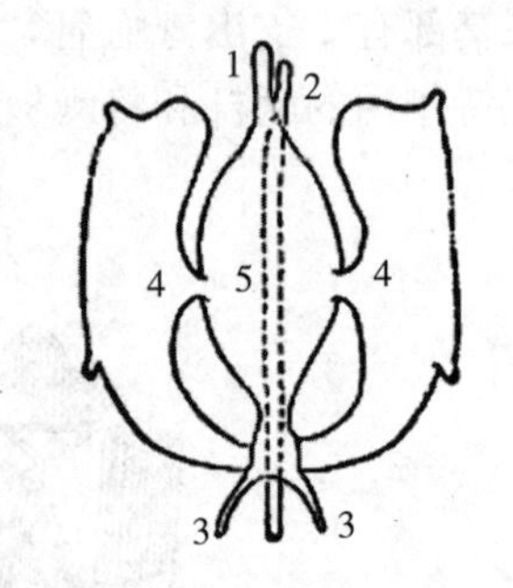

图7-9　滑鸟蛤（*Laevicardium crassum*）的心脏

1. 大动脉　2. 直肠　3. 后外套动脉　4. 心耳　5. 心室

（引自Hillet Welsh）

心室在围心腔中一般是游离的，但是彩蚌（*Iridina*）的心室背部全长与围心腔愈合。在胡桃蛤和蚶，心室以横的方向延伸，中部窄，似乎是由对称的两半组成的。心室与心耳有狭孔相通，并有肌肉瓣，在心室收缩时，可以防止血液倒流入心耳。

心耳呈三角形，比较薄，通常由单层上皮细胞组成，其内面还有一些横纹肌纤维。心耳直径最大处为向鳃的一端，但在胡桃蛤科、蛏螂科和不等蛤总科，心耳呈延长形，富有肌肉，相当厚，其最大处为接近心室的一端。在心耳的外壁常被覆腺质上皮，这种上皮褐色，具有排泄作用。两个心耳有时彼此相通，特别是在异柱类中，这种情况比较普遍。

2. 血管

在瓣鳃类中，特别是具有水管的种类，通常自心室派出前、后 2 支大动脉，其大小几乎相等，但蚶蜊的后动脉很小。前大动脉常在直肠的背侧，分支到内脏囊、足和外套膜；后大动脉则在直肠的腹侧，分支到直肠和外套膜的后端（图 7-10 B）。在胡桃蛤科、贻贝科、不等蛤科和蛏螂科等，心室仅派出 1 支前大动脉（图 7-10 A），在钳蛤、砗磲、船蛆和牡蛎等，由于体躯缩小，2 支动脉管或多或少地愈合在一起（图 7-10 C）。

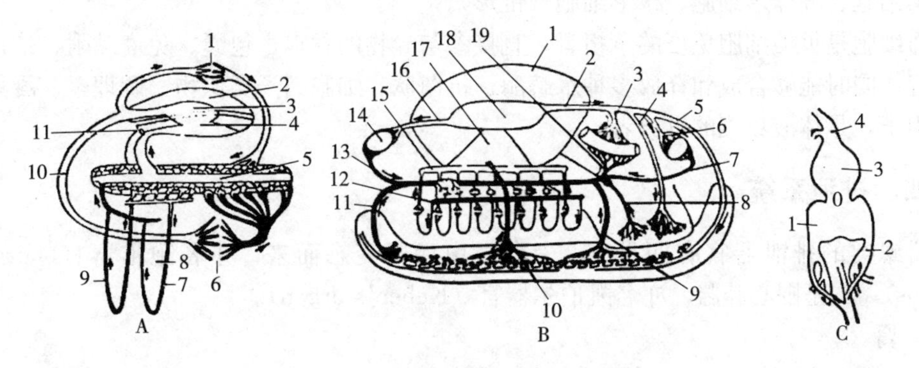

图 7-10　双壳类循环系统模式图

A. 贻贝的循环系统（引自 Field）：1. 内脏　2. 围心腔　3. 心室　4. 心耳　5. 纵脉　6. 外套膜　7. 入鳃血管　8. 鳃　9. 出鳃血管　10. 外套动脉　11. 内肾孔

B. 河蚌的循环系统（引自 Meglitsch）：1. 围心腔　2. 前大动脉　3. 主脏动脉　4. 足动脉　5. 外套动脉环　6. 前闭壳肌动脉　7. 前静脉　8. 足动脉　9. 外套前血管　10. 外套中血管　11. 外套后血管　12. 入鳃血管　13. 后静脉　14. 静脉窦　15. 出鳃血管　16. 后大动脉　17. 心耳　18. 心室　19. 主脏静脉

C. 牡蛎的心脏（引自 Poli）：1. 愈合的心耳　2. 入心耳血管　3. 心室　4. 动脉

牡蛎的动脉可分为 3 层：外层由卵圆形的管外壁细胞组成，与外围的结缔组织结合；中层由肌肉纤维组成，肌纤维呈纵向分布，彼此交织呈网状，在其中间尚有弹性结缔组织，这一层的厚度随动脉血管直径的粗细而变化，在大动脉中很厚，在小血管中几乎没有；最内为沟道，由管内壁细胞组成，细胞呈菱形或六角形，细胞膜边缘呈波动状，核圆形或椭圆形，无核仁，但具块状的染色质。静脉的变化甚大，很少呈圆形或卵圆形，它一般与血窦的构造一样，周围就是结缔组织，但在向心的大静脉中，可以看到一层极薄的纤维组成的血管壁。足和外套膜（包括水管）的肌肉发达，当这些器官进行收缩时，常常产生血液向心脏逆流的压力。因此，在足和水管发达的种类，其后动脉的基部有一种特殊的装置以阻止血液逆流回到心室，有的为一括约肌，有的为动脉管内的 1 个瓣膜；有的种类有一种发达的动脉球，它有一瓣膜与心室分离，如帘蛤科、住石蛤科、蛤蜊科、砗磲科、扇贝、贻贝和蚌等。

3. 血液的循环

血液由心室压出，经动脉管而达各分支，流入动物体的各部分，进入组织间的血窦中，经肾和呼吸器官，回到心脏。大静脉不成对，位于围心腔和足部之间，以凯伯尔瓣与足窦分离，当足膨胀时，此瓣自动关闭，以防血液逆流。血液被大静脉输送到两肾间的肾静脉，当经过肾管壁的静脉网时，血液将废物排入肾管中，遂又集合于入鳃血管。血液在鳃中经过气体交换后，通过出鳃血管，经过心耳回到心室。但是有一部分血液可以不经过鳃而直接回到心室。例如牡蛎和扇贝等，有自大动脉流出到外套膜动脉的血液，可以通过外套膜表面进行气体交换和物质排泄，清洁的血液立即注入总静脉，直接回到心耳，再回归心室。

一般水生贝类，属变渗透压性动物，其血液的渗透压与体液渗透压一样，受环境影响，一般与环境水的渗透压相近。贝类的血液一般无色，牡蛎的血液稍带黄绿色，有些种类含血红素（haemoglobin）或血青素（haemocyanin）而使血液呈现红色或青色。一般将贝类的血细胞分为透明细胞、小颗粒细胞和大颗粒细胞。扇贝血细胞均为无颗粒细胞，有圆球形细胞、椭球形细胞、核形细胞（锥形）。

血细胞是贝类细胞免疫的承担者，直接参与异物的吞噬、包囊、免疫黏附、伤口修复等过程；同时能够合成和释放多种水解酶、抗菌肽、细胞因子类似物、调理素、凝集素等免疫因子，是体液免疫的供给者。

四、排泄系统

瓣鳃类的排泄器官有两种：一是肾，由后肾变态而来，亦名鲍雅器官（organ of Bojanus）；二是围心腔腺，亦名凯伯尔器官（Keber's organ）。

1. 肾

位于围心腔的腹面，左、右对称排列（图 7-11）。在最原始的瓣鳃类中，左、右两肾同为弯曲的圆管构成，互不相通。肾管的内端开口于围心腔中，外端开口于外套腔中，全部管壁都具有腺质上皮。不仅输送收集于围心腔中的废物，也能接受血液中的废物，一并排出体外。

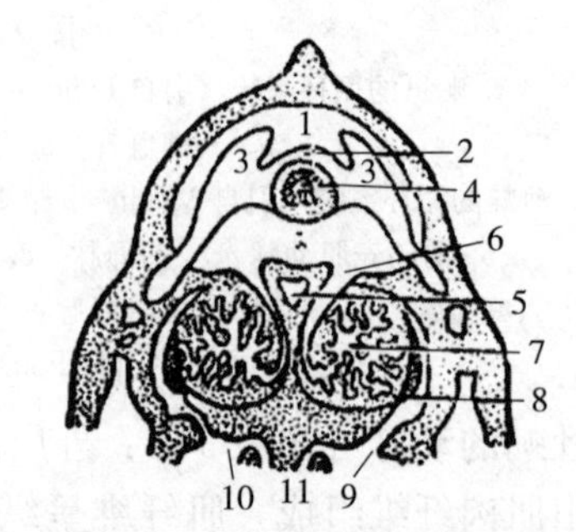

图 7-11　瓣鳃类的围心腔与肾的横断面图
1. 围心腔　2. 心室　3. 心耳　4. 直肠　5. 静脉窦　6. 内肾孔　7. 肾腔　8. 肾的管状部　9. 外肾孔　10. 生殖孔　11. 足的基部
（引自 Lang）

分化程度较高的种类，肾分为排泄性部分和非排泄性部分，两部分的末端互相连接。排泄性部分在腹侧，是肾的主体，有海绵状的厚壁，其前端与围心腔相通。非排泄性部分在背侧，为管状部，管壁薄，内面具纤毛，有时完全失去其原有功能，仅为输出排泄物的输出管。在少数特别演化的种类，如海螂、鸭嘴蛤、海笋等，两肾彼此沟通。有些种类如牡蛎，肾分支甚多，呈分散状态以肾小管延伸到内脏囊的表面，甚至包围后闭壳肌。这些肾小管的末端闭塞，呈盲囊状，管壁的立方形细胞中，常具有排泄物质和起排泄作用的空泡。贻贝和大多数鸭嘴蛤的肾，亦同样向前方伸展。里昂司蛤（*Lyonsia*）的肾能伸入外套膜中。孔螂（*Poromya*）的肾，则完全浸在外套膜血窦中。

2. 围心腔腺

围心腔壁的表皮在某些区域分化成排泄器官，即围心腔腺。它是一种分支状的腺体，由1列扁平的上皮细胞和网状结缔组织构成，中间还有毛细管分布。在这种组织间，常有一种能做变形运动带黄褐色颗粒的细胞分布着，因此，围心腔腺常呈褐色。在蚶科、贻贝科、扇贝科和牡蛎科中，围心腔腺位于心耳之上；珍珠贝科则在心耳的附近；而蚌科、满月蛤、鸟蛤、樱蛤、帘蛤、竹蛏、海笋和筒蛎等，则存在于围心腔的前壁。一般比较高等的种类，围心腔腺不发达。在围心腔腺中富有血液，可以依靠血液渗出排泄物，或者依靠变形细胞的搬运，将排泄物排入围心腔中，再经肾围心腔管进入肾，经肾生殖孔排出体外。

此外，吞噬细胞能单独行动，对瓣鳃类的排泄起着一定作用。这种吞噬细胞广泛分布在动物体的各种组织中，它们将废物直接排入肾腔中。在围心腔和心耳的吞噬细胞，则把废物排入围心腔中。在直肠和外套膜中的吞噬细胞，也能起同样的作用。

五、神经系统

瓣鳃类一般缩减为 3 对神经节（图 7-12 B），即脑侧神经节，足神经节和脏神经节。但在胡桃蛤科中尚有 4 对区分较明显的神经节（图 7-12 A）。

1. 脑神经节

一般瓣鳃类（除了胡桃蛤科外）脑神经节与侧神经节愈合成为 1 个神经节，又称脑侧神经节，常位于口的侧上方。有前闭壳肌的种类，一般接近于前闭壳肌的后面。除了胡桃蛤、蚶蜊和帘蛤的 2 个脑侧神经节彼此连接外，其他瓣鳃类都是分开的。脑侧神经节主要控制唇瓣、前闭壳肌、外套膜的全部，并且分出神经纤维到平衡器和嗅检器。

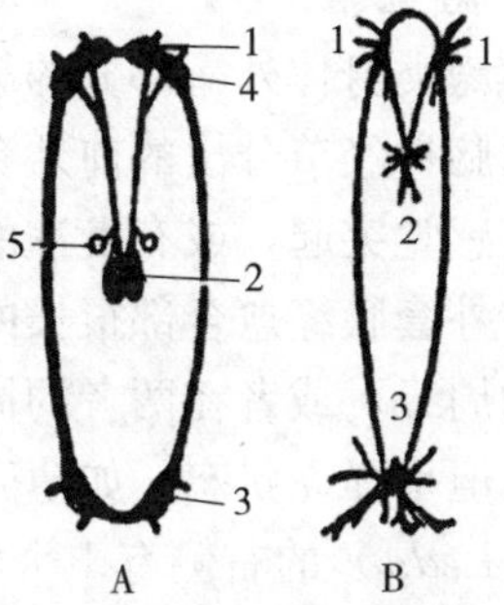

图 7-12 双壳类的神经系统
A. 胡桃蛤 B. 无齿蚌
1. 脑神经节 2. 足神经节 3. 脏神经节
4. 侧神经节 5. 平衡器
（A 引自 Portmann；B 引自张玺，齐钟彦）

2. 足神经节

位于足部内面，一般距脑侧神经节相当远。两个足神经节彼此互相结合。在足部退化的种类，足神经节亦比较退化（如船蛆）或完全消失（如牡蛎）。

3. 脏神经节

胡桃蛤科的脏神经节位于后闭壳肌的前方，其他瓣鳃类的脏神经节紧靠后闭壳肌的腹面。某些特化的种类，则位于后闭壳肌的后方，如海笋和船蛆。脏神经节处于表层，一般仅被上皮细胞包被，但有的种类能深入内脏囊内，如锉蛤。在原始类型中，2 个脏神经节彼此分离，例如胡桃蛤科、蚶科中的大多数种类、贻贝和珍珠贝等。相反，在蚶蜊、拟锉蛤（*Limopsis*）、偏顶蛤的某些种类、扇贝科和一般的真瓣鳃目，2 个脏神经节是并列的。也有的种类脏神经节完全合为 1 个，如牡蛎。脏神经节主要控制心脏、鳃、外套膜后部和水管等。

脏神经节的连索很长，在胡桃蛤科中，脏神经节的连索与侧神经节相连，在其他的瓣鳃类则与脑侧神经节相连。

4. 侧神经节

只有胡桃蛤科才有侧神经节，它紧靠脑神经节。由于胡桃蛤科比其他瓣鳃类多 1 对侧神经节，因此足神经连索在每侧也有 2 条。例如胡桃蛤的足神经连索在开始仅为 1 对，后分离为 2 对，一对与脑神经节相连，一对与侧神经节相连。在蛏螂中，2 对足神经连索几乎全部愈合在一起。

5. 其他特殊的分化

有几种真瓣鳃类，如筛贝属、海笋科、船蛆科，在互相结合的脏神经节的前方，另有一个明显的小神经块，这个神经块连在脏神经节的2支上，称为“副神经节”。在筛贝中，这个副神经节生出几条神经，主要分布在内脏部。也有几种真瓣鳃类，如蚌、鸟蛤、獭蛤（*Lutraria*）、海螂、竹蛏等，在脏神经连索的每一支中部，都具有1个小的“中间神经节”。以此为中心，生出几条神经专门控制生殖腺。

在瓣鳃类中，没有明显的胃腹神经系统，脏神经连索的2支，在它们的中央面上可以生出神经纤维分布到消化管。

六、感觉器官

贝类体表的表皮层内分布有许多专司感觉的神经末梢，尤其在外套膜的内面，分布腺体的区域感觉特别灵敏，有些部位特别发达，成为特殊的感觉器官。

1. 触觉器

瓣鳃类身体外露部分的触觉比较灵敏，特别是外套膜的边缘，有环绕神经分布。环绕神经由脑神经节分出的前外套膜神经和来自脏神经节的后外套膜神经会合而成。在外套膜缘常有感觉突起，或有发达的触手，如锉蛤的触手很发达、极长、能伸缩，并且排列成复行。在外套膜缘愈合部很长的种类，触手则位于后方，可以在呼吸水流的入口处，或者在水管的周缘，或者在两者的周围形成1个触手环，如鸟蛤、蛤仔和孔螂。有的种类触手很发达，但呈孤立状态，如薄壳蛤（*Lepton*）和鼬眼蛤（*Galeomma*）有1个中央触手，绫衣蛤（*Leda*）的右侧有1个触手，蛏螂在后缘有2个对称的触手。

在瓣鳃类中，还有一种没有分化成特殊器官的感觉上皮，它是由上皮细胞的一部分变化而来的，专司触觉。在外套膜缘、唇瓣、直肠突起和身体的上皮部，都有广泛分布。瓣鳃类的触唇，不是特殊的触觉器官，它在运输和选择食物上的作用，比感觉作用大。

2. 嗅检器和外套器

嗅检器（osphradium）为外套腔或呼吸腔的感觉器官，司嗅觉。瓣鳃类在每一支鳃神经的基部，接近脏神经节处，有1个附属神经节，在它上方的皮肤特化成感觉器官，在蚶类中常有色素。这种器官位于鳃的附着点，相当于腹足类的嗅检器。嗅检神经节所接受的神经纤维，并不是由脏神经节派生的，而是由脑神经节派生的，经由脑脏神经连索而来的神经纤维。

瓣鳃类还具有与嗅检器同样性质的1个附属器官，称为外套器。在蚶科、扇贝科和珍珠贝科等许多没有水管的种类，这种附属器官位于后闭壳肌上，靠近肛门的两侧。外套器是表皮的突起物，形状很多，在绫衣蛤、斧蛤和海笋中呈腺质板状，在蛤蜊中呈凸起的片状，在樱蛤中呈发束状。它们的发达程度常不对称，通常右侧的比较发达。在有水管的种类，联合的鳃盖住了闭壳肌，这种器官移转到进水管的内端，常在一个发达的水管神经节上。

3. 平衡器和听觉器

瓣鳃类的平衡器（otocyst）位于足部，在足神经节的附近，左右各一，系由足部皮肤内陷而形成，其内有耳石，有神经与足神经节和脑神经节相连。原始的胡桃蛤科，这个器官仅是1个简单的足部上皮下陷，下陷部与一细管相连，细管的另一端开口在足的基部前方，能与外界沟通。平衡器中的耳沙不是由细胞分泌形成，而是外来的沙粒进入，起耳沙的作用。其他种类的平衡器是封闭的。在大多数的蚶科和异柱目，平衡器中有许多小的耳沙（otoconia），而在真瓣鳃目中只有1个大的耳石（otolith）（图7-13），在钻岩蛤（*Saxicava*）等的每一个平衡器中，既有耳沙也有耳石。在某些固着生活的种类，如牡蛎科中极大部分，成体没有平衡器。平衡器的壁由具有纤毛的支持细胞和感觉细胞相互排列构成，并共同分泌液体充满平衡器腔。

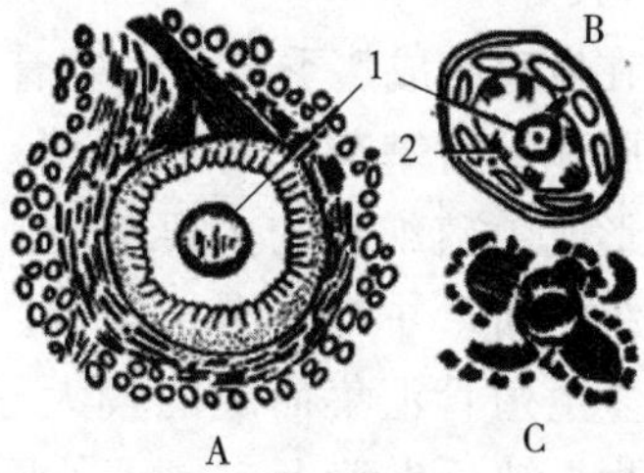

图7-13 无齿蚌和球蚬的平衡器
A. 无齿蚌 B. 球蚬（*Cyclas*）
C. 压碎的耳石放大
1. 耳石 2. 平衡器壁的纤毛
（引自 Simroth）

通过观察，有些瓣鳃类如不等蛤，能依靠水的作用来感受声音。

4. 视觉器

瓣鳃类没有头眼，这是由于它们的外套膜和贝壳将身体完全包被，头部已经退化的缘故。这类动物能伸出壳外的部分除足以外，只有外套膜的边缘和水管，因此，在外套膜缘和水管上，常常具有色素细胞，例如樱蛤、蛤蜊、鸟蛤、帘蛤、竹蛏、海笋等，它们的色素细胞有很强的感光性，真正的眼是在外套膜边缘的这些色素斑特化形成的。

在瓣鳃类中，眼的构造表现出两种不同的形式：一种以蚶类为代表，每个单眼仅是一个具有角膜的色素细胞，聚集在一起构成复眼。另一种以扇贝为代表，眼的个数很多，常位于外套膜的上叶（左叶）或两叶均有（栉孔扇贝），构造相当复杂，由视神经、网膜、色素层、晶体和外角膜等组成（图7-14）。每一个眼具有1支短柄，以此连接在外套膜的边缘上。

鸟蛤是潜在泥沙中生活的，通常以水管暴露在泥沙的外面，在围绕水管的触手上也有眼，其构造与扇贝的眼类似，所不同的是色素位于围绕眼球的结缔组织内。牡蛎的幼虫具有简单的眼点，它们喜欢附着在白色的物体上，有人认为它们可能有色觉。

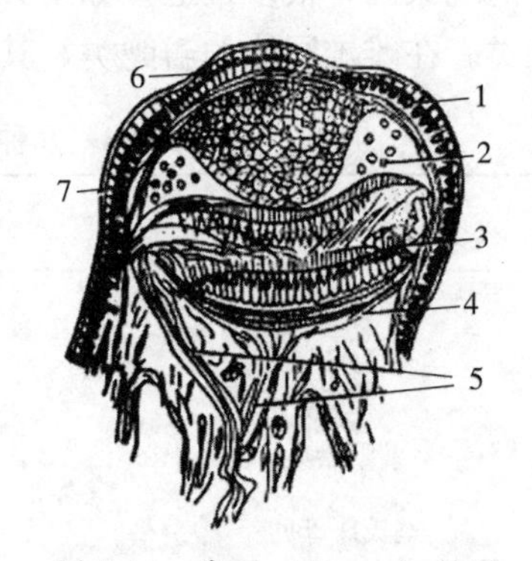

图7-14 扇贝（*Pecten*）的眼
1. 晶体 2. 血窦 3. 网膜 4. 色素层
5. 视神经 6. 外角膜 7. 色素上皮
（引自 Korschelt et Heider）

七、生殖系统

1. 生殖系统的组成和结构

（1）生殖腺：瓣鳃类通常具1对生殖腺，对称地排列在身体两侧，一般位于内脏囊的表层，亦有种类伸入足部，个别的种类则伸入外套膜内。生殖器官的外形为一个脉状分支的盲囊（图7-15），但在索足蛤（*Thyasira*）中，则与肝一起凸出在外套腔中呈树枝状。没有交接器，受精在体外或外套腔中进行。

生殖腺由滤泡（follicle）、生殖管（genital canal）和生殖输送管（gonoduct）3部分构成。滤泡是形成生殖细胞的主要部分，由生殖管分支末端膨大而形成，呈囊泡状。滤泡壁由生殖上皮组织构成，生殖原细胞在此发育成精母细胞或卵母细胞，最后发育成精子或卵子。滤泡有雌雄区别，通常雄性滤泡大小形状较一致，而雌性滤泡则大小不均匀。

在生殖腺成熟季节，生殖管在内脏囊周围、外套膜和上唇基部都可以看到，形似叶脉，它也是形成生殖细胞的主要部分，密布在网状结缔组织之间，并与滤泡相连接。生殖输送管是由许多生殖管汇集而成的较大导管，管内壁纤毛丛生，缺乏生殖上皮，管外围有结缔组织和肌肉纤维。生殖输送管开孔在后闭壳肌下方和内鳃基部，有输送成熟生殖细胞的作用。

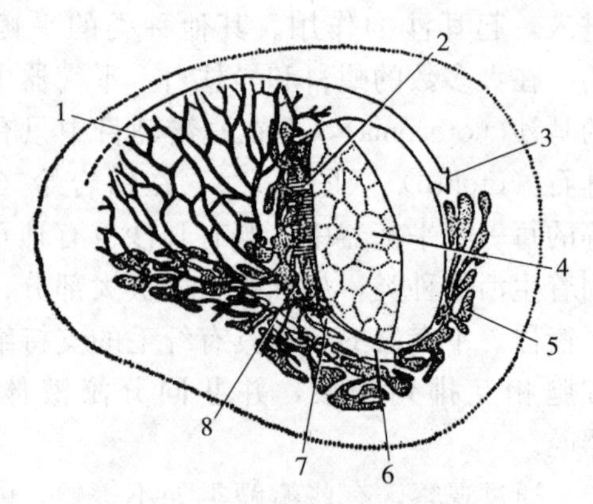

图 7-15　牡蛎的排泄和生殖系统
1. 生殖腺　2. 围心腔　3. 肛门
4. 闭壳肌　5. 肾围心腔管　6. 肾腔
7. 肾生殖孔　8. 肾叶
(引自 Hoeck)

原始类型的生殖腺，如胡桃蛤，其生殖输送管开口在同侧肾管基部，接近围心腔，生殖细胞经肾管排出。不等蛤科和扇贝科生殖腺亦开口在肾管内，不过靠近肾管外孔，蚶类则更靠近肾外孔。牡蛎（图 7-15）和某些满月蛤的生殖孔和肾孔，开口在一个共同的开孔或共同的排泄腔内；而贻贝科中的某些种类则开口在一个共同的突起上。此外还有一种比较普遍的情况，如蚌，其生殖孔的开口紧靠肾孔。

（2）雌雄同体和性转变：瓣鳃类一般为雌雄异体，除了极少数种类以外，一般在外形上并没有第二性征，有些瓣鳃类，只能从生殖腺的颜色来区别，通常红色是雌性，白色为雌雄同体或雄性。从颜色上划分，有雌雄性腺颜色接近的种类（如牡蛎、花蛤、文蛤等），也有性腺成熟分化明显的种类（如扇贝、贻贝、泥蚶等）（表 7-1）。在海产双壳类中雌雄同体的现象已有很多报道，如扇贝科、贻贝科、牡蛎科、蚬科、鸟蛤科和鸭嘴蛤科等的某些种类。在雌雄同体的瓣鳃类，其生殖腺有下列 3 种不同的形式。

表 7-1　几种瓣鳃类精巢和卵巢在成熟时期的颜色

种类	精巢的颜色	卵巢的颜色
泥蚶	乳白	橘红或淡黄
贻贝	乳白	紫红
翡翠贻贝	淡黄或乳白	橘红
马氏珠母贝	乳白	淡黄或橘黄
栉孔扇贝	乳白	橘黄
菲律宾蛤仔	乳白	淡黄
缢蛏	乳白	淡黄

①生殖腺的全长都是雌雄生殖腺，即两性生殖细胞均由同样的滤泡形成，能同时或交替产生卵子或精子，例如食用牡蛎（*Ostea edulis*）等。

②生殖腺分化为 2 个区域：雄性生殖腺在前，雌性生殖腺在后，但是彼此没有完全隔离，且具有一个共同输出管，例如扇贝属的大扇贝（*Pecten maximus*）和盖扇贝（*P. opercularis*）等。在蚬类中虽然生殖腺的雄性部分与雌性部分并不相接，但由 1 条管

相联系。

③每侧具有1个完全分离的精巢和卵巢，卵巢常位于后方背侧，精巢常位于前方腹侧。它们分别具有1个独立的生殖输送管，像色雷西蛤（*Thracia*）同侧的雌雄孔距离很近，开口在一个共同的突起上，雌孔稍靠外方，相当于原来一个生殖孔的位置。在孔螂中，雌、雄生殖输送管则开口在一个共同孔中。雌雄同体者，一般是精子先成熟，卵子后成熟。

性别在瓣鳃类的某些种类是不恒定的，性别转换现象广泛存在于贻贝科、牡蛎科和珍珠贝科。该转换现象与海水温度、代谢物质及营养环境等因素存在着相关关系。近江牡蛎发生自然性转变过程，可能经历雄性败育退化吸收阶段，再进入雌雄同体发育阶段，然后再转化为雌性发育阶段，雄性滤泡内各期生殖细胞分解吸收后所释放的空间，由滤泡壁上新生的卵原细胞和卵母细胞逐渐填充，性腺由此进入雌雄同体发育阶段。

（3）生殖细胞的发育：以扇贝为例，卵细胞的发育经过卵原细胞、小生长期初级卵母细胞、大生长期卵母细胞，发育为成熟卵子。卵子呈梨形或圆球形，细胞质嗜酸性，开始脱离滤泡壁进入滤泡腔中等待产出，此时卵细胞处于第一次减数分裂的中期。

精细胞在滤泡壁上发育成熟。在滤泡壁上有不同发育期的生殖细胞，分别是精原细胞、初级精母细胞、次级精母细胞、精子细胞及成熟精子。精子主要由头部、中段和尾部三部分组成。成熟精子以头部向壁，尾部朝向腔，大量的精子尾部鞭毛汇聚成束。

（4）生殖腺的发育：以贻贝为例，性腺发育经过以下四个时期。

①Ⅰ期（性腺形成期）：此时外形上难以辨别雌雄，性原细胞发达，滤泡很少。

②Ⅱ期（性分化期）：精母细胞或卵母细胞数量增多。

③Ⅲ期（产卵期）：外套膜透明，生殖管和滤泡明显，较成熟的个体可以挤出精子和卵子。

④Ⅳ期（耗尽期）：精子和卵子排出，滤泡空虚，性腺开始退化。

2. 繁殖习性

许多海产瓣鳃类如牡蛎、马氏珠母贝、栉孔扇贝、杂色蛤仔和缢蛏等，满1周年就成为性成熟个体。同一种贝类在同一海区性腺的发育也不平衡，雄性个体和年龄较大的个体往往有先成熟的趋势，贝类从性成熟后直到死亡前，每年都能繁殖而不受年龄限制。

大多数瓣鳃类与多板类、掘足类和原始腹足类一样，没有交尾的现象，属于卵生型（oviparous），精子和卵细胞都是分散的、单个的呈自由状态产出，可以借助贝壳关闭的力量，把带有生殖细胞的海水一起射出，甚至射至很远的地方。成熟的亲贝将生殖细胞排到体外后，在水中受精、发育直到成为独立生活的个体。一般产出的卵子数量大，为几十万、几百万，甚至可达数千万粒。

一部分贝类在繁殖时，把精子或卵细胞排至出水腔中，依靠排水孔附近的外套膜和鳃等的作用，将生殖细胞压入鳃腔中，并在此受精、发育，到能自由活动的幼体时才离开母体营独立生活，称幼生型（larviparous）。古异齿亚纲和异齿亚纲中，许多种类的鳃间腔可以作为育儿囊，受精卵在育儿囊中发育孵化。如蚌类的育儿囊在外鳃叶腔中；球蚬、凯利蛤和船蛆的育儿囊在鳃叶腔或鳃腔中；珍珠蚌两个鳃都形成了育儿囊。然而密鳞牡蛎和内寄蛤，其受精卵发育前期不在鳃腔内，而在外套腔中度过。

3. 发生过程

贝类发生经生殖细胞、受精卵、卵裂期、囊胚期、原肠胚期、担轮幼虫期、面盘幼虫期等时期。

(1) 发生特点：瓣鳃类受精卵第一次分裂是不等全裂，分裂面从动物极将卵分为大小2个分裂球，大分裂球在以后几次分裂中分担着小分裂球的产生，以后大分裂球分裂形成内胚层。原肠胚大多由外包的方式形成，很少为内陷方式，有时两种方式合并发生，最初是外包，动物极的小分裂球在大分裂球周围增殖，然后由于大分裂球的分裂，内胚叶细胞向内陷。这种现象出现在蚬和蚌类，它们胚体的分裂腔很大，肠管小。

瓣鳃类器官的发生，其主要特点与其他各纲的贝类相同，例如由外胚层形成神经系统和感觉器官等，由内胚层形成消化系统上皮，由中胚层形成围心腔、肾、生殖腺等。

胚体以后的发育可以分为两种不同的方式：一种是幼虫自由生活或在母体鳃腔中孵化，如贻贝等大多数瓣鳃类；另一种发生过程中具有幼体寄生阶段，如河蚌。

(2) 贻贝的发生：贻贝一般为雌雄异体，体外受精。卵多数呈圆形，直径约 68 μm，外被一层胶膜，厚约 19 μm。精子全长 47 μm（图 7-16 A）。

①受精：精子从植物极附近入卵后，卵外面微微浮起1层薄膜，即受精膜（图 7-16 B）。在水温 16～17 ℃时，受精后 30 min 出现第一极体（图 7-16 C）；10 min 后又放出第二极体（图 7-16 D）。

②分裂：卵子受精后，进行第一次分裂，分裂线与卵子动植轴平行并略偏斜于一侧，成为2个大小不等的分裂球（图 7-16 F）。然后分裂形成4细胞期、8细胞期、16细胞期、32细胞期及桑葚期（图 7-16）。

③囊胚期：植物极的大分裂球陷入胚体，胚体内的细胞能继续分裂出许多细胞，充满于胚体内部。胚胎表面被有短而小的纤毛，开始孵化游动。

④原肠胚期：由于内陷，四周细胞隆起，形成一小孔，称为“原口”或“胚孔”。胚体内的细胞逐渐分化成一圆管状的原肠，然后发育成为消化道。

⑤担轮幼虫期：胚体渐变为梨形，顶端膨大，细胞加厚，长有一丛纤毛，为顶纤毛束，其中央长有1根或2根粗大的触毛或鞭毛。胚体背部细胞加厚且略下陷，形成胚体的壳腺。胚孔闭合区继续内陷，逐渐形成口凹，即为早期担轮幼虫（图 7-16 R）。晚期担轮幼虫，胚体左右略变扁平，背部尖，腹部宽，其顶端变平，四周细胞隆起，壳腺内陷，将分泌贝壳。幼虫趋光性不甚明显，对机械作用很敏感。

⑥面盘幼虫：

直线铰合幼虫（亦名D形幼虫）：胚体两侧覆盖2片较硬而透明的半圆形幼虫壳，在背部直线铰合（图 7-16 T）。胚体顶端呈椭圆盘状，形成面盘，其四周细胞被有纤毛。前、后闭合肌也形成，同时也出现幼虫几对缩肌，一部分伸向面盘，使面盘能自由伸缩，一部分伸向壳的腹缘和后缘。消化器官分化尚未完善，不具有吞食机能。第3天的幼虫消化道开始弯曲，肾组织形成（图 7-16 U），第5天幼虫肾已较发达并呈管状，消化育囊由淡黄色变成黄褐色，并具有吞食、消化机能。

早期壳顶幼虫：贝壳两侧靠近中央处稍稍隆起，铰合线呈弧形，形成幼虫壳顶；后壳顶隆起更为明显，壳的后端腹缘生长快，贝壳变成不对称，壳顶已不在中央（图 7-16 V，

W)。内部器官、足、听囊、眼点、鳃组织、脑神经节、内脏神经节逐渐出现；足呈扁平状，足丝腺、足神经节逐渐形成。随着足的形成，伸向足的2对缩肌形成。胃的顶部出现隔膜，胃的左右两侧消化盲囊开始分成2叶，在胃末端的左侧凸出一小囊，即晶杆囊（图7-16 X)。

后期壳顶幼虫：贝壳不对称现象更为明显，腹部后端生长迅速，生长线甚为明显，壳的边缘呈紫红色（图7-16 Y)。消化盲囊继续覆盖于胃的表面，胃分为3部，左侧大，右侧分为两部，三者彼此相通。内鳃丝数目增多，变态前可达3～4对，上面被有纤毛。足呈棒状且能自由伸缩，早期不具有爬行机能，晚期一边借助面盘纤毛摆动自由游动，一边利用足进行匍匐行动。顶板下的脑神经组织逐渐增大，形成1对脑神经节。

⑦变态：后期壳顶幼虫遇到适宜的附着基，足丝腺分泌足丝进行附着生活，如附着基不合适，仍可用足匍匐，或用面盘浮游，寻找适宜的附着基。幼虫附着后，面盘逐渐退化，足丝逐渐发达，外套膜开始分泌钙质的次生壳，这个过程称为变态，不同的贝类其变态幼虫的大小是不一样的。

幼虫进入变态时，在它的外部形态、内部构造、生理机能、生态习性等方面，都要经过一番相当大的变化。变态标志之一是壳形的改变，略呈圆形的贝壳，逐渐在其背缘呈抛物线延伸，背缘呈弧形，后缘生长极为迅速，整个贝壳变为楔形（图7-16 Z)。其二是面盘萎缩，作为幼虫游泳器官的面盘，变态时开始萎缩，四周边缘纤毛先脱落，以后逐渐朝向中央萎缩。其三是生活习性的改变，变态前匍匐行为的次数增多，变态后足丝腺分泌出足丝，营附着生活。但可自由切断足丝迁移他处附着。

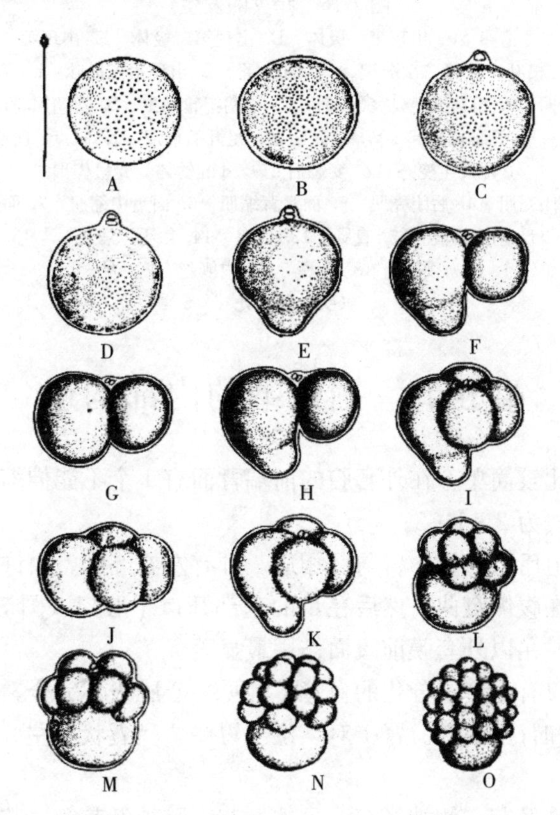

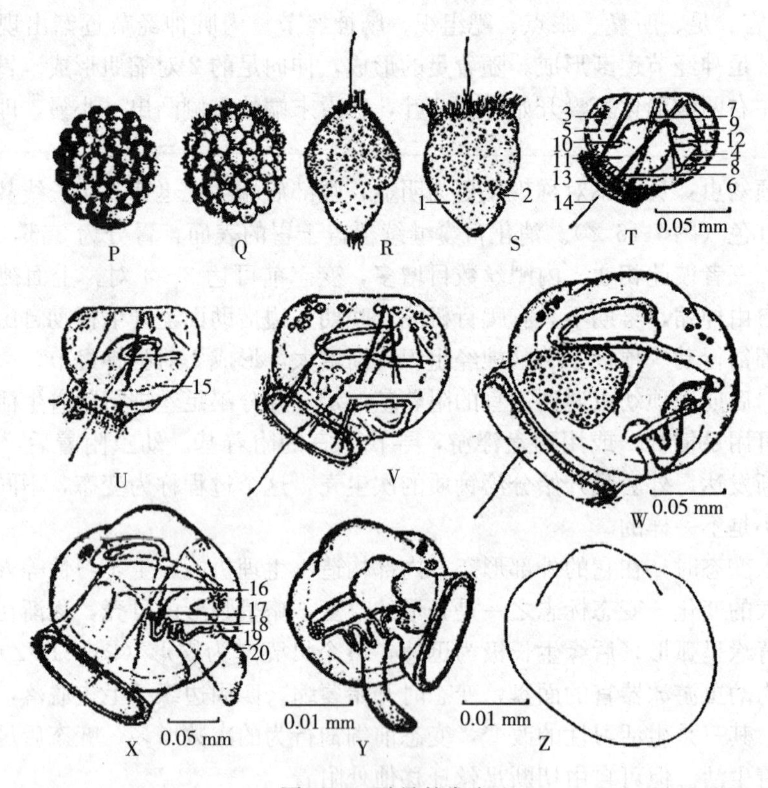

图 7-16　贻贝的发生

A. 精子和未受精卵　B. 受精卵　C. 出现第一极体　D. 出现第二极体　E. 出现第一级叶　F. 第一次分裂　G. 2 细胞期　H. 出现第二极叶　I. 第二次分裂　J. 4 细胞期　K. 出现第三极叶　L. 第三次分裂　M. 8 细胞期　N. 16 细胞期　O. 32 细胞期　P. 桑葚期　Q. 囊胚期　R. 早期担轮幼虫　S. 晚期担轮幼虫　T. 直线铰合幼虫，壳对称　U. 肾组织出现　V. 壳顶微隆起　W. 顶壳明显，足开始形成　X. 眼点、听囊和鳃都出现　Y. 幼虫立即发生变态　Z. 变态后 2～3 d 的幼体，壳呈楔形

1. 壳腺　2. 口凹　3. 前闭壳肌　4. 后闭壳肌　5. 面盘背缩肌　6. 面盘中缩肌　7. 面盘腹缩肌　8. 腹缘缩肌　9. 后缘缩肌　10. 胃　11. 消化盲囊　12. 直肠　13. 面盘　14. 触毛（鞭毛）　15. 幼虫肾　16. 足缩肌　17. 眼点　18. 听囊　19. 内鳃丝　20. 足

（引自蔡难儿）

第五节　掘足纲的内部构造

掘足类消化器官比较简单，在外套腔的前端背面有 1 个不能伸缩的吻，内为口球，口内有颚片和齿舌，齿式为 2・1・2。

口后为食道，食道后方为胃，胃与肝相通。肝有左右 2 叶，由许多小盲管组成，凸出于外套腔中。肠部先在腹侧盘曲，然后在足的基部开口于肛门（图 7-17）。无鳃，由外套膜的内表面进行呼吸，尤以外套膜前腹面作用最显著。

循环系统简单，仅有血窦，分化的血管不常见。心脏极不完全，位于直肠的背侧，仅有 1 个腔，缺乏心耳和肾围心腔。肾 1 对，位于胃侧，呈囊状，左、右互不连接，各由肛门侧面通于外方。

神经系统包括脑神经节、侧神经节、足神经节、脏神经节等。脑神经节和侧神经节相

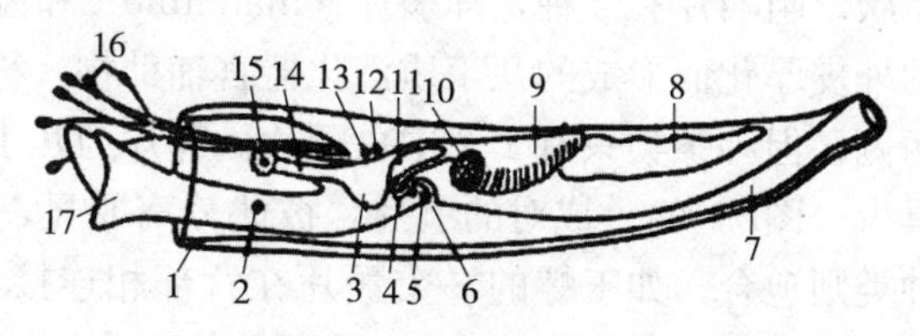

图 7-17　角贝体制模式图

1. 外套膜　2. 足神经节　3. 口球　4. 肠　5. 脏神经节　6. 肛门　7. 外套腔　8. 生殖腺　9. 肝　10. 肾　11. 胃腹神经节　12. 侧神经节　13. 脑神经节　14. 口吻　15. 口　16. 头丝　17. 足

（引自蔡英亚）

接近，位于口球的背侧。足神经节与 1 对平衡器相连接，在足部的中央。脏神经节左右对称，在肛门附近。

掘足纲动物通常为雌雄异体，生殖腺位于身体的后方正中央处，为延长形的器官，其生殖输送管与右侧肾管相连，生殖产物经右肾管排出。

第六节　腹足纲的内部构造

一、消化系统

比较形态学、古动物学及发生学的研究都证明了腹足类动物早期的体制还是两侧对称的，腹足类担轮幼虫的体制是对称的，而到了面盘幼虫后，身体突然出现扭转，随后是一个不对称的生长过程，最后成体变成了不对称的体制。腹足纲的消化管原来是直的，口在前方，肛门在后方。但在发生过程中，经过旋转和卷曲后，消化管的后端由后方转向右方，再转向背方，这样口和肛门就不在一直线上（图 7-18）。

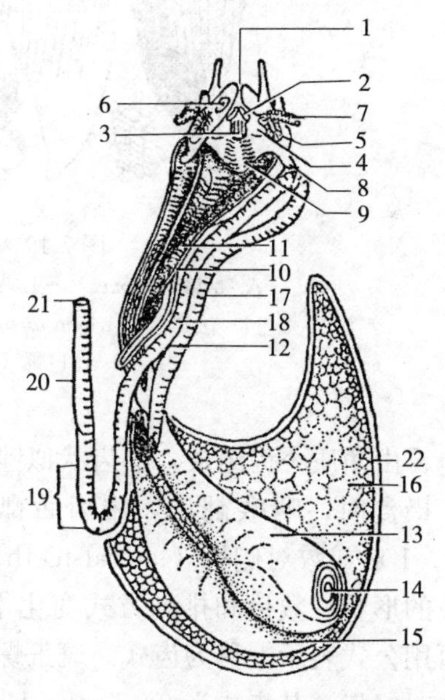

图 7-18　皱纹盘鲍消化系统背面图

1. 口　2. 颚片（右）　3. 齿舌　4. 舌突起　5. 口袋（右）　6. 唾液腺孔（左）　7. 唾液腺（右）　8. 背咽瓣（右半）　9. 腹咽瓣　10. 食道　11. 食道囊（右）　12. 齿舌囊　13、14. 胃盲囊　15. 胃　16. 消化腺　17. 上行肠段　18. 下行肠段　19. 直肠穿入心室的区域　20. 直肠　21. 肛门　22. 生殖腺

（引自梁羡园）

（一）消化管

1. 口

头的前端腹面有口，圆形或裂缝形，许多种类口向外凸出成吻，肉食性种类吻极为发达。玉螺科吻部腹面有穿孔腺，能分泌液体，穿凿其他腹足类和瓣鳃类的贝壳以食其肉。有的种类如芋螺还有毒腺，皮鳃螺（*Pneumoderma*）的吻部生有头节附属物，附属物的腹面生有吸盘。

2. 口腔

口腔为消化管的第一个膨大部分。口腔内有唾液腺开口，还有角质咀嚼片和与咀嚼片相关的肌肉块，呈球状。咀嚼片有 2 种，即颚片（mandible）和齿舌（radula）。

（1）颚片：口腔的外皮厚化而形成的几丁质消化器官辅助物，称为颚片，大部分种类颚片成对，在口腔的两侧，但肺螺类只有 1 个中央颚片。鄂片为几丁质，通常平滑或呈鳞状，边缘锐利，有时具齿（图 7-19）。成对的颚片，彼此分离明显，如前鳃类和后鳃类的大多数种类，但有些种类则愈合，如玉螺的 2 个颚片在背部相连接，片螺（*Lamellaria*）则完全愈合形成一个单片。某些海兔（*Aplysia*）的颚片位于腹面，在口腔顶部形成 1 个具有角质刺的背盖。肉食性的种类缺乏颚片者甚多，如芋螺科（Conidae）、笋螺科（Terebridae）、马蹄螺科（Trochidae）、树螺科（Helicinidae）、延管螺科（Magilidae）、无舌总科（Aglossa）和异足总科（Heteropoda）等均无颚片存在。

（2）齿舌：齿舌为贝类特有消化器官，位于口腔底部，呈带状，由许多分离的角质齿片固定在一个基膜上，具有锉碎食物的功能。齿舌生自腹盲囊，称为齿舌鞘，其先端伸出到口腔底部上，形成 1 个中央突起部。

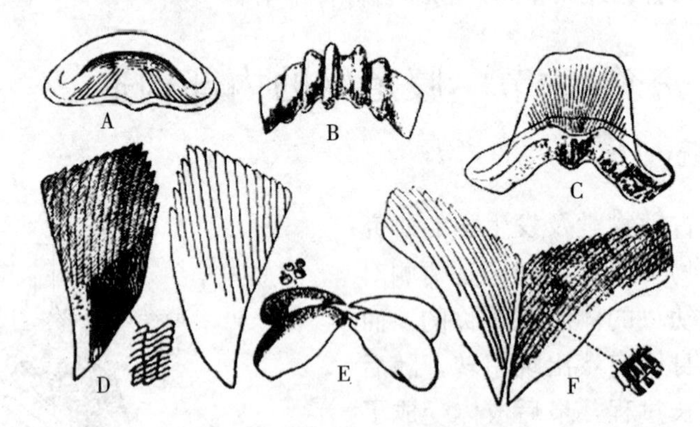

图 7-19　几种腹足纲动物的颚片

A. 蛞蝓（*Limax*）　B. 大蜗牛（*Helix*）　C. 琥珀螺（*Suecinea*）
D. 法螺（*Charonia australis*）　E. 四枝螺（*Scyllaca pelagica*）
F. 环口螺（*Cyclophorus atramentarius*）
（引自 Cooke）

齿舌由角质小齿组成，小齿状似锉刀，通常以一定方式组成横列，许多横列构成一条齿舌；摄食时，咽喉翻出，用齿舌舐取食物。每一横列通常有 1 枚中央齿（central teeth），1 对或数对侧齿（lateral teeth），边缘有 1 对或数对缘齿（marginal teeth），齿舌上小齿的形状、数目和排列方式变化很大，为鉴定种类的重要特征之一。这些小齿的排列，可用公式表示，称为齿式。斑玉螺的齿舌一横列有 7 枚齿片，即 1 枚中央齿、1 对侧齿和 2 对缘齿，其齿式为 2·1·1·1·2。皱纹盘鲍齿舌有 108 横列，每一横列有中央齿 1 枚，侧齿 5 枚，缘齿极多，可以用∞·5·1·5·∞×108 符号表示（图 7-20）。

不是所有的腹足类都具有这三类齿，如骨螺科、蛾螺科和大部分的中腹足类缺乏缘齿，只有中央齿和侧齿。在某些后鳃类和芋螺等，缺乏中央齿和缘齿，只有侧齿。在同一种动物中，每一横列的齿数比较恒定，但有时随年龄的增加而增多。不同的种类，每一横列的齿数有变化，例如前鳃类中的原始腹足目（除柱舌总科）有很多侧齿，但在中腹足目只有 3 枚侧齿，新腹足目（除弓舌总科）只有 1 枚侧齿。

齿片的形状常随着齿片数目和动物食性而变化。通常情况下，具大型齿的，总数一定

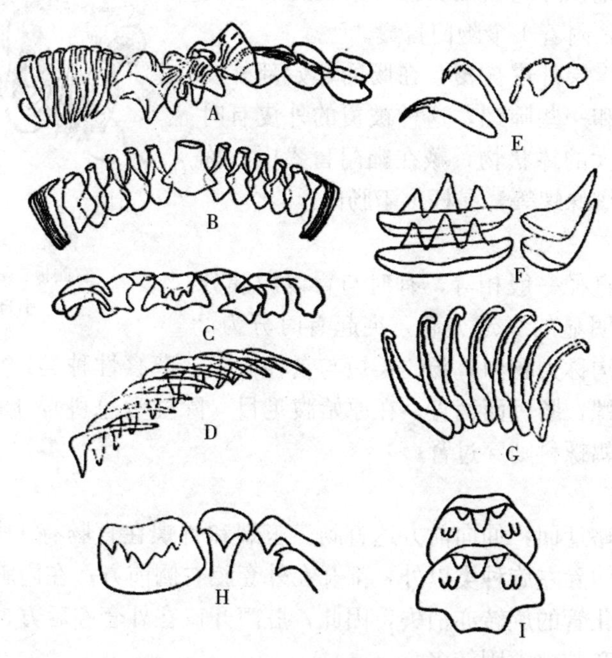

图 7-20　几种腹足纲动物的齿舌

A. 皱纹盘鲍（*Haliotis discus hannai*）　B. 单齿螺（*Monodosta labio*）　C. 斑玉螺（*Natica tigrina*）　D. 泥螺（*Bullacta rxarata*）　E. 珠带拟蟹守螺（*Cerithidea cingulata*）　F. 脉红螺（*Rapana vanosa*）　G. 经氏克蛞蝓（*Philine kinglipini*）　H. 光球螺（*Pila polita*）　I. 湖北钉螺（*Oncomelania hupensis hupensis*）（A、D～I 仅示齿舌的一部分）

（引自张玺，王耀先）

较少，具小型齿的，一般数目较多。在肉食性种类，齿片较少，但强而有力，齿端有钩、刺，有时还有毒腺；草食性种类，齿片小而数目较多，圆形或先端较钝，有时细而狭长。

齿舌带依附在一个成对的软骨片组织上，这种软骨片组织具伸缩肌，依靠肌肉伸缩，能使齿舌活动，把进入口腔的食物锉碎。有些种类在齿舌的前部几个横列齿片形态常有变化，这是因为经常锉磨食物受到损伤的结果。

3. 食道

通常较长，壁上有褶皱和许多纤毛细胞。食道常有一膨大部分，或者形成嗉囊，如泥螺的食物可以在嗉囊里储存一段时间，然后再送到胃中。在大多数原始腹足目，具有成对的食道袋，袋内壁生有突起。中腹足目的肉食性种类，如玉螺科、宝贝科等，在食道中央有一特别发达的膨大褶叠物，内壁呈叶状。新腹足目在食道中部有食道腺。在后鳃类中，海天牛（*Elysia*）有 1 个食道盲囊，长足螺科（Oxynoeidae）有 1 个长的腺质附属物。

4. 胃

通常呈卵形或长管形，由于消化管的弯曲，多少呈袋状或盲囊状。有的种类胃壁具强有力的收缩肌，但在前鳃类，胃壁相当薄。后鳃类如泥螺，胃壁内面有角质的咀嚼板，或称胃板、胃楯（图 7-21）。在海兔的胃中也有一些硬板，上面有节和刺。枣螺科和某些泊螺（*Scaphander*），咀嚼板是由数块软骨组成的一个强壮砂囊，能压碎贝壳。

有些种类，如鲍、海兔和椎实螺等，在胃腔中肝输出管开孔的附近，附着1个幽门盲囊。

胃的内壁常有1层外皮被覆，在肠的起始部外皮特别发达，如田螺和一些肺螺，这种被覆的外皮有时分化形成一种相当大的棒状物，藏在幽门盲囊中，称为晶杆。马蹄螺、蜘蛛螺等，晶杆位于肠内。

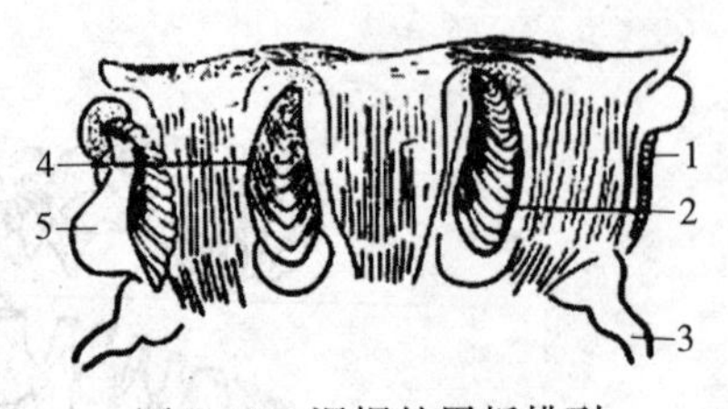

图7-21 泥螺的胃板排列
1. 胃壁 2. 左侧板 3. 肠
4. 右侧板 5. 腹板（侧面观）
（引自张玺等）

5. 肠

肠呈圆管状，直径一般相等，有时与胃以瓣膜分开，在肠内面有一明显的纵走突起，突起有时分为2条，中央形成1个沟称为肠沟。肠的长短与食性有关：草食性种类，如鲍，肠长而迂曲；肉食性种类，如骨螺，肠短而稍直。在原始腹足目（除柱舌总科），肠通常穿过心室，田螺则穿过围心腔，鹑螺科则穿过肾。

6. 直肠与肛门

肠在内脏囊中略迂回，伸向前方达直肠。玉螺和骨螺在直肠有1个腺体，叫肛门腺，是一种黏液腺。肛门除左旋种类以外，都开在外套腔右侧前方。在内脏囊回旋度不大或旋转消失的种类，消化管的旋转亦消失，因此，肛门开口在外套腔后方，这种情况在前鳃类中较少，在后鳃类和肺螺类则较多。

腹足类的整个消化道管壁的组织结构由内向外可分为四层：黏膜层、黏膜下层、肌层和外膜。黏膜层为单层柱状纤毛上皮，肌层在各段的厚度不同，不同种类差异也较大。

（二）消化腺

包括唾液腺、食道腺和肝等。

1. 唾液腺

唾液腺通常在口腔的周围，开口在齿舌左右两侧，几乎所有的腹足类都有这种腺体。腺体呈簇状、管状或袋状。在柄眼目特别发达，呈叶状，称桑柏器官（Semper's organ）。唾液腺是一种黏液腺，缺乏酶类，没有消化作用。肉食性种类，则含蛋白质分解酶，有些种类还含有少量的硫酸，如玉螺的唾液腺分泌物，能溶解双壳类贝壳。

2. 食道腺

新腹足目在食道中部，具有1个重要的食道腺，称为勒布灵腺（Lei-blein's gland）。这种腺体在榧螺科（Olividae）和细带螺科（Fasciolariidae）不发达，在骨螺为一厚腺块，在蛾螺（*Buccinum*）为一薄壁的长盲囊物，在弓舌总科则是1个毒腺，它的输入管穿过食道神经环，开口在口腔中。在肉食性种类，食道腺常参与消化作用。因此，在食物到达胃部以前，消化作用已经开始了。

3. 肝

肝是消化系统中最重要的腺体，能分泌淀粉酶或蛋白酶，具有细胞外消化作用，这与瓣鳃纲的肝不同。肝位于胃的周围，甚肥大，呈黄褐色或绿褐色，分叶状，为复管状腺。分支的数目和形状随种类而有变化。通常分为2叶，少数种类如游螺（*Neritina*）2叶保持相等和左右对称，其他种类一般则是左叶较小，甚至完全消失，如田螺。肝有2支输出管通向胃部，输出管的末端开口在胃腔中。有时肝包被胃的全部，在胃中开有许多孔，如裸体翼足类等。有的种类肝有许多分支，分布在身体大部分区域，甚至达到皮肤的外附属物中，如裸鳃类中的蓑海牛、海天牛等，肝的分支分布到背部枝状突起和膨胀物中（图7-22）。在蓑海牛科这些分支与刺丝泡囊相通，由内胚层形成，却开口在身体的外部（图7-23）。肝除了能分泌消化酶营消化功能外，有的种类还具有排泄功能，如后鳃类和肺螺类，也有解毒的功能，以及像肠一样营吸收功能。

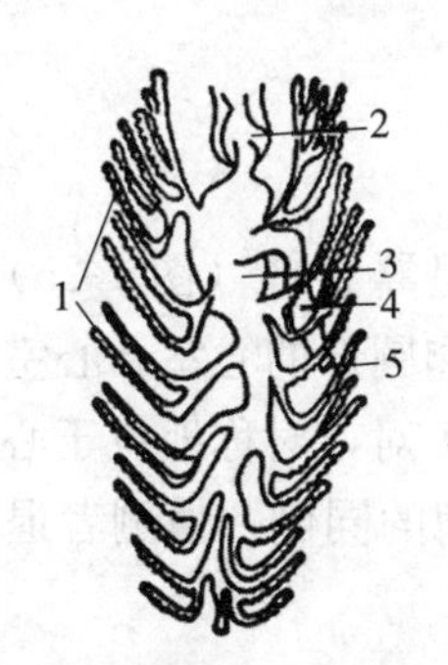

图 7-22　海蛞蝓（*Limapontia*）的消化系统

1. 中肠部的肝突起　2. 咽头
3. 中肠　4. 后肠　5. 肛门
（引自张玺，齐钟彦）

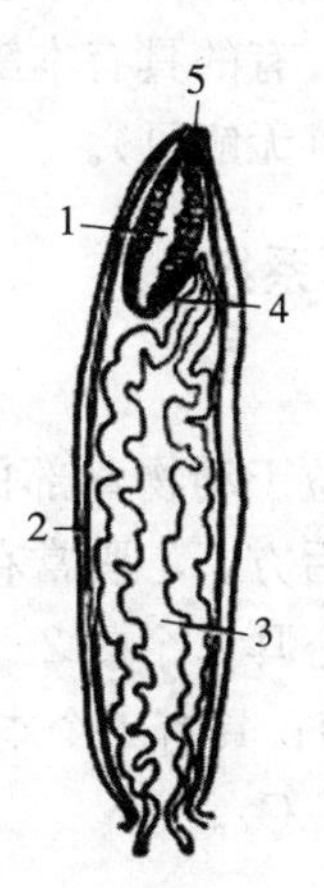

图 7-23　蓑海牛（*Eolis*）背部支状突起的纵断面

1. 刺丝泡囊　2. 上皮　3. 肝盲管
4. 由肝至刺丝泡的管　5. 刺丝泡孔
（引自 Pelseueer）

二、呼吸系统

腹足类原始的生活方式为水生生活，其呼吸作用由本鳃完成。本鳃位于外套腔中，通常分为 2 种形式。最原始的种类在鳃的中轴两侧生有许多鳃叶，形成羽状，称为楯鳃；比较高等者仅在鳃轴一侧列生鳃叶，形成栉状，称为栉鳃。

原始的腹足类，如鲍，具鳃 1 对，分别位于左、右两侧。但在多数种类，由于两侧生长不同，仅在一侧有鳃，他侧者消失，大多数前鳃亚纲的动物，左侧有鳃，但此鳃系由右侧所发生，以后转至左侧。在后鳃亚纲和肺螺亚纲，因逆转的结果，左侧的鳃仍系由原来左侧所发生（图 7-24）。

腹足纲的后鳃类，有时本鳃完全消失，但在其背部生出二次性鳃。有些种类缺少呼吸器官，而以皮肤表面营呼吸功能。

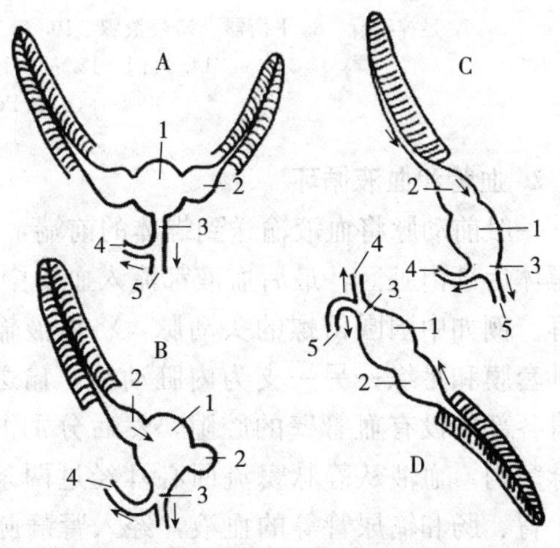

图 7-24　腹足类的鳃、心脏、动脉之间的关系模型图

A. 具二鳃的前鳃类　B. 具一鳃的前鳃类
C. 前鳃类的中腹足目与新腹足目
D. 后鳃类的头楯目与无楯目
1. 心室　2. 心耳　3. 大动脉
4. 头动脉　5. 内脏动脉
（引自 Lang）

在腹足类中，有些动物是自水栖转入陆栖生活的过渡种类，如生活在海岸附近的滨螺，它们不仅在外套腔内具鳃，外套膜内面也具有呼吸作用。适应陆地生活的肺螺类，如蜗牛，本鳃完全消失，而在呼吸腔内形成一种肺室营呼吸功能。如菊花螺和某些椎实螺虽属于肺螺类，但因复归水中生活，由外套膜的内面延伸一部分，形成二次性鳃。在帽贝总科的一些种类，有的具有本鳃（笠贝），有的为次生的外套鳃（帽贝），还有一些种类无本鳃也无外套鳃（无鳃贝）。

三、循环系统

1. 心脏

心脏通常位于动物背部的侧前方，在呼吸器官的附近。但翼管螺（图 7-25）、小壳螺、石磺则在后方。心脏常存在于围心腔中，具有 1 个梨形或卵圆形的心室，心室壁肌肉层稍厚，并有心耳 1 个或 2 个。具有 1 对本鳃的种类，有心耳 1 对，对称地位于心室的两侧（图 7-24 A）；具有 1 个本鳃的种类，心耳只有 1 个，位于鳃的同侧，他侧者退化或消失（图 7-24 B、C）。

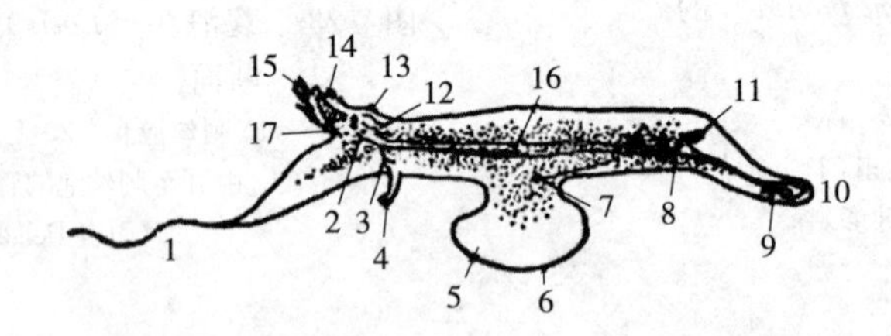

图 7-25　雄性翼管螺（*Pterotrachea*）的右侧观

1. 尾部附属物　2. 精沟末端的生殖孔　3. 阴茎　4. 鞭状附属物　5. 鳍足　6. 吸盘　7. 足神经节　8. 平衡器　9. 唾液腺　10. 口　11. 脑侧神经节和眼　12. 心室　13. 嗅检器　14. 肛门　15. 鳃　16. 食道　17. 胃和肝

（引自 Pelsenecr）

2. 血管和血液循环

一般前动脉将血液输送到螺体的前端，如头部、足部和外套膜等；后动脉输送血液到螺体后部内脏区，最后血液都流入血窦中，再由静脉经鳃（或肺），交换气体后回到心耳。例如中国圆田螺的头动脉，将血液输送到头、食道、交接器官和水管，并分支到外套膜和足缘；另一支为内脏动脉，输送血液到胃、小肠、肝及生殖器官，分布于全身各部的没有血管壁的腔隙，然后分别汇流入胃壁、肠壁、肝、生殖器官和足部的静脉窦内。血液从静脉窦流回心耳经过两条途径，第一条途径是肾门静脉系统，收集肝、胃、肠和输尿管等的血液，经入肾静脉到肾，在肾内入毛细血管，再集中到出肾静脉，将血液带入入鳃静脉，经气体交换回到心耳；第二条途径是鳃门静脉系统，来自卵巢和外套膜的血液进入入鳃静脉，经鳃内的血管沟及血腔交换气体后，由出鳃静脉将新鲜血液带回心耳。

四、排泄系统

腹足类具有排泄作用的器官有肾、围心腔腺和血窦等。

1. 肾

肾是主要的排泄器官，在发生时原系左、右对称，有些种类因为旋转的结果仅有 1 个肾。在原始腹足目（除蜒螺外）仍具肾 1 对，开口于肛门的两侧，但两侧的肾并不对称，左肾不发达（图 7-26 D）。具有 1 对肾的某些种类，如钥孔蝛、鲍等，生殖腺开口在右肾管，右侧肾管的一部分变为生殖输送管（图 7-26 A、B），因此，肾管不仅有排泄作用，而且还可作为生殖输送管。具有 1 个肾的种类，发生时原系左侧的肾，以后移转到围心腔右侧，而原先右侧的肾管，则变化形成生殖输送管。

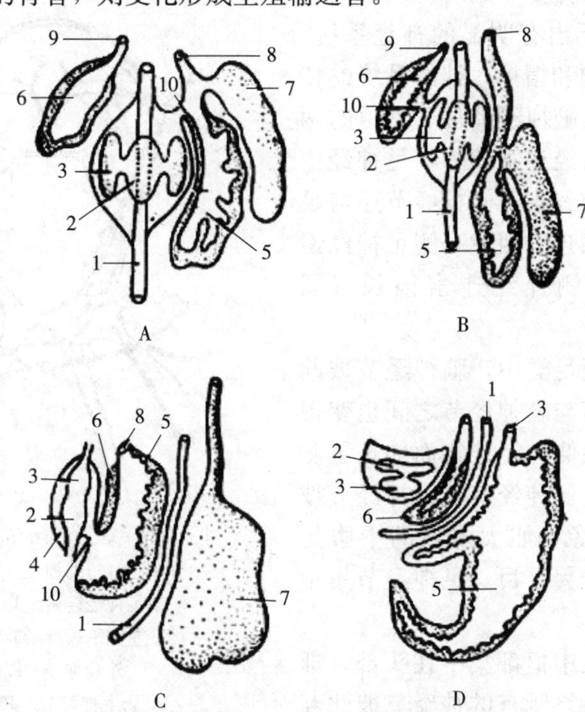

图 7-26　前鳃亚纲的肾与围心腔的关系模型图

A. 钥孔蝛　B. 鲍　C. 中腹足目和新腹足目　D. 蝛

1. 肠　2. 心室　3. 心耳　4. 围心腔　5. 右肾　6. 左肾　7. 生殖腺

8. 右肾孔　9. 左肾孔　10. 肾围心腔管

（引自 Perrier）

肾位于围心腔附近，由一纤毛孔与围心腔相通（图 7-26 C）。在田螺、蜗牛等，肾具有输尿管，其末端接近肛门，开口在外套腔中。其他很多种类无特别的输尿管，其外孔开口在外套腔底部。肾最简单结构为一袋状物，内壁由上皮细胞组成。由于壁的褶叠和壁腔分割，逐渐使肾变为蜂窝状或海绵状结构。浮游的种类如波叶海牛等，肾变为一个透明的管状器官。

2. 围心腔腺

原始腹足目的围心腔腺位于心耳的外壁，某些中腹足目（如滨螺）和后鳃亚纲的围心腔腺位于围心腔的内壁，海兔类的围心腔腺则位于动脉管的开端，有大量的血液集注其中，具排泄作用。

3. 血窦

在身体各处的血窦，存在莱狄细胞（Leydig’s cell），亦有排泄作用。此外，后鳃类的肝分支有排泄作用。

五、神经系统

腹足纲的神经系统与其他软体动物一样，具有类似的神经中枢，包括脑神经节、足神经节、侧神经节、脏神经节和胃肠神经节。但其脏神经节及其分出的神经排列是不对称的，这种不对称是由于内脏不对称造成的。

腹足类内寄生的种类，如内壳螺和内寄螺等的成体中，看不出有明显的神经系统。最原始的腹足类如鲍和帽贝，神经系统的特征为神经节不集中。脑神经节位于食道的两侧，彼此由一长的神经连索相连，足神经中枢则成为2条长的神经索，侧神经节还与足神经索的前部密切相连。因此，侧足神经索很短，而脑足、脑侧神经连索很长（图7-27）。

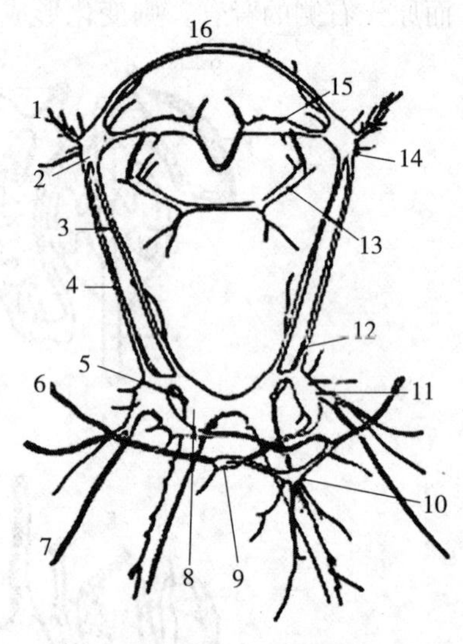

图7-27 蝛（*Patella*）的神经系统
1. 分布于触角的神经 2. 左侧脑神经节
3. 脑足神经连索 4. 脑侧神经连索
5. 左侧平衡器 6. 左侧嗅检器
7. 外套神经 8. 足神经索
9. 肠上神经节 10. 腹神经节
11. 侧神经节 12. 平衡器神经
13. 胃肠神经节 14. 视神经
15. 唇神经连索 16. 脑神经连锁
（引自Pelseneer）

在比较高等的腹足类中，脑神经节彼此互相接近，侧神经节与脑神经节之间也变得更近。这样缩短了脑侧神经连索而伸长了侧足神经连索，甚至有侧神经节与脑神经节彼此接触而愈合的现象，如大多数的中腹足目、新腹足目和被壳翼足目。足神经节集中在前部，略呈球形。

高等腹足类神经中枢都集中在头部，即食道前端的周围，最终所有的神经节彼此互相结合，特别是缨幕（*Fimbria*），脑神经节、侧神经节、足神经节和脏神经节都位于食道的背面，在腹面没有或几乎看不到足神经连索和脏神经连索。仅在被壳翼足类中，神经节集中在腹面，在背面无脑神经连索。

所有的腹足类在食道的前部下方，具有肠胃神经连索，它生自脑神经节，在正常的情况还具有1对神经节，位于齿舌囊上，称为胃肠神经节。脏神经节在腹足类中变化较大，一般有3个。一个在中间称为脏神经节或腹神经节（图7-27），但在某些种类如田螺，腹神经节有2个，倾向于愈合；其余2个在消化管的两侧。两侧的脏神经节因扭转而左、右易位，侧脏神经连索则扭转交叉呈8字形。原先在右方的一个脏神经节转到了消化管的上方，伸向左侧，因此称为肠上神经节。原先在左方的一个脏神经节由食道下方伸延至右侧，称为肠下神经节。脏神经节的这种排列方式在前鳃类是常见的。在后鳃类中的原始种类，如捻螺（*Actaeon*），这种排列方式仍很明显；像泊螺（*Scaphander*）、枣螺（*Bulla*），虽然已经有些扭转，即肠上神经连索转向消化管下方，而肠下神经连索转向左侧，但是还能看出原先扭转的形式。高等的后鳃类和肺螺类扭转就很完全。

脏神经节的位置在前鳃类和原始的后鳃类中，彼此相距甚远，因此脏神经连索相当长。在高等的后鳃类和肺螺类中，脏神经节之间接近，脏神经连索也就缩短了，由于神经节的集中，有时在 2 个侧神经节之间，形成 1 条由数个神经节相结合的链。

脑神经中枢控制头、口唇、触角、各种附属物以及眼和平衡器。足神经节派出神经到足的全部和头的一部分。侧神经节几乎控制所有的外套膜及其附属器官，但是也有一部分如本鳃和嗅检器，是被肠上、肠下神经节和脏神经连合所派出的神经控制的。尤其在肺螺类中，肠上和肠下神经节亦参加了外套膜的控制，侧神经节几乎不生出神经。在肺螺类，腹神经节本身可以控制外套膜，在扁蜷螺，它能控制鳃。此外，如心脏、肾和生殖腺等，亦主要由腹神经节控制。胃肠神经节则控制消化器官。

六、感觉器官

1. 触觉器

腹足类整个身体表面皮肤，一般都具有感觉作用，特别是身体的前部、头和足的边缘，感觉更为灵敏。除皮肤以外，身体表面还形成特殊化的感觉附属物，如触角（头触角）等。大多数的腹足类都有 1 对头触角，这对头触角专司触觉。有 2 对头触角的后鳃类或肺螺类，则是前 1 对触角有触觉作用。绝大部分的后鳃类只有内壳或缺乏贝壳，为了保护自己，它们的感觉器官比较发达。多种裸鳃类的鳃附近或周围，甚至在整个身体表面，都布满了皮肤延长物和触角状突起。其他如宝贝的外套膜触角，蛇螺和马蹄螺的足触角，肺螺类触唇上的突起等，触觉都较敏感。

2. 嗅觉器

腹足类的头触角，兼有嗅觉作用。有 2 对触角的后鳃类和肺螺类，由后 1 对触角司嗅觉。头触角的全面被覆许多小的纤毛突起，如鲍等。嗅神经向外表面派出许多分支到嗅细胞内。陆生的肺螺类和许多后鳃类，这些分支常生自一个头触角的神经节，终于嗅神经。

嗅觉末梢常常位于触角末端最凸出的表皮内，或表皮凹陷沟内，如轮螺。在许多后鳃类，这种嗅觉突起或凹陷表现出许多层，由许多平行的褶构成。

3. 嗅检器

嗅检器（osphradium）为外套腔或呼吸腔的感觉器官，常位于呼吸器的附近，通常具有突起、纤毛、感觉细胞，大多数的腹足类都有。但是陆生的种类或水生无呼吸腔的种类，如树螺科（Helicinidae）、环口螺科（Cyclophoridae）、裸鳃类（Nudibranchia）、柄眼目（Stylommatophora）等常缺嗅检器。肺螺类中有些种类仍然保留，如蛞蝓（*Limax*）在个体发育中存有痕迹，小壳螺（*Testacella*）则较发达。一般没有嗅检器的种类，则具有触角神经节。

最简单的嗅检器，还没有分化成一个明显的器官，如钥孔蝛科，只是在鳃神经的通路上有一些神经上皮细胞位于鳃支柱的两边。构造较复杂者如田螺、滨螺和蛇螺，是在 1 支神经或 1 个神经节上，构成 1 个丝状表皮圈。在玉螺、蟹守螺、凤螺科和新腹足目中，由于继续分化，圈的两侧具有栉齿，使它变成假鳃的形状。像新腹足目中的管角螺，嗅检器很清楚地变成 1 个明显的器官，生在单一本鳃左侧或基部，位于水流冲洗鳃的通道上（图

7-28)。水生种类如蜮科等，本鳃消失后，嗅检器还保留。

在后鳃亚纲和肺螺亚纲中，嗅检器一般是一个表皮突起，呈圆形或长圆形，位于一个嗅检神经节上。但是在某些基眼肺螺中则是1个凹陷。嗅检器通常位于腔内，在鳃的右边。基眼肺螺类的嗅检器则在肺的附近，菊花螺的在肺内，肺中充满水，而其他种类在肺外，肺内为空气。

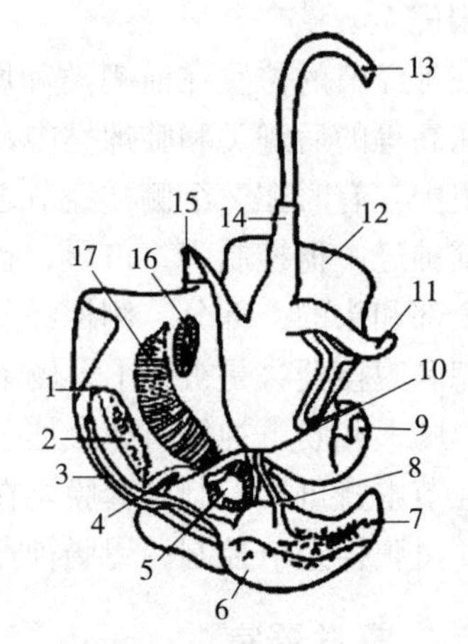

图 7-28　雄性管角螺（*Semifusus tuba*）去壳后的形态

1. 肛门　2. 上鳃腺　3、4. 输精管　5. 心脏　6. 精巢　7. 肝　8. 消化管　9. 壳轴肌　10. 输精管在外套膜上的断面　11. 阴茎　12. 足　13. 吻末端　14. 头　15. 水管　16. 嗅检器　17. 鳃

（引自 Pelseneer）

4. 味觉

由于腹足类能选择食物，可以看出它有味觉。味觉器官是由感觉细胞构成的味蕾，在原始腹足目中，除柱舌类外，大多位于口腔的腹面和两侧，在它们的上足触角上也有一些类似味蕾的小体分布。在异足类中，则在口腔的周缘。

5. 听觉器或平衡器

腹足类的听觉器，是皮肤陷入的一个小囊，囊壁内面由纤毛上皮构成，在上皮中有感觉细胞。小囊中含有由囊壁分泌的液体，液体中沉有结晶的耳石。在中腹足目、新腹足目和少数后鳃亚纲的种类，成体只有1个大而圆的耳石。在原始腹足目和中腹足目中比较原始的种类，如蟹守螺科以及一般的后鳃类和肺螺类，则有许多长圆形的耳沙。在某些种类如锥螺、石磺等，同时具有几个耳沙和1个耳石，但在它们的幼体中仅有1个耳石。

平衡器在蛇螺和某些海蜗牛中不存在，在爬行的种类则位于足部的足神经节附近，在浮游的种类如异足类等，则有接近脑神经节的倾向，其余的如大多数的裸鳃类也如此。平衡器受脑神经节控制。

6. 视觉器

几乎所有的腹足类都有1对头眼。在前鳃类中，头眼通常位于触角的基部，但也有生在触角上者。例如，大多数的骨螺科、蛾螺科、涡螺科、宝贝和某些芋螺，眼的位置几乎在触角一半的高度；在芋螺科中有些种类，眼的位置接近顶端；眼位于触角顶端者，如拟蟹守螺和拟沼螺，有时在发育期，眼与触角顶端的距离稍远；凤螺科的眼柄粗大而凸出，比触角发达。在后鳃类中，2个对称的头眼位于后一对触角的基部。在肺螺类中，按其眼的位置分为柄眼和基眼两大类，如大蜗牛的眼位于触角的顶端，椎实螺的眼位于触角基部的内缘（图 7-29）。

腹足类的眼主要由皮肤凹陷构成网膜，在凹陷内有感觉细胞和色素细胞，这两种细胞都是上皮细胞分化而来的，有时两者之间没有明显的区分。

腹足类的眼，其构造复杂程度是有区别的。最简单者仅为一层带有色素的网膜细胞向内凹陷形成，凹陷的口甚大，在网膜细胞外被覆1层杆状体，没有晶体或玻璃体，如帽贝科。构造稍复杂者，凹陷加深，两侧的陷壁逐渐接近，形成1个眼窝，窝壁完全是色素细胞，窝内有胶质状的玻璃体，窝口保留1小孔，水流可以从小孔中进入冲洗玻璃体，如鲍

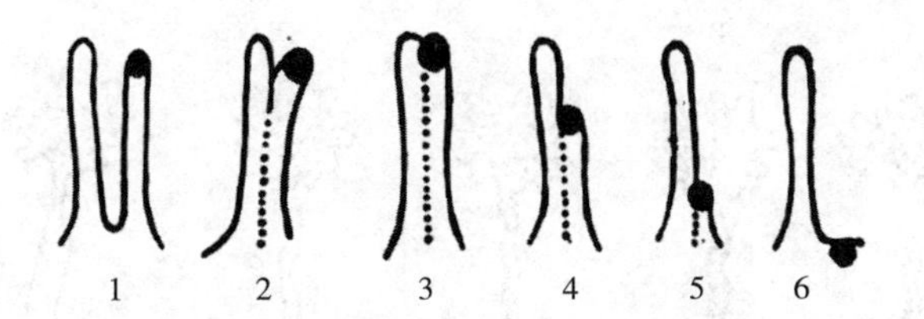

图 7-29 腹足类触角与眼（黑点）的位置

1. 前后触角分离 2. 两触角部分愈合 3. 两触角完全愈合 4. 后触角渐萎缩
5. 后触角变成极小 6. 后触角全部消失

（引自张玺、齐钟彦）

科、马蹄螺科等。构造更复杂者，眼窝的孔被薄而透明的两层上皮封闭住，在内面者称内角膜，在外面者称外角膜，与表面皮肤相连，如蝾螺。在骨螺中，角膜开始加厚，有一些水晶体被封入眼窝内，这个水晶体相当于其他类型的玻璃体，大多数腹足类与骨螺的眼类似。盲螺（*Caecilioides*）生活在地面下，因此全部缺眼。深海生活的种类，因为完全处于暗处，在成体时头眼也常退化。如在 3 700～3 900 m 深处找到的翁戎，看不到有眼的痕迹。内寄生的种类如内壳螺、内寄螺，以及浮游性种类如海蜗牛等，眼也极度退化或消失。

石磺科的某些种类，除头眼外，在背部突起上还具有许多眼，称为背眼。背眼的特征是视神经穿过网膜，如同脊椎动物一样，网膜细胞是颠倒的，也就是网膜细胞的自由端向着眼球体的内面，眼窝被一个透明巨细胞构成的水晶体填塞。

七、生殖系统

（一）雌雄异体的生殖器官

雌雄异体腹足类的生殖器官由生殖腺（精巢或卵巢）、生殖输送管（输精管或输卵管）、交接突起（阴茎）和交接囊（受精囊），以及各种附属物组成。

1. 生殖腺

生殖腺 1 个，通常位于背侧内脏囊顶部，呈簇状，由极多的滤泡构成一个紧密的块状体，或者分散在肝上或肝内。

2. 生殖输送管

雌雄生殖输送管类似。原始腹足目的钥孔蝛，其输送管与肾及围心腔均相通（图 7-30 A）；其他原始腹足目，如鲍，仅与肾相通（图 7-30 B）；在中腹足目和新腹足目中，生殖输送管与肾无关，呈长管状，经直肠右侧，直接开口在外套腔中（图 7-30 C）。

3. 交接突起

大多数中腹足目和新腹足目，雄性具有交接突起，常位于身体前部右侧，与输精管外孔相距较近。交接突起与输精管外孔的联系有两种形式：一种在交接突起部有一开放式的纤毛沟，精子通过输精管，到交接突起的纤毛沟，再经纤毛沟至交接突起的尖端（图 7-30 B）；另一种形式构造比较完整，纤毛沟两缘愈合成一个完全的管，一端与输精管相接，另一端开口在交接突起的尖端，精子可沿着封闭式的管直接送往体外（图 7-30 C）。

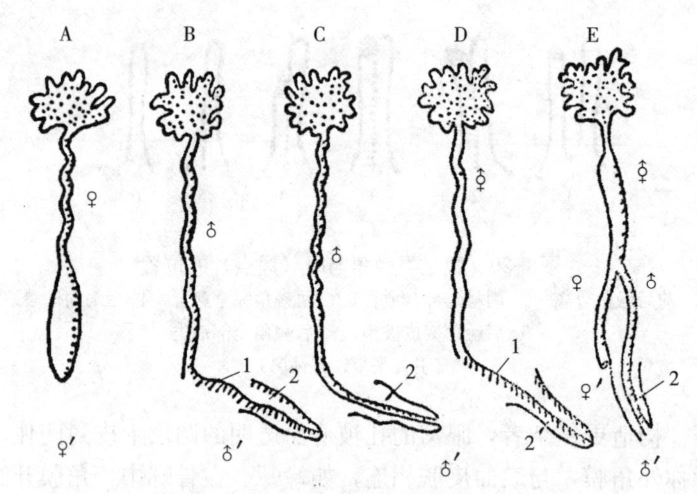

图 7-30 各种腹足类的生殖腺模式图

A. 前鳃亚纲雌性生殖腺 B、C. 前鳃亚纲雄性生殖腺
D. 后鳃亚纲中某种雌雄同体者 E. 后鳃亚纲和肺螺亚纲中某种雌雄同体者
♀. 输卵管 ♀′. 雌性生殖孔 ♂. 输精管 ♂′. 雄性生殖孔 ⚥. 两性输送管
1. 精沟 2. 交接突起
(引自 Boas)

4. 交接囊

大多数种类的雌性，具有输卵管外孔和交接囊（受精囊），亦有育儿室或孵化室的囊状部。有些种类如黑螺（*Melania*），自输卵管的外孔至孵化室的体壁面，亦具有纤毛沟。

（二）雌雄同体的生殖器官

后鳃类、肺螺类及极少数的前鳃类为雌雄同体，异体受精。

1. 生殖腺

雌雄同体的种类生殖器官比较复杂，一般包括两性腺（或称精巢、卵巢），位于背侧内脏囊顶部，在不同时期可以分别产生精子或卵子。大多数后鳃亚纲和肺螺亚纲种类，生殖腺有输出管和单独的外孔，以及 1 个可以翻出的交接突起。在原始雌雄同体的种类，如盘螺、大多数的头楯目、无楯目和肺螺亚纲，精子和卵子产生在同一腺泡内。比较高等的种类，精子和卵子分别由精泡和卵泡产生，但卵泡开口在生精囊中，例如多角海牛。仅在内壳螺，有独立的精巢和卵巢，精泡与卵泡完全分离。

2. 生殖输送管

有多种形式存在，生殖输送管最简单的形式是全长都为精、卵同管，管内面通常有 2 支纵褶，管的末端为雌雄生殖孔，开口在体躯右侧外套腔。雌雄生殖孔与位于其前方的交接突起，由 1 纤毛沟（精沟）相连，在许多后鳃亚纲的种类都是如此。

另一种形式是精沟的两缘彼此愈合，成为一个完整的管；同时生殖输送管的后部在某一点上分叉，成为 2 管，一为雄输送管，另一为雌输送管。雌输送管开口在原先雌雄生殖孔的位置；雄输送管的开口转到前方，在交接突起的末端，这样雌雄两个外孔的距离相当远。具有这种构造者如盘螺、石磺（*Oncidium*）等，它们与雌雄异体者生殖输送管的形式类似，所不同者为同时具有两性的生殖输送管。

在海牛和海天牛中，由于交接囊和生殖输送管的分离而分叉，同时又形成了 1 个孔，此时有 2 个雌生殖孔，一是交接孔（阴道孔），另一个是输卵孔（图 7-31）。

3. 生殖孔和各种附属物

雌雄同体具有 1 个生殖孔的种类，阴茎常有 1 个附属物。附属物有时为一几丁质形成物，如扁蜷螺为单一的针状物，某些囊舌目、背楯目和裸鳃目则为多数的针状物，海牛则有 1 个特别的囊。

在输出管末端，还有许多腺体。具 2 外孔（雄孔、雌孔）的肺螺类，雌雄生殖输送管部分有一肥大蛋白腺（图 7-31 15）。具有 2 外孔和 3 外孔（雄孔、交接孔、输卵孔）的后鳃类，输卵管部分有 1 个蛋白腺，及与它相靠近的黏液腺。这些腺体可分泌物质形成卵群的胶质膜。在柄眼肺螺类输卵管末部，还出现一个腺质柄状物，或具有许多分支的 2 个囊，称为指状腺（图 7-31 6）。在 2 个指状腺之间还有 1 个特别的囊，称为射囊（图 7-31 5）。射囊能分泌物质形成一种石灰质的刺，在交接以前同生殖器官末端一齐翻出来，反复刺交尾对方的皮肤。在输精管部有时具有长形前列腺。某些柄眼肺螺类的交接突起，具有 1 个很长的盲囊，称为鞭状体（图 7-31 13），这个囊能分泌精荚（spermatophore）。精荚是一个薄的几丁质鞘，一端封闭，另端开口，内藏一定数量的精子。当缺少鞭状体时，精荚可以由交接突起的深处分泌形成。

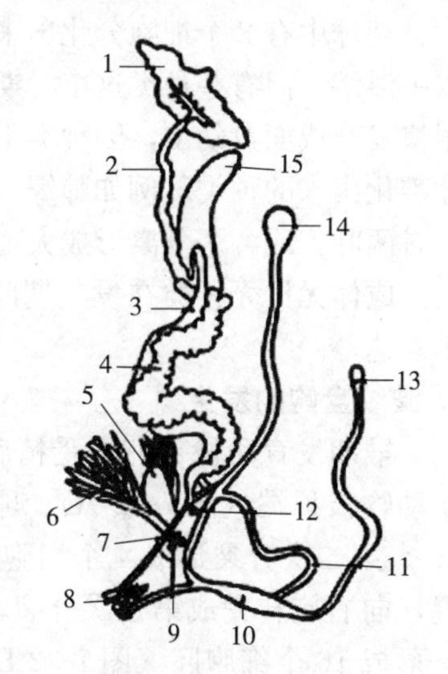

图 7-31 葡萄大蜗牛（*Helix pomatia*）的生殖器官

1. 雌雄生殖腺 2. 雌雄输送管 3. 雌雄管的输精管部分 4. 雌雄管的输卵管部分 5. 恋矢囊（射囊） 6. 黏液腺（指状腺） 7. 黏液腺孔 8. 生殖共同孔 9. 恋矢囊孔（射囊孔） 10. 阴茎 11. 输精管 12. 输卵管孔 13. 鞭状体 14. 交接囊 15. 蛋白腺

（引自 Gratiolet）

（三）繁殖习性

大多数腹足类具交尾行为，体内受精，雄性具有交接器，排出的卵子均由胶状物质黏附在一起，形成一个固着在外物上的卵块，称为卵群。有少数种类，如田螺等，卵子在母体输卵管中发育成小个体才产出，不经过幼虫期，称为卵胎生。

雌雄异体腹足类中，如中腹足目和新腹足目的雄性个体，具有交接突起，而大多数雌性个体具有输卵管外孔和交接囊（受精囊）。交尾时，雄性个体交接突起（阴茎）伸入雌性的交接囊中，精子与经过输卵管的卵子结合受精。

雌雄同体的腹足类，卵子和精子不是同时成熟的，大多不能自体受精，有时可互相受精。椎实螺、膀胱螺等存在自体受精的现象。有些种类，自体受精时出现自体不育，如散大蜗牛。

腹足目的 *Potamopyrgus jenkinsi*、*Campeloma rufum* 和拟黑螺等存在孤雌生殖，即卵子不需要精子的参与而单独发育的现象。

（四）发生过程

1. 发生的特点

腹足类卵裂为不等全裂分裂，大分裂球位于植物极，小分裂球位于动物极，通过螺旋型卵裂阶段形成囊胚。蜮囊胚期的分裂腔较大，其他的种类一般较小。具大型大分裂球的种类，通常以外包方式形成原肠胚；具小型大分裂球的种类，一般由内陷方式形成原肠胚。大分裂球中有 2 个细胞分化出来形成中胚层细胞。原肠胚发育为担轮幼虫，担轮幼虫能在水中浮游，但有些种类这个时期是在卵细胞膜内度过的，显示出种种退化状态。担轮幼虫很快发育成面盘幼虫，因种类不同，面盘幼虫的形态差异悬殊。在卵胎生或变态完以后方才孵化出来的种类，例如肺螺，面盘仅现痕迹。面盘幼虫营浮游生活者，其面盘扩张为左、右两叶，或各个分离形成大型浮游盘，以供游泳用。幼虫后背方具有壳腺，壳腺分泌贝壳。成体无贝壳种类在发生期间亦有贝壳，但足襞蛞蝓（*Vaginulus alte*）壳腺及贝壳均不发达。

2. 皱纹盘鲍的发生

（1）早期发育阶段：卵子受精后出现第一极体，很快又放出第二极体，这两个极体平置于动物极顶端（图 7-32 A）。卵子进行第一次分裂，形成两个大小相等的细胞（图 7-32 B）。第二次分裂形成 4 个细胞胚（图 7-32 C）。开始第三次分裂，分裂面偏于动物极位置，向右旋转完成第三次分裂，形成大小不等的 8 个细胞胚（图 7-32 D）。第四次分裂，形成 16 个细胞胚（图 7-32 E）。由于连续分裂，分裂球越来越多，形成了桑葚胚（图 7-32 F）。细胞继续分裂，胚体已进入原肠期，这个时期由于外胚层小细胞分裂，外包着植物极的 4 个大细胞，接着在这个位置出现了隆起，形成了原口（stomodaeum）（图 7-32 G）。

（2）担轮幼虫：胚体长为 0.22 mm，宽为 0.18 mm，出现了纤毛环（prototrochal girdle），最初长出的纤毛短而细，由于它的摆动使胚体在膜内缓慢地旋转，随后幼虫顶端出现顶毛（图 7-32 H）。由于纤毛环往后摆动，胚体前端和顶毛对卵膜进行冲击，胚体脱膜孵化，孵化后成为担轮幼虫，具趋光性。

（3）面盘幼虫：头部稍微凹下形成面盘，幼体后背方壳腺分泌薄而透明的幼虫壳，为初期的面盘幼虫，这时幼虫长为 0.24 mm，宽为 0.20 mm（图 7-32 I）。眼点、足部、厣相继出现，幼虫壳基本形成（图 7-32 J）。

（4）围口壳幼体：幼体长为 0.30 mm，宽为 0.22 mm，幼体壳口呈喇叭状向外扩张，壳口边缘加厚，出现围口壳（图 7-32 K）。随着围口壳进一步伸展，壳口渐渐变大，向扁平壳形发育。这时面盘完全退化，厣和纤毛环消失。幼体吻发达，频繁伸缩舔食。头部触角突起增多，眼柄出现。

（5）上足分化幼体：贝壳增厚，近似圆形，上面具清楚的肋状壳纹，幼体长约 0.70 mm，宽约 0.60 mm，已分化出两个以上的上足突起。头部触角伸长，突起增多，幼体的舐食量有了明显的增加（图 7-32 L）。

（6）稚鲍：受精卵经过各个发育阶段，出现第一个呼吸孔，标志着稚鲍的形成（图 7-32 M）。这时稚鲍壳长 2.30～2.40 mm，宽 1.85～2.10 mm，上足触角约 10 对，其中 6 对较长。刚出现的上足触角短（图 7-32 N）。稚鲍的足部有很强的吸附力，不易从附着物上被取下。一般约 45 d 可发育成稚鲍，生长较缓慢的个体需要 60 d 左右才成为稚鲍。

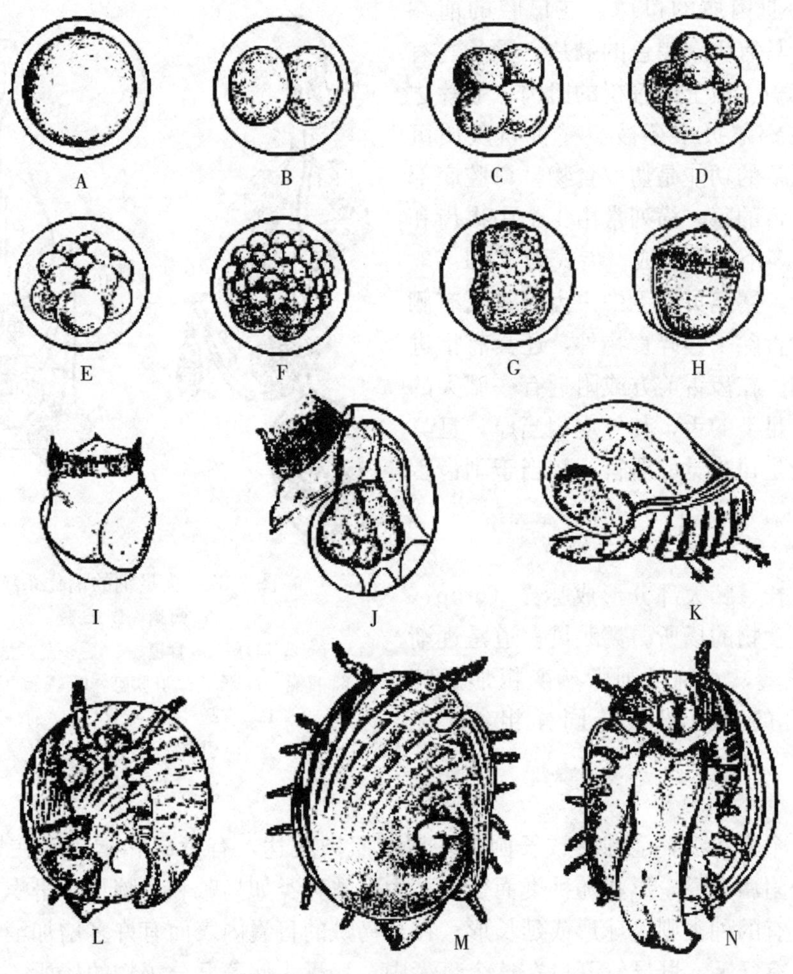

图 7-32　皱纹盘鲍的发生

A. 受精卵　B. 2 细胞期　C. 4 细胞期　D. 8 细胞期　E. 16 细胞期　F. 桑葚期　G. 原肠期　H. 担轮幼虫　I. 初期面盘幼虫　J. 扭转后的面盘幼虫　K. 围口壳期的匍匐幼体　L. 上足分化期的匍匐幼体　M. 出现第一呼吸孔的稚鲍（背面观）　N. 出现第一呼吸孔的稚鲍（腹面观）

（引自陈木等）

第七节　头足纲的内部构造

一、消化系统

（一）消化管

消化管的前端为口腔（口球），口腔内有颚片和齿舌，口腔后紧接食道，与胃相连。胃肌肉发达，具有 2 个幽门盲囊。肠的前部蜿蜒，其末端的肛门开口于外套腔内。消化道通常呈现典型的 U 形（图 7-33）。

1. 口与口腔

口位于腕的中央，周围有一圆唇。二鳃类口的周围形成口膜。十腕目口膜常分裂成叶与腕基部相连，并具脊或小吸盘。

口腔为肌肉质的口球，在口腔的前端背、腹面，具有1对黑色的颚片。颚片具有弯曲的附着板，板上附着粗的肌肉。颚片边缘锐利，在鹦鹉贝中还被覆一种石灰质沉淀。颚片主要的功能是切取食物。口腔底部有齿舌。齿舌的每一横列常由1个中央齿和两侧对称的3个侧齿组成，齿式为3·1·3。须蛸无齿舌，鹦鹉贝则无中央齿而每列有侧齿4枚。齿舌除了锉碎食物外，还具有推进食物的功能。在齿舌前方或附近有一肥大的突起，为头足类的舌，其外皮相当厚，且具突起，可能是司味觉的器官，相当于副齿舌(subradula)。

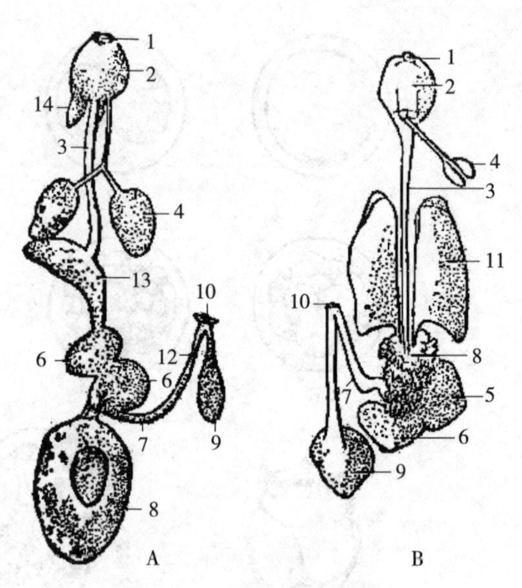

图7-33 头足纲的消化系统

A. 短蛸 B. 乌贼

1. 口 2. 口球 3. 食道 4. 后一对唾液腺 5. 胃 6. 盲囊 7. 肠 8. 肝胰脏 9. 墨囊 10. 肛门 11. 肝 12. 直肠 13. 嗉囊 14. 前一对唾液腺

（引自张玺，齐钟彦）

2. 食道

食道很长，膨大部分形成嗉囊（crop），是暂时储藏食物的场所。鹦鹉贝食道是逐渐变粗而成嗉囊，八腕目则骤然变粗形成嗉囊，十腕目的食道仍保持同样粗细，无嗉囊。

3. 胃

胃是一个囊状物，呈球形或长圆形，胃壁肌肉发达，有贲门和幽门。在胃后肠的基部，有1个附属盲囊，形状随种类而变化，大多数种类如乌贼和八腕目，呈螺旋形，称为螺旋盲囊。有的种类则呈球形或延长形。在金乌贼的盲囊内表面有许多增加消化面积的褶襞，上面生有纤毛，肝导管开口在这个盲囊中，盲囊为储藏肝分泌物的场所。

4. 肠和肛门

肠通常比较短，和盲囊一样，是食物消化、吸收的主要场所。在鹦鹉贝和八腕目中，肠自幽门部笔直前伸，稍有弯曲，可分为小肠和直肠；在十腕目则是直的，直肠的末端为肛门，开口在外套腔的前部中央腺上，在肛门部还常具2个侧瓣。除鹦鹉贝、须蛸和章鱼外，在肛门的附近通常有1个墨囊（ink sac），由墨腺（ink gland）和墨囊腔两部分构成。两者有壁隔离，有墨腺孔相通，墨腺分泌的墨汁可以积蓄在墨囊腔中。

（二）消化腺

1. 唾液腺

开口在口腔内，为重要的消化腺之一。八腕目具唾液腺2对。前一对有2个扁的泡状腺体构成，贴在口球的后方（图7-33 A-14），每个腺体具有1支短的输出管，开口在口球后部两侧；后一对唾液腺又称腹腺，由2个较大的泡状腺体组成，腺体结实，由盘曲而分叉的管构成，呈杏仁状（图7-33 A-4）。它们的2支输出管在中部愈合成为1支中央管，开口在副齿舌的顶部。当齿舌开始活动时，后唾液腺的分泌物便从副齿舌的顶部流到食物上。

在十腕目中，柔鱼科（Ommatostrephidae）、旋壳乌贼（*Spirula*）等有唾液腺，但不发达。在其他十腕目的齿舌后方食道的入口，亦有1个不成对的口球腺体，相当于前一对唾液腺的胚体形态。十腕目后一对唾液腺较小，位于较前方，靠近头软骨（图7-33 B-4）。四鳃亚纲的鹦鹉贝没有后一对唾液腺，在它口腔两侧各有1个孔，为口腔壁的一个腺体的开口，此腺相当于八腕目的前唾液腺。唾液腺能分泌各种消化酶，尤其后唾液腺能分泌消化蛋白质和淀粉的消化酶，并具毒性，能杀伤猎捕对象。但也有人认为十腕目的唾液腺无分泌消化酶的功能，仅是毒腺。

2. 肝或肝胰脏

肝是消化腺中较大的腺体（图7-33、图7-34），分泌各种消化水解酶。鹦鹉贝的肝稍结实，共有4叶，每叶各有输出管。二鳃亚纲如乌贼在发生中，肝由2个分离的腺体构成，成体时则稍愈合，柔鱼、枪乌贼和八腕目中几乎完全愈合。二鳃类肝的输出管有2支，穿过肾。在十腕目，肝输出管上被覆腺质的、构造与肝稍微不同的胰泡组成了胰（pancreas）。在八腕目，胰位于肝输出管的基部，几乎包在肝内。胰分泌的胰蛋白酶以及胰和肝分泌的淀粉酶，均输入胃中，在胃内进行消化作用。

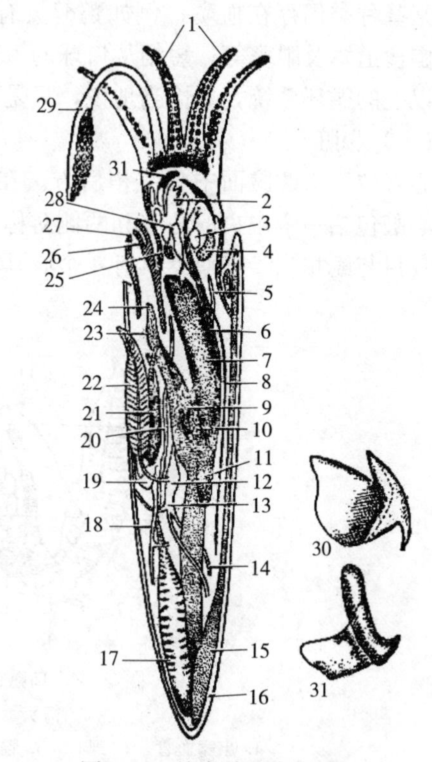

图7-34 枪乌贼的内部构造

1. 腕 2. 齿舌 3. 脑神经节 4. 头软骨 5. 前大动脉 6. 食道 7. 肝 8. 大神经纤维 9. 墨囊 10. 胰 11. 胃 12. 心脏 13. 后大动脉 14. 外套膜动脉 15. 内壳 16. 外套膜 17. 生殖腺 18. 后大静脉 19. 鳃心 20. 前大静脉 21. 肾 22. 鳃 23. 直肠 24. 肛门 25. 平衡器 26. 漏斗瓣 27. 漏斗 28. 足神经节 29. 触腕 30. 背颚片 31. 腹颚片

（引自 Schlecter 等）

3. 副舌腺

在二鳃类副齿舌的前方，有1个体积不大的腺质器，称为副舌腺（sublingual gland），是由腺质器上皮的褶叠形成的，如短蛸的副舌腺在口腔的后腹面。

二、呼吸系统

鳃左右两侧对称，发生时本介于外套膜和足之间，以后陷入外套腔的底部。鳃自由端向前。鹦鹉贝具有4枚鳃，大部分是游离的；其他头足类只有2枚鳃，其背侧由薄的肌肉褶与外套膜相连。鳃呈羽状，某些二鳃类中，羽状鳃的两侧略不相等，其叶片数随种类而变化，如八腕目鳃叶片数少，鳃轴孔特别发达，分出2列鳃叶。鳃表面没有纤毛，依靠外套膜的收缩作用产生水流而呼吸。在鳃丝内部有微血管循环。沿着鳃的附着腺上，有一个特别的腺质器官，称为鳃腺（branchial gland），腺上布有血管。

三、循环系统

头足纲的循环系统包括心脏、血管和微血管等，血液沿着血管循环，属闭管式循环。

但是某些种类仍存在血窦，例如鹦鹉贝有围口窦、围食道窦和围肝窦；金乌贼有围口球窦、围食道窦及眼窦等；短蛸从口球的后部直达胃的后方，分为前、中、后3个血窦。因此像以上的循环系统，更恰当地说，只是接近于闭管式。

（一）心脏

心脏位于胃的腹面中央或稍后方。在八腕目中，围心腔显著退化，心脏不在围心腔中。心脏包括一个中央的心室和两侧对称的心耳。心耳是出鳃血管能收缩的膨大部，因此它的数目与鳃相当。鹦鹉贝具有4个心耳，二鳃类具有2个心耳（图7-35）。

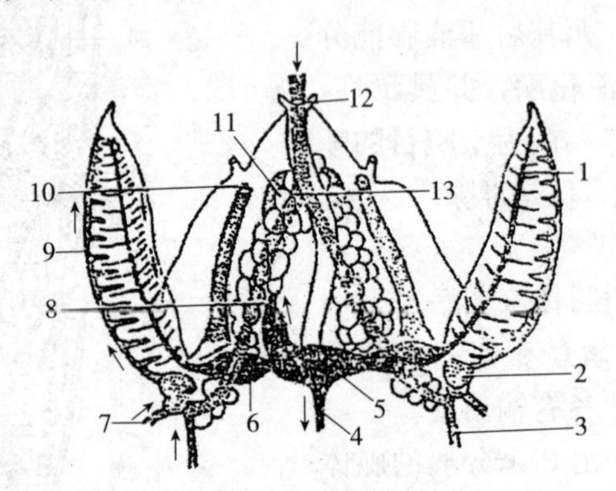

图7-35　乌贼的循环系统和排泄器官

箭头示血液流动的路线

1. 出鳃血管　2. 鳃心　3. 腹动脉　4. 后大动脉　5. 心室　6. 心耳　7. 外套静脉　8. 前大动脉　9. 入鳃血管　10. 肾围心腔孔　11. 鳃静脉的腺质附属物（肾）　12. 肛门　13. 门静脉分支

（引自 Borradailc 等）

（二）血管和血液循环

头足类的心室，向前分出一支前行大动脉，把血液带至身体的前部，向后分出一支较小的后行大动脉，把血液带至身体后部，包括外套膜后部、鳍、墨囊和鹦鹉贝的水管延长部。生殖腺动脉较小，自心室或后大动脉分出，输送血液至生殖腺。

鹦鹉贝的血液从动脉流入组织间隙，形成了位于口部、食道和肝部的血窦。这些血窦通过门静脉（vena caa）壁上的孔与门静脉沟通。在十腕目中，血管一般是完全的，血液自动脉流过毛细血管而入静脉，成为闭管式循环。来自动脉的血液，经毛细血管（二鳃类）或静脉窦（鹦鹉贝）收集于门静脉中，门静脉又分为左、右两支（二鳃类）（图7-35 13）或四支（四鳃类）支干。每一门静脉支干在进入鳃时，与体后方的腹静脉和外套静脉汇合。这几支静脉的基部均包被在肾腔内，且在血管外部被覆一种腺质附属物（图7-35 11）。门静脉分支与腹静脉等合成的入鳃静脉，在鳃的基部形成一个能收缩的膨大部，即鳃心（branchial heart）（图7-35 2）。鳃心具有一腺质附着物，相当于瓣鳃类的围心腔腺。在鹦鹉贝无鳃心。入鳃血管进入鳃轴后，分出分支到鳃的小叶中，在此进行气体交换。清洁的血液汇集于出鳃血管流到心耳，回归心室。头足类的动脉血压甚高，可接近人类的血压，如章鱼的血压可以达到80 mmHg*。二鳃类的鳃循环保证所有离开心脏的血液都能够进行气体交换，由组织回来的血液到鳃心，鳃心泵血到鳃，从鳃回到心耳。

---

* mmHg为非法定计量单位。1 mmHg≈0.133 kPa。

四、体腔与排泄系统

头足类的体腔很大，肾是一薄壁的囊，也相当大。

鹦鹉贝体腔位于内脏囊的后部，向背部延伸，围绕胃一直到食道的一半长度。体腔除包括围心腔外，还包含生殖腺腔、门静脉和围心腔腺的一部分。在围心腔和生殖腺腔之间有 3 个孔相通。整个体腔和肾无联系，而以 2 个对称的内脏围心腔孔与外界相通。鹦鹉贝有 4 个肾，不但与体腔不通，而且彼此间亦无联系。每个肾囊都有 1 个独立无柄的外孔。每个肾包括入鳃血管附属物的一部分。这个腺质附属部分，在一侧构成肾的分泌部分，他侧在体腔或围心腔内，亦是分泌器官，即围心腔腺。

二鳃亚纲有 2 个肾，体腔与肾有联系，因此体腔亦包括肾囊；鳃心的腺质附属物，在形态上与其他软体动物的围心腔腺相近，亦是分泌器官。

在十腕目中，体腔包括围心腔和生殖腺腔，围心腔在前方，生殖腺腔在后方，两者之间有一狭隘；肾围心腔孔位于围心腔的最前端；肾外孔两侧对称，位于直肠的前部腹面，乌贼较向前，柔鱼稍向后。围心腔还具左、右 2 个侧腔，容纳鳃心及其腺质附属物。除旋壳乌贼外，两肾互相连通。肾还包括门静脉分支和腹静脉末段的腺质附属物，这种腺质附属物呈海绵状，是肾的分泌部分。

八腕目体腔的前部（围心腔）退化，仅包括生殖腺腔和鳃心的附属物，2 个肾在中央线上相接，并与鳃心附属腺（围心腔腺）前端相通。生殖腺腔由长管和鳃心附属物囊相连，船蛸等则无此管。

头足类的排泄物，常含有固体凝结物，不含尿酸，主要是鸟粪素。

五、神经系统

头足类神经系统的主要部分由脑神经节、足神经节和侧脏神经节组成，这些神经节均集中在头部，围绕着食道的基部，常形成脑，是无脊椎动物中最高级的。

四鳃亚纲神经节的集中程度比较小，神经中枢是 1 个厚的神经半环。神经半环包括 1 个背部脑神经节，以及与它相连的足神经节和侧脏神经节。足神经节位置较靠前，依着头软骨，侧脏神经节稍靠后。脑神经节派出神经至眼、平衡器、口唇、嗅觉器官，另派出 1 条神经，在口球后围绕食道的腹面。每侧具有 1 个侧咽神经节和 1 个口球神经节。足神经节派出神经控制漏斗和口的外围附属器。侧脏神经节派出神经至外套膜和内脏。在雌的鹦鹉贝还具有副足神经节。

在二鳃亚纲特别是八腕目，脑神经块包被在头软骨内的两部分完全集中在一起，仅有 1 个简单的横沟分开，后部表现出 6 个纵向平行沟（图 7-36），许多神经穿过软骨，如外套神经。在十腕目脑神经中枢横分为两部分，一部分在前方，较小(图 7-37 2)，另一部分在后方，较大（图 7-37 15）。脑神经节两部分分离的程度，在柔鱼（*Ommatostrephes*）中较大，在耳乌贼和枪乌贼中较小，在乌贼中则更小。

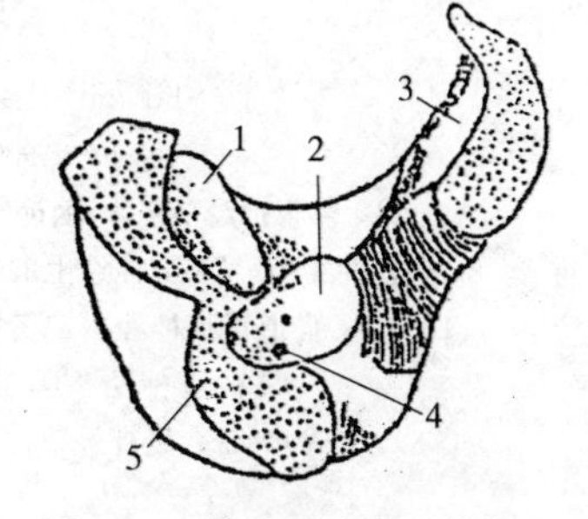

图 7-36　枪乌贼头软骨纵断面

1. 足神经节槽　2. 侧脏神经节槽　3. 脑神经节槽　4. 外套神经孔　5. 软骨断面

（引自 Fslenear）

前、后两部分由 2 支脑神经连索联系，这 2 支脑神经连索有时在一定距离上彼此愈合。

在十腕目，脑神经中枢的腹面或者食道下，主要为足神经中枢和脏神经节中枢。足神经节横向分为 2 对：前对或称为腕神经节，后对即足神经节本身（图 7-37 4、20）。足神经节两部分分离程度在柔鱼、枪乌贼和耳乌贼最大，在乌贼中较小。在这些十腕目中，腕神经节前端分裂成十个大的腕神经，而在腕的基部彼此接合。而八腕目的腕神经节和足神经节很接近，腕神经节生出 8 支神经，腕神经随着它所控制的腕围绕食道向侧方延伸。足神经节本身主要控制漏斗，并且派出神经纤维到腕神经内，同腕神经节一起控制腕的移动。

侧神经中枢在外表上不可见，它分出粗大的外套神经。腹面为脏神经节，主要分出粗大的脏神经，脏神经在基部愈合。在脏神经节的前侧方，还有一对膨大的视神经节（optic ganglion），它比整个脑部还大。二次性神经中枢表现在外套神经节和脏神经上。外套神经节或称星芒神经节（stellate ganglion），位于外套内壁背缘的附近（图 7-37 6）。在柔鱼和枪乌贼中，食道背面的星芒神经节互相连接。

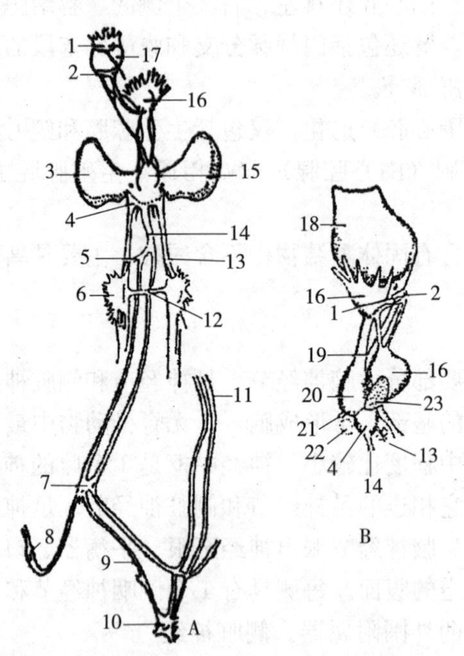

图 7-37　柔鱼（*Ommatostrephes*）的神经系统

A. 神经系统背面观　B. 神经中枢侧面观

1. 胃腹神经节　2. 脑神经节的前部　3. 视神经节　4. 脏神经节　5. 直肠神经　6. 外套神经节　7. 脏神经上的神经节　8. 鳃神经节　9. 脏、胃腹神经连索　10. 胃神经节　11、17. 食道胃腹神经（二者相连，图中切断）　12. 星芒神经节的连索　13. 外套神经　14. 脏神经　15. 脑神经节　16. 腕神经节　18. 口球　19. 食道　20. 足神经节　21. 漏斗神经　22. 平衡器　23. 视神经断面

（引自 Hancock et Pelseneer）

二次性神经中枢存在于脏神经上，主要表露在鳃的基部。胃腹神经系统（stomatogastic system）包括位于食道下方、口球后方的 1 对互相接合的胃腹神经节。它以神经连索与脑神经节相连，在十腕目中与脑的前部相连。它也派出神经到消化管，一直至胃部，

并在胃上形成1个大的胃神经节（图7-37）。

六、感觉器官

1. 触觉器

二鳃类的腕和四鳃类的触手，触觉最为发达。

2. 嗅觉器

头足类在眼的腹侧附近，具有1个嗅觉器官。在鹦鹉贝，这种嗅觉器官由1个突起上的凹洞构成。大多数的二鳃类，如乌贼通常为一简单的孔洞，称嗅觉陷，其上皮具有许多感觉细胞，它们接受来自脑神经节上额叶的神经。

3. 嗅检器

头足类鹦鹉贝的各鳃间具有突起，或称前嗅检器（oral osphradium），它由鳃神经纤维控制，在肛门的后方有后突起，亦称后嗅检器（aboral osphradium）。二鳃类鳃神经节（图7-37 8）所在的位置与瓣鳃类和腹足类嗅检器神经节类似，但它没有被覆感觉上皮，可能没有嗅觉作用，这是因为在外套腔口已经有了嗅觉陷的缘故。

4. 平衡器

头足类的平衡器一般为两个腔。鹦鹉贝的平衡器位于足神经节旁边，靠近头软骨（cephalic cartilage）。二鳃类的平衡器位于腹面，介于足神经节和脏神经节之间（图7-37 22），彼此相接，仅由1个隔板相隔离，完全包藏在头软骨内。

鹦鹉贝的每个平衡器内含有许多耳沙，在二鳃类仅有1个大的、扁而具有脊的耳石。每个平衡器的腔，由1个纤毛小管延伸，陷入在头软骨内，末端闭塞，这是在胚胎发育期平衡器与外界相通的痕迹。二鳃类的平衡器内壁不平，突起较高且形成沟状，如十腕目，感觉上皮位于平衡器的前部，形成平衡脊（cristastatica）或平衡斑（maculastatica），是连接平衡器神经的主要部分。平衡器的神经生自脑神经节，斜走经过足神经节。

5. 视觉器

头足类的眼通常无柄，位于头的两侧。鹦鹉贝的眼构造简单，基部由一短柄相连。眼为1个开口的腔，腔口小，腔内没有虹彩和折光体。网膜厚，水流能直接从眼孔中流入冲洗网膜（图7-38 A）。

二鳃类的眼构造相当复杂，它由头软骨作为支持，位于由头软骨翼状突起形成的一个不完全的眼窝（orbit）内，如乌贼。眼的最外面有1层透明的表层，称假角膜（false cornea），假角膜在十腕目开眼类不完全愈合，留有孔洞（图7-38 B）。在十腕目的闭眼类和八腕目中，假角膜一般是封闭的，仅留有泪孔（图7-38 C）。假角膜的下方为眼的前室，在前室中有虹彩，虹彩具肌纤维，能收缩，可使瞳孔增大或缩小。瞳孔通常呈肾形（八腕目、乌贼、枪乌贼）、圆形（开眼类）和卵圆形，与虹彩相连的为巩膜，它组成眼球的壁，并由巩膜软骨（scleroticcartilage）作为支持。晶体是由角膜的内外两面产生的，形成了内外两段，被一环状的纤毛突起（ciliary process）所支持。晶体的前半部较小，凸出于前室中；后半部较大，凸出在后室中，后半部的晶体不完全充满后室，后室的其余空间由一种被称为玻璃状液（vitreous humour）的胶状流体填充。后室的壁由视觉器官的主要部分——网膜构成。网膜包括一层网膜细胞，细胞内布有色素，尤其是在下部和下端附近最多，在黑暗中所有色素都聚集在细胞基部。网膜包被着杆状体，与杆状体相接的面上构成了一个界限层。杆状体甚长，密集，向着眼后室中心。网膜在外方与视神经纤维相接，这些视神经纤维是由巨大的视神经节分出的。在整个眼球外面，即假角膜外方形成1个横的眼皮（下眼皮）。眼皮在八腕目中很发达，由于它的收缩，能完全被覆眼球。

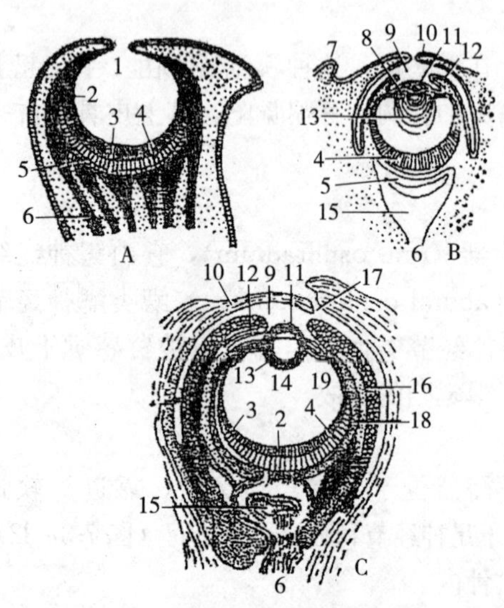

图 7-38　头足类眼的构造

A. 鹦鹉贝　B. 开眼十腕类　C. 闭眼十腕类（乌贼）

1. 眼囊　2. 杆状体层　3. 色素层　4. 网膜细胞层　5. 神经细胞层　6. 视神经　7. 眼皮　8. 角膜　9. 前室　10. 假角膜　11. 晶体的前半部分　12. 虹彩　13. 晶体的后半部　14. 后室　15. 视神经节　16. 巩膜　17. 泪孔　18. 巩膜软骨　19. 纤毛突起

（引自 Hense，Grenache）

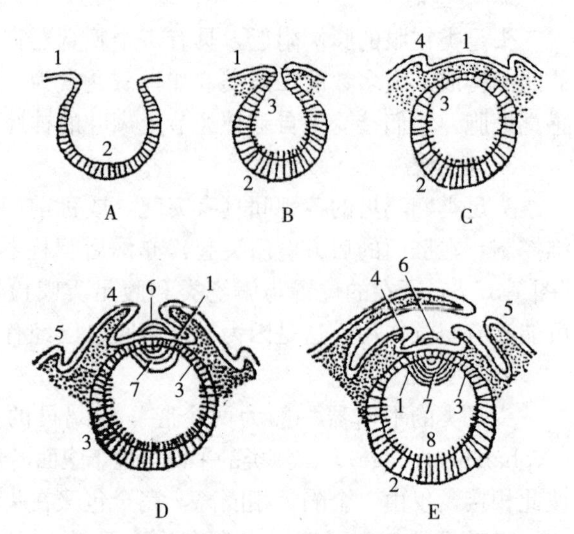

图 7-39　头足类二鳃亚纲眼的发育顺序

A、B、C. 初次内陷形成视囊　D. 二次内陷形成虹彩和晶体　E. 三次内陷形成前室和角膜

1. 表皮　2. 陷入部的内侧表皮（将成为网膜）　3. 陷入部的外侧表皮（成为内部角膜）　4. 虹彩　5. 假角膜（第二次角膜）　6. 晶体（由角膜外部所生的部分）　7. 晶体（由角膜内部所生的部分）　8. 杆状体

（引自 Young）

二鳃类眼的发育过程可以分为三个步骤：第一，由外胚层的内陷形成1个凹陷的腔，是为眼泡，腔底为网膜；第二，内陷生出虹彩和晶体；第三，内陷生出前室和角膜（图 7-39）。

极少数的头足类，皮肤上存在着一种感觉器官——验温眼（thermoscopic eye）。格氏手乌贼（*Chiroteuthis grimaldii*）的验温眼位于体的中央面和鳍的背面，由1个两面呈凸状的大型色素体构成。色素体很浓，在它的下面有1个压扁的神经末梢，并包围着许多大的透明细胞（transparent cell）。

七、生殖系统

头足类雌雄异体，异形。雌雄区别有时很显著，如中国枪乌贼（*Loligo media*），雄性个体一般较长。船蛸的雌性个体较雄性个体约大15倍，而且雌性个体的背腕极膨大，还具有1个由背腕分泌的二次性的外壳。一般头足类雌雄性别的区别在于雄性有1个或1对腕茎化，变为交媾用的茎化腕。

头足类的生殖器官有精巢或卵巢1个，位于身体后端的体腔内，形成体壁上1个大的隆起。生殖产物的输出管开口在体腔（生殖腔）中，输出管上有腺体（图7-40）。四鳃类的鹦鹉贝有2个输出管，但只有右侧的1个起作用，左侧的1个仅有1个外孔，不与体腔相通。大部分二鳃类的雌性个体，具有2个对称的输卵管，这2支输卵管均生自生殖腔或体腔的同一点上（图7-41）；但在乌贼总科中，雌性个体仅左侧有1个输卵管。所有二鳃类的雄性个体仅左侧有1个输精管，输精管的末端没有交媾器官，但有1个或1对腕变为交媾用的茎化腕。在鹦鹉贝则以外方的肉穗（spadix）作交媾用。

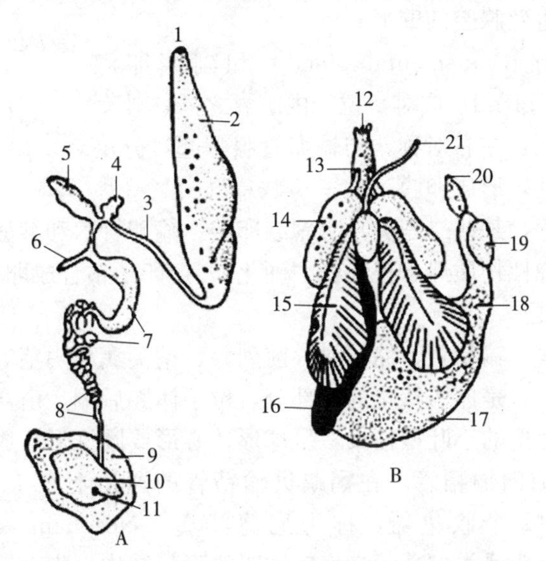

图7-40　商乌贼（*Sepia officinalis*）的生殖器官

A. 雄性　B. 雌性

1. 雄生殖孔　2. 精荚囊　3、8. 输精管　4. 盲囊　5. 摄护板　6. 与外套膜相通的管　7. 精囊　9. 精巢　10. 精巢腔　11. 输精管在精巢腔中的开口　12. 肛门　13. 外肾孔　14. 副缠卵腺　15. 缠卵腺　16. 墨囊　17. 卵巢　18. 输卵管　19. 蛋白腺　20. 雌生殖孔　21. 缠卵腺孔

（引自Lang）

（一）雌性生殖器官

包括卵巢、输卵管、输卵管腺、缠卵腺和副缠卵腺等。

1. 卵巢和输卵管

卵巢是体腔壁的一部分，这部分通常形成1个强大的突起，突起的壁向内陷入甚深，因此构成了1个卵巢腔。卵细胞包在滤泡内，每一滤泡只含1个卵，以卵柄固定住（图7-42）。卵成熟时，由于相互的挤压而成为多面形。繁殖季节时，成熟的卵外皮自行破裂，落在体腔（生殖腺腔）内，然后到输卵管内。八腕目、开眼亚目等种类的输卵管为1对，而乌贼目、闭眼亚目等种类只有一侧发育的输卵管，另一侧输卵管则已退化。

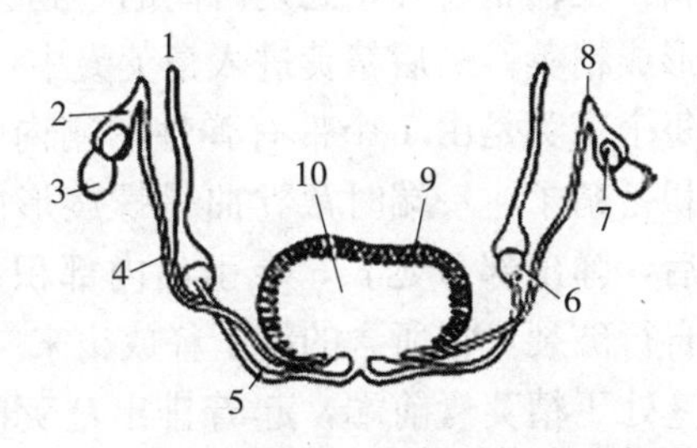

图7-41　八腕目雌性个体的体腔示意图

1. 雌生殖孔　2. 围心腔腺的囊　3. 鳃心　4. 长管　5. 输卵管　6. 输卵管腺　7. 围心腔腺　8. 肾围心腔孔　9. 卵巢　10. 生殖腺腔

（引自Brook）

2. 输卵管腺、缠卵腺和副缠卵腺

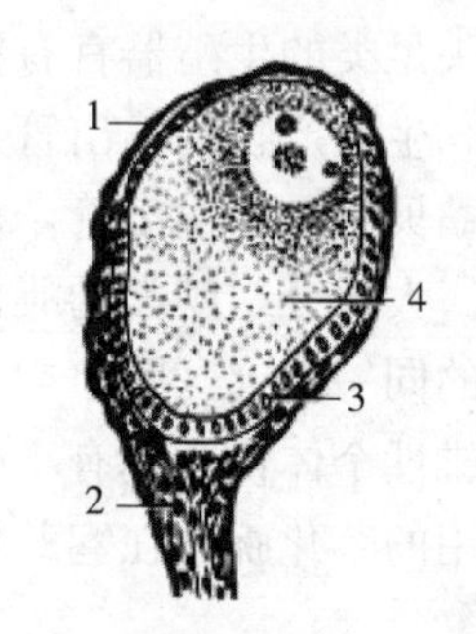

图 7-42 船蛸（*Argonauta*）卵巢内卵子的纵断面
1. 体腔上皮 2. 卵柄
3. 滤泡 4. 卵子
（引自 Brook）

输卵管腺（oviducal gland）位于输卵管终端或输卵管中部，与其他附属腺一起分泌形成卵子的外膜或受精卵的胶质膜，又叫蛋白腺（albumen gland）。在十腕目位于输卵管的末方自由端（图 7-40）。八腕目种类的输卵管腺组织结构分为中央腔、纳精囊和输卵管腔等，纳精囊起着储存精子的功能。输卵管腺由明显的两部分构成，在船蛸不发达。在鹦鹉贝腺体的膨大部位于生殖腺腔的壁上。

头足类的缠卵腺（nidamental gland）和副缠卵腺（accessory nidamental gland）成对，位于内脏囊之外，外套腔的内壁上，食道两侧，左右对称，与输卵管腺一起，分泌凝胶状物质，掺和墨汁，形成卵膜。大王乌贼总科的某些种类和八腕目缺少缠卵腺，某些二鳃类具有副缠卵腺。输卵管腺和缠卵腺能产生卵的外被和一种弹性物质，这种弹性物质遇水很快就“硬化”，把卵子粘合成卵群。

（二）雄性生殖器官

包括精巢、精巢囊、输精管、储精囊、前列腺、精荚囊和阴茎等。

精巢和卵巢相同，也是体腔特化的一部分，位于体腔后端，由众多的精小叶（或称生精小管）组成，属于典型的小叶型精巢，呈球形、心形或圆锥形。成熟的精子由 1 个孔落入精巢囊内，由此处通向输精管。在鹦鹉贝输精管的通道上有 1 个腺质囊，称为精囊（vesicula seminalis）。1 个收集器，称为尼德汗囊（Needham’s sac），或叫精荚囊（spermatophore sac），头足类的精荚囊为较透明的囊状结构，膨大，在交配前起着暂时储存精荚的作用。鹦鹉贝左侧的输精管退化，与生殖腺腔不通，但遗留囊状物的痕迹，被称为梨形囊（pyriform sac）。在二鳃类，除了有精囊和精荚囊外，在两囊之间有 1 个前列腺（prostate gland）。某些二鳃类如乌贼，输精管在精囊和前列腺之间还有 1 个小管，开口在外套腔内（图 7-40）；在水孔蛸，输精管的基部分裂为两管，均开口在精巢囊内。

精子在输精管开始处是游离的，到达第一腺质囊——精囊时就开始包被一种鞘状的外皮，形成精荚，最后精荚进入精荚囊中，彼此以平行方向排列。

每个精荚是由 1 个带有弹性的鞘内陷形成的，凹陷的深处积蓄精子，一端时常卷曲呈螺旋形的弹出装置。精荚成熟后，弹出部分延长，牵引出内部积蓄精子的部分，它们均自行破裂，将所含的精子释放出来（图 7-43）。头足类的阴茎处于精荚囊前端，起着排出精荚的作用。在没有茎化腕的种类中，阴茎还起到向雌体输送精荚的作用。

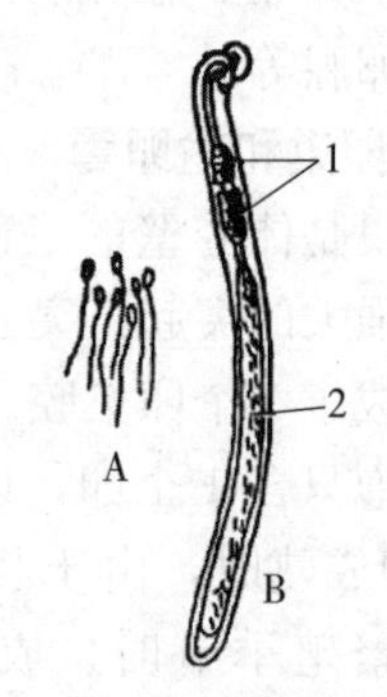

图 7-43 乌贼的精子（放大）（A）和精荚（B）
1. 弹出装置 2. 精子群
（引自 Vogt et Jung）

（三）繁殖

头足类具有生殖洄游的现象，曼氏无针乌贼（*Sepiella maindroni*）在近岸浅水域产卵孵化，幼乌贼向外海做索饵、越冬洄游，繁殖季节向近岸做生殖洄游。浙江近海的长蛸（*Octopus variabilis*），每年 2～3 月也从外海或内湾深水区向浅水区做生殖洄游。温度、盐度等环境因子对头足类的生殖洄游起决定性的作用，这是在长期进化过程中自然选择的结果。

头足类的繁殖周期因种类的不同而存在着明显的差异，一般情况下每年只有1个繁殖期，但在枪乌贼（*Loligo opalescens*）和皮氏枪乌贼（*L. pealei*），1年有2个繁殖期，而 *L. forbosi* 整年都在繁殖。长蛸的怀卵量较少，约200粒，孵化期为1～2个月；短蛸（*O. ocellatus*）的怀卵量一般在400～700粒；曼氏无针乌贼的怀卵量一般为1 500～3 000粒。

交配后，精荚随即破裂，精子储存在雌性的纳精囊（spermatheca）中，其输卵管腺中的纳精囊担负起了储存精子的作用。头足类交尾后，不久便产卵，排出的卵子形成卵群。八腕目和乌贼的卵子，每个卵都有一个单独的外皮，一个个彼此固着在一起。

（四）发生过程

1. 发生的特点

二鳃亚纲卵子很大，包含大量的卵黄，原生质则集中在动物极。卵裂是不完全分裂，仅局限于动物极表面，属于盘裂，这是不同于其他贝类的。细胞在动物极分裂的结果形成胚盘（blastoderm），最后包被卵黄，形成一种卵黄囊（yolk sac）。卵黄块在乌贼卵内很大，枪乌贼则较小，大王乌贼最小。

胚盘发展到一定程度即进行原肠作用，一部分胚膜进行内卷和分层，从而形成中、内胚层。胚膜表面细胞形成外胚层，中、内胚层分化为中胚层和内胚层，胚膜边围细胞向下方和外方延伸，并被覆卵黄，形成卵黄外膜。内胚层在外套后部下方中央线上，紧靠卵黄处形成1个凹陷，此即原肠，之后自这个凹陷生出胃、肝和肠。胚盘近植物极的外胚层内陷形成口、食道和它的附属器官，肛门是由外胚层的一个浅的内陷与肠沟通而形成的。

大多数种类，孵出后的幼体与成体之间的区别，仅体积较小、色素较不发达而已，刚孵化后的幼体即能开始进退游动。

2. 金乌贼的发生

（1）卵裂：金乌贼受精卵产出后必须经较长的时间才开始分裂。卵裂开始后，分裂非常有规律，具有明显的2、4、8、10、16、18、28、32、64和128等细胞期。在32细胞期后出现两种分裂方式，有的是环形分裂，有的是辐射形分裂。

（2）胚层分化与器官芽的出现：过了分裂期以后，小分裂球仍在动物极胚盘处形成一层胚膜，继而胚膜边缘由于内卷而加厚。原肠胚期和卵黄膜的下包即在此时开始。当卵黄膜下包卵子1/4时，壳囊和视环首先出现。而后待下包进行到1/2时，前后斜面上的其他器官芽亦相继出现。其中较明显者为漏斗褶，与此漏斗褶相连而位于壳囊两侧的嵴起，是漏斗下掣肌的开始。到卵黄膜下包3/4时，外部器官芽才能全部出现。由分裂晚期到外部器官芽全部出现，在水温21.1～22.6 ℃下，共需4 d。

（3）外部器官发育过程：由器官芽的出现到胚胎孵化之前，都是外部器官发育的重要时期。约在卵子产出10 d后，亦即卵黄囊孔闭合期间，胚胎才开始从卵黄囊向外凸出。从这以后，不但胚胎胴部显露，而且各器官亦相继向成体形态转化。其情况大致如下。

①侧鳍：在11 d胚中，侧鳍尚为2个小芽状构造，并位于胴部的顶端原来壳囊所在的位置。以后这两芽分别渐渐转到胴部顶端的两侧。直到18 d胚时期，侧鳍才开始呈现成体形态。

②眼：在 11 d 胚以前，眼柄根本不明显，但 12～20 d 胚期间，眼柄又特别突出，以致两眼所在部分较胴部还要宽得多。直至胚胎发育后期，眼柄缩短以后，眼的大小比例和位置才渐呈成体情况。

③漏斗：前后漏斗褶于卵黄膜下包 3/4 时分不清楚。12 d 胚时期，左右漏斗褶隆起，14～16 d 胚时期，左右漏斗褶开始向中央合并。至 18 d 胚时期，左右漏斗褶完全合并，此后一个小三角形的漏斗便形成了。早期漏斗的形状和大小都与背面的口非常相似，因而常被误认为口。

④外套膜：自 12 d 胚以后，外套褶才开始显著起来，而后此褶渐渐增长以构成外套膜。同时外套膜亦逐渐加深。14 d 胚时，鳃芽尚露于外套膜以外，但到 16 d 胚时，鳃芽已经全被包于外套腔内。

⑤腕：10 d 胚时，各腕基与触手基尚无显著区别，但 11 d 胚时，触手长度已开始超过其他各腕。以后各腕和触手均继续加长，不过此时触手尚未缩入囊内，而呈卷曲状态，位于眼柄前方。一直等到其顶端扩大并生出吸盘接近成体形态以后，触手才开始缩入囊内。

⑥外卵黄囊：自 16 d 胚，卵黄囊颈部才开始可以分辨。此后随胚胎加长，整个外卵黄也变得较长。到胚胎孵化时，外卵囊几乎完全被吸收。

胚胎在孵化之前 4～5 d，于其背后部靠近卵膜部分变得非常薄而透明。最后在该部膜上出现的小孔成为胚胎孵化的孔道。孵化后的幼体在形态上已经完全接近成体，体长 7 mm左右，宽约 4.5 mm，内壳生长线 5～6 轮。

第八章 其他水生经济动物的形态结构

第一节 蛙的形态结构

一、蛙的分类地位和种类

1. 分类地位

分类上属于脊索动物门（Chordata）脊椎动物亚门（Vertebrata）两栖纲（Amphibian）无尾目（Anura）蛙科（Ranidae）。

2. 主要养殖种类

目前在我国养殖的主要蛙种有牛蛙、沼泽绿牛蛙、虎纹蛙、中国林蛙、棘胸蛙、黑斑蛙等。

牛蛙（*Rana catesbeiana*）是食用蛙中体型最大的种类，原产于北美洲，是目前国内蛙类养殖的主要品种。背部呈黄绿色或深褐色，通常杂虎斑状横纹，头部两侧多保持鲜绿色，腹部灰白色，皮肤粗糙，有突起疙瘩。性好动，喜跳跃，鸣叫声大，雄蛙叫声似公牛。

沼泽绿牛蛙（*R. grylio*）又称美国青蛙，原产美国，是我国从国外引进的又一大型蛙类。背部呈深褐色，有深浅不一圆形斑纹，腹部白色，皮肤光滑。个体比牛蛙略小，生活习性和牛蛙相似。

虎纹蛙（*Hoplobatrachus rugulosus*）又称泥蛙，田鸡等。主要分布在长江以南省份，是我国传统的出口产品，属国家二级保护动物。背部呈黄绿色或黑褐色，长有不规则斑纹，四肢横纹明显，看似虎皮，故称虎纹蛙。头宽而扁，呈三角形；躯干部粗短，体背有长短不一的纵向肤棱；趾端尖圆，趾间具全蹼。前肢粗壮，指垫发达，呈灰色。雄蛙具外声囊1对。

中国林蛙（*R. chensinensis*）又称蛤士蟆，主要分布于黑龙江、吉林、辽宁、河北、山东、河南、山西、陕西、内蒙古、甘肃、新疆、青海、四川、湖北、江苏等省份，以东北三省居多；国外分布于俄罗斯、日本和朝鲜。雌蛙体长71～90 mm，雄蛙较小。头较扁平，头长宽相等或略宽；吻端钝圆，略凸出于下颌；皮肤上细小痣粒颇多；两眼间深色横纹及鼓膜处三角斑清晰，背面与体侧有分散的黑斑点。雄蛙前肢较粗壮，第1指上灰色婚垫极发达；有1对咽侧下内声囊。

棘胸蛙（*Quasipaa spinosa*）分布于我国长江中下游的湖北、湖南、安徽、浙江、江西、广东、广西、福建和贵州等地，为山区特有的水产品种。棘胸蛙体长10～13 cm，皮肤粗糙。雄蛙背部有许多成行排列的窄长疣，头、躯干、四肢的背面及体侧布满小圆疣，以体侧最明显。胸部有大团刺疣，刺疣中央有角质黑刺，故名棘胸蛙。前肢粗壮，内侧三指有黑色锥状刺，咽下有一对内声囊。雌蛙背部都是分散的小圆疣，腹面光滑。趾间有蹼。棘胸蛙的头宽扁，吻端圆且凸出于下颌，吻棱不明显。鼻孔位于吻与眼之间，眼间距小于鼻间距。

黑斑蛙（*Pelophylax nigromaculatus*）广泛分布于江西、江苏、湖北、湖南、福建、广东、广西、浙江、海南、四川、贵州、安徽、青海、山东、山西、河南、河北、甘肃、内蒙古、辽宁、吉林、黑龙江等地，背部皮肤不光滑，深绿或黄绿或棕灰色，随环境颜色而变，具不规则黑斑，四肢背面也有黑斑，故名黑斑蛙。背中央常有一条宽窄不一的浅色纵背线，由吻端直达肛门。背部两侧各有一条浅棕色的背侧褶。两侧褶之间有4～6行不规则的短肤褶，长短不一。腹面皮肤光滑、白色无斑，四肢背面有黑横纹。雄蛙口角处有一对咽侧外声囊，鸣叫时充气向外凸出呈球囊状。第一指基部有粗肥的灰色婚垫，满布细小白疣。

二、蛙的外部形态

蛙的身体分为头部、躯干部和四肢三部分。体表裸露，背面皮肤颜色变异较大。

1. 头部

头部呈三角形，游泳时可减少阻力，便于破水前进。口位于头的前缘，口裂深。吻端两侧有1对外鼻孔，其内腔为鼻腔，有鼻瓣可以开闭控制气体吸入和呼出。头的背面有1对眼，眼大而圆，具上、下眼睑。在下眼睑的内缘，附有一半透明的薄膜，称为瞬膜，其向上移动，遮盖眼球。眼睑的存在是陆生脊椎动物的特征。眼后下方圆形的薄膜，形状如疤，称为鼓膜，其内为中耳腔。雄蛙口角后有1对声囊，鸣叫时声囊扩大，鼓成泡状，使鸣声洪亮。

2. 躯干部

鼓膜之后为躯干部，蛙的躯干部短而宽。背侧从眼后至后肢的基部有两条隆起的背侧褶。躯干后端两腿之间，偏背侧有一小孔，为泄殖腔孔。

3. 四肢

前肢短小，可分为五个部分，由近端向远端，分别称为上臂、前臂、腕、掌、指。腕、掌和指合称为手。蛙手仅有4指，指间无蹼，指端无爪，拇指无指骨，仅具一短小的掌骨，隐藏于皮内。在生殖季节，雄蛙第一指内侧皮肤膨胀加厚形成婚垫，为交配时抱对之用。

后肢长而强大，由大腿（股）、小腿（胫）、跗、跖和趾五部分组成，跗、跖和趾合称足。足有5趾，趾间有蹼，适合水中游泳。拇趾内侧有一突起物，称为距。

4. 形态性状的测定

体长：吻端至尾椎末端的距离。

头长：吻端至上、下颌关节后缘的距离。

头宽：头两侧颌关节间的最大距离。

吻长：吻端至眼眶前缘的距离。

后肢长：尾椎末端至最长趾末端的距离。

三、蛙的内部构造

（一）皮肤

蛙背面皮肤粗糙，皮肤颜色变异较大，有黄绿、深绿、灰棕色等，并有不规则黑斑；

腹面皮肤光滑，白色。皮肤由表皮、真皮及衍生物组成。

表皮由角质层、颗粒层、生发层组成。角质层细胞从皮肤表面脱落，就是脊椎动物中常见的蜕皮现象（molting）。表皮中含有丰富的黏液腺，体积较小而数量多，为多细胞构成的泡状腺，腺体的分泌部下沉于真皮层，外周肌肉层有管道通至皮肤表面。黏液腺分泌的黏液为无色的稀薄液体，使体表湿润光滑以保持空气和水的通透性，对蛙类减少体内水分散失和利用皮肤进行呼吸具有重要作用，同时也对逃脱捕食、调节体温有一定的作用。

真皮层较厚，由疏松的结缔组织构成的疏松层和致密的结缔组织构成的致密层组成。疏松层紧贴表皮层，其间分布着大量的黏液腺、神经末梢和血管。致密层内含致密的结缔组织，其中的胶原纤维和弹性纤维呈横形或垂直排列。

表皮和真皮中均有各种色素细胞，色素细胞依据白光下所呈现的颜色，可以分为黄色素细胞、虹膜细胞和黑色素细胞。在光线和温度的影响下，通过扩散、聚合的形态变化，引起体色的改变，有利于吸收热量和形成保护色。

牛蛙的皮肤并不是全部固着在皮下组织上，而是有一定的固着区域，各个固着区域之间的空隙则充满淋巴，即淋巴间隙，所以牛蛙的皮肤容易剥离。

（二）骨骼系统

骨骼系统由中轴骨骼和附肢骨骼组成，主要由硬骨构成，但含有许多软骨，是支持身体的坚硬支架，具有使身体保持一定的姿态、保护身体内部器官的作用（图 8-1）。

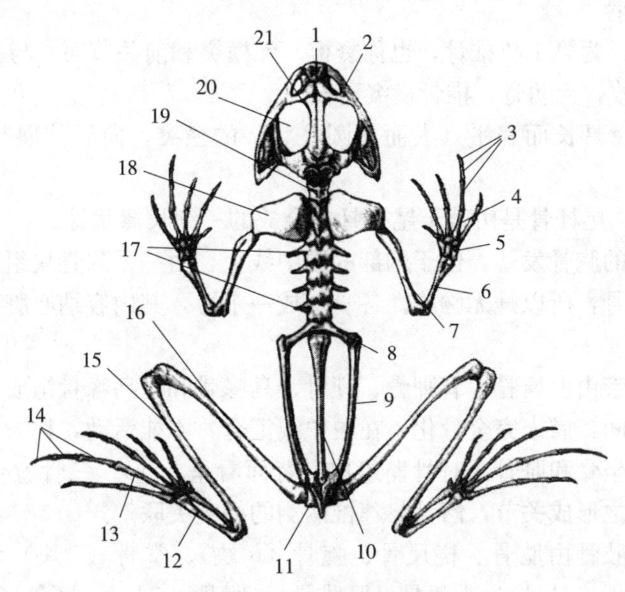

图 8-1　青蛙的骨骼系统

1. 鼻骨　2. 颌骨　3. 指骨　4. 掌骨　5. 腕骨　6. 桡尺骨　7. 肱骨　8. 荐椎　9. 髂骨　10. 尾杆骨　11. 坐骨　12. 跗骨　13. 跖骨　14. 趾骨　15. 胫腓骨　16. 股骨　17. 躯干骨　18. 肩胛骨　19. 寰椎　20. 眼窝　21. 额顶骨

（刘凌云，2009）

1. 头骨

蛙的头骨是包围脑和感觉器官的骨骼，扁而宽，可分为脑颅和咽颅两部分，各由若干骨片组成。

（1）脑颅：脑颅的腔狭小，无眼窝间隔，属平底型。头骨的骨化程度不高，脑颅一部分仍保留软骨状态，软骨原骨的数目很少。虽然骨片数目不多且很轻巧，但很坚固，可以使蛙嘴张得很大。脑颅有外枕骨、枕骨髁、前耳骨、额顶骨、蝶筛骨、鼻骨、鳞骨、方轭骨、副蝶骨、腭骨、犁骨和翼骨。枕部有2块外枕骨，每一外枕骨都有一个关节突，即枕骨髁。头骨与颈椎借枕骨髁形成可动的关节。

（2）咽颅：咽颅只有颌弓和舌弓。舌弓的舌颌骨失去了连接颌弓和颅骨的悬器的作用，而进入中耳腔，形成传导声波的耳柱骨（columella）。舌弓的其他部分和鳃弓的一部分成为舌骨器以支持舌。颌弓的上颌由1对前颌骨、上颌骨和方轭骨组成。下颌由颐骨、齿骨、隅骨组成。颌弓与脑颅的连接属于自接型（autostylic），陆生脊椎动物大多属此型。

成体蛙随着鳃的消失，鳃弓的骨骼大部分退化，仅一小部分演变为支持喉头的杓状软骨和环状软骨以及支持气管的软骨环。

2. 躯干骨

（1）椎骨：蛙的脊柱由1枚颈椎、7枚躯干椎、1枚荐椎和1个尾椎组成（图8-1）。椎骨由软骨、关节和韧带连接在一起形成身体的中轴，有保护脊髓、支持头部、悬挂内脏和传递冲力等作用，称为脊柱。椎骨属前凹形椎体，前端凹入，后端凸出。关节突2对，是分别位于椎弓基部前、后缘的小突起。颈椎和荐椎是陆生动物的特征，但颈椎和荐椎的数目较少，所以在增加头部运动范围和支持后肢的功能方面处于不完善的初步阶段。蛙的躯干椎一般不具肋骨。

①颈椎：1枚，为第1枚椎骨，也称寰椎，无横突和前关节面，与枕髁形成关节。

②躯干椎：7枚，无肋骨，椎骨横突延长。

③荐椎：1枚，具长而扁平（大而呈圆柱状）的横突，向后伸展与髂骨的前端形成关节。

④尾椎：1个，尾杆骨是由若干尾椎骨愈合成的一细长棒状骨。

（2）胸骨：蛙的胸骨发达，位于胸部的腹中线上，由一系列骨块组成，并以上乌喙骨为界；由于没有肋骨，所以蛙无胸廓。各骨形成一个弓，其内容纳心脏，借此保护心脏。

3. 附肢骨骼

（1）带骨：肩带由上肩骨、肩胛骨、锁骨、乌喙骨和上乌喙骨组成，上乌喙骨位于左右乌喙骨和锁骨之间，尚未完全骨化，在腹中线汇合，不能活动，称为固胸型肩带。

腰带由髂骨、坐骨和耻骨3对骨骼组成，背面看呈V形。三骨愈合处的关节窝称髋臼，后肢的股骨与之形成关节，髂骨与荐椎两侧的横突关联。

（2）肢骨：前肢骨由肱骨、桡尺骨、腕骨（6块）、掌骨（5块）和指骨（5块）组成。后肢骨由大腿骨（股骨）、小腿骨（胫腓骨）、跗骨（5块）、跖骨（5块）和趾骨五部分组成。

（三）肌肉系统

蛙的肌肉系统的作用是组成体壁、四肢及多种器官，同时使这些肢体与器官能够运动（图8-2）。肌肉的分节现象消失，但在腹直肌可见肌节遗迹。

1. 头部肌肉

颌下肌：剥开下颌皮肤，在下颌最表面为一层薄片肌，肌纤维横行，起于下颌骨，止

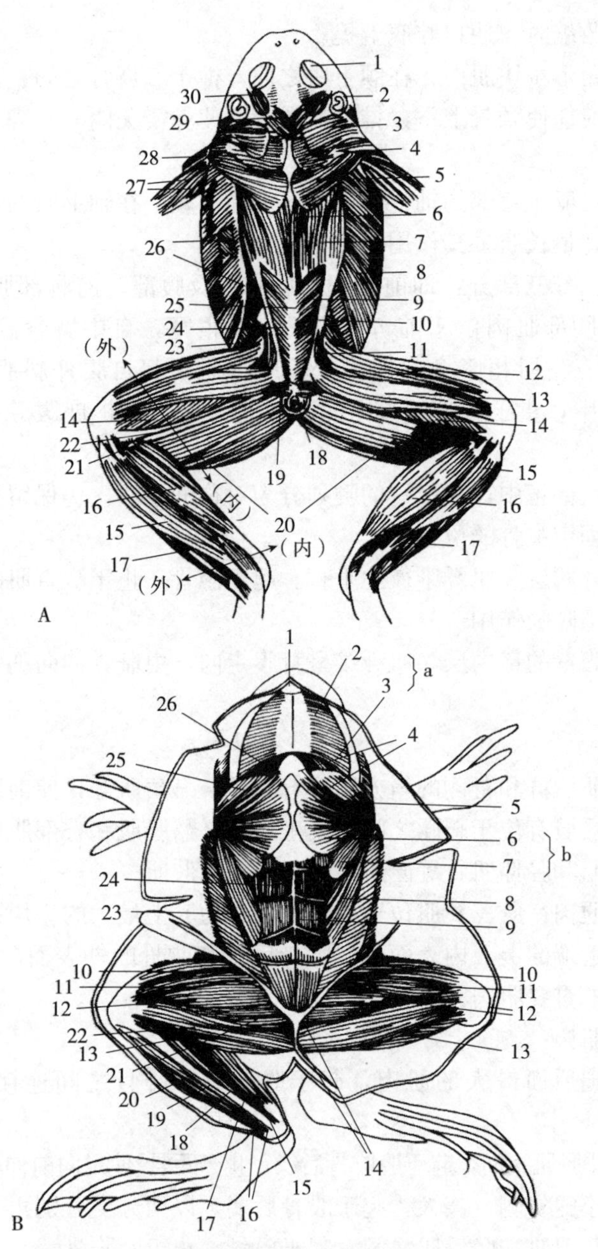

图 8-2　蛙的肌肉系统

A. 背面观：1. 眼　2. 鼓膜　3. 下颌降肌　4. 冈下肌　5. 背阔肌　6. 背最长肌　7. 髂腰骨肌　8. 腹外斜肌　9. 尾荐肌　10. 髂骨　11. 臀肌　12. 股前直肌　13. 股外肌　14. 股二头肌　15. 腓骨肌　16. 腓肠肌　17. 胫前肌　18. 泄殖孔括约肌　19. 犁状骨肌　20. 半膜肌　21. 臀静脉　22. 坐骨神经　23. 腹皮肌　24. 尾髂肌　25. 尾杆骨　26. 腹内斜肌　27. 肱三头肌　28. 三角肌　29. 斜方肌　30. 颞肌

B. 腹面观：1. 颏下肌　2. 大颌舌骨肌　3. 舌骨下肌　4. 三角肌　5. 喙桡肌　6. 胸肌前胸部　7. 胸肌后胸部　8. 胸肌腹部　9.（腹）白线　10. 股内肌（股三头肌内肌头）　11. 长收肌　12. 缝匠肌　13. 小内直肌　14. 大收肌（背肌头）　15. 腓肠肌　16. 胫前肌的附着点　17. 胫后肌　18. 胫腓骨　19. 胫伸肌　20. 胫前肌　21. 大收肌（腹肌头）　22. 大内直肌　23. 腹外斜肌　24. 腹直肌　25. 三角肌锁骨部　26. 三角肌肩胛骨部　a. 下颌下肌　b. 胸肌

（刘凌云，2009）

于腹正中线，当它收缩时，使口腔底上提。

颏下肌：为三角形小块肌肉，在颌下肌之前，横于二齿骨之间，其前缘又紧贴着颐骨及下颌联合，收缩时能使颐骨上举，推动前颌骨而使鼻瓣关闭。

2. 躯干肌肉

（1）背最长肌：躯干背部的轴上肌体积已大为缩减，在轴上肌的外侧形成起于头骨基部到尾杆骨前部的背最长肌，其作用是使脊柱弯曲。

（2）腹壁肌肉：分三部分，即前胸部、后胸部及腹部。前胸部肌肉起自肩带的前乌缘骨和中胸骨；后胸部肌肉位于前者后方，起点很宽，自中胸骨到剑胸骨，肌纤维亦向外行，止于肱骨三角肌粗隆旁的凹沟处；腹部肌肉起自腹外斜肌的腱膜，肌纤维斜向上行。三部分集中，止于肱骨的近内面。功能为支持并扩展腹腔，并牵引上臂向内、向后运动。

腹直肌：位于腹部正中，被横行的腱划分为对称的小块，仍保留有分节现象。功能为支持腹部内脏，并固定胸骨的位置。

腹斜肌：分内外两层，肌纤维彼此垂直。起于髋骨，止于腹直肌的外侧。功能为支持并压缩腹部，有助于呼吸作用。

腹横肌：位于腹壁的最内层，肌纤维呈背腹走向，由耻骨伸向胸骨。功能为保护腹壁和向前牵拉腰带。

3. 四肢肌肉

前肢腹侧的胸肌肌群和背侧的斜方肌、背阔肌、三角肌等，使前肢与躯干牢固地连接起来而得到巩固。后肢有位于腰腿之间的耻坐股肌、髂胫肌和臀部肌肉。还分化出肱三头肌、腕屈肌等前肢肌和胫伸肌、缝匠肌、腓肠肌等后肢肌。

（1）前肢肱部肌肉：肱三头肌位于肱部背面，为其上最大的一块肌肉。起点有三个肌头，分别起于肱骨近端的上、内表面，肩胛骨后缘和肱骨的外表面，止于桡尺骨的近端。是伸展和旋转前臂的重要肌肉。

（2）后肢小腿肌肉：

腓肠肌：为小腿后面最大的肌肉，起于股骨与胫腓骨之间连接处的股骨上，止于跟骨。

胫后肌：位于腓肠肌腹面，起于胫腓骨后缘，止于距骨。使足向前伸直，且能转足蹠向下。

腓前肌：位于小腿外侧，甚大，起于股骨后端，以两分支分别止于距骨和跟骨。

伸脚肌：位于胫前肌和胫后肌之间，起于股骨，止于胫腓骨。

腓骨肌：位于腓肠肌和胫前肌之间，起于股骨后端，止于跟骨。

（四）消化系统

消化系统由消化道和消化腺组成。消化道包括口、口咽腔、食道、胃、肠和泄殖腔（图 8-3）。

1. 消化道

（1）口咽腔：牛蛙的口部宽阔，口角开展，向后一直达到鼓膜下方。舌肌肉质，基部固着于口腔底部前端，后端游离，舌尖向后，分叉，能从口内翻出摄食。舌的表面，即黏膜面有绒毛状突起，黏膜下主要由骨骼肌构成，其间夹杂大量的腺体、血管、神经、淋巴组织等。舌面能分泌黏性物质，有利于捕捉昆虫。

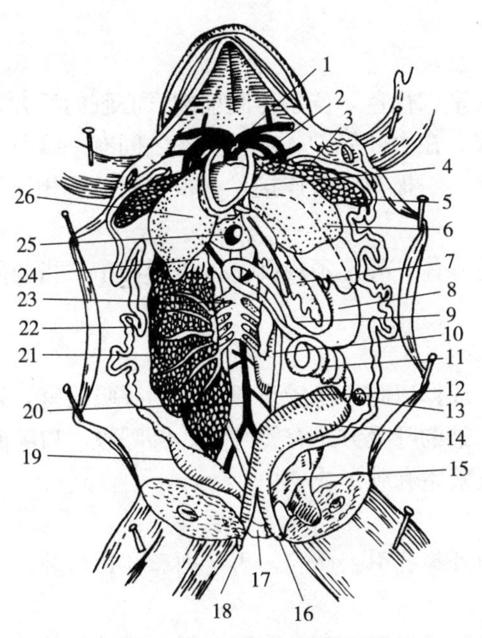

图 8-3 蛙的内部结构

1. 动脉圆锥 2. 左动脉弓 3. 肺泡 4. 心 5. 肺 6. 肝 7. 胰 8. 胃 9. 十二指肠 10. 肾 11. 小肠 12. 输尿管 13. 脾 14. 直肠 15. 膀胱 16. 膀胱开口 17. 泄殖窦 18. 子宫开口 19. 子宫 20. 后腔静脉 21. 卵巢 22. 输卵管 23. 背大动脉 24. 脂肪体 25. 胆囊 26. 肝

（引自赫天和）

沿上颌边缘有一行细而尖的牙齿，齿尖向后，即上颌齿。在内鼻孔之间，口腔顶壁犁骨上有两簇细小的犁骨齿，具有把握食物的功能，无咀嚼功能。

口咽腔内有内鼻孔、耳咽管孔、声囊孔和喉门的开口。内鼻孔为一对椭圆孔，位于口腔顶壁近吻端处，与外界相通，能吸入和呼出气体。耳咽管孔位于口腔顶壁两侧，为颌角附近的一对大孔，可通到鼓膜。声囊孔位于雄蛙口腔底部两侧口角处，为耳咽管孔稍前方的一对小孔。舌尖后方腹面有纵裂的圆形突起，内有一对圆形杓状软骨支持，两软骨间的纵裂即喉门，是喉气管室在咽部的开口。唾液腺的导管也开口于此，唾液的作用仅是湿润食物而无消化的化学作用。

（2）食道：咽后为食道。食道短，食管口位于喉门的背侧，为咽底的皱襞状开口。食管的外表很光滑，内壁有许多纵行的皱褶。

（3）胃：食道下端所连的一个弯曲的膨大囊状体，部分被肝遮盖。胃内侧的小弯曲称为胃小弯，外侧的弯曲称胃大弯，胃中间部称为胃底，前端连食道称为贲门，后端连十二指肠称为幽门。胃壁由浆膜层、肌肉层、黏膜下层、黏膜层组成。黏膜层中含有很多管状的胃腺，胃腺分泌胃液。

（4）肠：小肠包括十二指肠和回肠。与幽门连接处弯向前方的一段为十二指肠。十二指肠的末端折向后方弯曲的肠段称回肠。回肠经几个盘曲后，通入正中宽阔的大肠，亦称直肠，后端与泄殖腔相连。

（5）泄殖腔：连接于直肠之后，从坐耻骨会合处背面向后行，为排粪尿、排精（卵）的共同通道。泄殖腔通向体外的开口为泄殖孔，平时有一圈括约肌使其保持关闭状态。

2. 消化腺

消化腺有肝和胰。肝呈红褐色，位于体腔前端，心脏的后方，分为三叶，由较大的左右两叶和较小的中叶组成。在中叶后方，左右两叶之间有一绿色圆形小体，即胆囊。胆囊前缘向外发出两根胆囊管，一根与肝管连接，一根与胆总管相连，胆总管途经胰时与胰管相通，开口于十二指肠。

胰为一淡色或黄白色腺体，外形不规则，位于胃和十二指肠间的弯曲处，胰液由胰管进入胆总管。

（五）呼吸系统

幼体以3对鳃呼吸。成体以肺（薄壁盲囊）作为呼吸器官，还以皮肤和口咽腔黏膜作为辅助呼吸器官。因此，蛙的呼吸方式有鳃呼吸、肺呼吸、口咽腔呼吸和皮肤呼吸。肺呼吸系统由鼻、口腔、喉气管室和肺组成。

1. 口腔和鼻腔

蛙呼吸时，空气先由外鼻孔引入鼻腔，再经内鼻孔达口腔。

2. 喉气管室

喉气管室以狭小的裂缝开口于咽部，形成喉门。喉门后是一根粗短的管子，称为喉气管室。两边围绕着两块半月形的杓状软骨，在杓状软骨内侧的是富有弹性的声带。声带为弹性纤维带，依靠肺内气体冲出时游离缘振动而发声。雄蛙的声带比较发达，故叫声较大。两栖类无气管和支气管分化，仅一短管与喉门相通，后端通入肺囊。

3. 肺

接喉气管室之后，位于胸腹腔的前方和肝的背面，为1对粉红色、近椭圆形的薄壁透明囊状物。肺由咽部腹侧长出，结构简单，但膨胀能力却很强。肺内有许多网状隔膜，隔成若干小室，称为肺泡。因此，肺呈蜂窝状，密布微血管。

蛙的肺结构简单，气体交换能力有限，但其皮肤裸露、很薄，且能分泌黏液使自身保持湿润，还含有丰富的毛细血管，有利于气体交换，使蛙可进行皮肤呼吸。皮下血管进行气体交换所得到的氧气，大约相当于肺获氧量的2/5，这种呼吸现象称为肺皮呼吸。蛙冬眠或潜入水底时，皮肤便为唯一的呼吸器官。

4. 呼吸方式

由于蛙无胸廓，因此呼吸方式很特殊。当吸气时，上、下颌紧闭，鼻孔外的瓣膜开放，口腔底部下降，空气由鼻孔进入口腔，然后瓣膜紧闭，口腔底部上升，将口腔内的空气压入肺内。呼气时，瓣膜重新开放，借助于腹部肌肉的收缩和肺壁的弹性收缩，将肺内的空气经鼻孔压出体外，称为吞咽式呼吸，或咽式呼吸。此外，还可通过鼻孔瓣膜的张开和不断颤动升降的口腔底部和喉部，使气体出入口咽腔，但不入肺，仅在口咽腔进行气体交换，这种呼吸方式称为口咽式呼吸。

（六）循环系统

1. 血管系统

由心脏、血管和血液组成。

（1）心脏：幼体时心脏只有1心房和1心室。变态后，心脏由紧挨头部腹面后移至体腔前端的围心腔内，外包围着一层薄膜，称心包或围心囊。成体的心脏由心房、心室和静脉窦组成（图 8-4）。

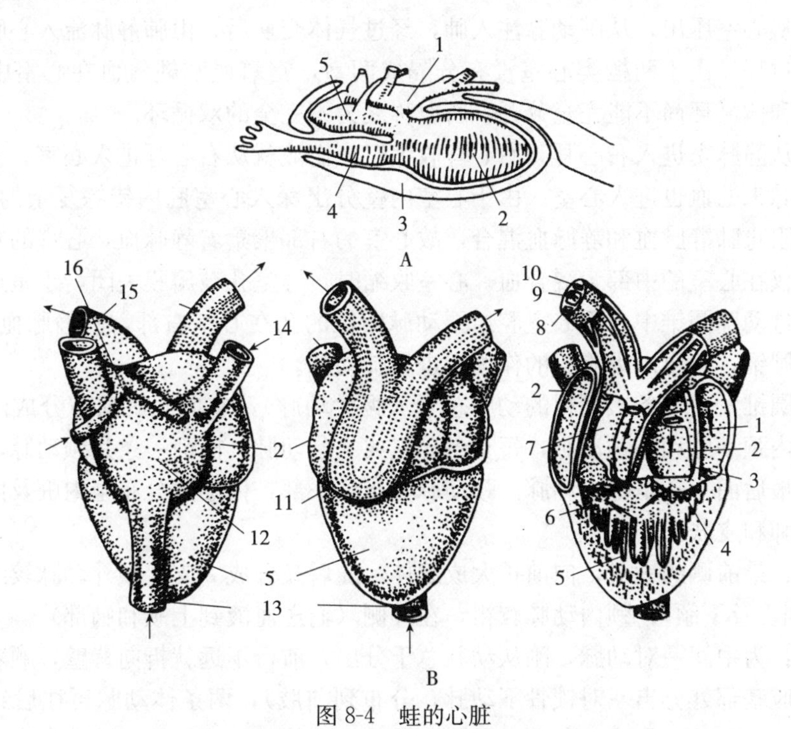

图 8-4　蛙的心脏

A. 心脏的位置：1. 静脉窦　2. 心室　3. 围心腔　4. 动脉圆锥　5. 左心房

B. 心脏的结构：1. 左心房　2. 右心房　3. 心房间隔　4. 房室瓣　5. 心室　6. 半月瓣　7. 螺旋瓣　8. 肺皮动脉　9. 体动脉　10. 颈动脉　11. 动脉圆锥　12. 静脉窦　13. 后腔静脉　14. 前腔静脉　15. 动脉干　16. 肺静脉

（刘凌云，2009）

心室 1 个，连于心房之后的厚壁部分，圆锥形，心室尖向后，呈淡红色。心室壁由心外膜和心肌构成，内层结构疏松，向腔的一面具有许多细长的肌肉隆起，将内层分隔成许多裂缝状的小室，与心室腔相通。

心房 2 个，位居心室之前，为心脏前部的两个薄壁有皱襞的囊状体，呈深红色。右心房以窦房孔与静脉窦相通，孔的前、后各有一瓣膜，心房收缩可引起两个瓣膜同时关闭，以防血液发生逆流。左心房的背壁有一孔与肺静脉相通，在肺经气体交换后的富氧血，即由此孔进入左心房。左、右两心房分别以房室孔与心室相通，孔的周围有房室瓣（或称三尖瓣），用于阻止血液的倒流。

静脉窦是一个三角形的暗红色薄壁囊，位于心脏的前端背面，是两条前大静脉和一条后大静脉内的血液流回心脏之前的汇合处。

动脉圆锥为从心室的腹面右上方发出的一条较粗的肌质管，色淡。其后端稍膨大，与心室相通。其前端分两支，即左、右动脉干，与心室连接处有 3 个半月瓣，瓣的作用也和心脏中的其他瓣膜相同。此外，蛙蟾类的动脉圆锥内还有一纵行的螺旋瓣，能随动脉圆锥的收缩而转动，有助于分配由心脏压出的含氧量不等的血液，循着一定的顺序，分别流入相应的动脉中去。

（2）血管：蛙类为双循环，包含体循环和肺循环。体循环是血液从心室压出，通过体动脉到身体各部，再经体静脉通过静脉窦流回右心房的过程，这种循环又称为大循环。肺循环是血液从心室压出，从肺动脉注入肺，经过气体交换后，由肺静脉流入心脏的左心房再入心室的过程。由于两栖类心室没有分隔成两室，富氧血和缺氧血在心室中有混合现象，肺循环和体循环尚不能完全分开，所以称之为不完全的双循环。

静脉血从静脉窦进入右心耳。右心耳收缩时，血液就从右心耳进入心室。左心耳收缩时，从肺静脉来的血也进入心室。由于心室内壁分出深入心室腔内错综复杂的肌肉束网，一定程度上阻止肺静脉血和静脉血混合，故心室的右部聚集着静脉血，心室的左部聚集着肺静脉血，仅在心室的中部为混合血。心室收缩时，耳室孔被瓣膜关闭，于是这三种血液均由心室压进动脉圆锥中。因心室腔通至动脉圆锥的孔在心室右部，则静脉血（少氧血）先进入动脉圆锥，然再由螺旋瓣的作用而进入肺动脉。

由动脉圆锥发出一条短而粗的动脉总干（腹大动脉），它向心脏前方分成两支，左右对称，称为内颈动脉和外颈动脉，每支各分支成 3 条动脉，前面一条是颈动脉，中间一条是体动脉，最后面一条是肺皮动脉。颈动脉分布到头部，体动脉分布至内脏及四肢，肺皮动脉分布至肺和皮肤。

颈动脉：最前侧的一对，向前扩大成腺体，随后又分成 2 支：颈外动脉较细，在内侧（输送血液到舌及下颌）；颈内动脉较粗，在外侧（输送血液到上颌和脑部）。

体动脉：为中间一对动脉，刚从动脉总干分出，前行不远就折向背壁，顺着背面体壁后行（在前肢基部处分出一对锁骨下动脉，分布到前肢），两条体动脉再往后约在第六脊椎骨的腹面、肾的前端合成一条背大动脉。继续向后行，就在两体动脉汇合点的部位，分出一支腹腔系膜动脉，分布到肠、胃、肝等消化器官，分别称为肠动脉、胃动脉、肝动脉。

肺皮动脉：分成两支，分别通入肺及皮肤中，入肺的称肺动脉，入皮肤的称皮动脉。

枕椎动脉：起始于体动脉的背部，不远即分成前后 2 支，一支为枕动脉，另一支向后的为椎动脉。

锁骨下动脉：体动脉在近前肢基部处左右各分出一支粗大的动脉，分布到前肢。

腹腔系膜动脉：在两体动脉会合点，分出一粗短的动脉，分布到肠、胃、肝等消化器官。

肾动脉（尿殖动脉）：向后从背大动脉腹面分出 4～6 对进入肾、生殖腺、脂肪体等的血管。

腰动脉：从背大动脉背面分出数对细小血管，分布到体腔的背壁。

直肠动脉：单支细小的血管，从背大动脉的末端分出，分布到直肠的后部。

髂动脉：背大动脉在尾杆骨中部分成两大支髂动脉进入后肢，在后肢又分为股动脉（分布到大腿上部的肌肉和皮肤）和臀动脉（分布到臀部）。

静脉：一对前大静脉、一条后大静脉，注入静脉窦，通过右心房流入心室。肺静脉经左心房流入心室。

肺静脉：1 对，由肺部带回富氧的动脉血，左右两支联合后通入左心耳。

前大静脉：1 对，左右对称，分别连接静脉窦前端左右角，带回头部、前肢和皮肤的静脉血，由颈外静脉、无名静脉和锁骨下静脉三对静脉汇集而成。

颈外静脉：位居最前，接受来自颈部和舌部的静脉血。

无名静脉：在中间的一支，接受来自颅内的颈内静脉和前肢的肩胛静脉血液。

锁骨下静脉：位于最后面，接受来自前肢的肱静脉和来自皮肤的皮静脉血液。

后大静脉：正中一根最大的静脉，后端起于两肾之间，向前越过肝背面，一直通入静脉窦后角，由后向前顺序接受生殖静脉、肾静脉和肝静脉等的血液。

肝静脉：左右各1根，从肝通出，开口于后腔静脉接近静脉窦的部位。内脏的血液收集到肝门静脉，通至肝，再由肝静脉汇入后腔静脉。

肾门静脉和肝门静脉：是输运来自内脏和身体后部的血液回到心脏去的两组静脉管。这些静脉管在未达到心脏之前，中途分别穿过肾和肝，并在肾和肝中再度分散成许多微血管，然后再汇集起来，流入后大静脉。肝门静脉还汇集由肠胃等消化器官回来的静脉通入肝。

股静脉：收集后肢静脉血，向前分成骨盆静脉和髂静脉，两根骨盆静脉在腹部中央会合成腹静脉，腹静脉沿腹右侧前升，进入肝；髂静脉和臀部通来的臀静脉会合后通入肾成肾门静脉。

肾静脉：由肾通出4～6对肾静脉，合成粗大的后大静脉。

（3）血液：蛙类的血细胞分红细胞和白细胞2类。其中白细胞又可分为淋巴细胞、血栓细胞、单核细胞、中性粒细胞、嗜酸性粒细胞、嗜碱性粒细胞和浆细胞等。其红细胞较鱼类大，在棘腹蛙血涂片中，可观察到红细胞直接分裂即无丝分裂现象，说明红细胞的生成除在造血器官中产生外，另一途径是细胞分裂。血栓细胞具有一个较大细胞核。

2. 淋巴系统

两栖类开始出现了比较完整的淋巴系统，几乎遍布皮下组织，与防止皮肤干燥和进行皮肤呼吸有关。包括淋巴管、淋巴窦和淋巴心等结构。淋巴心发达，有助于淋巴回心，通常蛙类有2对淋巴心。淋巴窦由淋巴管膨大而成。

脾为位于肠系膜上、直肠前端一圆形的暗红色腺体，属淋巴器官。其最外是一层薄的结缔组织构成的被膜，没有小梁伸入实质；实质主要由疏松的网状组织构成，其白髓与红髓交错分布，白髓由密集淋巴细胞构成，红髓由弥散淋巴组织构成。

（七）神经系统

1. 中枢神经系统

中枢神经系统是由脑和脊髓组成的。

（1）脑：大脑分左右两半球，顶部和侧部出现了零散的神经细胞，称为原脑皮，其功能与嗅觉有关。左右半球内的空隙分别称为第一、二脑室。脑最前端的锥形体，分出一对短的嗅神经入鼻腔，称为嗅叶。

间脑小，内腔为第三脑室富含血管的前脉络丛，松果腺不发达。

中脑为视觉中枢，背部分化为两视叶，内腔称为中脑导水管，前后端分别连接第三、四脑室。

小脑为位于视叶后方和延髓前方一条横的皱褶，不发达，司平衡和运动。

延脑与许多生理活动有关，称为“活命中枢”，位于小脑之后，呈三角形，背面凹陷为菱形沟，内腔为第四脑室。

（2）脊髓：脊髓的横切面略呈椭圆形，背腹较扁，中央有一蝶状深灰色部分，为灰质，是神经细胞所在的区域。灰质外是白质，是神经纤维所在区域；灰质中央为中央管。末端终于尾杆骨前方。脊髓在颈部和胸、腰交界处有两个膨大，分为称为颈膨大和腰膨大，分别是前后肢脊髓反射的中枢。

2. 周围神经系统

脑神经10对，多数分布在头部的感觉器官、皮肤和肌肉。与鱼类相似，包括嗅神经、视神经、动眼神经、滑车神经、三叉神经、外展神经、面神经、听神经、舌咽神经和迷走神经。

脊柱两侧椎孔向体壁发出的白色神经，是脊神经的腹支，10对。第1对较细，通舌；第2对与第3对在外端合并成臂神经，通前肢；第4、5、6对分别通体壁；第7、8、9对末端互相靠近，愈合成一条坐骨神经，通至大腿外侧，向后一直到小腿。第10对从尾干骨两侧通出，为一对细小的尾神经。

交感神经干脊柱两侧各一条，较细，为无色透明的纵索。由前向后分布有10个稍膨大的交感神经节，神经节分出交感神经入内脏各器官。

（八）生殖系统

1. 雄性生殖系统

雄性具精巢1对，又叫睾丸，黄色，位于肾腹面，呈卵圆形，前方有呈爪状分支白色或橘黄色的脂肪体。成熟的精子经由输精小管通入肾前部，再通过输尿管，开口于泄殖腔。因此输尿管兼有输精的作用，又称尿殖管。该管的末端在进入泄殖腔之前，膨大成储精囊，用以储存精子（图8-5）。

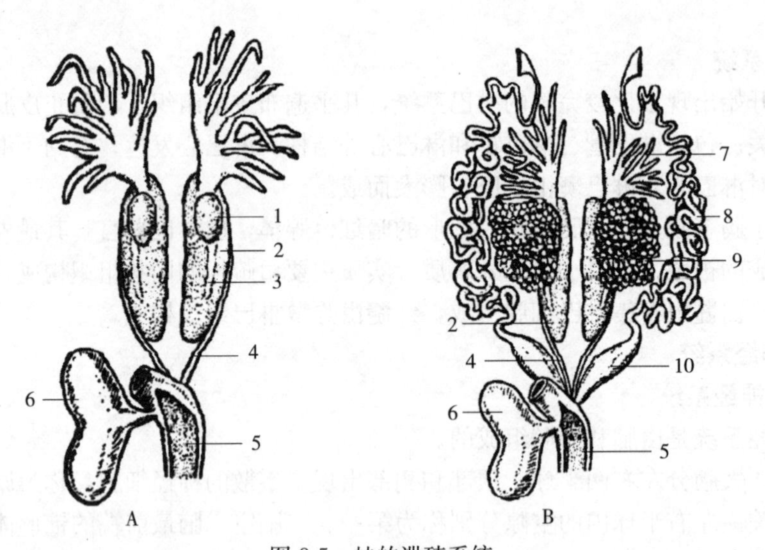

图8-5　蛙的泄殖系统

A. 雄性　B. 雌性

1. 精巢　2. 肾　3. 肾上腺　4. 输尿管（输精管）　5. 泄殖腔

6. 膀胱　7. 脂肪体　8. 输卵管　9. 卵巢　10. 子宫

（谢忠明，2000）

睾丸被覆浆膜，实质由曲精小管和直精小管构成。曲精小管上皮为复层生精上皮，上皮细胞分为两类，即处于不同发育阶段的生精细胞和支持细胞。上皮外有一薄层基膜，基膜外为一层肌样细胞，其结构与平滑肌细胞相似。精子细胞位于管腔浅层，核小而圆，精子呈细杆状。曲精小管间的疏松结缔组织即睾丸间质很少。

2. 雌性生殖系统

雌性具卵巢1对，位于腹腔后部、肾腹侧，为一对多叶的囊状器官，囊壁很薄，其内充满圆形的卵粒。卵巢和卵粒的大小、颜色随季节及发育状况而不同，为淡黄色或黑色颗粒状。卵巢外面被覆单层扁平上皮构成的被膜，内部是卵细胞，卵外被覆卵膜，卵细胞中央为均质红染的物质，有时见少数几个细胞嵌在其中，外围是密集的细胞区。输卵管1对，比较长，盘曲在腹腔两侧。

输卵管后段膨大部分，称为子宫，能分泌胶质卵膜包在卵外，有保护卵的作用（图8-5）。成熟的卵子落入体腔，依靠腹腔壁的纤毛运动，进入输卵管前端的喇叭口，再经输卵管至泄殖腔，由泄殖孔排出体外。

雌雄生殖腺的前方，均有一簇黄色指状的脂肪体，内含大量脂肪为生殖细胞提供营养，大小与生殖季节有关。

蛙类一般在春季繁殖，体外受精，卵生，有抱对行为，以保证雌雄蛙产卵和排精的同步性，在水中完成受精作用。

（九）泌尿系统

泌尿系统包括肾、输尿管、泄殖腔和膀胱等。

1. 中肾

蛙肾为中肾，位于体腔后部脊柱两侧，暗红色，是一对结实的椭圆形分叶器官。雄性个体肾的前部缩小并失去泌尿功能，由一些肾小管与精巢伸出的精细管相连通，并借道输尿管运送精子。雌性个体肾只有泌尿、输尿功能。蛙的肾除具有肾单位和集合小管外，还见有淋巴样组织分散于肾实质中。肾上腺紧贴肾表面，呈橘黄色。在肾腹侧发现有与真骨鱼类坦尼斯小体相似的结构。

2. 输尿管、泄殖腔和膀胱

自肾的外缘后端，通出一条输尿管，左右输尿管（中肾管）分别开口于泄殖腔的背面，尿液流入泄殖腔，储存于膀胱。膀胱囊状，开口于泄殖腔的腹面，由泄殖腔凸出形成，称为泄殖腔膀胱。膀胱还有重吸收水分的作用。

幼体以前肾作为排泄器官，成体以中肾作为排泄器官。此外，皮肤和肺均有一定的排泄作用。

（十）感觉器官

1. 眼

已初步具有与陆栖脊椎动物视觉相适应的特征，有活动的眼睑、瞬膜、泪腺、鼻泪管等，后两种使眼球保持润滑，防止干燥，有利于陆地生活。大多数种类眼球具有较凸出的角膜，晶体近似于圆球形而稍扁平。晶体与角膜之间的距离比鱼类稍远，利于观看较远处的物体。晶体的背腹面有一块小的晶体牵引肌，收缩时拉动晶体前移聚焦，使之由远视转变成适于近视。牛蛙的眼球大而凸起，视野开阔。在水下游泳时，即闭上瞬膜，保护眼睛又不妨碍水下视觉。

蛙类有少许色觉，但不发达，蛙眼对静止物体或有规律运动的物体反应很弱，对头前部飞翔的昆虫反应迅速。

2. 耳

包括内耳和中耳。内耳由半规管、椭圆囊、球状囊等组成。球状囊的后壁已开始分化出具锥形的瓶状囊，有感受声波的作用。因此，内耳除有平衡感觉外，还首次出现了听觉机能。

为适应在陆地上感受声波而产生了中耳，中耳腔又名鼓室，由胚胎的第一对咽囊演变而来。中耳腔内有一枚与鱼类舌颌骨同源的耳柱骨，两端分别紧贴内耳外壁的椭圆窗和鼓膜内面的中央，将鼓膜所感受的声音传入内耳，通过听神经传导到达脑，产生听觉。中耳的鼓膜直接暴露于体表，可以接受空气中的声波，经过耳柱骨的递送，将其传至内耳的椭圆窗。口腔以一对耳咽管（eustachin tube）与中耳腔相通，使鼓膜内、外的压力趋于平衡，防止鼓膜因受剧烈的声波冲击而震裂（图 8-6）。

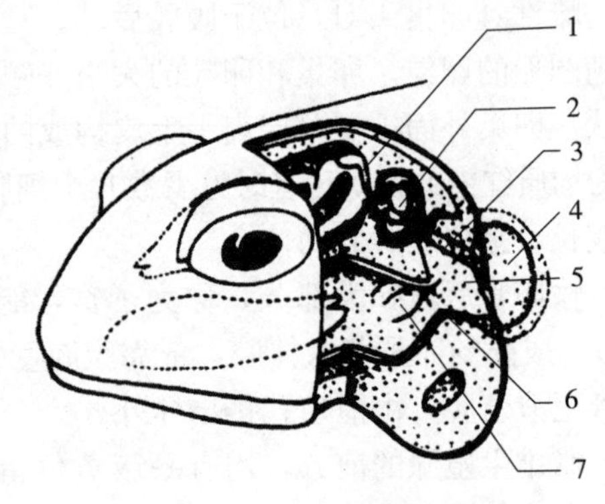

图 8-6　蛙的耳部结构

1. 脑　2. 内耳　3. 耳柱骨　4. 鼓膜　5. 鼓室　6. 耳咽管　7. 喉门

（刘凌云，2009）

3. 鼻

鼻腔内壁衬有褶襞状的嗅黏膜（olfactory mucous membrane），分布在嗅黏膜上的嗅神经向后通至嗅叶，司嗅觉。当嗅黏膜感知外来气味后，立即通过神经纤维传到大脑。因此鼻腔开始兼有嗅觉和呼吸的两重机能。鼻孔上有活瓣，能不断地开、闭，以帮助呼吸。

两栖类的幼体都具有侧线，在头部及躯体两侧对称排列，结构和功能与鱼类相似。

第二节　鳖的形态结构

一、鳖的分类地位和种类

1. 鳖的分类地位

分类上隶属脊索动物门（Chordata）脊椎动物动物亚门（SubphylumVertebrata）爬行纲（Repitlia）龟鳖目（Tesmdinata）鳖科（Trionychidac）的种类，俗称团鱼、甲鱼、王八、脚鱼、水鱼等。

2. 主要养殖种类

我国已报道 4 属 7 种，我国本土的甲鱼品种主要有中华鳖（*Pelodiscus sinensis*）、山瑞鳖（*Palea steindachneri*）和斑鳖（*Rafetus swinhoei*），后两种数量很少，故被国家分别列为二级和一级保护动物，特别是斑鳖，其珍贵可与熊猫同论。除宁夏、西藏、青海和新疆外，其他地区均有中华鳖分布，以长江流域和华南地区为多见；国外主要分布于朝鲜、日本和越南。中华鳖虽然没有明显的亚种分化，但存在着很多地理群体。目前国内养殖的鳖类以中华鳖为主，也从国外引进一些品种。

日本鳖：主要分布于日本关东以南的佐贺、大分和福冈等地，也有传说目前我国引进的日本鳖原本是我国太湖鳖流域的中华鳖经日本引入后选育而成（但未见有文献报道），故也有称之为日本中华鳖的，目前被农业农村部定为中华鳖（日本品系）。

珍珠鳖（*Apalone ferox*）：属鳖科鳖亚科软鳖属，又称佛罗里达鳖。分布于美国，但主产区在佛罗里达州，1996 年我国开始引进养殖。佛罗里达鳖体色艳美、个体较大、生长迅速，但肉质不如中华鳖鲜美。

刺鳖（*Apalone spinifera*）：又称角鳖，主要分布于加拿大最南部至墨西哥北部间。体形较大，体长可达 45 cm。吻长，形成吻突。背甲椭圆形，背部前缘有刺状小疣，故叫刺鳖。21 世纪初引入我国，是一种大型养殖品种。

泰国鳖：体形长圆，肥厚而隆起，背部暗灰色，光滑，腹部乳白色，微红，颈部光滑无瘰疣，背腹甲最前端的腹甲板有绞链，向上时背腹甲完全合拢，后肢内侧有两块半月形活动软骨，裙边较小，行动迟缓，不咬人，其中 500 g 以上的成鳖背中间有条凹沟。其外部体色与中华鳖相似，只是其腹部花色呈点状，不呈块状。泰国鳖生长快，喜高温，但肉质差，且早熟，一般 400 g 就开始产卵，所以它最适合在温室内控温直接养成成鳖上市，不适合在温差较大的野外多年养殖。

二、鳖的外部形态

中华鳖躯体扁平，呈椭圆形，背腹具骨质硬甲；雄性较雌性体薄、扁平。通体被柔软的革质皮肤，无角质盾片。背甲中后部边缘具有发达的结缔组织，俗称“裙边”，在游泳时起协调平衡、加速前进的作用，也便于鳖在泥沙中潜伏。背部暗绿或暗褐色，体色基本一致，无鲜明的淡色斑点。表皮上有突起小疣和隆起纵纹。腹部灰白或黄白色。头尾及四肢伸展在硬甲之外，遇敌受惊时可缩于硬甲内。

中华鳖身体由头部、颈部、躯干部、尾部和四肢组成。

1. 头部

粗大，头部前端略呈三角形，头后呈圆筒状，中央微凹，两侧稍隆起。吻端延长呈管状，形成鼻孔管，有 1 对鼻孔位于最前端。具长的肉质吻突，口大，其口裂向后伸达眼后缘，呈“人”字形，上下颌无齿，具锋利的角质鞘。眼小，位于鼻孔的后方两侧，眼具眼睑及瞬膜，可开闭；瞳孔圆形，视觉敏锐。鼓膜明显，位于眼后。

2. 颈部

颈部粗长，呈圆筒状，伸缩自如，可呈 S 形缩入背腹甲内。

3. 躯干

躯干部背腹扁平，具坚硬的背甲和腹甲。背甲卵圆形，稍弓起，覆以柔软的革质皮肤，中央稍凹，两侧稍隆起，具有突起纵纹和小疣突。腹甲小于背甲，不完整，较平坦。背腹两侧以韧带相连，背甲和腹甲外层覆以革质外膜，背甲中后部边缘具有发达的结缔组织，即裙边。

4. 四肢

粗短扁平，五趾型。前后肢内侧三趾有外露的爪，外侧两趾有爪但不外露。趾间有发达的厚蹼。后肢比前肢发达。四肢和尾表面被有鳞片，可缩入背腹甲内。中华鳖的前肢粗短，分上臂、前臂及手三部。后肢亦较粗短，可分大腿、小腿与足部，但比前肢略大。

5. 尾部

较短，细长，圆锥形。成熟雄鳖尾较粗硬且较长，超出裙边；成熟雌鳖尾较松软且较短，不露或微露出裙边。纵列形泄殖孔位于尾的亚末端处。

6. 形态特征的测定

背甲长（carapace length）：背甲（中线）前缘至背甲后缘的直线距离。

背甲宽（carapace width）：左边韧带外侧缘到右边韧带外侧缘的直线距离。

体高（body highness）：鳖体中部的垂直高度。

后侧裙边宽（back apron width）：尾基部上方裙边宽度。

吻长（proboscis length）：上颌前缘（主鼻孔管）长度。

吻突长（soft proboscis length）：鼻孔前端无骨部分长度。

吻突宽（soft proboscis width）：吻端最大宽度。

眼间距（the distance between eye to eye）：两眼眶上缘之间的距离。

三、鳖的内部构造

（一）骨骼系统

中华鳖的骨骼系统由外骨骼和内骨骼组成，外骨骼包括背甲和腹甲，内骨骼包括中轴骨骼和附肢骨骼，具有支撑身体、保护内脏器官和运动的功能。

1. 背甲和腹甲

背面高高拱起的骨板称为背甲，腹面较为平坦的骨板称为腹甲，为真皮性的骨质板，包埋在厚实而柔软的皮肤内，缺乏表皮性的角质板，两者以皮肤在两侧外缘相连。鳖甲分为两层：外层称为厚质软皮，由表皮角质层衍化而成；内层称为骨板，掩于厚质软皮之下，由真皮部骨质细胞衍生而成。背腹甲之间以较厚的裙边相连，裙边在游泳时起协调平衡、加速前进的作用，又便于鳖在泥沙中潜伏。

背甲（carapace）共 25 块，由 1 块颈板（nuchal plate）、8 块椎板（neural plate）和 8 对肋板（costal plate）组成。颈板为狭长横板。椎板矩形，列在背甲中央，最后一块为三角形。肋板位于椎板两侧，长方形（图 8-7）。

腹甲（plastron）由 9 块骨板组成。最前面是 1 对细薄镰刀形相背而立的小骨片，为其他龟类所不具备的，为新腹骨板。之后是 1 块倒 V 形骨板，为上腹骨板。后面是 1 对狭长横向的舌腹骨板和一对同形的下腹骨板，上下互相愈合。其后为剑腹骨板 1 对（图 8-8）。

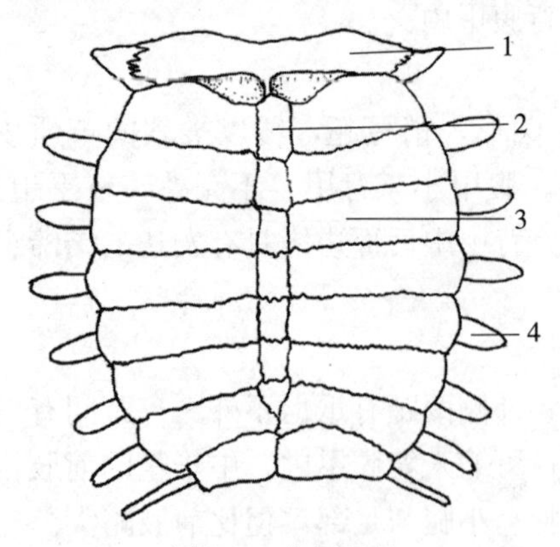

图 8-7　背甲骨片

1. 颈板　2. 椎板　3. 肋板　4. 上腹骨板

（沈卉君，1981）

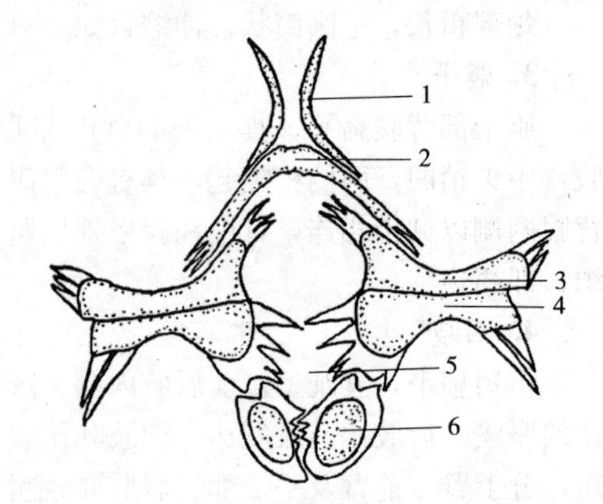

图 8-8　腹甲骨片

1. 新腹骨板　2. 上腹骨板　3. 舌腹骨板

4. 下腹骨板　5. 中央腔　6. 剑腹骨板

（沈卉君，1981）

2. 头骨

头骨隆起为高颅型，枕骨较发达，向后凸出；颅腔增大。鳖的头骨硬化程度高，仅在筛区保留一些软骨。单枕髁位于枕骨下方与寰椎相连。脑颅底部的副蝶骨消失，代之为基蝶骨。许多种类两眼窝间有叫眶间隔的薄软骨片。下颌骨由多块膜质骨参与形成，麦氏软骨后端骨化形成关节骨，齿骨、夹板骨、隅骨、上隅骨、冠状骨均为膜质骨。关节骨与上颌方骨构成关节，脑颅与咽颅直接连接。

颅底由前颌骨、上颌骨的腭突、腭骨、翼骨愈合形成次生腭。次生腭形成使原始口腔一分为二，气体通道（鼻腔）与食物通道（口腔）分开，呼吸和取食咀嚼互不干涉；内鼻孔后移，气体通道延长有利于空气加温、净化，促进了口腔咀嚼运动的发生发展，有利于食物口腔消化。

鼻窝由上颌骨及前额骨围成，是嗅束所在。眼窝在鼻窝后方，由前额骨、额骨、后眶骨及上颌骨围成，是眼球所在。现存的龟鳖类无颞窝，为次生性。

3. 躯干骨

脊柱（vertebralcolumn）由 32～34 块脊椎连接而成。每个脊椎通常由椎体、髓弓、髓棘、横突、前关节突、后关节突等构成。

颈椎：共 9 枚。第一、二枚颈椎分化为寰椎和枢椎各 1 枚。寰椎呈环状，前部与颅骨的枕髁关联；枢椎是一长方形骨块，无髓弓。枢椎向前伸出齿凸入寰椎下部环内，构成可动关节，使头部获得更大的灵活性，从而使头部既能上下运动，又能转动。普通颈椎 7 枚，为一般典型的颈椎。椎体后凹型，有髓弓及前、后关节突。

胸椎：共 10 枚，第一枚未连背甲亦不具肋骨，多数胸椎骨呈前凹型，且椎骨之间都伸展出扁平发达的肋骨并与肋板相愈合。

荐椎：2 枚。较小，椎体前凹型。除前、后关节突外，还有横突，上面附着较大的荐肋。两荐肋于远端会合，并与腰带的髂骨牢固连接，加强了后肢以承受体重负荷。

尾椎：10～20 枚不等。椎体前凹型，由前到后逐个变小，有明显的髓弓、髓棘和关节突。

肋骨：10 对，为弓形长骨左右成对。鳖的胸椎和腰椎两侧都附生发达的肋骨，每根肋骨一般由背段的硬骨和腹段的软骨合成，肋骨背面与背甲相愈合，除第 1 肋骨较小且斜向后方与第 2 肋骨会合、第 10 肋骨亦较小，其余的肋骨均附着于各胸椎椎体相接处，与肋骨板愈合，远端伸出肋骨板之外，胸廓不能活动。

胸骨：胸骨与肋骨共同组成胸廓。胸骨参与骨质板的形成，鳖的肋骨大部分与背甲的骨质板愈合在一起，胸廓不能活动，几乎全靠肩带的活动影响胸腔的容积。

4. 附肢骨骼

包括带骨和肢骨。

（1）带骨：肩带（前肢带骨）主要由肩胛骨、乌喙骨和锁骨构成。肩带不附着于头骨，不但可以增加头部的活动性，而且极大地扩展了前肢的活动范围。鳖的肩带呈三叉形：一块在背面，呈细长杆状，为肩胛骨；两块在腹面，前面为前乌喙骨，后面为乌喙骨，三骨相遇形成肩臼。乌喙骨、前乌喙骨和肩胛骨相接，相接的部位与胫骨相连，关节处呈豌豆状。鳖的乌喙骨则呈桨形，扁平而薄长，近端与远端相比较扁宽。肩带内有一块十字形的上胸骨，或称锁间骨，转化为腹甲的内板。锁骨与肩锁骨附着于骨板上形成上腹甲板和内腹甲板。

鳖的腰带（后肢带骨）由髂骨、坐骨和耻骨 3 对骨互相结合而成，借荐椎与脊柱相连。髂骨与荐椎连接，左右坐、耻骨在腹中线联合，形成封闭式骨盆，构成支持后肢的坚强支架。鳖的腰带上有大的闭孔，闭孔是由耻坐孔和闭孔神经孔愈合而成的。

(2) 肢骨：鳖的四肢为典型的五趾型附肢。

前肢骨由肱骨、前臂骨（由桡骨和尺骨愈合而成）、腕骨、掌骨、指骨组成。肱骨的骨体扭曲度较弱，近端至远端骨体较扁平，肱骨头呈椭圆形，下侧凹陷。桡骨近端呈卵形，远端关节面呈半圆形。尺骨近端关节面呈不对称梯形，远端关节面呈豌豆形。桡骨和尺骨最宽处都位于远端，桡骨骨干有明显的收缩。鳖的腕骨共 10 块小骨（豌豆骨、尺腕骨、间腕骨、桡腕骨、中央腕骨及远端腕小骨 5 块），掌骨 5 块，五指齐全，指骨节数分别为 2、3、4、5、3。

后肢骨由股骨、小腿骨（胫骨、腓骨）、跗骨、跖骨和趾骨组成。鳖的股骨近端的股骨头呈不规则圆形，远端关节面与肱骨相比更似梯形。鳖的胫骨和腓骨在近端、骨干和远端都已相连。胫骨近端关节面呈扇形，远端关节面呈圆角菱形。腓骨近端关节面呈圆角三角形，远端关节面呈泪滴形。

鳖的跗骨共 5 块：近列仅由一块较大的骨块组成，是由跟骨、距骨、中央骨及间跗骨合成的；远列由 4 块跗小骨组成。跖骨 5 根。趾骨 5 排，各排趾数分别为 2、3、3、4、2。

(二) 肌肉系统

中华鳖在水中游泳及陆地爬行时主要依靠附肢，故分布在肩带前肢和腰带后肢的肌肉特别发达、粗壮而有力。由于它的头、颈、附肢及尾部都能缩入背、腹甲间前、后端的大孔内，故有许多肌肉起于背甲、腹甲，止于有关各骨以牵引头、颈、附肢及尾部。

1. 头部肌肉

头部的肌肉除 6 对运动眼球的眼肌如上、下斜肌，上、下直肌，内、外直肌外，主要是运动下颌及舌骨器的有利于取食、吞咽、呼吸等活动的肌肉。位于背面的包括颞肌、下颌降肌、翼肌、下颌舌骨肌，位于腹面的包括下颌间肌、颏舌骨肌、乌喙舌骨肌、咬肌。

2. 躯干肌肉

附着腹甲的肌肉在腹甲内侧表面留有许多肌痕。前端靠近新腹骨板、内腹骨板处的是胸肌的肌痕，后端靠近下腹骨板处的是腹甲耻骨肌的肌痕。

背甲内表面所附各肌肉包括颈长肌、背甲颈椎肌、背甲颈皮肌、背甲肱骨肌、背甲肩胛骨肌和背甲乌喙骨肌、臀大肌、壳髂肌、背甲尾肌、臀小肌、背甲髂骨肌。

颈部的肌肉包括在颈部皮肤下面肌纤维作环状排列的皮肤肌，为颈括约肌。剥去颈括约肌，可见颈部背面和腹面的肌肉，多为纵行排列的长肌和短肌。位于背部的包括颈鳞状肌、颈直肌、颈椎侧肌、背甲颈椎肌、背甲颈皮肌，位于腹部的包括颈长肌、乌喙颈皮肌、颈椎间肌。

由于中华鳖的躯干部有背腹甲，且胸椎及肋骨与背甲愈合，固结不动，因而躯干部肌肉退化，体壁背壁仅有少许肌肉，腹壁略可分辨出腹中线的腹直肌及两侧的腹斜肌。靠近外缘处的腹外斜肌较厚。

肋骨肌（肋间肌）位于肋骨之间，由胸斜肌分化出来，外层为肋间外肌，内层为肋间内肌，两种肌纤维走向互相垂直。其作用是调节肋骨升降改变胸腔的左右径，控制胸腔的扩大或缩小，协同腹壁肌肉完成呼吸过程。

3. 尾部肌肉

尾部皮肤下面为尾括约肌。除去后，可见尾部深层的肌肉。位于背部的包括背甲尾椎肌、尾股肌、尾跗骨肌、缝匠肌、尾椎侧肌，位于腹部的包括坐尾肌、髂尾肌、尾椎间肌。

4. 四肢肌肉

四肢肌肉发达，适于陆地爬行。在肩带、腰带、前肢、后肢各骨上都附着和其他四足动物大体一致的附肢肌，不过肌肉更为粗壮结实些，因为它的附肢比较粗短而有力。

从爬行类开始，轴上肌由单一的背长肌分化为以下 3 组肌肉：第 1 组是背最长肌本体，位于横突的上面，是轴上肌最大的肌肉；第 2 组是背肋肌，止于肋骨的基部；第 3 组是背脊肌，沿颈部两侧走向头骨的颞部。鳖类由于甲板的存在，轴上肌大为退化。

（三）消化系统

由消化道和消化腺两部分组成。

1. 消化道

分为口腔、咽、食道、胃、小肠、大肠五个部分（图 8-9）。消化腺由肝和胰组成。中华鳖消化道管壁除口腔外，皆由黏膜层、黏膜下层、肌层和浆膜组成。黏膜又分为上皮、固有膜和黏膜肌层。黏膜层和黏膜下层可向消化道腔内凸起形成皱襞，各部位皱襞的数量和深度略有不同。消化道总长不超过背甲长的 3～4 倍。

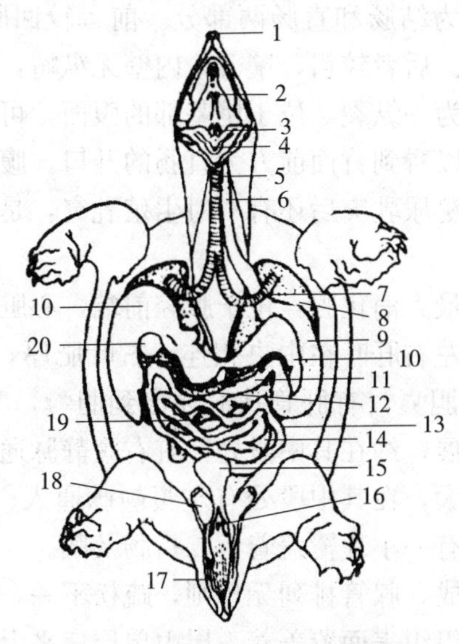

图 8-9　鳖的消化及呼吸系统

1. 外鼻孔　2. 内鼻孔　3. 声门　4. 舌　5. 气管　6. 食道　7. 支气管　8. 肺　9. 胃　10. 肝　11. 十二指肠　12. 胰　13. 小肠　14. 大肠　15. 膀胱　16. 直肠开口　17. 泄殖腔　18. 输卵管　19. 脾　20. 胆囊

（丁汉波，1984）

(1) 口腔：位于头部腹面，呈三角形，无齿，上下颌具角质喙，有咬取食物和帮助食物吞下的功能。口腔和咽有明显界限。口腔顶壁有硬腭，前端有两个内鼻孔，底部为一肌肉质的短舌，舌厚，不能外伸，舌上有粗糙的角质突起，可滞留食物。舌基后面有一喉头突起，其上有纵行裂缝为喉门，为气管在咽部的开口。在口腔内侧的左右两角各有一耳咽管的开口。口腔含唇腺、腭腺、舌腺、舌下腺等腺体。分泌物能湿润食物，但无消化作用。

(2) 咽：咽是口腔后面宽而短的管道，下通食道。中华鳖咽内壁黏膜有颗粒状小乳突及丰富的微血管，兼有辅助呼吸的作用。口腔、咽上皮由两层细胞构成，表层为柱状的黏液细胞，下层为扁平的基细胞，整个黏膜上皮褶折较少，有的部位几乎无褶。

(3) 食道：是咽以后长而直的管道，沿颈的腹面，在气管的左侧，纵行向后伸入体腔，终止于胃。由表层黏细胞和下层的基细胞构成，内壁有 8 条纵行的皱褶，向管腔凸出如嵴，并散生着颗粒状的小乳突。食道壁肌肉层较厚，扩展性大。

(4) 胃：食道后面稍膨大的囊，呈 J 形，色淡，偏于左侧。与前方食道相接部为贲门，后端稍细的部分为幽门。内壁光滑，无小乳突，而有 4 条纵行的嵴突。幽门处有紧缢作环状的一圈幽门括约肌。胃黏膜由单层柱状上皮构成，表面有许多的凹陷，称胃小凹；上皮向固有膜延伸形成多而深的胃腺，胃腺即开口于胃小凹的深部。

(5) 小肠：小肠是消化道中最长的部分，可分为十二指肠及回肠两部分。前者是比较粗短的一段，内壁有一条纵行嵴突；嵴突旁有一圆形的突起，中间有小孔，是胆管和胰管的开口。后者细而长，迂回盘旋呈绳扣状，内壁亦有一条纵嵴。回肠的终止处略为膨大，为盲肠，但不明显，可能与中华鳖的肉食性有关。

小肠上皮也为单层柱状上皮，游离面有许多分支状绒毛突起。

(6) 大肠：大肠又可分为结肠和直肠两部分。前者较回肠短，表面有许多凹陷的缢痕，内壁有 5 条纵嵴，较细。后者较粗，壁薄，内壁无纵嵴，末端膨大为泄殖腔。

(7) 泄殖腔：泄殖腔孔为一纵裂，位于尾基部的腹面，可分为粪道、尿殖道及肛门等三部分。将泄殖腔剖开，可以看到背面前方为直肠的开口。腹面在膀胱颈部旁，有一对泌尿乳突，为输尿管的开口，泌尿乳突后还有一对生殖乳突，是输精管或输卵管的开口。

2. 消化腺

(1) 肝：肝是中华鳖的最大消化腺，位于腹腔前端，心脏的两侧，紧靠胃下部，褐色或黑褐色。肝分左右两叶，左右肝叶在中央相连。右叶肥厚，又分两片：前面一片较大，中间埋着一个暗绿色圆形的胆囊，有肝管从肝通出到胆囊，又有胆管从胆囊通入十二指肠；后面一片狭长，向后伸展，约在其中段处，有右腹静脉通入。左叶分为三片：主片覆盖胃和十二指肠的腹面，较大，在其中段处有左腹静脉通入；较长的一小片，伸向背面，位于胃幽门部，呈盾形；另有一小片覆盖着十二指肠及胰。

肝由许多管状腺聚集而成，腺管排列无规则，疏松不一，无典型的肝小叶构造，但毛细血管和血窦都很发达。肝组织表面覆盖着一层由单层扁平上皮构成的浆膜。

(2) 胰腺：胰腺呈乳黄色，紧靠十二指肠，位于胃、肠之间的空隙，胰液经胰管进入十二指肠。在胆管开口的左侧有一小孔为胰管孔。胰腺由分支复出的泡状腺管构成，呈网状。同其他脊椎动物一样，中华鳖的胰腺泡由腺细胞和泡心细胞组成，但泡心细胞不发达。中华鳖胰腺中的胰岛不发达，呈分散分布。

鳖的食性很杂，属于杂食性动物，吃动物性饵料为主。稚鳖喜欢吃小鱼、小虾、水生昆虫、水蚤、蚯蚓等，幼鳖、成鳖喜欢吃螺、蚌、小鱼、小虾、泥鳅、动物尸体及其他底栖动物。鳖有较强的抗饥饿能力，3 个月不吃东西也不会饿死，但不会增重。

（四）呼吸系统

与两栖动物相比，爬行动物的呼吸系统进一步完善，开始出现气管、支气管。呼吸器官较为特殊，包括呼吸道（鼻、喉、气管、支气管）和肺，无声带，不发声。

1. 呼吸道

鼻由外鼻孔、鼻腔、内鼻孔组成，是空气通入喉头、气管的孔道。外鼻孔一对，位于吻部的前端。呼吸时身体不用外露，只要将吻端稍露出水面即可，这种结构对于隐蔽身体免遭敌害有重要意义。鼻腔狭长，分为鼻前庭、嗅囊及鼻咽道三部分，鼻咽道的后端为内鼻孔。嗅囊背壁的嗅黏膜有嗅觉作用。

喉位于舌的后面。口腔底部有喉门，喉门为一纵长裂缝，为单一杓状软骨及环状软骨所支持的喉头的开口。

气管为喉头以下在颈部与食道平行纵走的一条长管，管壁有软骨环支持。气管在颈的中段处分作 2 支较细的支气管，纵行向后，伸入体腔，分别弯向左、右侧，进入左右肺。支气管壁亦有软骨环支持。

2. 肺

鳖的肺位于胸腹腔前部背面，是由支气管逐级分支形成的 1 对囊状结构，与生活习性和体形相适应，两肺通常不对称。内具复杂间隔形成蜂窝状肺泡，使肺呈海绵状，肺泡壁上分布有丰富的毛细血管。肺泡扩大了肺与气体接触和交换的表面积；鳖类肺容量相对于体重的比例较哺乳动物的大，但表面积只有哺乳动物的 1%。

在咽喉腔面黏膜上，有许多肉红色绒毛状突起，上面布满毛细血管，起着鳃的作用，即可以吸取水中的溶解氧。此外，水生的龟鳖类还有一对副膀胱，是在尿道背面一对从泄殖腔通出的薄膜囊，囊壁有丰富的微血管，有辅助呼吸作用。因而，它们能在水底长期冬眠。鳖在长时间不露出水面时，依靠口咽腔和副膀胱进行呼吸，其中大约有 30%的气体交换由咽喉部的黏膜来完成。

（五）循环系统

1. 心脏

心脏较小，由 1 心室 2 心房组成，心脏背面中央为横置的椭圆形静脉窦，壁薄、退化，部分包在右心房内，动脉圆锥已退化。心房位于心室前方，左右两心房由隔膜完全分开，心房壁呈海绵状。心室位于腹面，呈倒三角形，心室壁为肌肉质。心室由一个肌肉质水平隔分隔为背腹腔，另有一个小垂直隔把背腔分成左右部分，因而心室被分成三个亚腔，即腹部的肺腔和背部的动脉腔、静脉腔，动脉腔和静脉腔之间有室间沟相连接，三个腔在解剖上相连。肺腔与肺动脉相通，静脉腔接受右心房血液，动脉腔接受左心房血液。左右体动脉弓开口在静脉腔。

2. 动脉

从心室发出的主动脉及由其中左、右大动脉弓会合而成的背大动脉，形成许多分支，这些分支又一再分出小动脉，最终形成微血管。

在心室的前端中央可见 3 条动脉弓：左侧一条为肺动脉弓（其起点在心室右侧），出心室后即分为左、右肺动脉流向左、右肺。中央一条为左大动脉弓（其起点在心室的中部），出心室后转向身体左侧。右侧一条为右大动脉弓（其起点为心室的左侧），出心室后分为 2 条，其中一条转向身体右侧（仍称右大动脉弓），在心脏背面与左大动脉弓汇合成背大动脉，另一条再分为左、右总颈动脉和锁骨下动脉，分别供应头部和前肢的血液（图 8-10）。

肺动脉从心室右侧发出，先向前，以后伸向背面，分作左、右两支，在支气管的背面，从肺的内侧进入肺，在肺内分出许多小动脉，最终成为肺泡壁的微血管。在肺内与肺静脉并行，但略偏内侧。

左大动脉弓从心室中间部分发出，先向前行到左心房前方即由左弯到背面，然后向后并向内侧伸展。在背中线的中段与右大动脉弓相遇而会合。当左大动脉弓弯向体腔经过消化器官时，分出以下四支动脉：胃动脉、胰十二指肠动脉或腔动脉、前肠系膜动脉、后肠系膜动脉，分布于各器官。

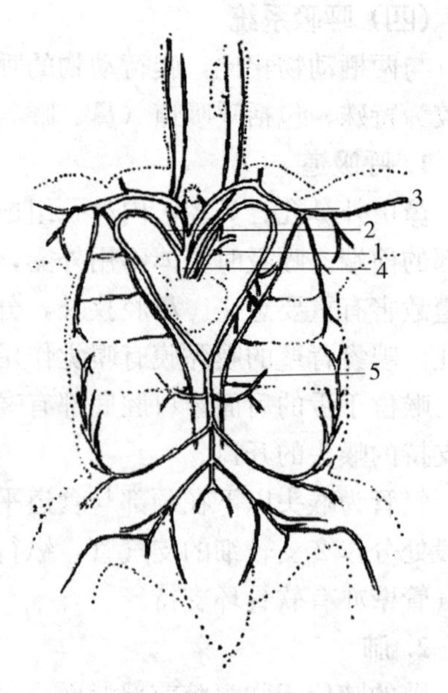

图 8-10　动脉系的主要动脉
1. 肺动脉　2. 左大动脉弓　3. 右大动脉弓
4. 臂头动脉　5. 背大动脉
（沈卉君，1982）

右大动脉弓从心室左侧发出，向前伸，先分出一支臂头动脉，然后从右心房的前面向右弯到背面，再向后并向内侧伸展，在背中线处与左大动脉弓会合。臂头动脉，又名无名动脉，共分出两对动脉，一对向前，一对向两侧伸展。

背大动脉从左、右大动脉弓会合处开始，沿背中线向后纵行，是一根较粗的动脉。背大动脉向两侧分出以下四对动脉：肾生殖腺动脉、腹壁动脉、髂总动脉、直肠动脉。

3. 静脉

静脉由于血管壁薄，不易观察。静脉系包括门静脉在内，由一组直径大小不一的静脉组成，与动脉系比较其血流的方向显然不同。血液与组织细胞进行物质交换后，从微血管的另一端进入小静脉，再汇集于较大的静脉，最后通过主静脉回到心脏。左、右肺静脉在静脉窦前面汇合后注入左心房。左、右前大静脉和后大静脉及肝静脉则汇入静脉窦，然后注入右心房。有些在回到心脏之前，先进入另一器官又形成微血管为门静脉，再汇集起来离开该器官。进入左、右心房的主静脉（图 8-11），其主要分支分布情况如下。

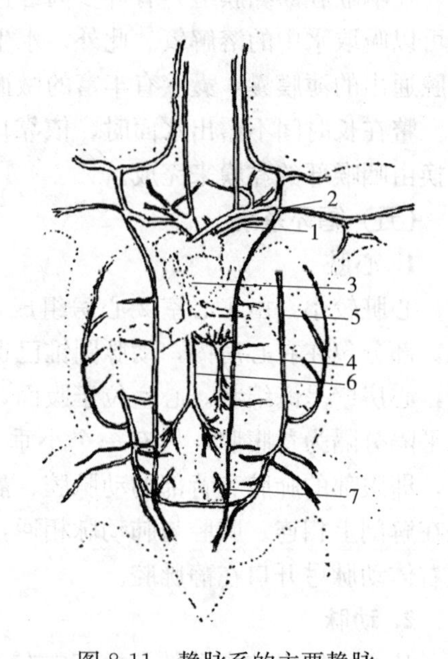

图 8-11　静脉系的主要静脉
1. 肺静脉　2. 前大静脉　3. 左肝静脉
4. 肝门静脉　5. 腹静脉　6. 后大静脉
7. 肾门静脉
（沈卉君，1982）

肺静脉：来自肺的左、右肺静脉在背面靠近左心房处会合为肺静脉，通入左心房。

左、右前大静脉：汇总外颈静脉、无名静脉和锁骨下静脉，分别从右心房的背面前方进入静脉窦。

后大静脉：汇总肾静脉、生殖腺静脉、右肝静脉，纵行向前，从右心房背面后方进入静脉窦。

左肝静脉：来自肝左叶，较小，靠近后大静脉的左侧，从右心房背面后方进入静脉窦。

肝门静脉：位于胃、肝、十二指肠韧带，汇集腹静脉和肾门静脉后通入肝。

腹静脉为腹壁内侧一对纵行静脉，在靠近坐骨背面处由一根横腹静脉相连，在横腹静脉前、后分别汇集缘肋静脉、骨盆静脉、膀胱静脉、股静脉、髂静脉、尾静脉，并向前伸展，通入左、右肝叶。

肾门静脉前端与脊椎静脉相接，从肾外缘中段凹刻处通入肾。后端汇集来自背甲后缘的小静脉及来自膀胱、泄殖腔及雄性的阴茎交接器等处的髂内静脉或下腹壁静脉等通入肾。中华鳖的肾门静脉很小，实际作用不大，已有渐趋退化的情况。

4. 脾

在胃的左下方有一椭圆形暗红色的小体为脾，是造血器官。中华鳖脾的被膜较薄，由白髓和红髓相间排列组成，无淋巴小结。白髓的发达程度呈现明显的季节变化。

（六）泌尿系统

1. 后肾

从爬行动物开始出现的后肾，在胚胎发育中也经过前肾和中肾阶段。后肾的肾单位数目多，有很强的泌尿能力，是排泄效率较高的肾。

肾为1对，紧贴在腹腔背壁，暗红色，呈扁平形叶状。肾的内侧有肾动脉通入，肾静脉通出后到后大静脉；外侧有肾门静脉通入。腹面的橙红色细长腺体为肾上腺。肾单位多、泌尿能力强。后肾小管数量多，比中肾小管长，迂回也较多，吸收能力强。后肾小管一端为肾小体，完全不具肾口，另一端与集合管连通。

中华鳖肾为分叶形的实质器官，由5～6个小叶组成，肾外包被一层由致密结缔组织构成的被膜，被膜随小叶间隙向内部伸入，形成小叶间结缔组织。肾小叶由被膜和实质组成，实质无髓质和皮质之分，但可以区分为外侧区和内侧区。肾单位包括6个形态学组分，包括分布在内侧区的肾小体、颈段（多数缺失）、近端小管、中间段和外侧区的远端小管、集合管。肾小体包括肾小囊和血管球。在肾腹侧输尿管两侧有系膜与输精管或输卵管连接。

2. 输尿管

输尿管为后肾导管，由中肾导管基部发生，位于腹侧面中部，前部与肾相连形成肾盂、集合管，开口于泄殖腔，很短。后肾发生以后，中肾管失去导尿功能，在雄性完全成为输精管，在雌性则退化。

3. 膀胱

在泄殖腔腹面的一个双叶薄膜囊，开口于泄殖腔。膀胱两侧有一对副膀胱。排泄废物以尿酸和尿酸盐为主。

（七）生殖系统

从外形上来看，雌鳖个体较大，背甲略宽，呈椭圆形，背中线较平坦，尾短而基部宽，伸直时不露出于背甲后端以外，两后肢间的距离亦较宽。雄鳖个体较小，背甲的后端略狭，呈卵圆形，背中线拱起较高，尾较长，伸直时可露出于背甲后端以外，两后肢间的距离较狭窄。

1. 雌性生殖系统

（1）卵巢：1对，位于腹腔后部两侧，形状不规则，随季节不同而变化，一般为橙红色粒状物，卵巢以卵巢系膜牵附于体腔背壁。在性成熟的个体中，内含数百个大小不一、处于不同发育时期的卵。产卵期卵巢内充满了成熟的卵，其数约10余个。

（2）输卵管：为一对弯曲回转于两卵巢外侧的白色管道，前端为漏斗状的喇叭口，粘连于肠系膜，开口于体腔。后端为膨大的子宫及阴道，开口于泄殖腔后部的背侧，卵巢和输卵管均以系膜连接到体壁上。卵在输卵管受精后产出。输卵管不同部位功能不同，有蛋白分泌部和分泌石灰质的壳腺部。

（3）阴蒂：泄殖腔腹壁内侧的一个狭长小突起，相当于雄鳖的阴茎。

（4）卵子：卵成熟后，从卵巢排出体腔，再从喇叭口进入输卵管，与精子相遇而结合。受精卵接受输卵管分泌的少量蛋白形成卵壳膜，又接受碳酸钙形成卵壳。在未成熟个体中，卵巢、输卵管均极小。

鳖卵圆形，直径1.40～2.70 cm，重1.12～7.08 g。卵的最外层是卵壳，约占卵重的20%，钙质，上密布气孔，是气体进出鳖卵的供鳖胚呼吸的通道。向内为两层壳膜，无气室。鳖卵为羊膜卵，可产在陆地上，并在陆地上孵化。

2. 雄性生殖系统

（1）精巢：1对，黄色，长卵圆形，位于腹腔背面两侧，肾前端内侧，以精巢系膜牵附于体腔背壁位置，靠近肾的腹面。

鳖成熟的精巢由生精小管组成，生精小管一侧为管壁上皮，另一侧为生发区。各个生精小管中生殖细胞发育基本同步。生精小管内生殖细胞的成熟方式由近基膜处向管腔推进，依次是精原细胞、初级精母细胞、次级精母细胞、精子细胞和精子，最终进入输精小管。

（2）附睾：1对，与精巢相连，是由白色细长的管弯曲盘绕而成的结实小体，比精巢略小，属中肾残余部分。

（3）输精管：由附睾通出，向后通到阴茎基部，开口于泄殖腔。

（4）阴茎海绵体：在泄殖腔前端两侧，为一对紫黑色的球形囊，其中央伸出一阴茎，具可充血膨大并能伸出泄殖腔的交配器。

（5）阴茎：位于阴茎海绵体中间，为一根棒状物，背侧有阴茎沟，远端为阴茎龟头。阴茎龟头展开时往往形成5枚尖形小瓣，呈黑褐色。合拢时有如一朵合瓣花。交配时精子沿阴茎纵沟进入雌性的泄殖腔内。

生殖器官雌、雄异体，体内受精，卵生。中华鳖交配后，精子几乎可在雌鳖输卵管内存活一年。交配约两周后营巢。长江流域雌雄鳖的性成熟年龄为四冬龄，5—8月为产卵期，6—7月为产卵盛期。一般每年产卵3～5次，每次产8～15枚。中华鳖孵化周期平均为46 d。

（八）神经系统

中华鳖的脑很小。外面包着厚而坚韧的硬脑膜和薄而透明、内有微血管分布着的软脑膜。软脑膜在间脑外和松果体粘连的前脉络丛伸入脑室内，在延脑背面和延脑的顶壁粘连的后脉络丛也伸入脑室内。从脑的背面由前向后观察，可见大脑、间脑、中脑、小脑及延脑5部分（图8-12）。

1. 大脑

1对，卵圆形，其表面很平滑。大脑半球的纹状体体积增大，向后遮盖间脑，前端与嗅叶间有一横缢隔开。大脑壁在原脑皮和古脑皮间有椎状细胞出现，聚集成神经细胞层构成新脑皮。接受丘脑、纹状体的投射纤维，产生新纹状体，与旧纹状体构成基底核，接受更多来自视丘的纤维，并有纤维回到脑干。嗅叶1对，在脑最前端，呈圆锥形，发达，前端与来自嗅囊的嗅神经相连。另有比嗅叶宽大，后端包围中脑的视叶。

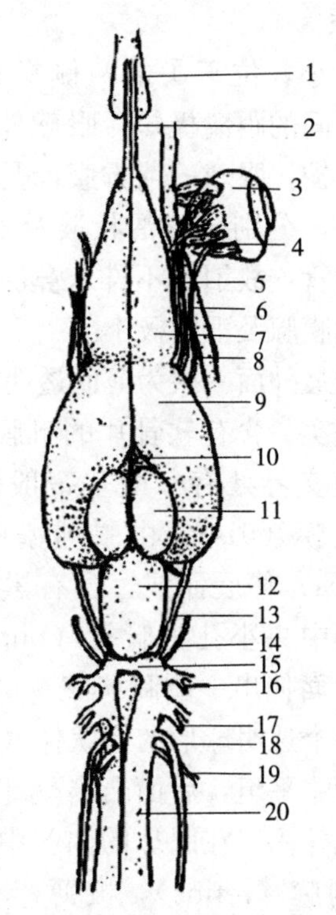

图8-12　鳖的脑

1. 嗅囊　2. 嗅神经　3. 眼球　4. 视神经　5. 动眼神经　6. 滑车神经　7. 嗅叶　8. 外旋神经　9. 大脑半球　10. 间脑松果腺　11. 中脑视叶　12. 小脑　13. 三叉神经　14. 颜面神经　15. 延脑　16. 听神经　17. 舌咽神经　18. 迷走神经　19. 副神经　20. 脊髓

（沈卉君，1984）

2. 间脑

较小，背面全被大脑半球所覆盖。丘脑发达，视神经纤维不仅延伸到中脑，也延伸到丘脑，通向大脑；视叶有少数纤维经丘脑达大脑，促进低级中枢的神经功能向大脑过渡。在脑的背面只能见到脑上腺和松果腺，具有调节昼夜节律的作用。

3. 中脑

背面为1对小型卵圆形的视叶，其外侧被大脑半球的后端部分所包围，为高级神经中枢。

4. 小脑

为正中的一个较大的椭圆形脑块，前端与大脑半球及中脑视叶相接，向后覆盖延脑菱形窝前部。

5. 延脑

在垂直的平面上形成一明显的弯曲，前端较宽，后端连接脊髓。背壁与软脑膜一部分伸入脑室为后脉络丛。

6. 神经和脊髓

脑神经共12对。嗅神经、视神经、动眼神经、滑车神经、三叉神经、外展神经、面神经、听神经、舌咽神经和迷走神经，还有鱼、蛙类没有的副神经和舌下神经，从延脑发出，均为运动神经，很细。

脊髓延脑后端穿出脑颅的枕骨大孔，通入脊柱的椎管内，细长，从头部后端起一直伸展到尾的末端。从脊髓两侧发出的脊神经共31～33对，每根脊神经的背支为混合神经，腹支为运动神经。其中颈神经9对，胸神经10对，荐神经2对，尾神经10～12对。

植物性神经系统较简单，由交感神经和副交感神经组成。

（九）感觉器官

1. 鼻

从外鼻孔起，鼻腔可分为鼻前庭、嗅囊、鼻咽道等三部分。嗅囊呈卵圆形，其侧壁覆有嗅黏膜。从嗅黏膜发出两束嗅神经，向后伸展到大脑半球前端的嗅叶。嗅囊在探索水中食物及有害化学物质方面有一定的作用。

2. 眼

眼很小，位于头部两侧靠近背面的较高位置，两眼间的距离极短，眼球外面有上、下眼睑和瞬膜保护，眼球的前方腹面是瞬膜腺，后方背面是泪腺，分别分泌油状液及泪液以润滑眼球。因无鼻泪管，故泪液不排入鼻腔。中华鳖在水中生活，瞬膜腺及泪腺极小。

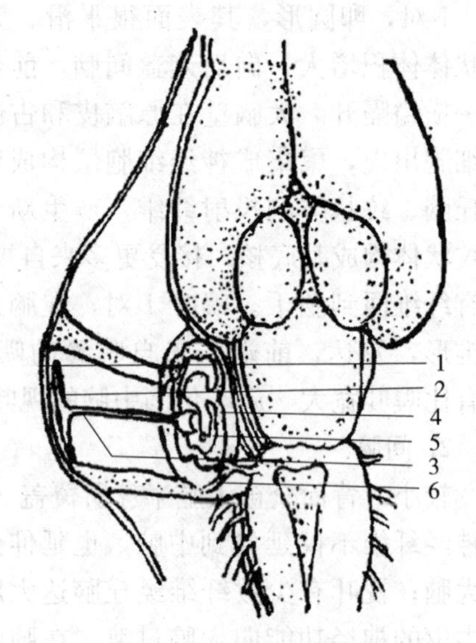

图 8-13　中耳和内耳

1. 鼓膜　2. 外耳柱软骨　3. 耳柱骨

4. 半规管　5. 瓶状囊　6. 听神经

（沈卉君，1984）

眼球最外面一层为薄而透明的角膜（cornea）和厚而坚实、含有软骨片的巩膜（sclera）。在角膜与巩膜交界处有一圈垂帘般伸向眼内腔的皱褶，为虹膜（iris），由眼球壁中间一层脉络膜（choriodea）伸展而成，含有黑色素，故为黑褐色。虹膜中央小孔为瞳孔（pupilla）。脉络膜在虹膜的后面伸出一圈睫状突（porcessusiclilare），牵附着一个透明球形的晶状体（lens）。晶状体很小，前面略平坦，后面凸出呈球面，由透明玻璃胶质填充并固定在眼球的内腔中。眼球壁的最内层为视网膜（retina），极薄，不易与脉络网分开。眼球很小，由 6 块眼肌牵附在眼窝壁。

3. 耳

耳司听觉，包括内耳（auris interna）和中耳（auris media）两部分（图 8-13）。位于头部两侧靠近下颌关节处，有一对略向内陷的皮肤圆斑为鼓膜，正位于方骨外侧的漏斗口处。鼓膜的内侧、鼓室中间有一根棒状的耳柱骨或镫骨。耳柱骨一端伸入内耳所在的骨质陷窝内。骨质陷窝由前耳骨、后耳骨、方骨及上枕骨的内侧部分凹陷汇聚而成。剪开骨质陷窝，可见极小的内耳。在耳柱骨腹下方有一裂口，它通过耳咽管通到口腔中。三根透明的半规管着生在扁平三角形黄色的椭圆囊上，椭圆囊下有球囊及细长的瓶状囊。两个垂直的半规管与一个水平的半规管与椭圆囊相接处有膨大呈球形的壶腹。内耳贴近小脑的两侧，故从延脑发出的听神经很短，分布于壶腹及瓶状囊。

此外，皮肤有触觉感受器。口咽腔及舌黏膜有无味觉感受器不明。

参 考 文 献

蔡难儿，1963. 贻贝生活史的研究［J］. 海洋科学集刊，4：81-102.
蔡生力，1998. 甲壳动物内分泌学研究与展望［J］. 水产学报，22（2）：154-161.
蔡生力，2001. 对虾大颚腺的结构和生理功能及其卵巢发育的内分泌调控［D］. 青岛：青岛海洋大学.
蔡英亚，张英，魏若飞，1995. 贝类学概论［M］. 上海：上海科学技术出版社.
陈宽智，1992. 中国对虾的解剖（上）［J］. 生物学通报，（10）：21-23.
陈宽智，1992. 中国对虾的解剖（下）［J］. 生物学通报，（11）：5-7.
陈宽智，黄文新，1992. 中国对虾［*Penaeus chinensis*（O′sbeck）］平衡囊结构的研究［J］. 青岛海洋大学学报，（1）：87-93.
陈宽智，王淑红，王继红，1992. 中国对虾［*Penaeus chinensis*（O′sbeck）］皮肤与外骨骼的组织［J］. 青岛海洋大学学报，（3）：39-46.
陈木等，1977. 皱纹盘鲍人工苗的初步研究［J］. 动物学报，23（1）：35-46.
陈楠生，孙海宝，1992. 中国对虾体表感觉毛结构和功能的研究：Ⅰ. 头胸部附肢上感觉毛的形态和分布［J］. 海洋科学，（3）：38-43.
陈子桂，2011. 近江牡蛎（*Crassostrea hongkongensis*）家系早期生长发育比较及性腺发育、生殖周期研究［D］. 南宁：广西大学.
邓道贵，桑荣瑞，耿雪侠，2002. 粗糙沼虾鳃的组织学研究［J］. 信阳师范学院学报：自然科学版，（1）：58-61.
董正之，1963. 中国近海头足纲分类的初步研究［J］. 海洋科学集刊，6：82-96.
堵南山，1993. 甲壳动物学下册［M］. 北京：科学出版社.
堵南山，薛鲁征，赖伟，1988. 中华绒螯蟹（*Eriocheir sinensis*）雄性生殖系统的组织学研究［J］. 动物学报，（4）：35-39＋95-96.
方之平，潘黔生，黄凤杰，2002. 中华绒螯蟹消化道组织学及扫描电镜研究［J］. 水生生物学报，26（2）. 136-141.
冯玉爱，1984. 虾蟹的壳及蜕壳［J］. 福建水产，（2）：46-46.
冯昭信，姜志强，1998. 花鲈研究［M］. 北京：海洋出版社.
高洪绪，1980. 中国对虾交配期的初步观察［J］. 海洋科学，（3）：5-7.
高洁，杨泽，马甡，等，1986. 中国对虾（*Penaeus orientalis* Kishinouye）消化系统发生的初步研究［J］. 中国海洋大学学报（自然科学版），（4）：18-23.
龚泉福，葛美瑛，1987. 牛蛙［M］. 上海：上海科学技术文献出版社.
广东省水产学校，1981. 鱼类学［M］. 北京：中国农业出版社.
胡自强，胡运瑾，1997. 河蟹生殖系统的形态学和组织结构［J］. 湖南师范大学自然科学学报，20（3）：71-76.
黄辉洋，2001. 锯缘青蟹［*Scylla serrata*（Forskal）］神经系统和消化系统内分泌细胞的研究［D］. 厦门：厦门大学.
姜永华，颜素芬，陈政强，2003. 南美白对虾消化系统的组织学和组织化学研究［J］. 海洋科学，（4）. 58-62.

李嘉泳，1965. 金乌贼（*Sepia esculenta* Hoyle）在我国黄渤海的结群生殖洄游和发育［C］//太平洋西部渔业研究委员会第六次全体会议论文集. 北京：科学出版社.
李霞，李嘉泳，1993. 中国对虾内分泌器官的一新发现：促雄性腺［J］. 大连水产学院学报，8（4）：17-21.
梁华芳，2013. 虾蟹类生物学［M］. 北京：中国农业出版社.
梁华芳，翁少萍，何建国，2011. 锦绣龙虾消化系统的解剖学及组织学研究［J］. 广东海洋大学学报，31（4）：1-5.
梁象秋，严生良，郑德崇，等，1974. 中华绒螯蟹（*Eriocheir sinensis* H. Milne-Edwards）的幼体发育［J］. 动物学报，（1）：61-82＋图版Ⅰ-Ⅶ.
廖永岩，李锋，董学兴，2011. 远海梭子蟹胚胎发育观察［J］. 动物学研究，32（6）：657.
林勤武，刘瑞玉，相建海，1991. 中国对虾精子的形态结构、生理生化功能的研究：Ⅰ. 精子的超显微结构［J］. 海洋与湖沼，（5）：397-401.
刘凌云，郑光美，2009. 普通动物学［M］. 4 版. 北京：高等教育出版社.
卢建平，陈宽智，1994. 中国对虾［*Penaeus chinensis*（O'sbeck）］肌肉系统的研究：Ⅰ. 体部肌肉的解剖［J］. 青岛海洋大学学报，24（1）：52-64.
马琳，2009. 鱼类学实验［M］. 青岛：中国海洋大学出版社.
孟庆闻，苏锦祥，1960. 白鲢的系统解剖［M］. 北京：科学出版社.
孟庆闻，苏锦祥，李婉端，1987. 鱼类比较解剖［M］. 北京：科学出版社.
潘黔生，郭广全，方之平，等，1996. 6 种有胃真骨鱼消化系统比较解剖的研究［J］. 华中农业大学学报，15（5）：463-469.
邱高峰，堵南山，1997. 日本沼虾雄性生殖系统的研究：Ⅲ. 输精管内精荚的结构与形成［J］. 动物学报，43（1）：68-73.
邱高峰，堵南山，赖伟，1995. 日本沼虾雄性生殖系统的研究：雄性生殖系统的结构及发育［J］. 上海海洋大学学报，（2）：107-111.
全国水产标准化技术委员会淡水养殖分技术委员会，2007. 中华鳖：GB/T 21044—2007［S］. 北京：中国标准出版社.
全国水产标准化技术委员会淡水养殖分技术委员会，2011. 牛蛙：GB/T 19163—2010［S］. 北京：中国标准出版社.
邵明瑜，2004. 中国明对虾（*Fenneropenaeus chinensis*）淋巴器官和造血组织的细胞学和组织化学及外源物质对其作用的影响［D］. 青岛：中国海洋大学.
沈卉君，虞快，1981. 中华鳖的解剖研究Ⅰ：骨骼系统［J］. 上海师范学院学报（自然科学版），（3）：87-100.
沈卉君，虞快，1982. 中华鳖的解剖研究Ⅱ：肌肉系统［J］. 上海师范学院学报（自然科学版），（2）：101-112.
沈卉君，虞快，1982. 中华鳖的解剖研究Ⅲ：血液循环系统［J］. 上海师范学院学报（自然科学版），（3）：93-100.
沈卉君，虞快，1983，中华鳖的解剖研究Ⅳ：消化、呼吸、泌尿生殖系统［J］. 上海师范学院学报（自然科学版），（4）：43-50.
沈卉君，虞快，1984. 中华鳖的解剖研究Ⅴ：感觉器官和神经系统［J］. 上海师范学院学报（自然科学版），（1）：77-86.
师尚丽，李长玲，曹伏君，等，2006. 波纹龙虾呼吸系统组织学和组织化学的研究［J］. 海洋科学，30（7）：58-63.
水柏年，赵盛龙，韩志强，2015. 鱼类学［M］. 上海：同济大学出版社.

宋海棠，2006. 东海经济虾蟹类［M］. 北京：海洋出版社，2006.

孙金生，相建海，2002. 中国对虾 XO-SG 复合体及其分泌物的初步研究［J］. 海洋科学集刊，44（1）：111-116.

王金星，2018. 对虾等甲壳类动物肠道与血淋巴菌群的组成、功能与动态平衡调控［J］. 微生物学报，58（5）：16-28.

王克行，1997. 虾蟹类增养殖学（水产养殖专业用）［M］. 北京：中国农业出版社.

王如才，王昭萍，2008. 海水贝类养殖学［M］. 青岛：中国海洋大学出版社.

王耀先，刘月英，张文珍，1978. 应用描电镜观察螺类齿舌［J］. 动物学杂志，（4）：38-40.

吴刚，张志江，黄亚冬，等，2018. 贝类血细胞分类及其功能研究进展［J］. 河北渔业，4：52-55.

吴旭干，姚桂桂，杨筱珍，等，2007. 东海三疣梭子蟹第一次卵巢发育规律的研究［J］. 海洋学报，29（4）：120-127.

吴友吕，陈波，1995. 中国对虾鳃的超微结构研究［J］. 东海海洋，13（2）：31-36

谢从新，2010. 鱼类学［M］. 北京：中国农业出版社.

谢文海，周善义，李桂芬，2007. 我国两栖类呼吸系统研究概述［J］. 玉林师范学院学报，28（5）：96-10.

谢忠明，1999. 经济蛙类养殖技术［M］. 北京：中国农业出版社.

薛俊增，吴惠仙，张丽萍，1998. 克氏原螯虾外部形态和各器官系统的解剖［J］. 杭州师范大学学报：自然科学版，（6）：69-73.

颜素芬，姜永华，2004. 南美白对虾卵巢结构及发育的组织学研究［J］. 海洋湖沼通报，（2）：52-58.

杨世平，王成桂，黄海立，等，2014. 环境温度和盐度对墨吉明对虾（*Fenneropenaeus merguiensis*）胚胎发育的影响［J］. 海洋与湖沼，4（4）：817-817.

杨思谅，陈惠莲，戴爱云，2012. 中国动物志：梭子蟹科［M］. 北京：科学出版社.

张玺，齐钟彦，李洁民，等，1962. 中国经济动物志：海产软体动物. 北京：科学出版社.

张玺，齐钟彦，1960. 南海的双壳类体动物［M］. 北京：科学出版社.

张玺，齐钟彦，1961. 贝类学纲要［M］. 北京：科学出版社.

张玺，齐钟彦，1964. 中国动物图谱：软体动物第一册［M］. 北京：科学出版社.

张玺，齐钟彦，1975. 我国的贝类［M］. 北京：科学出版社.

张子平，王艺磊，1996. 三种对虾雄性生殖系统解剖学、组织学与组织化学的研究［J］. 集美大学学报（自然科学版），18（2）：29-38.

赵云龙，王群，堵南山，等，1998. 罗氏沼虾胚胎发育的研究：Ⅰ. 胚胎外部结构形态发生［J］. 动物学报，44（3）：249-256.

中国兽医协会，2017. 2017 年执业兽医资格考试应试指南［M］. 北京：中国农业出版社.

周晖，2004. 常见虾蟹血细胞染色观察及分类研究［D］. 广州：暨南大学.

周双林，2001. 六种经济甲壳动物排泄器官结构特征的比较研究［D］. 杭州：浙江大学.

Astall C A，Anderson S J，Taylor A C，1997. Comparative studies of the branchial morphology，gill area and gill ultrastructure of some thalassinidean mud-shrimps（Crustacea：Decapoda：Thalassinidea）［J］. Journal of Zoology，241：665-688.

Chen P Y，Lin Y M，Mckittrick J，et al.，2008. Structure and mechanical properties of crab exoskeletons［J］. Acta Biomaterialia，4（3）：587-596.

Hegdahl T，Silness J，Gustavsen F，1977. The structure and mineralization of the carapace of the crab（*Cancer pagurus* L.）［J］. Zoologica Scripta，6：89-99.

Hiromichi N，2012. The crustacean cuticle：structure，composition and mineralization［J］. Frontiers in Bioscience，E4（1）：711-720.

Horch K，1971. An organ for hearing and vibration sense in the ghost crab *Ocypode*［J］. Zeitschrift Für

Vergleichende Physiologie, 73 (1): 1-21.

Majeed Z R, Titlow J, Hartman H B, et al., 2013. Proprioception and tension receptors in crab limbs: student laboratory exercises [J]. Journal of Visualized Experiments, (80): e51050.

Martin J W, Liu E M, Striley D, 2007. Morphological observations on the gills of dendrobranchiate shrimps [J]. Zoologischer Anzeiger: A Journal of Comparative Zoology, 246 (2): 115-125.

Mcgaw I J, Reiber C L, 2002. Cardiovascular system of the blue crab Callinectes sapidus [J]. Journal of Morphology, 251 (1): 1-21.

Muhammad G. 2012. Ontogenesis of main organs in *Litopenaeus vannamei* [D]. Qingdao: Ocean University of China.

Nelson J S, Grande T C, Wilson M, 2016. Fishes of the World 5th Edition [M]. USA: Wiley.

Peter B Moyle, Joseph J Cech, 2004. Fishes: an introduction to ichthyology [M]. 5th ed. Upper Saddle River: Prentice-Hall Inc.

Read A T, Govind C K, 1993. Fine structure of identified muscle fibers and their neuromuscular synapses in the limb closer muscle of the crab *Eriphia spinifrons* [J]. Cell & Tissue Research, 271 (1): 23-31.

Taketomi Y, Nakano Y, 2017. Y-organ and mandibular organ of the crayfish *Procambarus clarkii* during the molt cycle [J]. Crustacean Research, 36: 25-36.

Talbot P, Summers R G, 1978. The structure of sperm from *Panulirus*, the spiny lobster, with special regard to the acrosome [J]. Journal of Ultrastructure Research, 64 (3): 341-351.

Young J H, 1959. Morphology of the white shrimp, *Penaeus setiferus* (Linnacus, 1857) [J]. US fisheris and Wildlife Service, Fishery Bulletin, 59: 171-175.